Frank Lampe

**Marketing und
Electronic Commerce**

Business Computing

Bücher und neue Medien aus der Reihe Business Computing verknüpfen aktuelles Wissen aus der Informationstechnologie mit Fragestellungen aus dem Management. Sie richten sich insbesondere an IT-Verantwortliche in Unternehmen und Organisationen sowie an Berater und IT-Dozenten.

In der Reihe sind bisher erschienen:

SAP, Arbeit, Management
von AFOS

Steigerung der Performance von Informatikprozessen
von Martin Brogli

Netzwerkpraxis mit Novell NetWare
von Norbert Heesel und Werner Reichstein

Professionelles Datenbank-Design mit ACCESS
von Ernst Tiemeyer und Klemens Konopasek

Qualitätssoftware durch Kundenorientierung
von Georg Herzwurm, Sixten Schockert und Werner Mellis

Modernes Projektmanagement
von Erik Wischnewski

Projektmanagement für das Bauwesen
von Erik Wischnewski

Projektmanagement interaktiv
von Gerda M. Süß und Dieter Eschlbeck

Projektkompass SAP®
von AFOS und Andreas Blume

Elektronische Kundenintegration
von André R. Probst und Dieter Wenger

Moderne Organisationskonzeptionen
von Helmut Wittlage

SAP® R/3® im Mittelstand
von Olaf Jacob und Hans-Jürgen Uhink

Unternehmenserfolg im Internet
von Frank Lampe

Electronic Commerce
von Markus Deutsch

Client/Server
von Wolfhard von Thienen

Computer Based Marketing
von Hajo Hippner, Matthias Meyer und Klaus D. Wilde (Hrsg.)

Marketing und Electronic Commerce
von Frank Lampe

Vieweg

Frank Lampe

Marketing und Electronic Commerce

Managementwissen und Praxisbeispiele
für das erfolgreich expansive Marketing

Alle Rechte vorbehalten

© Springer Fachmedien Wiesbaden 1999
Ursprünglich erschienen bei Friedr. Vieweg & Sohn Verlagsgesellschaft mbH, Braunschweig/Wiesbden 1999.
Softcover reprint of the hardcover 1st edition 1999

Das Werk einschließlich aller seiner Teile ist urheberrechtlich geschützt. Jede Verwertung außerhalb der engen Grenzen des Urheberrechtsgesetzes ist ohne Zustimmung des Verlags unzulässig und strafbar. Das gilt insbesondere für Vervielfältigungen, Übersetzungen, Mikroverfilmungen und die Einspeicherung und Verarbeitung in elektronischen Systemen.

http://www.vieweg.de

Die Wiedergabe von Gebrauchsnamen, Handelsnamen, Warenbezeichnungen usw. in diesem Werk berechtigt auch ohne besondere Kennzeichnung nicht zu der Annahme, dass solche Namen im Sinne der Warenzeichen- und Markenschutz-Gesetzgebung als frei zu betrachten wären und daher von jedermann benutzt werden dürften.

Höchste inhaltliche und technische Qualität unserer Produkte ist unser Ziel. Bei der Produktion und Auslieferung unserer Bücher wollen wir die Umwelt schonen: Dieses Buch ist auf säurefreiem und chlorfrei gebleichtem Papier gedruckt. Die Einschweißfolie besteht aus Polyäthylen und damit aus organischen Grundstoffen, die weder bei der Herstellung noch bei der Verbrennung Schadstoffe freisetzen.

Konzeption und Layout: Ulrike Weigel, www.CorporateDesignGroup.de

ISBN 978-3-663-10733-0   ISBN 978-3-663-10732-3 (eBook)
DOI 10.1007/978-3-663-10732-3

Vorwort

Die Begriffe „Electronic Marketing" und „Electronic Commerce" sind in aller Munde. Dabei ist unter dem Begriff Electronic Commerce weit mehr zu verstehen als nur der online initiierte Austausch von Waren und Dienstleistungen. Es ist vielmehr ein unternehmerisches Konzept, bei dem Informations-, Kommunikations- und Transaktionsprozesse miteinander verbunden werden. Die daraus resultierenden Konsequenzen sind für viele Unternehmen wie auch für ihre Kunden gegenwärtig nur andeutungsweise zu erkennen. Viele Unternehmer lassen „es" sozusagen auf sich zukommen. Sie warten ab, was passiert. Anstatt innovative Projekte zu starten und proaktive Handlungsstrategien zur Wahrung der sich bietenden Chancen zu entwickeln, steht gerade bei vielen kleinen Unternehmen eine bedenkliche Vogel-Strauß-Strategie im Vordergrund. Dabei sind aktive, vorausschauende Marketingentscheidungen notwendiger denn je.

Zur Fundierung erfolgreicher Marketingentscheidungen werden immer Informationen benötigt. Sie bilden Zusammen mit Erfahrung und Kreativität die Grundlage des Erfolgs. Hier setzt das vorliegende Buch an. Die Autoren sind erfahrene Praktiker, Wissenschaftler sowie kreative Studenten aus den Bereichen Wirtschaftswissenschaft, Informatik, Telekommunikation und Consulting. Sie geben Hilfestellung bei der Beantwortung der aktuellen Fragen, wie z.B.: Was sind die Erfolgsfaktoren von Electronic Commerce Anwendungen? Wie lassen sich die Probleme des internationalen Electronic Commerce lösen? Wie sieht Online-Relationship Marketing aus? Der Leser erhält damit wichtige Basisinformationen für anstehende Entscheidungen.

Bedanken möchte ich mich bei den Autoren für ihre Mühe und ihren Einsatz. Danken möchte ich auch Herrn Dr. Klockenbusch, Frau Vogler, Frau Himmel und Herrn Liesenfeld vom Vieweg Verlag für Ihre Geduld und Unterstützung. Mein besonderer Dank gilt Frau Carola Spiecker für Ihre geschätzte Mitarbeit, konstruktive Kritik und aufbauende Ermunterung.

Bremen, im Februar 1999

Frank Lampe

Inhalt

Grundlagen

1. Erfolgsfaktoren für Electronic Commerce Anwendungen
   Stefan Fischerfeier 1-27
2. Grundlagen des Internet
   Petra Köckeritz 29-48

Marktforschung

3. Elektronische Marktforschung: E-Mail- und Web-Umfragen
   Fraser Frost 49-68
4. Möglichkeiten der internationalen Sekundärforschung im Internet
   Henri Vandré 69-98

Marketing

5. Relationship Marketing und das Internet
   Fraser Frost 99-116
6. Der Einsatz ausgewählter Kommunikationsinstrumente im Internet
   Carsten von Bargen 117-135

Internationales Marketing

7. Einflüsse des Internet auf das internationale Marketing-Management
   Frank Lampe 137-158
8. Internationale Produktpolitik mit dem Internet
   Torsten Kliesch 159-192
9. Internationale Kontrahierungspolitik mit dem Internet
   Torsten Kliesch 193-218
10. Internationale Distributionspolitik mit dem Internet
    Torsten Kliesch 219-248

Online-Praxis

11. Zahlungsformen im Internet
    Jasper Bhaumik 249-265

12. Implementierung einer Webpräsenz
    Carsten Deil 267-288

Anwendungen

13. Online-Börse im Internet
    Petra Köckeritz 289-314

14. Online-Pharmamarketing im Internet
    Thomas Kuckarts 315-335

15. Online-Verbandsmarketing
    Frank Garrelts und Ronald Vogel 337-350

16. Analyse und Vergleich deutscher und US-amerikanischer Unternehmens-Homepages
    Frank Lampe. 351-366

Zukunft

17. Technologische Entwicklungen und Ihre Konsequenzen für den Electronic Commerce
    Fraser Frost und Frank Lampe 367-376

18. Next Generation Internet - Die Zukunft des Internet
    Falk Graser 377-402

Index 403-409

Über die Autoren

Carsten von Bargen, System- und Anwendungsberater, Datasave, Hamburg

Jasper Bhaumick, SAP-Berater, Hamburg

Carsten Deil, Geschäftsführendergesellschafter, Inter Networx, Bremen

Stefan Fischerfeier, Arthur Andersen, München

Fraser Frost, University of Luton, Großbritannien

Frank Garrelts, Vorstand AKZENT Computerpartner Deutschland AG, Lilienthal

Falk Graser, cand. rer. pol., Universität Bremen

Petra Köckeritz, cand. rer. pol., München

Thorsten Kliesch, SAP-Labs, Mannheim

Thomas Kuckartz, Business Development, The Fantastic Corporation (Deutschland) GmbH, Hamburg

Frank Lampe, wiss. Mitarbeiter Lehrstuhl für Absatzwirtschaft, Universität Bremen

Henri Vandré, Management Consulting Network, Bad Homburg v.d.H.

Ronald Vogel, AKZENT Computerpartner Deutschland, Lilienthal

Erfolgsfaktoren für Electronic Commerce Anwendungen

Stefan Fischerfeier

1 Einleitung 2
2 Grundlagen 3
   2.1 Elektronische Märkte und Electronic Commerce 3
   2.2 Erfolg und Erfolgsfaktoren 4
3 Erklärungsmodell zur Erfolgsbestimmung für Electronic Commerce Anwendungen 5
   3.1 Bestimmung der Erfolgs- und Einflußgrößen 5
   3.2 Beschreibung des Erklärungsmodells 7
   3.3 Grenzen des Erklärungsmodells 9
4 Beschreibung der Erfolgs- und Einflußgrößen für Electronic Commerce Anwendungen 9
   4.1 Erfolgsgrößen 9
      4.1.1 Betreiberakzeptanz 9
      4.1.2 Benutzerakzeptanz 10
   4.2 Einflußgrößen 11
      4.2.1 Bekanntheit 11
      4.2.2 Geschwindigkeit 11
      4.2.3 Benutzungsfreundlichkeit 12
      4.2.4 Integration 14
      4.2.5 Sicherheit 15
      4.2.6 Inhalt 15
5 Evaluierung der Einflußgrößen für Electronic Commerce Anwendungen 16
   5.1 Bewertungsgrundlage und -vorgehen 16
   5.2 Bewertung 18
      5.2.1 Einflußgrößen im Bereich Informationsgüter 18
      5.2.2 Einflußgrößen im Bereich Dienstleistungen 18
      5.2.3 Einflußgrößen im Bereich physische Güter 19
6 Zusammenfassung 20
Anhang 22
Literatur / Anmerkungen 26

Kapitel 1: Erfolgsfaktoren für Electronic Commerce Anwendungen

1 Einleitung

Electronic Commerce Anwendungen

Im Zuge der Öffnung des Internet für den Handel etablieren sich Informationssysteme zur Unterstützung des Austausches von Produkten, Dienstleistungen und Informationen. Wodurch für Unternehmen eine zeit- und kostenrationelle Abwicklung von Geschäftsabläufen über elektronische Netze möglich wird. Diese Informationssysteme werden im folgenden Electronic Commerce Anwendungen genannt ([1]: S. 5ff).

Anwendungslücke

Neben der Allgemeinen Feststellung zunehmender Anschlußzahlen von Rechnern an das Internet, weisen Internet-Forschungsgruppen, die sich mit dem Benutzerverhalten im Internet beschäftigen [2], insbesondere auch auf Rückzüge aus dem Online-Geschäft aufgrund mangelnder Nachfrage hin. Demnach muß zwischen Angebot und Nachfrage von Geschäftstransaktionen bei Electronic Commerce-Systemen eine Anwendungslücke bestehen. Diese Lücke, auf die in diesem Beitrag nicht näher eingegangen wird, da es hierfür einer verhaltenswissenschaftlichen Erörterung bedürfte, kann von Nachfragerseite oder durch nutzenstiftende Anwendungen von Anbieterseite aus geschlossen werden.

Ziel des Aufsatzes

Es stellt sich also die Frage nach den Faktoren, die den Erfolg dieser Anwendungen beeinflussen, um die Anwendungslücke von Unternehmensseite aus erfolgreich zu schließen. Ziel des Aufsatzes ist es, den Unternehmen einen Erfolgsfaktorenkatalog zur Verfügung zu stellen, mit dem sie eine Electronic Commerce Anwendung erfolgreich gestalten können.

Vorgehen

In Abschnitt 2 werden Grundlagen über Electronic Commerce und Erfolgsfaktoren vorgestellt. Im Abschnitt 3 wird ein Erklärungsmodell zur Erfolgsbestimmung für Electronic Commerce Anwendungen erläutert und dessen Grenzen aufgezeigt. Aufbauend auf diesem Modell werden in Abschnitt 4 die Erfolgsfaktoren für Electronic Commerce Anwendungen beschrieben. Abschnitt 5 behandelt eine Evaluierung der Erfolgsfaktoren und in Abschnitt 6 wird den Anbietern von Electronic Commerce Anwendungen eine Vorgehensweise vorgestellt, wie Electronic Commerce Anwendungen erfolgreich etabliert und kontrolliert werden können.

2 Grundlagen

2.1 Elektronische Märkte und Electronic Commerce

Elektronischen Markt

„Commerce" oder Handel findet auf Märkten statt. Nach der neoklassischen ökonomischen Theorie versteht man unter einem Markt den abstrakten Ort des Tausches, an dem das aggregierte Angebot und die aggregierte Nachfrage zu einer bestimmten Zeit aufeinander treffen. Durch die Vereinigung des Computers mit der Telekommunikation entstehen Märkte, die orts- und zeitlos sind. Der Einsatz der Informations- und Kommunikationstechnik im Koordinationsfeld „Markt" läßt den Elektronischen Markt entstehen ([3]: S.2).

Markttransaktionsphasen

Wie auf einem realen Markt tauschen die Marktteilnehmer auf einem elektronischen Markt ihre Leistungen durch Transaktionen aus - sie handeln elektronisch miteinander. Für diese Form des Handelns hat sich der Begriff des Electronic Commerce etabliert. Transaktionen zwischen Marktteilnehmern laufen in Markttransaktionsphasen ab. In der Informationsphase tauschen Marktteilnehmer Informationen aus, in der Vereinbarungsphase schließen sie Verträge und in der Abwicklungsphase wird die Vertragserfüllung erzielt ([4]: S.467).

Electronic Commerce Anwendungen

Electronic Commerce Anwendungen sind Informationssysteme, die die innerhalb eines elektronischen Marktes stattfindenden elektronischen Transaktionen durch die Bereitstellung von Funktionen der Markttransaktionsphasen unterstützen. Zu den Funktionen gehören Informationssuch- und Evaluationsfunktionen in der Informationsphase, Vertragsfunktionen in der Vereinbarungsphase und Abwicklungsfunktionen in der Abwicklungsphase. Technisch gesehen sind Electronic Commerce Anwendungen von der telematischen Kommunikationsinfrastruktur zu unterscheiden. Erstere führen Handelsfunktionen aus und letztere sorgt für den Datentransport zwischen den Marktteilnehmern, wie Abbildung 1 zeigt ([5]: S.204).

Abb. 1:
Electronic Commerce vs. Kommunikationsinfrastruktur

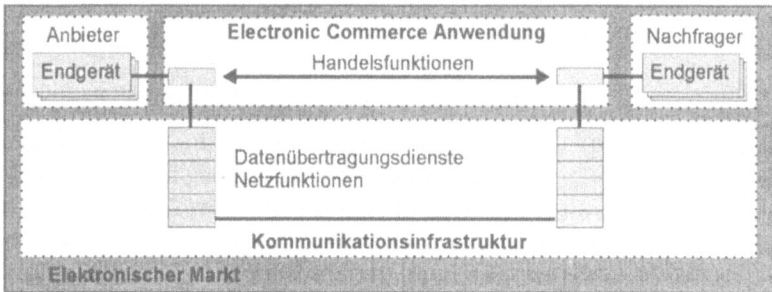

Tabelle 1 zeigt beispielhafte Formen von Electronic Commerce Anwendungen eingeteilt nach der Art der angebotenen Leistungen.

Tab. 1:
Electronic Commerce-Anwendungen, Beispiele

Electronic Commerce Anwendungen		
Informationsgüter	*Dienstleistungen*	*physische Güter*
- Video-on-Demand	- Online-Banking	- Computer
- News-on-Demand	- Online-Learning	- Maschinen
- Software-on-Demand	- Online-Travel	- Autos
- Music-on-Demand	...	...
...		

2.2 Erfolg und Erfolgsfaktoren

Erfolgsgrößen

Eine betriebliche Maßnahme ist erfolgreich, wenn durch sie ein vorherbestimmtes Ziel bzw. ein Nutzen erreicht wird ([6]: S.241). Erfolgsgrößen machen den Erfolg greifbar und mit Indikatoren lassen sich die Erfolgsgrößen messen ([7]: S.27). Da Erfolgsgrößen oft nicht direkt meßbar sind, können Meßverfahren durchgeführt werden, die die Messung der Erfolgsgrößen möglich machen.

Erfolg

Kann bei normalen Informationssystemen bereits die alleinige Nutzung durch Anwender den Erfolg ausmachen, da dadurch vorwiegend Kosten reduziert werden können, wird der Erfolg von Electronic Commerce Anwendungen erst erzielt, wenn die Marktteilnehmer über die Anwendungen Leistungen austauschen, in Form des Kaufs und Verkaufs von Produkten. Swoboda trifft dies auf den Punkt: „Der Systemerfolg bewegt sich in einem Spannungsfeld zwischen dem Techniknutzen für den Handel, dem Techniknutzen für den Kunden (Akzeptanz) und der Wirkung der Systeme auf das Kaufverhalten." ([8]: S.4) Erfolgreich sind Electronic Commerce Anwendungen, im Vergleich zu normalen Informationssystemen, demnach erst dann, wenn durch sie Produkte bzw. Leistungen verkauft werden.

Erfolgsfaktoren

Erfolgsfaktoren sind Einflußgrößen, deren Ausgestaltung für den Erfolg der Anwendungen bestimmend ist ([9]: S.4). Im weiteren Verlauf wird für den Begriff „Erfolgsfaktor" der Begriff „Einflußgröße" verwendet, um dem Leser den Bezug zu dem Begriff „Erfolgsgröße" zu erleichtern.

3 Erklärungsmodell zur Erfolgsbestimmung für Electronic Commerce Anwendungen

3.1 Bestimmung der Erfolgs- und Einflußgrößen

Ziele der Betreiber und der Benutzer

Zur Bestimmung der Erfolgs- und Einflußgrößen muß die Frage nach den Zielen der Unternehmen, Behörden und sonstigen Organisationen, die Electronic Commerce Anwendungen betreiben, gestellt werden. Weiterhin ist zu klären, welchen Vorteil potentielle Benutzer erwarten. In Anlehnung an Hansen zeigt Tabelle 2 die Ziele der Betreiber und der Benutzer von Electronic Commerce Anwendungen ([10]: S. 81ff).

Tab. 2: Ziele der Betreiber und der Benutzer von Electronic Commerce Anwendungen

Ziele der Betreiber (Anbieter)	*Ziele der Benutzer (Nachfrager)*
- Gewinne durch neue Absatzkanäle	- Komfortable, einfache, sichere, schnelle und abwechslungsreiche Informationsversorgung und Unterhaltungsmöglichkeit
- Direkte Kommunikation mit einzelnen Benutzern	
- Flexible Anpassung von Produkten an Benutzerwünsche	- Komfortable, einfache, sichere und schnelle Kommunikation mit Personen
- Verkürzung von Absatzwegen durch Direktverkauf	- Komfortable, einfache, sichere und schnelle Erledigung von Geschäftstransaktionen rund um die Uhr
- Zeit- und Kosteneinsparung bei Auftragsannahme und -durchführung	
- Zusätzlicher 24-Stunden-Service	- Durchbrechung der persönlichen Isolation

Kapitel 1: Erfolgsfaktoren für Electronic Commerce Anwendungen

Benutzerakzeptanz — Werden diese Ziele erfüllt, können Electronic Commerce Anwendungen erfolgreich sein. Erfolgreich bedeutet, daß die Benutzer die Anwendungen benutzen ([11]: S. 59ff) und mit ihnen zufrieden sind ([12]: S. 785). Deshalb bestimmen die Erfolgsgrößen, Nutzung des Systems und Benutzerzufriedenheit, den Erfolg. Für beide Größen soll im weiteren die Bezeichnung Benutzerakzeptanz geführt werden.

Betreiberakzeptanz — Wenn durch rationelle Bestellungen und darauffolgende Bezahlungen Umsatz generiert und Kosten gesenkt werden, werden auch die Ziele der Betreiber erfüllt. Betreiberziele beziehen sich auf Wirtschaftlichkeit und Wettbewerbsvorteile, die mit Electronic Commerce Anwendungen erzielt werden können. Deshalb bestimmen weiterhin die Größen: Umsatzsteigerung und Kosteneinsparung, den Erfolg. Diese sollen im folgenden unter der Bezeichnung Betreiberakzeptanz behandelt werden.

Einflußgrößen — Die Einflußgrößen können aus den Funktionen von Electronic Commerce Anwendungen, die die zielgerichtete Ausführung der einzelnen Markttransaktionsphasen bestimmen, abgeleitet werden. Dieselben Einflußgrößen können ebenso aus den Benutzerzielen gefolgert werden. Abbildung 2 veranschaulicht die Deduktion der Einflußgrößen auf diese beiden Arten.

Die erhaltenen Einflußgrößen bestätigt Hansen, wenn er die Erfolgsfaktoren Inhalt, Geschwindigkeit, Datensicherheit, Bedienbarkeit, Aktualität, Integration und Bekanntheit hervorhebt ([10]: S. 184f).

Abb. 2: Einflußgrößen des Electronic Commerce

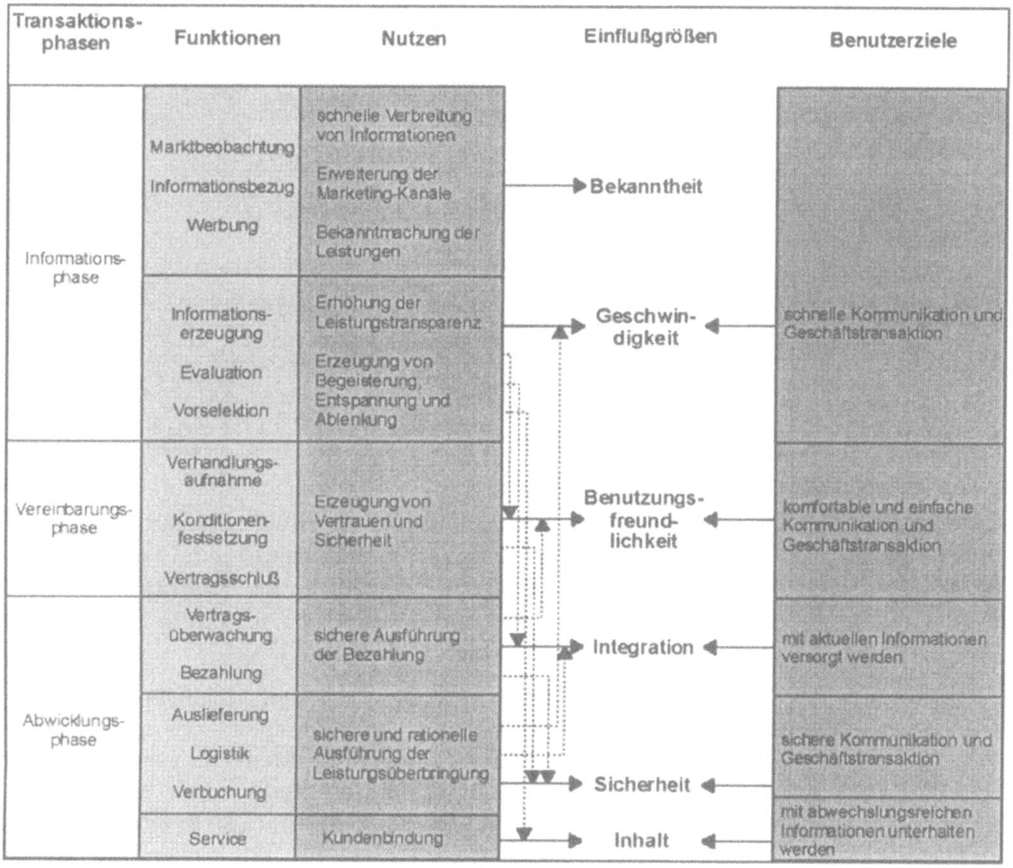

Transaktions-phasen	Funktionen	Nutzen	Einflußgrößen	Benutzerziele
Informations-phase	Marktbeobachtung	schnelle Verbreitung von Informationen		
	Informationsbezug	Erweiterung der Marketing-Kanäle	Bekanntheit	
	Werbung	Bekanntmachung der Leistungen		
	Informations-erzeugung	Erhöhung der Leistungstransparenz	Geschwin-digkeit	schnelle Kommunikation und Geschäftstransaktion
	Evaluation	Erzeugung von Begeisterung, Entspannung und Ablenkung		
	Vorselektion			
Vereinbarungs-phase	Verhandlungs-aufnahme		Benutzungs-freund-lichkeit	komfortable und einfache Kommunikation und Geschäftstransaktion
	Konditionen-festsetzung	Erzeugung von Vertrauen und Sicherheit		
	Vertragsschluß			
Abwicklungs-phase	Vertrags-überwachung	sichere Ausführung der Bezahlung	Integration	mit aktuellen Informationen versorgt werden
	Bezahlung			
	Auslieferung	sichere und rationelle Ausführung der Leistungsübertragung		sichere Kommunikation und Geschäftstransaktion
	Logistik		Sicherheit	
	Verbuchung			
	Service	Kundenbindung	Inhalt	mit abwechslungsreichen Informationen unterhalten werden

3.2 Beschreibung des Erklärungsmodells

Der Zusammenhang zwischen Einflußgrößen, Zielen und Erfolgsgrößen kann in einem Erklärungsmodell dargestellt werden, vgl. Abbildung 3

Gestaltungskriterien

Die jeweiligen Einflußgrößen besitzen Ziele (Z), die erfüllt werden müssen, wenn sie positiv auf die Erfolgsgrößen wirken sollen. Erfüllt werden können diese Ziele durch Gestaltungskriterien (G), die bei der Ausgestaltung der jeweiligen Einflußgröße beachtet werden sollten. Die einzelnen Einflußgrößen nehmen nicht nur auf die Erfolgsgrößen Einfluß, sondern wirken auch aufeinander. Dabei könnte der Einfluß einer Einflußgröße auf den Erfolg durch die Wirkung einer anderen Einflußgröße sowohl verstärkt als auch geschwächt werden.

Kapitel 1: Erfolgsfaktoren für Electronic Commerce Anwendungen

Abb. 3:
Erklärungsmodell

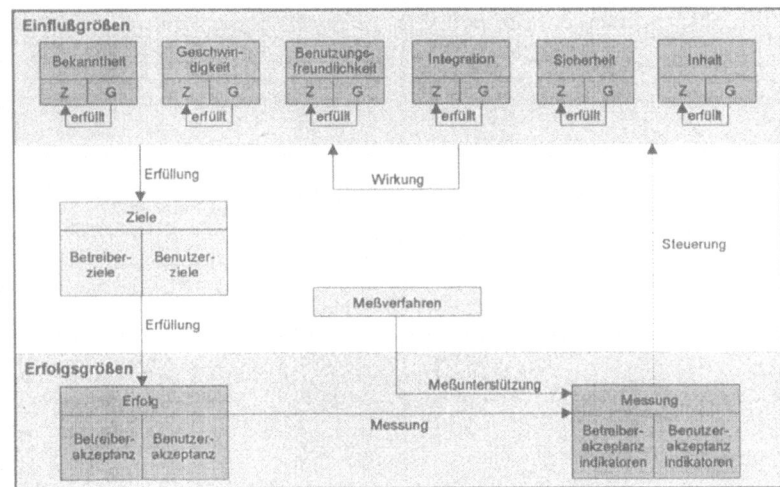

Zielerfüllung der Betreiber und der Benutzer	Werden die Ziele der Einflußgrößen erfüllt, ohne daß sich die Einflußgrößen gegenseitig sehr behindern, dann werden die Ziele der Betreiber und der Benutzer erfüllt. Eine Zufriedenstellung der letztgenannten Ziele äußert sich im Erfolg der Electronic Commerce Anwendung.
Erfolgsgrößen	Der Erfolg wird sichtbar sowohl in der Benutzerakzeptanz - Nutzung der Systeme und Benutzerzufriedenheit - als auch in der Betreiberakzeptanz - Umsatzsteigerung und Kostensenkung. Die Erfolgsgrößen lassen sich durch ihre Indikatoren messen. Da diese schwer direkt meßbar sind, können Meßverfahren, wie beispielsweise Befragungsmethoden, die Erfolgsmessung unterstützen.
Steuerung	Die gewonnenen Meßergebnisse sind Richtmaß für die Gestaltung der Einflußgrößen. Die Steuerung dieser aufgrund der Meßergebnisse setzt an den Gestaltungskriterien an. Die Änderung der Kriterien kann sich deshalb, in Abhängigkeit von den Wirkungszusammenhängen zwischen den Einflußgrößen, an den Indikatoren der Erfolgsgrößen orientieren.
Einflußfaktoren eingefügt in ein Wirkungsgeflecht	Das Erklärungsmodell soll eine Hilfe sein, die Einflußfaktoren nicht isoliert sondern eingefügt in ein Wirkungsgeflecht zwischen Einflußgrößen, Zielen und Erfolgsgrößen zu betrachten. Die Erfolgsmessung im Internet ist heute noch schwierig ([13]: S. 289ff), es gibt aber bereits Methoden, die diese Erfolgsmessung verbessern, wie sie Novak/Hoffman in einer Studie zusammen-

fassen [14]. Diese Grenzen sollen im folgenden ergänzend vorgestellt werden.

3.3 Grenzen des Erklärungsmodells

Einstellmöglichkeiten der Browser

Eine Anwendung kann durch die verschiedenen, auf dem Softwaremarkt erhältlichen Browser, und durch die vielen, individuellen Einstellmöglichkeiten auf dem „benutzereigenen" Browser sowie dem Endgerät so stark manipuliert werden, daß bestimmte Einflußgrößen, wie Benutzungsfreundlichkeit und Inhalt, nicht mehr in ihrem ursprünglichen Ausprägungsgrad Verwendung finden.

Ermittlung der Anzahl von Benutzern

Eine genaue Ermittlung der Anzahl von Benutzern einer Anwendung kann nicht erfolgen, da die IP-Adressen, die einen Benutzer repräsentieren, von vielen Internet-Service-Providern dynamisch vergeben werden ([13]: S.290). Durch die geringe Übertragungsgeschwindigkeit des Internet sorgen Cache-Mechanismen für die Zwischenspeicherung von Anwendungsteilen auf Provider-Servern, so daß die Zugriffsanzahl auf die Electronic Commerce Anwendung bei einem Betreiber verschleiert wird ([13]: S.290).

4 Beschreibung der Erfolgs- und Einflußgrößen für Electronic Commerce Anwendungen

4.1 Erfolgsgrößen

4.1.1 Betreiberakzeptanz

Umsatzsteigerungen und Kosteneinsparungen

Betreiberakzeptanz erlangen Electronic Commerce Anwendungen durch Erzielung von Umsatzsteigerungen und Kosteneinsparungen, da damit ökonomische Unternehmensziele erreicht werden ([1]: S.4). Umsatzsteigerungen können anhand der Buchungen und Bestellungen sowie der direkt über Electronic Commerce Anwendungen erzielten Verkaufsabschlüsse gemessen werden. Kosteneinsparungen sind die Verringerung der Transaktions-, der Lagerbestands- und der Personalkosten ([15]: S.249).

Ausprägungsstärke der Indikatoren

Ab welcher Ausprägungsstärke dieser Indikatoren Electronic Commerce Anwendungen von der Unternehmensleitung des Betreibers angenommen werden, ist nicht genau bestimmbar. Lagerbestandskosten können bei Betreibern, die lagerkostenintensive Investitionsgüter, wie Maschinen, über Electronic Commerce Anwendungen anderen Betreibern anbieten wollen, stärker reduziert werden, als bei Betreiber, die nicht lagerfähige Güter, wie Beratungsleistungen, offerieren. Für die Zeitperiode, in der die Betreiberakzeptanz zu messen ist, gibt es ebenfalls keinen allgemeingültigen Maßstab.

individuelle Erfolgsgrenzen

Es kann festgehalten werden, daß durch die Betreiberakzeptanz nur individuelle Erfolgsgrenzen gesetzt werden können. Um eine vergleichbare Erfolgsbeurteilung zwischen den verschiedenen Electronic Commerce Anwendungen durchführen zu können, muß weiterhin die Benutzerakzeptanz geklärt werden.

4.1.2 Benutzerakzeptanz

Benutzerakzeptanzgrößen

Die Benutzerakzeptanzgrößen Nutzung der Systeme und Benutzerzufriedenheit stellen die Erfolgsgröße Benutzerakzeptanz dar. Voraussetzung für vergleichbare Ergebnisse bei der Messung von Benutzerakzeptanz, sind klare, standardisierte Meßterminologien [14].

Nutzung der Systeme

Die Nutzung der Systeme drückt sich in quantitativen Leistungsindices aus ([13]: S. 293). Diese äußern sich in der Anzahl der direkt über das System abgewickelten Verkaufsabschlüsse und der Adressen- und Informationsrückflüsse sowie der Bruttoreichweite, der Nettoreichweite, der Anzahl der Wiederholungsnutzungen und der Nutzungsdauer ([16]: S. 128ff).

Benutzerzufriedenheit

Benutzerzufriedenheit sagt etwas darüber aus, inwieweit die Erwartungen des Benutzers an die Software mit der von ihm wahrgenommenen Leistung übereinstimmen. Benutzerzufriedenheit ist keine objektiv meßbare Größe, sondern das Ergebnis eines komplexen Informationsverarbeitungsprozesses beim Benutzer. Eine Messung der Benutzerzufriedenheit ist deshalb nur durch unterstützende Meßverfahren, wie Befragungen oder Beobachtungen, zu erreichen. Informationen über die Benutzerzufriedenheit können beispielsweise über die Auswertung des Benutzerservices, durch Ergebnisse von Kunden-/Benutzerworkshops oder -vereinigungen sowie über externe Marktstudien erfahren werden. Eine weitere Möglichkeit, die Zufriedenheit nicht retrospektiv, wie bei der Kundenbefragung, sondern unmittelbar während ihrer Entstehung zu messen, besteht durch den Einbau von Zählern, Protokollfunktionen oder Beschwerdemöglichkeiten in der Anwendung selbst. Diesem Verfahren ist das Problem eigen, daß die ermittelten Daten von unterschiedlicher Quantität und Qualität sind, wodurch die Repräsentativität der Ergebnisse fragwürdig erscheint. Die Quantität der Daten ist im Vergleich zur Benutzerzahl gering, da nicht alle Benutzer ihre Zufriedenheit durch eine Rückmeldung kundtun. Die Qualität ist unsicher, da Rückmeldungen unwahr sein könnten und somit nicht eindeutig auf die Zufriedenheit geschlossen werden kann ([17]: S. 5ff). Die aktuelle Umfrage des GVU (Graphics Visualization & Usability Center) unter WWW Benutzern ergab, daß 40% der Benutzer falsche Angaben machen, wenn sie sich bei Electronic Commerce Anwendungen registrieren. Gründe für dieses Verhalten liegen größtenteils darin, daß Betreiber die Benutzer im unklaren darüber lassen, wofür die registrierten Informationen verwendet werden. Weiterhin ist es den Benutzern meistens nicht wert, für die Nutzung einer Electronic Commerce Informationen preiszugeben [2].

4.2 Einflußgrößen

4.2.1 Bekanntheit

Aufmerksamkeit und Wahrnehmung

Eine Voraussetzung für den Erfolg einer Electronic Commerce Anwendung ist deren Bekanntmachung (Werbung) bei potentiellen Benutzern, da sie sonst aufgrund der Vielzahl an existierenden Anwendungen von den Benutzern nicht wahrgenommen wird ([18]: S. 125). In Anlehnung an Kroeber-Riel ist es Ziel der Werbung, Aufmerksamkeit und Wahrnehmung zu erzeugen ([19]: S. 1320f). Es können Online- und Offline-Gestaltungskriterien unterschieden werden, die dieses Ziel erfüllen, vgl. Tabelle 3 Es gibt Ansätze für feste Standards hinsichtlich Kosten und Nutzen (Visits, Page Views und AdClicks). Dennoch ist deren Inanspruchnahme mit den entsprechenden Betreibern in der Regel verhandelbar.

Tab. 3: Online- und Offline-Gestaltungskriterien

Ziel	Gestaltungskriterien	
	Online	*Offline*
Aufmerksamkeit und Wahrnehmung erzeugen	- E-Mail - Suchmaschinen und Informations-Container - Werbeanzeigen in betreiberfremden Online-Angeboten	- Bekanntmachung in klassischen Medien

4.2.2
Übertragungskosten und System-Antwort-Zeit senken

Geschwindigkeit

Geschwindigkeit kann unterteilt werden in Datenübertragungsgeschwindigkeit und Bearbeitungsgeschwindigkeit. Die Datenübertragungsgeschwindigkeit ist die Menge der übertragenen Daten in einer bestimmten Zeiteinheit und wird gemessen in Bit pro Sekunde. Die Bearbeitungsgeschwindigkeit drückt sich in der Zeit aus, die eine Electronic Commerce Anwendung braucht, um eine Anfrage des Benutzers zu beantworten. Sie wird auch als System-Antwort-Zeit bezeichnet. Eine hohe Datenübertragungsgeschwindigkeit kann zwar die System-Antwort-Zeit reduzieren, wenn eine Anwendungsseite aufgebaut werden soll, hat allerdings keinen Einfluß auf sie, wenn es um die Berechnung oder Verwaltung von Daten geht. Ziel ist es, die Übertragungskosten und die System-Antwort-Zeit zu senken ([20]: S.120). Diese Ziele können durch entsprechenden Hardware- und Softwareeinsatz erreicht werden, vgl. Tabelle 4.

Tab. 4:
Geschwindigkeitsziele und Realisierungsmöglichkeiten

Ziele	Gestaltungskriterien
Senkung der Übertragungskosten	- Hardwareeinsatz - analoges Modem - Kabelmodem - DSL (ISDN), HDSL, ADSL, VDSL - Turbo Internet (Satelitten-Übertragung) - ATM
Reduzierung der System-Antwort-Zeit	- Softwareeinsatz - schnelle elektronische Geschäftsabläufe - schnelle Algorithmen - wenige und kleine Grafik-, Audio-, Video-Dateien - Bilderzusammenfassung - Mehrfachverwendung gleicher Grafiken

4.2.3
Richtlinien der DIN

Benutzungsfreundlichkeit

Der zu der Nutzung benötigte (Lern-)Aufwand sollte für die vorgesehenen Benutzer gering gehalten werden, damit die Handhabung durch die Benutzer als positiv bewertet wird. Die Ziele der Benutzungsfreundlichkeit einer Electronic Commerce Anwendung sollte an die Richtlinien der DIN 66234 Teil 8 angelehnt werden. Tabelle 5 veranschaulicht Gestaltungskriterien, die diese Ziele erfüllen.

Tab. 5: Gestaltungskriterien der Benutzungsfreundlichkeit

Ziele (DIN 66234 Teil 8)	Gestaltungskriterien	
	Gestaltungskriterium	Elemente
Aufgabenangemessenheit	Transaktionsablaufunterstützung	- Vermeidung zu langer Informationsdarstellung - Einrichtung eines Warenkorbs - Rückgängigmachung von Benutzeraktionen - Sichbarmachung von Anwendungsaktionen
	Dateneingabeunterstützung	- Automatische Cursorpositionierung - Automatische Belegung der Eingabefelder
Steuerbarkeit	Navigationsunterstützung	- Vertikale und horizontale Anwendungsstruktur - Strukturschaubild - Suchmöglichkeit - Navigationsleiste
	Dialogablaufunterstützung	- Parallele Verarbeitung von Funktionen - Sparsame Verwendung von sich bewegenden Elementen - Dialogunterstützung bei kritischen Funktionen - Möglichkeit der Rücknahme von Benutzeraktionen
Selbstbeschreibungsfähigkeit	Bedienungsunterstützung	- Komplettanleitung der Ablaufvorgänge - Kontextsensitive Erläuterungen - Symbolkennzeichnung von häufig benutzten Funktionen - Neue und benutzte Inhalte hervorheben
Erwartungskonformität	Konsistenzunterstützung	- einheitliche Farben, Logos, Fonts, Navigationsbuttons - einheitliches Layout - Identifikationsmöglichkeit jeder Anwendungsseite
Fehlerrobustheit	Fehlervermeidungsunterstützung	- Vermeidung eines undefinierten Zustands durch Fehleingaben - Fehlermeldungen - Integritätsprüfung bei Dateneingaben

4.2.4 Integration

Betreiberinterne Datenbank- und Anwendungssysteme

Integration bedeutet die elektronische Anbindung einer Electronic Commerce Anwendung an betreiberinterne Datenbank- und Anwendungssysteme sowie an betreiberexterne Transaktionssysteme. Über das Internet kann die Anwendung mit Banken zum Austausch von Zahlungsmitteln, mit Dienstleistern zum Austausch von elektronischen Belegen und Auftragsformularen, mit betreiberinternen Datenbanken und Informationssystemen zur aktuellen Informationsversorgung und Weiterleitung von Benutzerinformationen sowie mit Benutzern zur Durchführung der eigentlichen Transaktion verbunden sein ([10]: S.185).

Anwendungskonfigurierbarkeit und Informationsaktualität

Ein Zielbündel der Integration für Electronic Commerce Anwendungen ist hohe Anwendungskonfigurierbarkeit in Verbindung mit Informationsaktualität, da hohe Konfigurierbarkeit der Anwendung die Voraussetzung für kostenrationelle und automatische Abwicklung von Benutzerwünschen darstellt sowie Informationsaktualität entscheidend für den Erfolg von Electronic Commerce Anwendungen ist [21]. Ein anderes Zielbündel stellen Rationalisierungsziele, wie Reduzierung des Personalaufwandes bei Beschaffungs- und Absatzvorgängen sowie der Senkung von Kapitalbindungskosten, und marktbezogene Ziele, wie der Sicherung und Ausweitung von Marktanteilen, dar ([22]: S.11), vgl. Tabelle 6.

Tab. 6: Rationalisierungsziele

Ziele	*Gestaltungskriterien*
Informationsaktualität	- Datenbank- und Informationssystemanbindung
Anwendungskonfigurierbarkeit	
Rationalisierung der Beschaffungs- und Absatzvorgänge	- Transaktionssystemanbindung - Elektronischer Datenaustausch (E-Mail, EDI)
Senkung der Kapitalbindungskosten	- Elektronische Zahlungssysteme - Distributionssysteme
Sicherung und Ausweitung von Marktanteilen	- Integration der Markttransaktionsphasen

4.2.5 Sicherheit

Vertraulichkeit
Integrität
Authentizität
Verbindlichkeit
Verfügbarkeit

Melis Literaturrecherche hat ergeben, daß die Sicherheitsziele von Kommunikationssystemen Vertraulichkeit, Integrität, Authentizität, Verbindlichkeit und Verfügbarkeit sind. Sicherheit an Vertraulichkeit bedeutet Schutz vor Beobachtung und Abhörung. Sicherheit an Integrität bezieht sich auf Schutz vor Datenmanipulation und Datenverlust. Sicherheit an Authentizität heißt Verhinderung von unauthorisiertem Benutzen von Ressourcen. Sicherheit an Verbindlichkeit bedeutet, daß sowohl der Sender als auch der Empfänger das Senden und Empfangen von Nachrichten nicht abstreiten können, und daß dies gegenüber einem Dritten bewiesen werden kann. Sicherheit an Verfügbarkeit meint den fehlerfreien Zustand von Kommunikationssystemen über längere Dauer ([23]: S. 282). Tabelle 7 veranschaulicht die Ziele und mögliche Gestaltungskriterien, wie diese Ziele erfüllt werden können.

Tab. 7:
Kriterien der Sicherheit

Ziele	*Gestaltungskriterien*
Vertraulichkeit	- Verschlüsselung
Integrität	- Digitale Unterschrift
Authentizität	- Digitale Unterschrift + Digitales Zertifikat
Verbindlichkeit	- Digitale Unterschrift + Digitales Zertifikat + Zeitstempel
Verfügbarkeit	- Reserveserver - Firewall

4.2.6 Inhalt

Information bieten
Verkauf unterstützen
Entspannung und Abwechslung

Der Inhalt einer Electronic Commerce Anwendung bestimmt den Nutzen für den Benutzer. Ziel ist es, die Motive zu identifizieren, warum Benutzer eine Electronic Commerce Anwendung benutzen. Eine Anwendung sollte nützliche Information bieten, den Verkauf der Leistungen unterstützen sowie für Entspannung und Abwechslung sorgen ([10]: S.180, [24]: S. 127ff). Tabelle 8 zeigt die Inhaltsziele (Nutzungsmotive) und die Gestaltungskriterien, eingeteilt in die Komponenten von Electronic Commerce Anwendungen nach Mertens ([25]: S.518), die diese Ziele erfüllen.

Tab. 8:
Inhaltsziele

Ziele	Gestaltungskriterien		
	Informations- und Präsentationssysteme	Angebotssysteme	Angebotssysteme mit Zusatzfunktionen
Informationsversorgung	- Produktinformationen - Unternehmensinformationen - Zusätzliche Informationen - Service		
Verkaufsunterstützung	- Bestellmöglichkeiten	- Leistungsunterstützende Dienste	- Leistungsübergreifende Mehrwertdienste
Entspannungs- und Ablenkungserzeugung	- Unterhaltungsmöglichkeiten - Kommunikationsmöglichkeiten		

5 Evaluierung der Einflußgrößen für Electronic Commerce Anwendungen

5.1 Bewertungsgrundlage und -vorgehen

Die Bewertungsgrundlage für folgende Evaluierung der Einflußgrößen für Electronic Commerce Anwendungen bilden die in Abschnitt 4 aufgestellten Ziele und Gestaltungskriterien der Einflußgrößen, die aktuelle Umfrage des GVU unter WWW Benutzern und Erfahrungen des Autors im Umgang mit Electronic Commerce Anwendungen.

Bedeutungspräferenz   Ein von Zühlke vorgeschlagenes Verfahren, soll eingesetzt werden, um die Bedeutungspräferenz der Einflußgrößen zu ermitteln ([26]: S. 241ff). Die einzelnen Arbeitsschritte des Verfahrens werden im folgenden kurz erläutert:

- Zunächst werden Einflußgrößen in eine in Tabelle 9 dargestellte Bewertungsmatrix zeilenweise (Zeilengröße) und spaltenweise (Spaltengröße) übertragen.

- Danach werden die einzelnen Einflußgrößen paarweise bezüglich ihrer relativen Wichtigkeit zueinander verglichen, wobei die relative Wichtigkeit der Zeilengröße gegenüber der Spaltengröße durch folgende Skalenwerte zum Ausdruck kommt:

5 Evaluierung der Einflußgrößen für Electronic Commerce Anwendungen

sehr viel wichtiger	viel wichtiger	etwas wichtiger	gleich wichtig	etwas unwichtiger	viel unwichtiger	sehr viel unwichtiger
3	2	1	0	-1	-2	-3

- Im nächsten Schritt wird für jede Einflußgröße die Zeilensumme gebildet.
- Da die Zeilensumme negativ sein kann, muß eine normierte Summe gebildet werden. Dazu wird zur Zeilensumme eine Normzahl addiert, die sich aus der Multiplikation der Anzahl der Einflußgrößen (6) (minus 1) und des höchsten Skalenwertes (3) ergibt. Die Normzahl für die Einflußgrößen ist also: (6 - 1) x 3 = 15.
- Die Bedeutungspräferenz entsteht als Quotient aus dem normiertem Summenwert einer Einflußgröße und der Summe aller normierten Summenwerte. Für die *Sicherheit* ergibt sich in dem Beispiel folgende Bedeutungspräferenz: 18 / 90 x 100 = 20.
- Auf Grundlage ihrer Bedeutungspräferenzen können den Einflußgrößen Rangwerte zugeordnet werden.

Tab. 9: Bewertungsmatrix

	Bh	Ge	Bf	It	Si	Ih	Σ	NΣ	Bp(%)	Rang
Bh	0	-1	1	2	1	0	3	18	20	1-3
Ge	1	0	2	-2	2	0	3	18	20	1-3
Bf	-1	-2	0	3	1	-1	0	15	16,67	4
It	-2	2	-3	0	0	-1	-4	11	12,22	5
Si	-1	-2	-1	0	0	-1	-5	10	11,11	6
Ih	0	0	1	1	1	0	3	18	20	1-3
NΣ = Σ + Normzahl						Σ	90	100		

Normzahl = (Anzahl der Einflußgrößen - 1) x (Höchstmögliche Bewertungsziffer), Bp = (NΣ/ Σ aller NΣ) x 100, NΣ = normierte Summe, Bp (%) = Bedeutungspräferenz in %, Bh = Bekanntheit, Ge = Geschwindigkeit, Bf = Benutzungsfreundlichkeit, It = Integration, Si = Sicherheit, Ih = Inhalt

Anwendungen verschiedener Bereiche

Da die Wichtigkeit der Einflußgrößen von den angebotenen Leistungen der Electronic Commerce Anwendungen abhängt, werden die Bedeutungspräferenzen der Einflußgrößen jeweils für Anwendungen im Bereich Informationsgüter, im Bereich Dienstleitungen und im Bereich physische Güter bewertet. Die Beispielanwendung wird kurz präzisiert. Eine Bewertungsmatrix zeigt daraufhin dem Leser die ermittelte Bedeutungsrangfolge der Einflußgrößen. Eine verbale Begründung der einzelnen Bewertungen findet der Leser im Anhang.

5.2 Bewertung

5.2.1 Einflußgrößen im Bereich Informationsgüter

Video-on-Demand

Als Beispiel soll eine Electronic Commerce Anwendung dienen, die Videofilme zum Verkauf anbietet (Video-on-Demand). Die Markttransaktionsphasen Informations- und Vereinbarungsphase werden in elektronischer Form abgewickelt. Da das Produkt in digitaler Form beim Betreiber lagerbar ist, kann es in der Abwicklungsphase über das Internet geliefert werden. Die Produkte sind billige Konsumgüter, deren Nutzen vom Unterhaltungs- und Aktualitätswert abhängt. Tabelle 10 zeigt die Bewertung der Einflußgrößen. Die Tabellen A.1 im Anhang liefert die Begründung für die Skalenwerte.

Tab. 10: Informationsgüter

	Bh	Ge	Bf	It	Si	Ih	Σ	NΣ	Bp(%)	Rang
Bh	0	2	3	2	1	3	12	26	27,96	1
Ge	-3	0	1	1	-2	2	3	18	19,35	3
Bf	-3	-1	0	-2	0	-1	-7	8	8,6	5-6
It	-2	-1	2	0	-1	1	-1	14	15,05	4
Si	-1	2	0	1	0	2	4	19	20,43	2
Ich	-3	-2	1	-1	-2	0	-7	8	6,6	5-6
							Σ	93	99,99	

Bekanntheit von Electronic Commerce Anwendungen

Auch wenn dem Verfahren keine „objektive" Bewertung unterzogen wurde, ist trotzdem nicht verwunderlich, daß die Bekanntheit von Electronic Commerce Anwendungen, die Informationsgüter anbieten, eine sehr wichtige Bedeutung hat. Informationsgüter sind billige, elektronische Konsumgüter, für die geworben werden muß ([27]: S.540).

5.2.2 Einflußgrößen im Bereich Dienstleistungen

Online-Banking

Als Beispiel soll eine Electronic Commerce Anwendung betrachtet werden, die Finanzdienstleistungen anbietet (Online-Banking). Als Basis bietet diese Anwendung Informations- und

5 Evaluierung der Einflußgrößen für Electronic Commerce Anwendungen

Transaktionsdienste, wie Kontoabfrage und Zahlungsüberweisung. Weiterhin können Bestellungen von Aktien und Wertpapieren ausgeführt werden. Als höchste Ausbaustufe bietet die Anwendungsart benutzerindividuelle Finanzdienstleistungen unter Einbeziehung des Benutzer in die Leistungserstellung. Tabelle 11 zeigt die Bewertung der Einflußgrößen. Tabelle A.2 im Anhang liefert die Begründung für die Skalenwerte.

Tab. 11: Dienstleistungen

	Bh	Ge	Bf	It	Si	Ich	Σ	NΣ	Bp(%)	Rang
Bh	0	-2	-2	-1	-3	-1	-9	6	6,74	6
Ge	2	0	-1	1	0	2	4	19	21,35	2
Bf	2	1	0	0	0	2	5	20	22,47	1
It	1	-1	0	0	1	1	2	17	19,1	4
Si	3	0	0	-1	0	1	3	18	20,22	3
Ich	1	-2	-2	-1	-2	0	-6	9	10,11	5
Σ								89	99,99	

Benutzungsfreundlichkeit

Im Vergleich zur Bewertung im Bereich Informationsgüter, ist im Bereich Dienstleistungen die Benutzungsfreundlichkeit am wichtigsten. Die Bekanntheit ist am unwichtigsten. Da die Dienstleistung ein individueller, interaktiver Prozeß zwischen Benutzer und Betreiber ist, ist der Benutzer stärker in den Leistungserstellungsprozeß involviert als bei passiver Informationsversorgung. Die Electronic Commerce Anwendung dient hierbei als Kommunikationsschnittstelle. Damit der Prozeß reibungslos ablaufen kann, ist die benutzerfreundliche Gestaltung der Schnittstelle besonders wichtig. Läuft der Dienstleistungsprozeß ohne Komplikationen ab, ist der Benutzer zufrieden und wird die Anwendung wieder benutzen.

5.2.3 Einflußgrößen im Bereich physische Güter

Verkauf von Computern

Als Beispiel soll eine Electronic Commerce Anwendung verwendet werden, die Computer anbietet. Unterschied zu den bisherigen Anwendungen ist, daß die Leistung nicht über das Internet geliefert wird, sondern durch einen Transportdienst zum Benutzer gebracht wird. Weiterhin unterliegen Computer einem kurzen Produktlebenszyklus, wodurch Computerpreise in kurzer Zeit verfallen. Tabelle 12 zeigt die Bewertung der Einflußgrößen.

Tabelle A.3 im Anhang liefert die Begründung für die Skalenwerte.

Tab. 12: Physische Güter

	Bh	Ge	Bf	It	Si	Ih	Σ	NΣ	Bp(%)	Rang
Bh	0	1	1	-1	1	0	2	17	18,89	2-3
Ge	-1	0	0	-1	-2	-1	-5	10	11,11	6
Bf	-1	0	0	0	0	-1	-2	13	14,44	5
It	1	1	0	0	0	1	3	18	20	1
Si	-1	2	0	0	0	1	2	17	18,89	2-3
Ih	0	1	1	-1	-1	0	0	15	16,67	4
Σ								90	100	

Integration

Es kann festgestellt werden, daß die Integration bei physischen Gütern eine sehr wichtige Rolle spielt. Verwunderlich ist, daß die Geschwindigkeit hinter der Benutzungsfreundlichkeit den letzten Platz einnimmt. Nach Meinung des Autors werden diese Anwendungen vorwiegend benutzt, um relativ teure, sperrige Güter zu niedrigen Preisen in Verbindung mit einer bequemen Lieferung zu kaufen.

Da die vorgenommenen Bewertungen zwar Plausibilitätsanforderungen genügen, jedoch subjektiver Natur sind, kann darauf keine Allgemeingültigkeit erhoben werden.

6 Zusammenfassung

Erfolgsfaktorenkatalog

Ziel der Arbeit war es, Anbietern von Electronic Commerce Anwendungen einen Erfolgsfaktorenkatalog zur Hand geben zu können, mit dem sie die Erstellung und den fortlaufenden Betrieb von Electronic Commerce Anwendungen erfolgreich ausführen und kontrollieren können. Dazu sind folgende vier Verfahrensschritte zu empfehlen:

Betreiberziele
Benutzerziele

(1) In einem ersten Schritt ist es wichtig Betreiberziele und Benutzerziele festzulegen.

Bedeutungsrangfolge

(2) Die Evaluierung hat gezeigt, daß die Bedeutungspräferenzen der Erfolgsfaktoren nicht immer gleich sind. Deshalb sollte anhand des Evaluierungsmodells eine unternehmensindividuelle Bedeutungsrangfolge der Erfolgsfaktoren ermittelt werden. Bei der Evaluierung wäre es ratsam, eine

6 Zusammenfassung

gröbere oder feinere Abstufung der Skalenwerte vorzunehmen ([26]: S.242)

Meßindikatoren

(3) Daraufhin sollten die Meßindikatoren und Meßverfahren aufgestellt werden, wie diese Ziele überprüft werden können.

Ausgestaltung der Gestaltungskriterien

(4) In einem vierten Schritt können die Erfolgsfaktoren zur Hand genommen werden und die Ausgestaltung der Gestaltungskriterien begonnen werden. Dabei ist zu beachten, daß die Ausgestaltung an den Zielen der jeweiligen Erfolgsfaktoren ausgerichtet werden muß.

Rückkopplung notwendig

Die Schritte (4) und (3) werden sich immer abwechseln, da nach einer Änderung der Gestaltungskriterien die Wirkungen auf den Erfolg überprüft werden sollten. Bei Veränderung der Rahmenbedingungen sollte auch Schritt (2) wieder durchgeführt werden. Schritt (1) sollte überprüft werden, wenn neue Benutzer angesprochen werden wollen oder der Anbieter eine neue Unternehmensstrategie wählt. Auf diese Weise kann eine einmal erstellte Electronic Commerce Anwendung auch in der Zukunft erfolgreich kontrolliert werden.

Anhang
Tab. A.1: Begründung Informationsgüter

ZG->SG	SW	Begründung
Bh->Ge	2	Eine hohe Geschwindigkeit hilft zwar die Übertragungskosten eines Produktes zu verringern, da der Benutzer es dann um so schneller über das Internet laden kann. Wenn ein Benutzer jedoch nichts von der Anwendung weiß, kann er die Produkte auch nicht kaufen. Information ist billig, deshalb ist die Betreiberzahl hoch. Bei einer hohen Betreiberzahl muß ein Betreiber Werbung machen. Ist die Anwendung erst einmal im Wahrnehmungsraum eines potentiellen Benutzers, dann kann der Betreiber ihn mit schnellübertragbaren Kurzfilmen oder Spezialinformationen an sich binden.
Bh->Bf	3	Gerade bei einem Massenpublikum, das sich für Informationen interessiert, bleibt eine benutzerfreundliche Anwendung erfolglos, wenn sie nicht wahrgenommen wird.
Bh->It	2	Eine vollintegrierte Anwendung ist nutzlos, wenn sie niemand kennt. Sobald die Anwendung bei potentiellen Benutzern bekannt ist, kann sie dem Benutzer durch Integration sofort einen Nutzen in Form von Informationsaktualität bieten.
Bh->Si	1	Durch Bekanntheit wird Authentizität und Verbindlichkeit suggeriert. Dies wird allerdings erst bei sehr großer Bekanntheit erreicht, so daß bis dahin auch bei relativ bekannten Anwendungen die Angst vor dem Verlust sensitiver Daten überwiegt.
Bh->Ih	3	Video-on-Demand Anwendungen unterscheiden sich hinsichtlich des Inhalts nicht viel. Deshalb können schon bei gering erfüllten Inhaltskriterien Umsätze generiert werden, wenn die Anwendung bekannt ist. Kennt sie aber keiner, bleibt sie erfolglos.
Ge->Bf	1	Die Benutzerführung der Anwendung ist durch die Unkompliziertheit von Informationsprodukten, wie Video-on-Demand einfach zu gestalten. Die Geschwindigkeit erhöht die Benutzungsfreundlichkeit.
Ge->It	1	Informationsaktualität kann von Wichtigkeit sein, wenn Filme über aktuelle Nachrichten gewünscht werden. Ist die Übertragungsgeschwindigkeit zu gering, dann wird der Benutzer auf schnellere Medien, wie TV, wechseln. Ist die Aktualität der Information allerdings sehr entscheidend, dann wird auch eine längere Übertragungsgeschwindigkeit akzeptiert.
Ge->Si	-2	Die Kosten, die entstehen können, wenn sensitive Daten abgehört werden, sind höher als die durch eine hohe Geschwindigkeit gesenkten Übertragungskosten.
Ge->Ih	2	Der Entspannungs- und Ablenkungsnutzen der Anwendung ist nicht so hoch wie ihn das Informationsprodukt selbst erzeugen kann. Deshalb ist es viel wichtiger das Produkt schnell zu bekommen.
Bf->It	-2	Eine Anwendung eines auf Informationsaktualität spezialisierten Betreibers muß nicht besonders gut gestaltet sein, da für Benutzer, die gezielt nach speziellen Informationen suchen, der Wert der gefundenen Information viel wichtiger ist, als die Mühe durch unübersichtliche Menüs zu navigieren.
Bf->Si	0	Eine sehr benutzerfreundliche Anwendung ist keine Garantie für einen vertrauenswürdigen Betreiber und ebenso wenig verhindert sie die Angst des Benutzers vor dem Abhören seiner sensitiven Daten. Eine sichere Anwendung gewährt allerdings keine Umsätze, solange der Benutzer durch eine benutzungsunfreundliche Anwendung die Markttransaktion nicht beenden kann. Beide Einflußgrößen sind deshalb gleich wichtig, da jede für sich alleine dem Benutzer keinen Mehrwert bietet, sondern nur in Verbindung mit anderen Einflußgrößen.
Bf->Ih	-1	Eine benutzergerecht gestaltete Anwendung ist nutzlos ohne einen Nutzen in Form von

		Informationen oder Unterhaltung. Aber Anwendungen, die Informationen ohne Mehrwert, wie beispielsweise Aktualität, anbieten, benötigen wenigstens eine gute Benutzerführung, da die Benutzer den Nutzen sonst nicht wahrnehmen würden. Die Benutzerführung bei Informationsprodukten ist allerdings meist selbsterklärend.
It->Si	-1	Der Aktualitätsvorteil durch Integration wird obsolet, wenn das Risiko aufgrund unsicherer Datenübertragung hohe Verluste zu erleiden hoch ist. Da Informationen billige Güter sind, fällt das Risiko der Unverbindlichkeit nicht so sehr ins Gewicht. Ist die Aktualität der Information von entscheidender Bedeutung, wie das Videomaterial besonderer Sportereignisse, kann die Aktualität die Unsicherheit wettmachen.
It->Ih	1	Durch Anbindung an Nachrichtenagenturen können die Benutzer automatisch mit aktuellen Informationen versorgt werden und erhalten dadurch Entspannung und Abwechslung (Ziele der Einflußgröße Inhalt). Bei einer nichtintegrierten Anwendung müssen mehr Kosten aufgewendet werden, um diesen Erfolg zu erhalten.
Si->Ih	1	Auch wenn der Inhalt noch so gut ist, kann der Verlust von Verbindlichkeit und Glaubwürdigkeit des Betreibers den Erfolg behindern. Verbindlichkeit kann allerdings gerade bei Informationsgütern, die über das Internet geliefert werden, sofort überprüft werden. Das Risiko, Opfer eines Betrügers zu werden, ist gering, zumal Informationsgüter billig sind.

ZG = Zeilengröße, -> = (un)wichtiger als, SG = Spaltengröße, SW = Skalenwert

Tab. A.2: Begründung Dienstleistungen

ZG->SG	SW	Begründung
Bh->Ge	-2	Die Bekanntheit ist nicht entscheidend, da der Bankenmarkt bereits sehr konzentriert ist und alte bzw. neue Marktteilnehmer sich insbesondere durch ihren Service etablieren. Bei benutzerindividuellen Finanzdienstleistungen ist die Sprachkommunikation ein entscheidender und notwendiger Service, um die Anonymität und Unflexibilität einer reinen Datenkommunikation zu überwinden. Dazu wird eine hohe Geschwindigkeit benötigt. Ebenso muß auf eine schnelle Interaktion zwischen Benutzer und Finanzdienstleister wert gelegt werden, damit der Dienstleister beispielsweise schnell auf fehlende, wichtige Daten hinweisen kann. [28]
Bh->Bf	-2	Eine Anwendung wird wiederbenutzt, nicht weil sie bekannt ist, sondern weil sie benutzergerecht gestaltet ist, da Benutzungsfreundlichkeit dem Benutzer den Anwendungsnutzen verdeutlichen kann. Werbung wirkt marktschreierisch ohne den Nutzen glaubhaft zu .präzisieren.
Bh->It	-1	Der Zugriff auf zeitkritische Informationen, wie im Aktienhandel, ist ein entscheidender Vorteil für den Benutzer. Dieser Vorteil kann allerdings schnell durch die Konkurrenz wettgemacht werden. Gibt es keine bestimmten Wettbewerbsvorteile, ist die Anwendung auf Werbung angewiesen.
Bh->Si	-3	Eine Bank macht sich unglaubwürdig, wenn sie für ihre Leistungen wirbt und gleichzeitig in der vertraulichen Abwicklung des Zahlungsverkehrs eine Sicherheitslücke zu verzeichnen hat. Gerade bei Zahlungstransaktionen ist höchste Sicherheit gefordert.
Bh->Ich	-1	Einfache Inhaltsfunktionen, wie Kontoabfrage und Überweisung, sind Basisanforderungen an Online-Banking Anwendungen. Mit diesen Funktionen können sich die Anwendungen nicht von der Konkurrenz abheben. Es wird Werbung benötigt. Durch den selbständigen Zugriff auf Aktieninformationen oder durch Sprachkommunikation mit Finanzberatern können Zusatznutzen geschaffen werden.

Kapitel 1: Erfolgsfaktoren für Electronic Commerce Anwendungen

Ge->Bf	-1	Benutzungsfreundlichkeit ist die Voraussetzung, daß ein Benutzer Transaktionen ausführt, da er die Anwendung sonst nicht bedienen könnte. Geschwindigkeit kann Benutzungsfreundlichkeit unterstützen, weil durch sie mehr grafische Gestaltungselemente verwendet werden können, ohne daß die System-Antwort-Zeit reduziert wird.
Ge->It	1	Hohe Geschwindigkeit verringert die Übertragungskosten und steigert die Servicequalität, da Aufträge schneller bearbeitet werden können. Zusätzlich kann Vertrauen erzeugt werden, wenn Sprach- und Bildkommunikation eingesetzt wird, um benutzerindividuelle Finanzdienstleistungen zu erstellen. Ohne vertrauenswürdige Beratung können die wenigsten die durch Integration ermittelten, aktuellen Informationen verwerten.
Ge->Si	0	Bei sicheren, aber langsamen Transaktionen, können Verluste entstehen, insbesondere bei Kauf- oder Verkaufsaufträgen im Aktienhandel, die nicht rechtzeitig durchgeführt werden. Genauso können Schäden entstehen, wenn die Sendung von Zahlungsbeträgen abgehört werden kann. Ob durch eine langsame oder durch eine unsichere Zahlungstransaktion mehr Schaden entsteht, ist schwer abzuschätzen.
Ge->Ih	2	Basisanforderungen an den Inhalt können ohne hohe Geschwindigkeit erfüllt werden. Je zeitkritischer die Informationen allerdings werden, wie bei Aktieninformationen, und je mehr eine Bank die Servicequalität für ihre Benutzer steigern will, wie beispielsweise durch ortsunabhängige, benutzerindividuelle Betreuung via Echtzeitkommunikation, wird die Bearbeitungs- und Übertragungsgeschwindigkeit immer wichtiger. Da Banken durch das Mengengeschäft, wie Kontoabfrage und Überweisungen, sich kaum noch von der Konkurrenz abheben können, wird ein benutzerindividueller Service immer wichtiger und damit auch die Geschwindigkeit.
Bf->It	0	Ohne benutzergerechte Gestaltung haben aktuelle Informationen keinen Nutzen, da der Benutzer die Informationen möglicherweise nicht für sich verwerten kann. Ist die Anwendung selbsterklärend und leicht handhabbar, bietet dem Benutzer allerdings keine aktuellen Informationen, ist sie für den Benutzer ebenfalls ohne Nutzen, da auf Finanzmärkten meist sehr schnell auf aktuelle Informationen reagiert werden muß.
Bf->Si	0	Wenn eine Online-Banking Anwendung nicht benutzergerecht ist, ist es aufgrund ihres Komplexitätsgrades für einen Benutzer sehr schwer, die Markttransaktion zu beenden. Führt der Benutzer die Markttransaktion nach Anleitung aus, die Transaktion ist aber unsicher, wird er sie ebenfalls nicht beenden, außer das Gewinnpotential der Bestellung liegt über dem Verlustrisiko.
Bf->Ih	2	Kontoabfrage und Überweisungen müssen zügig bearbeitbar sein, um Zeit und Kosten für den Benutzer zu reduzieren. Aktien- oder Serviceinformationen werden nicht wahrgenommen, wenn sie dem Benutzer nicht leicht zugänglich gemacht werden. benutzerindividuelle Dienstleistungen basieren auf der Direktkommunikation zwischen Berater und Benutzer. Da dabei der Benutzer in die Leistungserstellung miteinbezogen ist, muß ihm die Vorgehensweise der Leistungserstellung erklärt werden und weitere Hilfestellungen gegeben werden, da ihm in der Regel Finanzbegriffe und -märkte nicht vertraut sind.
It->Si	1	Der Vorteil, aus aktuellen Informationen Gewinn machen zu können, wird obsolet, wenn die Transaktionen abgehört werden können, da die aktuelle Information dann auch für den Wettbewerb erhältlich ist. Eine aktuelle Information könnte allerdings mehr wert sein, als das Risiko, das bei unsicheren Transaktionen eingegangen wird.
It->Ih	1	Die Aktualität der Informationen, wie aktuelle Aktienkurswerte, ist wichtiger als Produktinformationen, da der Benutzer dadurch schnell handeln kann, um Rendite zu erlangen. Ohne Kauf- und Verkaufsmöglichkeiten kann jedoch kein Auftrag vergeben werden. Der Benutzer greift dann zu anderen Kommunikationsmitteln wie Telefon.
Si->Ih	1	Bei Kontoabfrage und kleinen Zahlungsüberweisungen ist die Sicherheit im Vergleich

Anhang

		zur Funktionalität nicht entscheidend, was die Etablierung der Bankautomaten beweist. Je höher die überwiesenen Beträge werden, desto größer ist die Gefahr vor Verlust.

ZG = Zeilengröße, -> = (un)wichtiger als, SG = Spaltengröße, SW = Skalenwert

Tab. A.3: Begründung physische Güter

ZG->SG	SW	Begründung
Bh->Ge	1	Sowohl Bekanntheit als auch Geschwindigkeit sind nicht kaufentscheidend, sondern nur wichtig für die Systemnutzung. Trotzdem erzeugt die Bekanntheit eine höhere Systemnutzung, da neue potentielle Benutzer angesprochen werden.
Bh->Bf	1	Sowohl Bekanntheit als auch Benutzungsfreundlichkeit sind nicht kaufentscheidend, sondern nur wichtig für die Systemnutzung. Trotzdem erzeugt die Bekanntheit eine höhere Systemnutzung, da neue potentielle Benutzer angesprochen werden. Die Bekanntheit ist nicht um vieles wichtiger, im Vergleich zu Informationsgüter, da das Interesse an Computern bei der Masse geringer ist als an Informationen.
Bh->It	-1	Durch Integration mit Lieferanten, Benutzern, Banken und Transportdienstleistern können Kosten reduziert werden. Das hat zur Folge, daß die Preise gesenkt werden können. Mit niedrigen Preisen können Benutzer solange an den Betreiber gebunden werden, wie es keine ähnlich niedrigen Konkurrenzpreise gibt. Deshalb müssen durch flankierende Werbung neue Benutzer gefunden werden. Bekanntheit eines Betreibers ist keine Garantie für den Kauf von Computern, niedrige Preise möglicherweise schon.
Bh->Si	1	-> Tabelle A.1
Bh->Ih	0	Regelmäßig wechselnde Produktinformationen und Unterhaltungsmöglichkeiten gewährleisten Systemnutzung, aber sind keine Garantie für einen Computerkauf. Dasselbe gilt für Werbung.
Ge->Bf	0	Gut strukturierte, aber langsame Anwendungen können beim Benutzer Frustration und Unzufriedenheit erzeugen. Ebenso kann der Benutzer bei einer zwar schnellen, aber unstrukturierten Anwendung verzweifeln, wenn die gewünschten Informationen nicht aufzufinden sind.
Ge->It	-1	Niedrige Preise infolge Integration sind wichtiger als schnelle System-Antwort-Zeiten.
Ge->Si	-2	-> Tabelle A.1
Ge->Ih	-1	Die Präsentation wichtiger Produktinformationen benötigt nicht unbedingt eine hohe Übertragungsgeschwindigkeit bzw. Bearbeitungsgeschwindigkeit. Informationen können auch in einer übertragungskonformen, textbasierten Version dargestellt werden. Die technischen und wirtschaftlichen Produktinformationen haben Priorität.
Bf->It	0	Niedrige Preise infolge Integration sind nutzlos, wenn die Preisinformationen nicht verwertet werden können, da infolge unfreundlicher Anwendungsgestaltung die Markttransaktion nicht beendet werden kann. Eine sehr benutzerfreundliche Anwendung erzeugt keine Umsätze, da durch hohe Preise kein Mehrwert entsteht.
Bf->Si	0	-> Tabelle A.1
Bf->Ih	-1	Die Produktpalette von Computerhändlern ändert sich ständig. Deshalb sind Produktinformationen wichtiger als Benutzungsfreundlichkeit. Wird die Anwendung aufgrund fallender Computerpreise und neuer Produkte von einem Benutzer regelmäßig besucht, wird er sich an die Benutzerführung gewöhnen, auch wenn sie nicht sehr gut ist. Fallen-

It->Si	0	de Preise und Unterhaltungsmöglichkeiten regen eher zur Wiederholungsnutzung an. Niedrige Preise aufgrund Integration dürften in Verbindung mit unsicherer Zahlungstransaktion nur sehr wenige Umsätze erzeugen, da der mögliche Verlustwert weit höher sein kann als der Kaufwert eines Computers. Hohe Sicherheit läßt nur in Verbindung eines Mehrwertes für den Benutzer Umsätze entstehen.
It->Ih	1	Durch Integration können die Produktpreise gesenkt werden und damit ein Anreiz zum Kauf eines Computers geschaffen werden. Das ist wichtiger als die Erzielung von Informationsversorgung, Abwechslung und Entspannung durch Produktinformationen und Unterhaltungsmöglichkeiten.
Si->Ih	1	Die Erzielung von Informationsversorgung, Abwechslung und Entspannung durch Produktinformationen und Unterhaltungsmöglichkeiten führt solange nicht zu Umsätzen, solange Zahlungstransaktionen nicht sicher oder Betreiber nicht glaubwürdig erscheinen.

ZG = Zeilengröße, -> = (un)wichtiger als, SG = Spaltengröße, SW = Skalenwert

Literatur / Anmerkungen

[1] *Kalakota, R.; Whinston, A. B.:* Electronic Commerce - A Manager's Guide, Reading MA 1997

[2] *o. V.:* GVU's 7th WWW User Survey, „Online im Internet:" http://www.gvu.gatech.edu/user_surveys/, Mai 1997

[3] *Schmid, B.; Lindemann, M.:* Elemente eines Referenzmodells Elektronischer Märkte, Sonderdruck anläßlich der WI'97, Tutorium „Elektronischer Märkte", St. Gallen: Hochschule St. Gallen 1997

[4] *Schmid, B.:* Elektronische Märkte, in: Wirtschaftsinformatik, 5/1993, S. 465 - 480

[5] *Krähenmann, N.:* Ökonomische Gestaltungsanforderungen für die Entwicklung elektronischer Märkte, Diss., St. Gallen: Institut für Wirtschaftsinformatik der Hochschule St. Gallen 1994

[6] *Huber, H.:* Wettbewerbsorientierte Planung des Informationssystem(IS)-Einsatzes: theoretische und konzeptionelle Grundlagen zur Entwicklung eines integrierten Planungsmodells, Diss., Frankfurt: Johannes Wolfgang Goethe-Universität Frankfurt 1992

[7] *Nöcker, C.:* Erfolgsfaktoren für die Entwicklung wissensbasierter Systeme im Finanzdienstleistungsbereich: Ableitung von Handlungsempfehlungen auf Basis einer empirischen Beobachtung, Bergisch Gladbach, Köln 1992

[8] *Swoboda, B.:* Neuere Ansätze des Convenience-Shopping im Einzelhandel: Selbstinformationssysteme am Point-of-Sale, in: DV-Management 1/1997, S. 3 - 8

[9] *Herget, J.; Hensler, S.:* Erfolgsfaktoren der Informationsvermittlung: Teil 1: Theoretische Grundlagen und methodische Konzepte, Konstanz: Universität Konstanz 1991

[10] *Hansen, H. R.:* Klare Sicht am Info-Highway: Geschäfte via Internet & Co, Wien 1996

[11] *Ginzberg, M. J.:* Finding an Adequate Measure of OR/MS Effectiveness, in: Interfaces, Vol. 8, No. 9, August 1978, p. 59 - 62

[12] *Ives, B.; Olson, M.H.; Baroudi, J.:* The Measurement of User Information Satisfaction, in: Communications of the ACM, Vol. 26, No. 10, 10/1983

[13] *Pispers, R.; Riehl, S.:* Digital Marketing - Funktionsweisen, Einsatzmöglichkeiten und Erfolgsfaktoren multimedialer Systeme, 1. Aufl., Reading MA 1997

[14] *Novak, T. P.; Hoffman, D. L.:* New Metrics for New Media: Toward the Development of Web Measurement Standards, „Online im Internet:" http://www2000.ogsm.vanderbilt.edu/novak/web.standards/webstand.html, 26.9.1996

[15] *Rengelshausen, O.:* Multimedia-Management: Zur Planung, Realisierung und Kontrolle von Multimedia-Applikationen, in: Marketing mit Multimedia: Grundlagen, Anwendungen und Management einer neuen Technologie im Marketing, Hrsg.: Silberer, G., Stuttgart 1995, S. 221-254

[16] *Altobelli, C.; Hoffmann, S.:* Werbung im Internet - Wie Unternehmen ihren Online-Werbeauftritt planen und optimieren. Ergebnisse der ersten Umfrage unter Internet-Werbungtreibenden, Hamburg: Institut für Marketing an der Universität der Bundeswehr Hamburg 1996

[17] *Herzwurm, G.; Hierholzer, A.:* Kundenorientierung durch Software Customer Value Management (SCVM), in: Kundenorientierte Softwareherstellung, Studien zur Systementwicklung, Bd. 9, Hrsg.: Herzwurm, G.; Hierholzer, G.; Mellis, W., Köln: Lehrstuhl für Wirtschaftsinformatik der Universität zu Köln 1996

[18] *Hansen, H. R.:* Klare Sicht am Info-Highway: Geschäfte via Internet & Co, Wien 1996

[19] *Kroeber-Riel, W.:* Werbeziele, in: Vahlens Großes Marketing Lexikon, Hrsg.: Diller, H., München 1994

[20] *Froning, A.; Holzbaur, H.:* 13 Modems - Fast for the Web, in: BYTE March 1997, p. 120 - 129

[21] *Loos, P.; Krier, O.; Schimmel, P.; Scheer, A.-W.:* WWW-gestützte überbetriebliche Logistik - Konzeption des Prototyps WODAN zur unternehmensübergreifenden Kopplung von Beschaffungs- und Vertriebssystemen, „Online im Internet:" http://iwi.uni-sb.de/loos/iwih126/iwih126.html, Februar 1996

[22] *Kubicek, H.:* Der überbetriebliche Informationsverbund als Herausforderung an die Organisationsforschung und -praxis, in: Information Management 2/1991

[23] Meli, H. H.: Sicherheitsarchitektur für eine Electronic Mall, in: Electronic Mall: Banking und Shopping in globalen Netzen, Hrsg.: Schmid, B.; Dratva, R.; Kuhn, C.; Mausberg, P.; Meli, H.; Zimmermann, H.-D., Stuttgart 1995

[24] Tasche, K.: Das Internet - ein weiteres Unterhaltungsmedium? Medienpsychologische Aspekte computervermittelter Kommunikation, in: Computer-Netze - ein Medium öffentlicher Kommunikation, Hrsg.: Beck, K.; Vowe, G., Berlin 1997

[25] Mertens, P.; Schumann, P.: Electronic Shopping - Überblick, Entwicklungen und Strategie, in: Wirtschaftsinformatik, 5/1996, S. 515 - 530

[26] Zühlke, R. B.: Strategische Planung von Informationssystemen auf Grundlage marktkritischer Erfolgsfaktoren, Göttingen 1995

[27] Nieschlag, R.; Dichtl, E.; Hörschgen, H.: Marketing, 17. neu bearb. Aufl., Berlin 1994

[28] Vgl. Roemer, M.; Buhl, H. U.: Das World Wide Web als Alternative zur Bankfiliale - Gestaltung innovativer IKS für das Direktbanking, a. a. O., S. 569.

2 Grundlagen des Internet

Petra Köckeritz

1 Einleitung 30
2 Anfänge des Internet 30
3 Technische Grundbegriffe im Umfeld des Internet 32
    3.1 Kommunikationsprotokoll TCP/IP 33
    3.2 Netzdienste 37
4 Metamorphose des Internet 38
    4.1 Vom elitären zum öffentlichen Netz 39
    4.2 Zugangsmöglichkeiten an das Internet 39
    4.3 Veränderung der Rolle des Internet 41
    4.4 Neues Medium = Neue Wege zum Kunden 43
5 Resümee 45
Anmerkungen 48
Literatur 48

1 Einleitung

TCP/IP basierendes Netzwerk

Das Internet ist oberflächlich betrachtet ein riesiges TCP/IP basierendes Netzwerk. Seit seiner Erschaffung 1969 hat sich das Internet zu einer Infrastruktur der weltweiten Kommunikation entwickelt, das heute von zahllosen Anbietern von Dienstleistungen und Privatiers genutzt wird und mittlerweile den größten, digitalen Nachrichten- und Informationspool der Welt darstellt. Die Zahl der Nutzer hat sich in den letzten Monaten exponentiell vervielfacht und beläuft sich allein in Deutschland auf über fünf Millionen [1].

Basistechnologie

Experten beschreiben das Internet wie folgt: „Die neuen Technologien haben dieselbe Bedeutung wie einst die Einführung des Telefons oder der Faxgeräte."[2] Ohne Übertreibung kann heutzutage das Internet als Basistechnologie bezeichnet werden, die weltweit große Beachtung findet.

Wirtschaftliche Interessen

So setzen sich, auf der Basis eines zuverlässigen und ausgereiften weltweiten Kommunikationsmittels, das in Wissenschaft und Technik als tägliches Arbeitsmittel nicht mehr wegzudenken ist, mittlerweile handfeste wirtschaftliche Interessen immer mehr durch. Das Internet hat sich im Laufe der Zeit von einem reinen Informationsmedium zur Marktplattform weiterentwickelt.

Bedeutung und Funktion

Ausgehend von der Darstellung der Historie und einer Einführung in die Arbeitsweise des Internet wird dessen Bedeutung und Funktion in der heutigen Informationsgesellschaft im folgenden Beitrag betrachtet.

Inhomogenes Netz

Heutzutage stellt sich das Internet dar, als ein inhomogenes Netz aus einer Vielzahl von einzelnen Netzen, die wiederum aus zahllosen divergenten Rechnern, die von den verschiedenen Betreibern gewartet werden, bestehen. Die heutige Struktur ist das Ergebnis eines langen Entwicklungsprozesses, der das Internet geprägt hat. Daher sollen zunächst die Anfänge und die Grund idee des Internet, einige technische Grundbegriffe sowie die Metamorphose während der letzten Jahre beleuchtet werden.

2 Anfänge des Internet

Ziel der Entwicklung des Internet

Ende der sechziger Jahre wurde das Internet, gefördert durch die Advanced Research Projects Agency (ARPA), von amerikanischen Universitäten entwickelt und zur Datenkommunikation genutzt. Ausgangspunkt war, bereits Mitte der sechziger Jahre, der Wunsch des amerikanischen Verteidigungsministeriums bei einem eventuellen Kriegsfall, die militärische Kommunikation aufrechterhalten zu können, unabhängig vom bisherigen Telefon- und Kommunikationsnetz. Das Netzwerk sollte unter schwierigsten Gegebenheiten, wie z.B. bei Ausfall eines Vermittlungsknotens oder ganzer Netzbereiche (wie bei einem nuklearen Notfall), die Übertragung von Daten garantieren.

Arbeitsweise des Netzes

Paul Baran, Mitarbeiter der Rand Corporation, erschuf ein neuartiges Computernetzwerk, das keine direkte Verbindung zwischen Sender und Empfänger vorsah. Das Netz wurde mit einer Minimalzahl an Regeln versehen. Seine Idee war es, Nachrichten in einzelne Datenpakete aufzusplitten, diese Pakete mit einer Zieladresse zu versehen und sich diese ihren Weg durch das Netz selbst suchen zu lassen. Der Weg, den die Teilstücke durch das Netz nehmen, wird nicht vorbestimmt. Jede Station (auch Knoten genannt) analysiert die Adresse des eingegangenen Teilstücks und sendet es in Richtung der Empfängerstation weiter. Im Falle eines Knotenausfalls, wird das Datenstück über eine andere Station geleitet und gelangt, resistent gegen Knotenausfälle, an die Zieladresse. Sind alle vormals aufgesplitteten Datenstücke an der Empfängerstation angekommen, egal in welcher Reihenfolge, setzt diese die ursprüngliche Information wieder komplett und in richtiger Reihenfolge zusammen [3]. Graphisch sieht der Weg der Nachricht wie folgt aus:

Abb. 1:
Versenden von Nachrichten mittels vieler Datenpäckchen

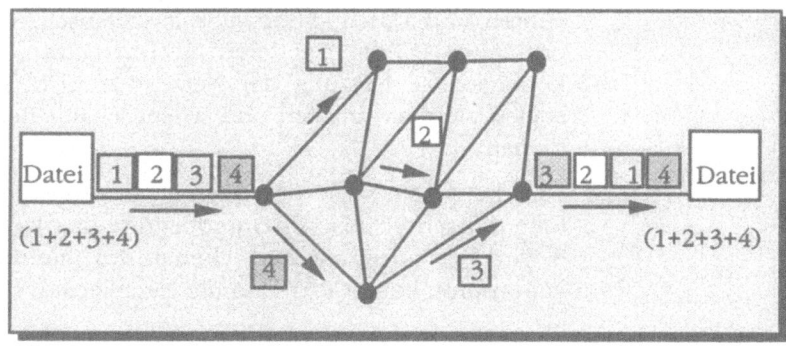

Quelle: Kimmig, 1995, S. 10

"Evolution" des Netzes

ARPANET

Realisiert wurde ein solches Netzwerk 1969 vom US-Verteidigungsministerium, unter dem Namen ARPANET „Es gilt als die Geburt des Internet." [4].

Zunächst gab es vier Knoten (= Rechner), die alle auf unterschiedlichen Betriebssystemen basierten. ARPANET hatte die Aufgabe, die Kapazitäten der teuren Großrechner möglichst vielen Benutzern zur Verfügung zu stellen, damit sich deren Auslastung steigerte. Nicht nur den Universitäten, die bereits bei der Entwicklung behilflich waren, sondern auch anderen Wissenschaftlern von weiteren Universitäten wurde deshalb der Zugang zum Netz angeboten. Andere Institutionen entwickelten eigene Netze. Das Hauptinteresse der Anwender konzentrierte sich schnell mehr auf die Übertragung von persönlichen E-Mails als der Fernbenutzung der Großrechner.

Weitere Netzwerke

In den 70er Jahren wurde das Netz weiter ausgebaut und vergrößerte sich, so daß im Jahre 1977 bereits 111 Knoten installiert waren. Weitere Netzwerke wie UUCP (Unix to Unix Copy, zur Verbindung von UNIX-Rechnern), BITNET (Because It`s Time Network, zur Verbindung von IBM-Rechnern) oder dem Usenet (User`s Network) entstanden. Das Usenet, ein weltweiter Diskussionsclub, war ursprünglich Konkurrent des Internet, ist jedoch inzwischen ein Teil desselben.

TCP/IP

Der Wunsch nach Verknüpfungen unter den Netzen wurde laut. Nachdem 1974 zunächst eine Vereinbarung über den formalen Datenaufbau getroffen wurde, wurde mit der Realisation von TCP/IP (Transmission Control Protocol/Internet Protocol) ein standardisiertes Protokoll geschaffen, mit dem sich grundsätzlich alle Knoten in aller Welt miteinander verständigen können. So konnten alle Netze miteinander gekoppelt werden, um Nachrichten und Daten problemlos auszutauschen. Ab 1977 wurde das ARPANET mit anderen Rechnernetzen verbunden. Eine kommerzielle Nutzung der Netze war nicht geplant, vielmehr sollten sie dem privaten und wissenschaftlichen Datenaustausch dienen.

Grundbegriffe

Um die Arbeitsweise des Internet zu erläutern, ist die Vermittlung einiger technischer Grundbegriffe unerläßlich. Im Abschnitt 3 wird besonders auf zwei Ebenen des Internet, das Kommunikationsprotokoll TCP/IP und die Netzdienste, eingegangen.

3 Technische Grundbegriffe im Umfeld des Internet

Das vornehmlich in der Öffentlichkeit wahrgenommene Erscheinungsbild des Internet sieht etwa wie folgt aus: Es handelt sich um einen weltweiten Informationsmarkt von mittlerweile unüberschaubaren Ausmaß, der es uns erlaubt, das global vorhandene Informationsangebot in jeder nur denkbaren Form zu nutzen und selbst Informationen zu verbreiten. Technisch betrachtet handelt es sich beim „Netz der Netze" um ein „heterogenes und komplexes Gebilde mit vielen verschiedenen Erscheinungsfor-

3 Technische Grundbegriffe im Umfeld des Internet

Hard- und Software

men, dessen Teilnetze Rechner mit unterschiedlichster Hard- und Software untereinander verbinden." [5].

An dieser Stelle soll nicht auf die Erklärung der unterschiedlichen Hard- und Software eingegangen werden, das würde den Rahmen dieser Einführung überschreiten, doch zumindest soll dargestellt werden, wie TCP/IP (stellvertretend, für die mannigfaltige Zahl von Protokollen im Internet) die Verknüpfung der unzähligen Netze untereinander und damit den Datentransport von Sender zu Empfänger managt.

3.1 Kommunikationsprotokoll TCP/IP

Verständigung von zwei Rechnern mit Hilfe von TCP/IP

Wie bei einer Unterhaltung zwischen Menschen, ist auch die Verständigung von zwei Rechnern bestimmten Regeln unterworfen. Diese Verständigung wird über das sogenannte TCP/IP-Protokoll vorgenommen. Es liefert die gemeinsame Verständigungsmöglichkeit auf der Vermittlungs- und Transportebene. TCP/IP beruht auf einem Prinzip, bei dem die Daten von Rechner zu Rechner weitergeleitet werden, bis der Zielrechner erreicht ist, unabhängig von physikalischen Übertragungsmedien (Kupfer- oder Glasfaserkabel, Richtfunkstrecken, Satelliten) und Übertragungsverfahren. Eine Darstellung der Struktur des Internet (Abbildung 2) erleichtert das Verständnis der Übertragungstechnik.

Abb. 2 :
Internet-Struktur

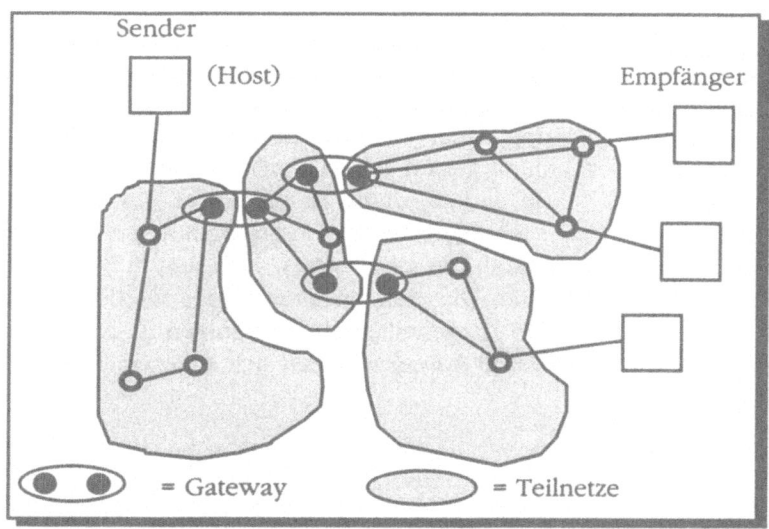

Quelle: Zeidler, 1996, S. 335

Kapitel 2: Grundlagen des Internet

Datenübertragung vom Sender zum Empfänger

Ein sogenannter Host, ist ein Rechner, der dem Benutzer Netzdienste zur Verfügung stellt. Die Verbindung von Hosts erfolgt oftmals über viele Teilnetze. Teilnetze bestehen wiederum aus Vermittlungsknoten und Übertragungsleitungen. Die Vermittlungsknoten verbinden die einzelnen Übertragungsleitungen und gewährleisten die richtige Verteilung des Datenaufkommens.

Datenpakete

Zwischen Sender und Empfänger wird für die Datenübertragung keine feste Verbindung aufgebaut, sondern statt dessen werden die Nachrichten in kleine standardisierte Datenpakete aufgesplittet. Kurz formuliert werden die Pakete numeriert, mit Absender- und Empfängeradresse versehen und einzeln verschickt.

Abb. 3:
Das Internet-Protokoll (IP)

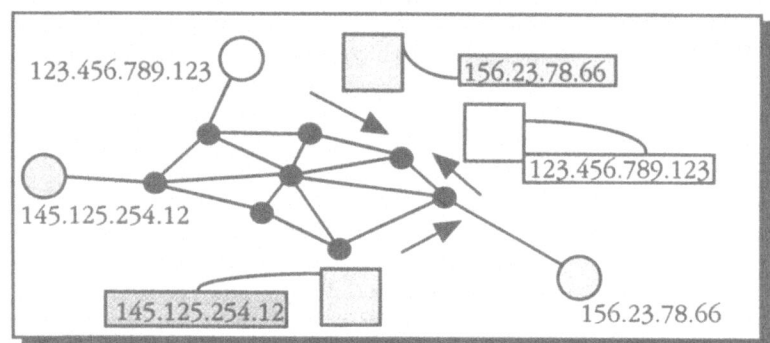

Quelle: Kimmig, 1995, S. 13

IP-Adressen

Wie bereits unter Punkt 1 erläutert, verfügen die durch das Internet reisenden Informationspakete über Empfängeradressen, die von den Vermittlungsknoten gelesen werden, die wiederum die Daten entsprechend weiterleiten. Falls die direkte Verbindung gestört ist, wählen die Vermittlungsknoten automatisch eine andere, damit ist die Route der Pakete nicht vorhersagbar. Die ausgeschriebenen sogenannten IP-Adressen (= Internet Protokoll-Adressen) setzen sich aus 4 Byte langen Zahlen zusammen. Die vier einzelnen Bytes werden durch die Zahlen 0 bis 255 dargestellt und mit Punkten (z.B.: 193.141.226.66) getrennt. Die IP-Adressen setzen sich aus zwei Teilen zusammen:

Abb. 4:
Bestandteile der Internet-Protokoll-Adresse

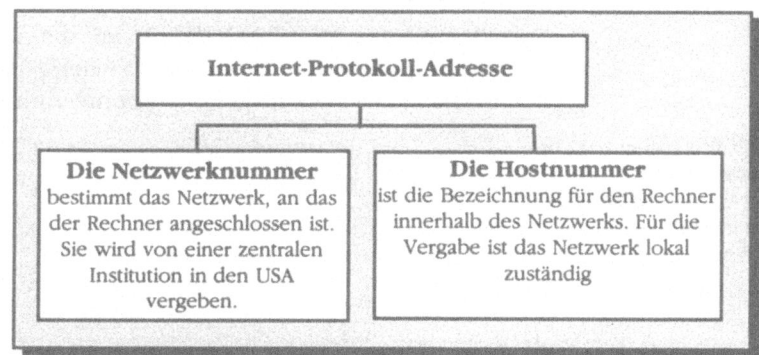

Quelle: eigene Darstellung

Abb. 5:
Zusammensetzung der Zahlenkombination der Internet-Protokoll-Adresse

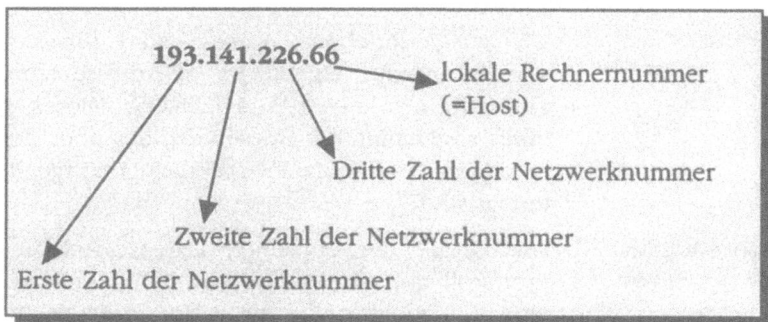

Quelle: eigene Darstellung

Netzwerknummer

Die erste Zahl der Netzwerknummer (im Beispiel die 193.) hat eine spezielle Bedeutung, aus dieser kann die Klasse des Netzwerkes (A, B oder C) mit der maximalen Anzahl an Knoten abgelesen werden (siehe Tabelle 1 und Abbildung 5).

Tab. 1:
Bedeutung der ersten Zahl der Netzwerknummer

Klasse	erste Zahl	Länge der Netzwerknummer	max. Anzahl der Rechner im Netzwerk
A	1-126	eine Zahl	16.387.064
B	128-191	zwei Zahlen	64.516
C	192-223	drei Zahlen	254

Quelle: Kimmig, 1995, S. 14

Namensgebung

Durch dieses Prinzip verfügt jeder Rechner über eine eindeutige Nummer, diese muß zur Übertragung von Daten als Adresse angegeben werden, damit die Nachrichtenpakete den entsprechen-

Kapitel 2: Grundlagen des Internet

den Rechner identifizieren können. Um die Kommunikation zu erleichtern, wurde in Anlehnung an die IP-Adresse eine Namensgebung entwickelt, die die schwierig zu behaltenden Zahlen ersetzte. Die Namensgebung könnte zum Beispiel lauten:

Abb. 6:
Zusammensetzung der Namensgebung der Internet-Protokoll-Adresse

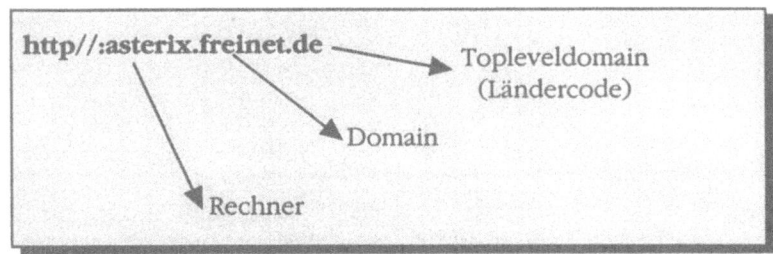

Quelle: eigene Darstellung

Nameserver

Die ausgeschriebene Adresse wird für die Datenübertragung wieder in die eigentliche IP-Adresse zurückübersetzt (z.B.: asterix.freinet.de = 193.141.226.66). Dieses geschieht mit Hilfe eines sogenannten Nameservers, der über Datenbanken verfügt, in denen Rechnername und dazugehörige Rechneradresse hinterlegt sind.

Weitere Aufgaben des TC-Protokolls

Die Größe der einzelnen Datenpäckchen ist durch das IP-Protokoll auf eine Länge von 1.500 Zeichen begrenzt. Umfaßt eine Nachricht mehr als 1.500 Zeichen, dann muß das IP-Protokoll erweitert werden, indem die Datenmenge aufgeteilt, durchnumeriert, mit Absender- und Empfängeradresse versehen und beim Empfänger wieder, wie in Abschnitt 1 bereits beschrieben, zusammengesetzt wird. Dieses Verfahren nennt sich TCP (Transmission Control Protocol). In Abbildung 1 wurde das Versenden von Daten mittels TCP-Datenpäckchen bereits dargestellt.

TC-Protokoll

Das TCP hat jedoch noch eine weitere Aufgabe. Es überprüft fehlerhaft übertragene Daten durch die Berechnung einer Prüfsumme und fordert beim Absender die erneute Übersendung des fehlerhaften Datenpäckchens an. Außerdem bildet TCP/IP für die nach außen sichtbaren Netzdienste den „Sockel", auf dem diese darüber angeordnet werden (Abbildung 7: Ebenen zwischen Mensch und Computer).

3 Technische Grundbegriffe im Umfeld des Internet

Abb. 7:
Ebenen zwischen Mensch und Computer

Anwenderebene:
WWW, FTP, E-Mail, TELNET oder News werden vom Benutzer auf dem Bildschirm betrachtet.

Darstellungsebene:
Die Anwendungen werden mit Hilfe der speziellen Anwendungsprotokollen wie z.B. HyperText Transfer Protocol für das WWW oder Simple Mail Tranfer Protocol für E-Mails dargestellt.

Protokollebene:
Mit Hilfe von z.B. TCP/IP wird der Transport und die Vermittlung der Daten von Host zu Host möglich.

Computerebene:
Der einzelne Host bildet die Basis, auf denen die Protokoll-, Darstellungs- und Anwenderebene aufgesetzt werden.

Quelle: eigene Darstellung

3.2 Netzdienste

Die wichtigsten Anwendungen

Auf der Anwenderebene zählen die folgenden fünf näher behandelten Netzdienste zu den wichtigsten Anwendungen. In der Praxis ist der Netzdienst WWW (World Wide Web) von herausragender Bedeutung, doch sollen auch die älteren Dienste TELNET, FTP, E-Mail und News kurz charakterisiert werden, da ihre Bedeutung ungebrochen ist und sie zum Teil in das WWW mit integriert werden (z.B. E-Mail-Funktionen auf Web-Seiten).

TELNET
- TELNET (Teletype Network)
  ermöglicht es, auf einen Server (Großrechner) über einen Client (Rechner) zuzugreifen, als würde man direkt am Server arbeiten. So können rechenintensive Aufgaben auf den weit entfernten Großrechner übertragen werden.

FTP
- FTP (File Transfer Protocol)
  erlaubt den wechselseitigen Dateiaustausch zwischen zwei Rechnern und basiert auf TCP.

E-Mail
- E-Mail (SMTP, Simple Mail Transfer Protocol bzw. POP3)
  zum Versenden und Empfangen von elektronischer Post zwischen zwei Rechnern.

Kapitel 2: Grundlagen des Internet

News

- News
  erlaubt Internet-Teilnehmern über sogenannte „Schwarze Bretter", die in verschiedene Themengebiete unterteilt sind, an weltweiten Diskussionsforen teilzunehmen.

World Wide Web

- WWW (World Wide Web)
  bezeichnet den Multimediadienst des Datennetzes, das heißt die Informationen werden hier grafisch dargestellt. Das WWW prägt das Erscheinungsbild für die meisten Internet-Teilnehmer und löste den allgemeinen Run auf das Internet aus. Ende der 80er Jahre wurde das WWW in der Schweiz vom CERN, dem „European Laboratory for Particle Physics", als Informationsdienst für Physiker entworfen. Das Web erlaubt dem Benutzer, auch ohne besondere Kenntnisse über die Struktur der angeforderten Daten und die beteiligten Rechner, per Mausklick auf multimediale Informationen (Hypermedia) zuzugreifen, die auf sogenannten WWW-Servern, rund um den Globus verstreut, gespeichert sind. Diese normierten Seiten verfügen meistens über unterstrichene Adressen oder markierte Stellen im Text - die sogenannten Links -, die es ermöglichen von einem WWW-Dokument, zu jedem beliebigen anderen WWW-Dokument am anderen Ende der Welt zu verzweigen, wenn sie miteinander verknüpft sind. In diesem Fall wird durch Anklicken des Links in wenigen Sekunden die Verbindung zu dem dazugehörigen Rechner aufgebaut und die entsprechende Seite angezeigt. Über die einfach zu bedienenden

Benutzeroberfläche

Benutzeroberflächen (die sogenannten Browser, wie z.B. Netscape Communicator vom Hersteller Netscape Communications), hat sich das World Wide Web zum bekanntesten und am schnellsten wachsenden Internet-Dienst weltweit etabliert.

Entwicklung

Das Word Wide Web konnte sich seit Anfang der 90er Jahre rasant verbreiten, weil die Infrastruktur des Netzes in den 80er Jahren erheblich verbessert wurde. Diese Entwicklung soll im vierten Abschnitt ausführlich beleuchtet werden.

4 Metamorphose des Internet

Internet vom Informationsmedium hin zum virtuellen Marktplatz

Nicht nur die Ausbreitung des Netzes hat sich in den letzten zwei Jahren besonders rasch vollzogen, auch die Veränderung des Internet vom Informationsmedium hin zum virtuellen Marktplatz ist während dieser Zeit stetig vorangetrieben worden. Wie dieses Phänomen zu erklären ist und welche weiteren Regeln sich im Laufe der Jahre im Internet herausgebildet haben, soll unter dem Titel Metamorphose des Internet behandelt werden.

4.1 Vom elitären zum öffentlichen Netz

Aufspaltung des ARPANET in das MILNET und das Internet

Seit „Mitte der achtziger Jahre wurden in den USA Supernetzwerkzentren eingerichtet und parallel dazu mit dem gezielten Aufbau eines landesweiten Netzes begonnen." [6]. Das ARPANET wurde in das MILNET für militärische Anwendungen und das heutige Internet für den zivilen Bereich, das bis 1990 noch NSFNET (National Science Foundation Network) hieß, aufgespalten. Die meisten Netze schlossen sich bis Ende der achtziger Jahre dem NSFNET an, da es leistungsfähige Rechenzentren und Datenübertragungsleistungen garantierte. Im Juni 1990 kam es zu einer Neustrukturierung, seitdem trägt auch die Organisation den Namen Internet.

Europa / Deutschland

In Europa begann man zeitgleich eine Netzinfrastruktur zu installieren. Im Jahre 1984 wurde in Deutschland der erste internationale Anschluß von der Universität Dortmund genutzt. Vorangetrieben wurde das deutsche Wissenschaftsnetz WIN durch den Deutschen-Forschungsnetz-Verein. Ende der 80er Jahre installierten Universitäten die ersten lokalen Netze, sogenannte LAN`s (Lokal Area Networks), die innerhalb der Universitäten die Computer miteinander vernetzten. Heute wird weiterhin in MAN`s (Main bzw. Metropolitan Area Networks, z.B. Hamburger Hochgeschwindigkeits-Rechnernetz) und WAN`s (Wide Area Netzworks, z.B. nationale Netze) unterschieden.

CERN

Das CERN entwickelte in der Schweiz den Netzdienst World Wide Web, und erleichterte damit Unkundigen weltweit den Zugang zum Internet durch die benutzerfreundliche Oberfläche (Browser). Der Grundstein für die öffentliche – im Sinne von: für jedermann mögliche – Nutzung des Internet war gelegt.

4.2 Zugangsmöglichkeiten an das Internet

Anbindung an das Internet

Um im WWW „surfen" zu können, bedarf es jedoch der Anbindung an das Internet. Zugänge zum Internet können auf verschiedene Arten hergestellt werden. Der Rechner kann direkt an das Internet angeschlossen werden, wie es in Universitäten oder bei großen Firmen üblich ist. Andernfalls wird der Rechner über die Telefonleitung per Modem mit der Workstation eines sogenannten Internet-Providers mit dem Internet verbunden (Abbildung 8).

Kapitel 2: Grundlagen des Internet

Abb. 8:
Verbindung zum Internet über Modem

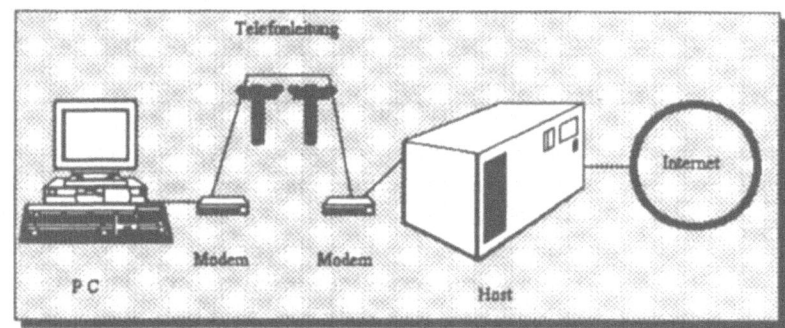

Quelle: eigene Darstellung

Internet-Provider

Der Anschluß über Universitäts-Accounts ist kostenfrei, jedoch nur für Universitätsangehörige zugänglich. Internet-Provider stehen jedermann offen. Unter Internet-Providern versteht man kommerzielle Anbieter, wie z.B. Uunet, NTG/Xlink GmbH, CompuServe, die über das Telefonnetz angewählt werden können und die, wiederum über einen größeren Rechner, mit dem Internet verbunden sind. Provider stellen diese Dienstleistung für unterschiedlich hohe Benutzungsgebühren zur Verfügung. Hinzu kommen die Telefongebühren.

Zugang über ein Modem: online oder offline

Wird der Zugang über ein Modem hergestellt, wird wiederum in zwei Klassen unterschieden: den Online-Zugang und den Offline-Zugang (Abbildung 9). Online-Accounts via Modem stellen mit Hilfe von sogenannten PPP- oder SLIP-Protokollen, das TCP/IP-Protokoll für die Datenübertragungen auf seriellen Leitungen her. So ist eine direkte TCP/IP-Kommunikation mit den Internet möglich. „Die einzige Beschränkung besteht in einer geringeren Datenübertragungsrate (KHz) durch das Telefonnetz im Vergleich zur MHz-Bandbreite, einer direkten Verbindung mit dem Koax-Kabel." [7].

Abb. 9:
Zugangsklassen bei Modemzugang an das Internet

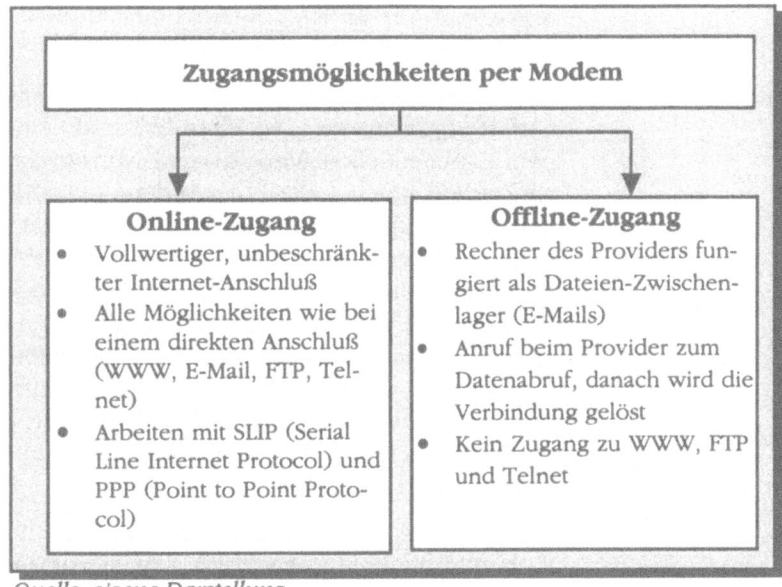

Quelle: eigene Darstellung

Modem/ISDN

Ein leistungsfähiges Modem (ab 14.400 Bits/Sekunde) und ein Anschluß an das ISDN-Netz (64.000 Bits/Sekunde bzw. 128.000 Bits/Sekunde) bieten derzeit die höchstmöglichen Übertragungsraten in Bit per Sekunde. Auf Offline-Verbindungen soll an dieser Stelle nicht weiter eingegangen werden.

Internet-Zugang für die breite Öffentlichkeit

Aufgrund der allgemeinen Verfügbarkeit preiswerter Rechner, entsprechender Software und den Serviceleistungen der Internet-Provider realisierte sich die Möglichkeit des Internet-Zugangs sehr schnell für eine breite Öffentlichkeit.

4.3 Veränderung der Rolle des Internet

Entwicklungen seit 1990

Ab 1990 vervielfachte sich die Anzahl der Benutzer von Monat zu Monat um ca. 10%, so daß im Januar 1995 bereits 5 Millionen Rechner angeschlossenen waren [8]. Seit Beginn des Jahres 1995 hat sich der Ansturm auf das Netz noch erhöht. Im April 1995 umfaßten die Internet-User weltweit rund 25 Millionen Mitglieder [9] und so ist das Kommunikationsmittel einer ehemals kleinen weltweiten Forschungsgemeinschaft zu einem gesellschaftlich und wirtschaftlich bedeutendem Medium geworden. Tiefgreifende Veränderungen, in Politik, Wirtschaft, Kultur, Gesellschaft und Wissenschaft werden erwartet, da das Internet mittlerweile allgemein als der Wirtschaftssektor mit dem größten Wachstumspotential gilt. Dokumentiert wird dies immer wieder durch Aussagen von Verbänden, Unternehmen und Wissenschaftlern. Exemplarisch seien einige hier wörtlich zitiert.

Wachstumspotential des Internet

Ralph Machholz, Product Marketing Manager der Microsoft GmbH argumentiert: „Der Internet-Trend ist seit Monaten mit einem exponentiellen Wachstum an Nutzern zu einem nicht mehr wegzudenkenden Faktor geworden. [...] Die Internet-Entwicklung ist so umfassend, daß man schon von einem Paradigmawechsel spricht, der ähnlich umwälzend ist, wie die Veränderung von Mainframe- zur Client/Server-Entwicklung." und weiter: „Erst auf den zweiten Blick erkennt man den Wert des Internet: aus einer jahrelangen schmerzlichen Evolution haben sich Basistechnologien ausgebildet, die es relativ einfach machen, Informationen zu vernetzen. Und damit zeigt sich der Nutzen des Internet: Endlich gibt es einen gemeinsamen Nenner, den viele weltweit verstehen."[10].

Überlebenschancen

Klaus Haasis, Geschäftsführer der Medien- und Filmgesellschaft Baden-Württemberg geht sogar soweit zu sagen, daß Unternehmungen, die auf Online-Anschluß verzichten, nur geringe Überlebenschancen haben. „Es wäre ähnlich, wie wenn ein Unternehmen vor vierzig Jahren gesagt hätte, wir brauchen kein Telefon, sondern vertrauen auf die Macht des geschriebenen Wortes." [11].

300 Millionen Menschen

Professor Hans Christoph Zeidler, Leiter des Instituts für Technische Informatik im Fachbereich Elektrotechnik der Universität der Bundeswehr in Hamburg führt aus: 1996 bestand das Internet aus weit über 60.000 Rechnernetzen in über 150 Ländern. Vint Cerf, wies auf der Konferenz „INET '98" daraufhin, daß die Zahl der Nutzer 1998 auf über 100 Millionen angewachsen ist und derzeit 45 Millionen Hosts in 240 Ländern an das Netzwerk angeschlossen sind. Er prognostiziert, daß bis zum Ende des Jahres 2000 die Zahl der Internetnutzer auf mindestens 300 Millionen anwachsen wird. „Einige Schätzungen gingen sogar von einer Milliarde Internet-User Ende 2000 aus" [12].

Keine Hierarchie

Doch noch heute atmet das Netz den leicht rebellischen Geist seiner Geburtsstunde: Jeder kann sich frei äußern und Zensur wird im Internet als eine Art von Störung empfunden. Die Grundidee von 1969 hat sich bis heute gehalten: Jeder Knoten ist für sich selbständig, und keine Organisation verwaltet oder beherrscht das Internet allein. Das Netz kennt keine Hierarchie. Anschließen kann sich jeder dem Internet, der die technischen Möglichkeiten besitzt [13].

4 Metamorphose des Internet

Aufstellung von Regeln

„Regeln werden nach einer mehrheitlichen Übereinkunft aufgestellt, so daß niemand einzeln über Teile des Internet bestimmen kann. Wem bestimmte Regeln nicht gefallen, kann versuchen, genügend andere, gleichdenkende Mitstreiter zu finden und sich einen eigenen Bereich mit eigenen Regeln zu schaffen." [14]. Da die Rechnerbetreiber Nutzen aus dem Netz ziehen wollen und kein Interesse daran haben von allen anderen Usern ignoriert zu werden, pflegen diese ihre Rechner und halten sich an die Übereinkünfte im Netz.

Benimmregeln „Nettiquette"

Zu diesen Übereinkünften gehört auch die sogenannte Netiquette. Die Netiquette könnte man umschreiben als den Knigge des Internet. Benimmregeln haben sich im Internet ebenso herausgebildet, wie in allen anderen gesellschaftlichen Bereichen. Wer gegen sie verstößt, wird durch die anderen User (durch Nichtbeachtung oder in Form des sogenannten Flaming. Unter Flaming versteht man das Blockieren des IP-Zuganges durch den Eingang von unzähligen E-Mails. Auslöser für ein Flaming könnte z.B. die Tatsache sein, daß auf einer Webseite unverhältnismäßig viel Werbung im Vergleich zu den angebotenen Informationen dargeboten werden. Der User bezahlt die Telefongebühren und gegebenenfalls auch noch Benutzungsgebühren, als Gegenleistung verlangt der „Internaut" Informationen. [15].) gestraft.

Informationslieferant

Medien wie das Internet dienen der Übermittlung von Informationen. Diese wiederum setzen sich aus Daten zusammen und werden als zweckorientiertes Wissen aufgefaßt. Informationen dienen als Grundlage oder Rohstoff aller Entscheidungen. Daher bietet sich das Netz der Netze, aufgrund seiner Unabhängigkeit von Räumen und Zeiten, für den Kunden, als stets zugänglicher Informationslieferant und damit als Entscheidungshilfe an.

4.4 Neues Medium = Neue Wege zum Kunden

Perspektive der Unternehmen

Aus der Perspektive eines Unternehmens betrachtet, ist jede Kommunikation hin zum Markt, die letztendlich eine Verhaltensänderung hervorrufen soll, der Versuch über die Kommunikation den Verkauf unternehmenseigenen Produkte zu stimulieren. Die Zielerreichung ist abhängig vom gewählten Medium, dem Erreichen des Adressatenkreises und der Sachverhaltdarstellung.

Vergleich: Internet mit bisher bekannten Medien

Weshalb sollte gerade das Internet besonders geeignet sein, Käufer für die Produkte und Leistungen einer bestimmten Unternehmung, z.B. einer Börse zu gewinnen? Zur Beantwortung die-

Kapitel 2: Grundlagen des Internet

ser Frage wird zunächst ein Vergleich des Internet mit den bisher bekannten Medien erfolgen.

Jedes Medium verfügt über individuelle Eigenschaften hinsichtlich der Möglichkeiten der Aufbereitung und Darstellung von Informationen (s.u. Tabelle 2 der Medien-Eigenschaften).

Begrenzte Möglichkeiten

Unter der Grundannahme, das niemand simultan mehrere Medien zur Informationsversorgung nutzt, also zum Beispiel gleichzeitig einen Radio-Spot hört und eine Zeitungsanzeige betrachtet, muß der Absender der Botschaft dafür sorgen, daß er die begrenzten Möglichkeiten des verwendeten Mediums so effektiv wie möglich einsetzt.

Schlußfolgerung

Die Schlußfolgerung wäre demzufolge: Je mehr Möglichkeiten der Botschaftsvermittlung einem Medium zur Verfügung stehen, desto wahrscheinlicher wird es, die beabsichtigte Wirkung zu erzielen.

Tab. 2: Medien-Eigenschaften

Medien	*Eigenschaften*							
	Wahrnehmung		Informationsfluß		Darbietung		Ansprache	
	optisch	akustisch	gerichtet	interaktiv	statisch	dynamisch	Masse	individuell
Mailing	X		X		X		X	X
Telefon		X	X	X	X	X		X
Print[1]	X		X		X		X	
Radio		X	X			X	X	
TV	X	X	X			X	X	
Internet	X	X	X	X	X	X	X	X

[1] *Print = Printmedien, wie Zeitungen, Zeitschriften etc., Quelle: Döring-Katerkamp, 1996, S. 549*

Multitalent

„Das Internet ist ein Multitaltent: Es vereint in sich die wichtigsten Eigenschaften aller Medien. Daher besticht es als ideales Informations- und Kommunikationsinstrument." [16].

Der Gestaltungsspielraum ist bei keinem anderen Medium so groß, auch wenn man mindestens zwei Einschränkungen machen muß:

Einschränkungen

1. Der Zugang und damit die Nutzung des Internet ist noch lange nicht so verbreitet, wie die Anzahl der Briefkästen, Telefone, Zeitungen und Zeitschriften, Radios oder der Fernsehgeräte. Nicht jedermann verfügt über die Grundvoraussetzungen, um einen Internet-Zugang zu erlangen. Über Personalcomputer verfügen zwar 28% aller deutschen Haushalte,

doch die Verbreitung von Modems, über die erst die Verbindung zum Internet möglich ist, ist in Deutschland geringer als in den USA. Daher ist das Internet ein Medium, das der Allgemeinheit noch nicht flächendeckend zur Verfügung steht. Allerdings gehen Experten wie Thomas Middelhof (Vorstandsvorsizender der Bertelsmann AG, Gütersloh) davon aus, daß es „im Jahr 2000 weltweit rund 250 Millionen PC-Besitzer geben (wird, d. Verf.), davon 170 Millionen als „on-line-Nutzer" im Internet." [17].

2. Eventuell können nicht alle Mediumseigenschaften des Internet optimal ausgeschöpft werden, da nicht alle User über alle notwendigen technischen Komponenten (z.B. Lautsprecher, Farbbildschirm, Soundkarten etc.) verfügen. [18].

Interaktivität

Besondere Bedeutung kommt einer Eigenschaft des Internet zu: Der Interaktivität. Unter Interaktion versteht man die „Wechselbeziehung zwischen Handelspartnern" [19] (also das aufeinander bezogene Handeln von mindestens zwei Personen) ebenso, wie „dialogorientierte Systeme, die dem Anwender ein Feedback geben" (also das Wechselspiel zwischen Computer und Mensch, z.B. Eingabe über die Tastatur, Erscheinen auf dem Bildschirm) [20].

Reaktion

Je größer der zeitliche Abstand zwischen der Botschaft, also der Anregung zu einer Reaktion und der Möglichkeit des Kunden zu einer Reaktion wird, desto schwächer wird die Wirkung der erhaltenen Botschaft. Nur ein interaktives Medium, wie das Telefon oder das Internet, ermöglichen eine sofortige Reaktion auf einen Reiz. Das Telefon ist nicht für die Bewerbung von Massen geeignet. Die für die Massenbewerbung geeigneten Medien Radio, TV und Printmedien wiederum lassen keine sofortige Reaktion ohne Medienbruch zu. Nur das Internet kann Massen erreichen und bei unmittelbarer Reaktion ebenfalls zu einer individuellen Kommunikation genutzt werden.

5 Resümee

Vielfalt der Möglichkeiten

Es kann abschließend festgestellt werden, daß es sich beim Internet um ein einzigartiges Kommunikationsmedium handelt, das nicht nur für einen Spezialzweck eingesetzt werden kann, sondern dessen Reiz gerade in der Vielfalt seiner Möglichkeiten liegt. Man könnte das Internet als ein „Sowohl als auch"-Medium bezeichnen, im Gegensatz zum „Entweder oder" der anderen Medien. [21]

Kapitel 2: Grundlagen des Internet

Die bisher erarbeiteten Eigenschaften des Internet lassen sich wie folgt zusammenfassen.

Eigenschaften des Netzes

Das Internet

- ist eine geographisch und zeitlich unbegrenzt nutzbare Kommunikationslandschaft,
- besitzt fest definierte Zugangskanäle,
- gewährleistet eine hohe Markttransparenz, durch den sekundenschnellen Vergleich der Mitbewerberangebote,
- benötigt aufwandbereite und aktive Nutzer, die deshalb einen eindeutigen und hohen Nutzen verlangen,
- ermöglicht die Segmentierung der Kunden z.B. durch die interessenspezifische Weiterverzweigung auf der Homepage des Unternehmens,
- erleichtert statistische Auswertungen des Betrachterverhaltens, durch den Einsatz spezieller Programme (z.B. Target),
- ist geeignet zur kurzfristigen Vermittlung aktueller Informationen,
- verfügt über optionale Eigenschaften, wie telefonieren, Videokonferenzen, Videos betrachten etc., und die Nutzung seiner Eigenschaften, hängt von dem Willen und der individuellen Ausstattung des Users ab.

Warum Internet-Präsenz?

Daraus ergeben sich für Unternehmen drei Gründe, die dafür sprechen, sich im Internet zu präsentieren.

1. Das Internet ermöglicht eine zeitlich und geographisch unbegrenzte Datenmobilität mit vielfältigen Möglichkeiten, die bisher kein anderes Medium bieten konnte.
2. Die neuen Möglichkeiten in Bezug auf die Werbung, den Direktvertrieb, die Erweiterung der Angebotspalette, die Kundensegmentierung und -bindung und die Kostensenkungspotentiale.
3. Das Internet stellt aufgrund der Dynamik seiner Verbreitung für Unternehmen, die im härter werdenden globalen Wettbewerb bestehen wollen, nicht mehr ein Produkt, sondern eine eventuell existenzsichernde Chance dar [23].

Akzeptanz oder Zweifel?

Der Erfolg der neuen Medien hängt jedoch entscheidend von der Akzeptanz bei Industrie und Verbrauchern ab. Auch Vint Cerf, einer der Erfinder des technischen Internet-Protokolls TCP/IP, resümiert, daß die größte Herausforderung heute nicht mehr die Technologie sei, sondern gesellschaftliche und wirt-

5 Resümee

Internet-Umsätze

Zweifel

Rechtssicherheit

Zahlungsverkehr

schaftliche Probleme. [24] Noch ist der digitale Weltmarkt nicht realisiert, doch in absehbarer Zeit kann der elektronische Einkauf zum Alltag gehören und damit die Marktsituation grundlegend verändern.

„Eine Studie prognostiziert eine Zeitspanne von ca. vier Jahren, bis die Internet-Umsätze z.B. in Europa auf mehr als drei Milliarden Dollar steigen; für Deutschland rechnet man mit einem Anteil von fast einer Milliarde." [25].

Doch noch hegen Wirtschaft und Konsumenten Zweifel und sorgen sich um die Datensicherheit. „Solange der Datenaustausch im Internet so vertraulich sei wie eine Postkarte, bleibe es allein ein Medium für Werbung und Belangloses." [26].

Neben den Fragen der Datensicherheit werden immer mehr kritische Stimmen zum Thema Rechtssicherheit laut. In seinen Anfängen handelte es sich beim Internet um einen rechtlosen Raum. Im Jahre 1969 war das Internet ein Medium für eine Minderheit von Wissenschaftlern, die größeren Wert auf die schnelle und unkomplizierte Kommunikation legten, als auf Regelungen zum Thema Urheberrecht oder Datenschutz. Aufgrund der damaligen überschaubaren Verbreitung des Netzes war die großzügige Haltung gegenüber teilweise abschreckenden Inhalten und absurden Ideologien tolerierbar.

Ein weiteres Problem ist derzeit noch die Abwicklung des Zahlungsverkehrs (vgl. auch den Beitrag von Bhaumick in diesem Buch). Um den heutigen schnellebigen Entwicklungen der Online-Medien gerecht zu werden, ist jetzt die Politik gefordert Rahmenbedingungen zu schaffen.

Anmerkungen

[1] vgl. o.V., 12.01.1998; auch Fleischer, 1997, S. 12
[2] Klaus Haasis, Geschäftsführer der Medien- und Filmgesellschaft Baden-Württemberg in: o.V., Weser Kurier, 28.04.1997
[3] vgl. Kimmig, 1995, S. 9f.; auch Kotschenreuter, 1994, S. 3ff.
[4] Kimmig, 1995, S. 10
[5] Zeidler, 1996, S. 335
[6] Zeidler, 1996, S. 334
[7] Kimmig, 1995, S. 17
[8] vgl. Machholz, 1996, S. 1
[9] vgl. Kurzidim, 1995, S. 174
[10] Machholz, 1996, S. 1ff.
[11] o.V., 28.04.1997
[12] o.V., 01.08.1998
[13] vgl. Zeidler, 1996, S. 333; vgl. auch Kimmig, 1995, S. 12
[14] Kimmig, 1995, S. 12
[15] vgl. Kurzidim, 1995, S. 180
[17] Döring-Katerkamp, 1996, S. 548
[18] Moniac, 1996
[19] vgl. Döring-Katerkamp, 1996, S. 548
[20] Müller, 1982, S. 350f.
[21] Müller, 1982, S. 350f.
[22] Döring-Katerkamp, 1996, S. 549
[23] vgl. Döring-Katerkamp, 1996, S. 551; vgl. auch Fleischer, 1997, S. 14
[24] vgl. o.V., 01.08.1998
[25] Zeidler, 1996, S. 333
[26] Zeidler, 1996, S. 333

Literatur

Döring-Katerkamp, Uwe: Internet: Neue Wege zum Kunden, in: Die Bank, Heft 9/96, S. 548-551

Fleischer, Klaus: Virtual Banking - mehr als eine Vision, in: Bank Magazin, Heft 3/97, S. 12-14

Kimmig, Martin: Internet - Im weltweiten Netz gezielt Informationen sammeln, Reihe: Beck EDV-Berater - Basiswissen, Beck Verlag, München, 1995

Kotschenreuther, Jürgen): Auf dem Weg zum „Global Village", in: Diebold Management Report, Heft 8-9/94, S. 3-7

Kurzidim, Michael: Bare Münze - Das Internet als Verkaufs- und Marketing-Medium, in: c't, Heft 4/95, S. 174-180

Machholz, Ralph: Schon wieder ein Editorial zum Thema Internet, in: Windows Monitor, Heft 4/96, Microsoft GmbH, Unterschleißheim, September 1996, S. 1-3

Moniac, Rüdiger: Aufholjagd auf den Datenautobahnen, in: Die Welt, Hamburg, 10.09.1996, im: http//:www.welt.de/

Zeidler, Hans Christoph: Das Internet - Chaotische Informationstechnik zwischen Spielwiese und Arbeitsmittel?, in: Zeitschrift Führung und Organisation, 65. Jahrgang, Heft 6/96, S. 332-337

o.V.: Das Internet beginnt jetzt richtig zu blühen, in: Weser Kurier, Bremen, 12.01.1998, S. 10

o.V.: Ohne Online keine Chance, in: Weser Kurier, Bremen, 28.04.1997, S. 10

o.V.: Millionen nutzen das Internet, in: Weser Kurier, Bremen, 01.08.1998, S. 45.

3 Elektronische Marktforschung: E-Mail- und Web-Umfragen

Fraser Frost

1 Einführung 50
2 Elektronische Methoden der Primärdatenerhebung 51
   2.1 Problemstellung 51
   2.2 Erläuterung elektronischer Datenerhebungsmethoden 51
   2.3 Nutzung elektronischer Datenerhebungsmethoden 53
   2.4 Antworten auf Online-Umfragen 53
      2.4.1 Bequemlichkeit und Flexibilität 53
      2.4.2 Vertrautheit des Befragten mit dem Medium 55
      2.4.3 Geheimhaltung 55
      2.4.4 Kosten für die Befragten 55
   2.5 Nutzen und Beschränkungen (für den Marktforscher) 56
      2.5.1 Generelle Nutzen und Beschränkungen 56
      2.5.2 E-Mail-Umfragen 57
      2.5.3 Web-(HTML-)Umfragen 60
      2.5.4 Online-Diskussionsgruppen 63
3 Die Zukunft der Netzwerk- und Online-Umfragen 65
   3.1 Diffusion der Technologie 65
   3.2 Fortschritte der Technologie und der Software 65
4 Zusammenfassung 67
Literatur 68

Kapitel 3: Elektronische Marktforschung: E-Mail- und Web-Umfragen

1 Einführung

Möglichkeiten der Forscher

In den letzten Jahren haben Computer die Vermögen der Forscher zur schnellen Analyse, Speicherung und zum Durchsuchen und Wiederauffinden großer Mengen von Daten stark erhöht. Parallel zur Zunahme der Computernutzung und zur Einführung von Netzwerken und neuen Protokollen entwickelte sich der Aufstieg des Internet.

Kommerzielles Netzwerk

Seit seiner Konzeption hat sich das Internet von einem militärisch genutzten Kommunikationssystem zu einem Forschungsnetzwerk und weiter zu einem kommerziellen Netzwerk entwickelt, in dem Produkte und Dienstleistungen gekauft werden können.

Neue Formen elektronischer Kommunikation

Neue Formen elektronischer Kommunikation, wie E-Mail und das Internet allgemein, offerieren nun Möglichkeiten, um mit Kunden auf vielfältige Weise zu interagieren. Das Internet (ein Netzwerk von Netzwerken im Gegensatz zu internen Netzwerken) bietet Shopping Malls, Produktinformationen und Web-Sites zur Firmen und Marken. Beide, der Internet-Shopper und der Anbieter, können z.T. Fragen in Echtzeit stellen. Damit bietet sich die Möglichkeit, auch auf Massenmärkten Feedback zu generieren.

Internet-Ressourcen

Kommerzielle Organisationen und auch Individuen nutzen in verstärktem Maße Internet-Ressourcen. Am verbreitetsten sind die Kommunikation (mittels E-Mail) und die Informationsbeschaffung (im World Wide Web) sowie Nutzung des Web als Marketing-Medium.

Attraktivität

Auf Grund der hohen Attraktivität des World Wide Web hat sich die Nutzerzahl und die Netzwerkgröße mit phänomenalen Schritten ausgedehnt. Während einige Autoren das Wachstum des neuen Mediums quantifiziert haben, sind andere Statistiken zur Nutzung des Internet und des WWW nur schwer erhältlich.

Datensammlung

Gegenwärtig wird damit begonnen, das Internet im Rahmen der Marktforschung auch zur Datensammlung zu nutzen. Auch wenn E-Mail kein wirklich neues Phänomen ist, wurde seine Nutzung im Internet zusammen mit dem WWW zur Hauptattraktion für die Internet-Nutzer. Die Möglichkeit der Datensammlung per E-Mail wurde im Kontext der Organisationsforschung bereits vor mehr als einer Dekade entdeckt. E-Mail, wie auch die anderen Internet-bezogenen Methoden, sind nicht auf die Organisationsforschung begrenzt und stellen neue Möglichkeiten zur Erhebung von Primärdaten zur Verfügung.

2 Elektronische Methoden der Primärdatenerhebung

2.1 Problemstellung

Papierbasierte und elektronische Umfragen

Der Unterschied zwischen papierbasierten und elektronischen Umfragen ist erheblich. Diese Unterschiede beziehen sich zum einen auf die Methoden des initialen Kontakts und zum andern darauf, wie qualitative und quantitative Umfragen administrativ verwaltet und wie die Daten behandelt werden.

Primärkontakt

In konventionellen Umfragen wird der erste Kontakt entweder per Telefon, per Post oder persönlich hergestellt. Die grundsätzliche Kommunikationsmethode im Internet und in internen Netzwerken ist E-Mail.

Management von Online-Umfragen

Die Verwaltung bzw. das Management solcher Online-Umfragen oder Diskussionsgruppen kann einige einzigartige Vorteile bieten, wenn die Erhebung der Primärdaten in einer computervermittelten Umgebung (Hofmann/Novak 1996) stattfindet. Sie beziehen sich auf verringerte Kosten, Geschwindigkeit, die Antwortqualität und die Qualität der erzeugten Daten. Diese Vorteile werden in späteren Abschnitten näher erläutert.

2.2 Erläuterung elektronischer Datenerhebungsmethoden

Methoden der Erhebung

Es gibt hauptsächlich drei Methoden der Erhebung von Primärdaten im Internet: E-Mail, HTML-Formulare und Online-Diskussionsgruppen. Diese können auch gemeinsam genutzt werden, um die Datenerhebung zu erleichtern. Daraus ergeben sich fünf Wege der Online-Datenerhebung bzw. der Erhebung von Daten in einem Netzwerk. Sie können sowohl für die qualitative wie auch für die quantitative Forschung genutzt werden. Tabelle 1 gibt eine Übersicht.

Kapitel 3: Elektronische Marktforschung: E-Mail- und Web-Umfragen

Tab. 1:
Elektronische Datenerhebungsmethoden

Methode	quantitativ	qualitativ
E-Mail	Ja	Ja
E-Mail + HTML-Formular im Anhang	Ja	Nein
HTML-Formular mit HyperText Links	Ja	Nein
HTML-Formular ohne HyperText Links	Ja	Nein
Online-Diskussionsgruppen	Nein	Ja

Hinweis: In einem HTML-Formular oder einer Web-Seite kann ein Formularfeld auch genutzt werden, um Antworten auf offene Fragen aufzunehmen. Hauptsächlich werden HTML-Formulare jedoch für quantitative Umfragen eingesetzt.

E-Mail-Fragebogen

E-Mail-Fragebogen sind im Grunde genommen Fragebogen, die im ASCII Format geschrieben wurden. Diese werden an eine Stichprobe (Sample) gesendet, die den Fragebogen beantworten, indem sie die erhaltene Originalnachricht editieren und zurücksenden. Bei einer E-Mail mit angefügtem HTML-Formular dagegen muß der Empfänger eine ausführbare HTML-Datei anklicken und das daraufhin angezeigte HTML-Formular ausfüllen. Am Ende übermittelt er die Antworten durch betätigen des "submitt"- oder „Nachricht absenden"-Knopf im auf der Seite.

HTML-Formulare

HTML-Formulare oder Web-Fragebogen sind normalerweise über das World Wide Web oder ein Intranet (oder Extranet) zugänglich, da sie auf derselben Technologie (z.B. Protokolle) aufbauen. Wie in Tabelle 1 gezeigt, können die Fragebogen über einen Link mit anderen Web-Seiten verbunden sein. Web-Fragebogen können entweder mit speziellen Softwarepaketen erstellt werden oder direkt in einer Kombination aus Programmier- und Seitenbeschreibungssprache (z.B. Perl, C++ und HTML= HyperText Markup Language) erzeugt werden.

Online-Diskussionsgruppen

Die letzte Methode der Primärdatenerhebung sind Online-Diskussionsgruppen. Diese können mit Internet-Diskussionsforen verglichen werden, da sie textbasiert sind und von einem Moderator kontrolliert werden. In Online- oder textbasierten Diskussionsgruppen ist die Teilnahme nur identifizierten Nutzern erlaubt. Die Diskussionen sind stärker moderiert, um einen adäquaten Dialog der Beteiligten zu initiieren.

2 Elektronische Methoden der Primärdatenerhebung

Potentielle Teilnehmer in solchen Diskussionsgruppen können Internet-Nutzer aus der ganzen Welt sein.

2.3 Nutzung elektronischer Datenerhebungsmethoden

Marktforschungsfunktionen

Elektronische Datenerhebungsmethoden werden in vielfältiger Weise genutzt. Web-Site werden für verschiedene Marktforschungsfunktionen wie Kundenbefragungen, zur Messung des Produktinteresses und der Reaktion von Kunden auf Produkte sowie für Aktivitäten mit Diskussionsgruppen eingesetzt. Abhängig von der Technologie und der Software, die dem Marktforscher und dem Befragten zur Verfügung steht, können diese Methoden sowohl in internen Netzwerken als auch auf offenen Netzwerken, wie dem Internet, eingesetzt werden.

Die elektronischen Datenerhebungsmethoden wurden auch in verschiedenen akademischen Studien eingesetzt und haben sich dort bewährt.

2.4 Antworten auf Online-Umfragen

2.4.1 Bequemlichkeit und Flexibilität

Postweg oder Fax

Traditionelle Methoden sind hinsichtlich der Vereinfachung der Antwortmöglichkeit beschränkt. Mit Online-Datenerhebungsmethoden kann erheblich mehr Flexibilität in Erhebungen integriert werden. Dies kann u.a. dadurch erfolgen, daß die Befragten die Möglichkeit erhalten den Fragebogen bzw. ihre Antworten auszudrucken und den normalen Postweg zu nutzen oder die Antworten zu faxen. Dies erhöht zwar die Flexibilität, jedoch wird der Aufwand größer als der, der für eine elektronische Antwort benötigt werden würde. Dennoch mag dies einen positiven Effekt auf die Antwortquoten haben, wenn der Empfänger mit der Online-Antwortmöglichkeit nicht ganz zufrieden ist, z.B. bei mangelnder Kompetenz oder Mißtrauen bezüglich der Vertraulichkeit bzw. Sicherheit im Netz.

Effekt auf Antwortverhalten

Mit Ausnahme der Online-Diskussionsgrupppen, bei denen es nur eine Antwortmöglichkeit gibt, muß der Effekt, den die Flexibilität auf das Antwortverhalten hat, noch untersucht bzw. bewiesen werden. Da die Komplexität von Web-Umfragen mit der Nutzung von Führungs- bzw. Verzweigungsfragen, der Nutzung von Graphiken, Audio- und Videosequenzen zunimmt, könnte das Angebot einer Druckoption zukünftig erschwert oder unmöglich werden. Tabelle 2 gibt eine Übersicht über die Antwortmöglichkeiten.

Tab. 2: Antworten auf Online-Umfragen

Methode	Antwort Möglichkeit	Wahrscheinlichkeit	Bequemlichkeit	Nutzungs-grund
E-Mail	E-Mail Antwort/ Erwiderung	hoch	hoch	Bequem-lichkeit
	E-Mail drucken & Post-/Fax-Antwort	mittel	mittel	Begrenzte Zeit am Terminal
E-Mail + HTML-Formular im Anhang	Elektronische Übermittlung	hoch	mittel	Bequemlichkeit
	HTML-Formular drucken & Post-/Fax-Antwort	mittel	gering	Begrenzte Zeit am Terminal
HTML-Formular mit Hypertext Links	Elektronische Übermittlung	hoch	hoch	Bequemlichkeit
	HTML-Formular drucken & Post-/Fax-Antwort	mittel	mittel	Begrenzte Zeit am Terminal
HTML Formular ohne Hypertext Links	Elektronische Übermittlung	hoch	hoch	Bequemlichkeit
	HTML-Formular drucken & Post-/Fax-Antwort	mittel	mittel	Begrenzte Zeit am Terminal
Online-Diskussionsgruppen	Echtzeit Übermittlung	hoch	hoch	Einzige Anwortmöglichkeit

Hinweis: Die Bequemlichkeit der Antwort wurde bewertet anhand der Anzahl von im Antwortprozeß notwendigen Schritten.

Klärung von Fragen

Ein in Tabelle 2 nicht erwähnter Aspekt ist die Bequemlichkeit von E-Mail als Kommunikationsmedium. Es gibt Anhaltspunkte dafür, daß Nutzer ihre Fragen, die sich im Zusammenhang mit der Beantwortung des Fragebogens ergeben, vor der Rücksendung mit dem Autoren per E-Mail klären. In einer elektronischen Umfrage verlangten zehn Befragte Auskunft über den letztendlichen Zweck bzw. die Nutzung der Umfrageergebnisse. Die bequeme Klärung von Fragen via E-Mail kann sich als nützlich für die Erzielung akzeptabler Antwortquoten erweisen.

2.4.2 Vertrautheit des Befragten mit dem Medium

Zugang zu einem PC oder Terminal

Ein wichtiger Aspekt ist die Vertrautheit mit dem Medium, welches zur Befragung genutzt wird. Befragte einer elektronischen Umfrage müssen beispielsweise zunächst einen Zugang zu einem PC oder Terminal entweder auf der Arbeit oder zu Hause haben. Dann muß ein potentieller Befragter einen gewissen Grad an Computerfähigkeiten (und Behaglichkeit im Umgang mit dem Medium) aufweisen, um die Software wie z.B. Browser oder E-Mail-Clients für die Netzwerkkommunikation zu nutzen.

AT&T Beispiel

All die genannten Faktoren beeinflussen, ob eine Person antwortet oder nicht. In Anbetracht dieser Tatsache stellen detaillierte Anweisungen eine absolute Notwendigkeit dar, um die Chancen akzeptabler Antwortquoten zu erhöhen. In einer Umfrage unter AT&T-Mitarbeitern wurden z.B. ausführliche Anweisungen für die Beantwortung der Umfrage gegeben, da automatisierte E-Mail-Systeme oft recht rigide Schlüsselungsanforderungen stellen.

2.4.3 Geheimhaltung

Mangel an Anonymität

Bezüglich der Sicherheit bzw. Geheimhaltung könnten sich einige Befragte Sorgen über eine mögliche Verletzung der Privatsphäre machen bzw. einen Mangel an Anonymität befürchten. Verglichen mit traditionellen Methoden bietet E-Mail ein deutlich geringeres Maß an Anonymität, da die Antwortenden ihre E-Mail-Adresse als Absender im E-Mail-Header preisgeben. Ähnliche Bedenken können Befragte auch in anderen elektronischen Umfragen haben. Ein Beispiel sind Web-Fragebogen bei denen „Cookie-Files" eingesetzt werden können. Auch wenn es bislang nicht bewiesen ist, hat die Leichtigkeit, mit der Befragte identifiziert und ihr Verhalten aufgezeichnet werden können, mit Sicherheit einen Einfluß auf die Höhe der Antwortquoten.

2.4.4 Kosten für die Befragten

Portokosten

Ein Faktor, der die Antwortquoten besonders in postalischen Umfragen beeinflußt, sind die für den Befragten entstehenden Portokosten. Marktforscher fügen den Fragebögen deshalb oft bereits freigemachte Rückumschläge bei. Abhängig davon, wo der Nutzer den Fragebogen ausfüllt und von der Methode, mit der er oder sie antworten möchte, müssen auch bei elektronischen Umfragen Kosten berücksichtigt werden. Private Internet-Nutzer müssen z.B. für das Einloggen und die Telefonkosten während des Ausfüllens bzw. des Herunterladens der Umfrage oder der Teilnahme an Diskussionsgruppen im Internet bezahlen. Die Marktforscher werden daher, wenn die Neuheit des Mediums verflogen ist, ernsthafter über den Einsatz entsprechender Anreize bzw. Kompensationen nachdenken müssen.

2.5 Nutzen und Beschränkungen (für den Marktforscher)

2.5.1 Generelle Nutzen und Beschränkungen

Kosten

Den Hauptnutzen von Online- oder Netzwerkumfragen für Marktforscher stellen vermutlich die verringerten Kosten dar. Die Erfahrungen einiger Forscher beweisen, daß die Grenzkosten der elektronischen Datensammlung und Übermittlung viel niedriger sind als die Kosten für persönliche Interviews, Telefoninterviews und die postalische Versendung von Fragebögen. Solche Einsparungen fallen noch substantieller aus, wenn die Befragten weltweit verteilt sind. Die Leichtigkeit mit der E-Mail-, Web-Umfragen oder Online-Diskussionsgruppen für internationale Umfragen genutzt werden können, kann als weiterer klarer Vorteil der neuen Methoden angeführt werden. Der Einsatz von E-Mail- und Web-Umfragen sowie virtueller Diskussionsgruppen im internationalen Marketing bietet Unternehmen und Marktforschern Chancen für ein besseres Verständnis im Rahmen des Global Marketing.

Intangible Qualität

Ein Grund für den Erfolg von E-Mail und dem Web als Methode zur Übermittlung von Fragebogen ist die intangible Qualität, die mit der elektronischen Kommunikation assoziiert wird. Diese ist subjektiv und abhängig von der individuellen Person des Nutzers. Der Nimbus der Computern und der Digitalisierung des geschriebenen Wortes anhaftet, kann ein Faktor sein, der die Antwortquoten kurzfristig noch positiv beinflußt. Da diese Methoden jedoch mehr und mehr eingesetzt werden, wird dieses nicht mehr lange der Fall sein.

Forschungsprozeß automatisieren

Die neuen elektronischen Methoden ermöglichen es, den gesamten Forschungsprozeß (von der Versendung, Speicherung und Erhebung, bis zur Analyse der Antworten) zu automatisieren. Dadurch wird besonders die Integrität der Daten sichergestellt. In Kombination mit neueren Software-Entwicklungen (siehe Abschnitt 3.2) bieten diese Methoden eine Möglichkeit, bestimmte Gruppen von Fehlern, wie sie z.B. bei der Codierung und Eingabe traditioneller Umfragen auftreten, zu verhindern.

Eine elektronische Umfrage macht die Person zwischen den Befragten und dem Computer zur Datenspeicherung und -analyse überflüssig.

Hauptsächliche Beschränkungen

Die hauptsächlichen Beschränkungen von E-Mail- und Web-Umfragen im Internet betreffen die Stichprobe bzw. deren Auswahl. Der Auswahlrahmen für elektronische Umfragen in internen Netzwerken oder im Internet ist beschränkt auf die Mitglieder der Gruppe, die Zugang zu einem Computer haben und sich im Umgang damit nicht überfordert fühlen. Nur ein kleiner Prozentteil der gesamten Bevölkerung hat Zugang zum Internet. In Deutschland etwa acht bis zehn Prozent. Daher ist es schwierig, die Ergebnisse solcher Umfragen zu verallgemeinern und auf den Rest der Bevölkerung zu übertragen. Besonders, da die Internet-Nutzer hinsichtlich vieler Merkmale nicht repräsentativ für die Gesamtbevölkerung sind. Demzufolge können die neuen Methoden gegenwärtig nur bei bestimmten Fragestellungen bzw. bestimmten Forschungstypen erfolgreich angewendet werden. Beispiele hierfür sind: Marktforschung für Computerprodukte, Studien über das Internet selbst, frühe Anwender neuer Technologien, Jugendliche oder Angestellte aus dem akademischen Bereich oder der Wirtschaft.

2.5.2 E-Mail-Umfragen

Geschwindigkeit

Verglichen mit konventionellen Methoden sind E-Mail-Umfragen eine kostengünstige Methode. Die Geschwindigkeit und Leichtigkeit, mit der E-Mail versendet werden kann und man die Antworten erhält, stellt einen beachtlichen Vorteil gegenüber anderen Methoden dar.

Kontrolle und Zeitersparnis

Andere Nutzen bzw. Vorteile von E-Mail-Umfragen umfassen die Kontrolle darüber, wer antwortet sowie die Zeitersparnis bei der Vorbereitung der Umfragen. So entfallen z.B. Schritte wie das Drucken der Fragebögen, das Adressieren der Umschläge und das Kuvertieren, wie sie bei konventionellen postalischen Umfragen notwendig sind. Auch Nachfaßaktionen können einfach per E-Mail durch geführt werden. E-Mail-Umfragen bieten durch E-Mail-Header gute Erfassungsmöglichkeiten. Informationen über die Auslieferung des Fragebogens können innerhalb kurzer Zeit erhoben werden. Bezüglich letzterem ist anzumerken, daß wenn die E-Mail-Adresse falsch ist, die E-Mail in der Regel binnen kurzer Zeit „zurück gesendet" wird. Dies ermöglicht es den Marktforschern, andere Stichprobenadressen zu verwenden, um akzeptable Stichprobengrößen zu erhalten. Tabelle 3 faßt die Vor- und Nachteile von E-Mail-Umfragen zusammen

Tab. 3: Nutzen und Beschränkungen von E-Mail-Umfragen

Nutzen	Beschränkungen
kostengünstig	Richtigkeit der E-Mail-Adressen ist kritisch
Antwortgeschwindigkeit	Länge und Design der Fragebogen
Kontrolle über Antwortende	Beschränkt bei der Nutzung von Zeichen und Graphiken etc.
Zeitersparnis bei der Vorbereitung der Umfragen	Ermöglicht dem Befragten, den Fragebogen zu verändern
Wissen über Zustellung des Fragebogens	Einige organisationale Netzwerke können die Anzeige des Originalfragebogens verhindern
Mehr Verständnis bei den Befragten	
vereinfacht internationale Umfragen	
Kein Papier und keine Schreibwaren nötig	
Bietet gute Aufzeichnungsmöglichkeiten	
Erleichtert Kommunikation zwischen Nutzer und Marktforscher, z.B. Vorbenachrichtigung und Klärung von Fragen	

Tiefere Einsichten, extremere Ansichten

Wie Untersuchungen gezeigt haben, vermitteln E-Mail-Umfragen tiefere Einsichten und extremere Ansichten. Sie beinhalten mehr „Selbstenthüllung" als postalische Umfragen. E-Mail-Umfragen reduzieren auch Probleme, die z.B. bei telefonischen Umfragen in unterschiedlichen Zeitzonen auftreten, und sie sind umweltverträglicher, da erheblich weniger Papier als üblich eingesetzt wird.

Stichprobenauswahl

Eine weitere Beschränkung betrifft die Stichprobenauswahl, d.h. die dazu notwendigen Listen mit korrekten E-Mail-Adressen. An-

2 Elektronische Methoden der Primärdatenerhebung

ders als bei postalischen Sendungen, die meist auch trotz kleinerer Adressierungsfehler zugestellt werden, führt der geringste Fehler in der E-Mail-Adresse garantiert zur Nichtauslieferung bzw. zur Retour der Mail. Wenn also die Adressenlisten nicht eine entsprechend hohe Qualität und Aktualität aufweisen, können zeitaufwendige Prozeduren zur Überarbeitung notwendig werden.

Technische Beschränkungen

Weitere technische Beschränkungen von E-Mail-Umfragen beinhalten die Größe und das Design des Fragebogens. Einige Server filtern nämlich lange E-Mails, die ein festgelegtes Datenvolumen überschreiten, heraus, anstatt sie an die Mailbox des Empfängers weiterzuleiten. Wenn der Fragebogen zu lang ist, kann es also sein, daß die Nachricht den Empfänger nicht erreicht. Um dieses Problem zu umgehen, kann er z.B. in zwei oder mehr Teilen versendet werden.

Design der Fragebogen

Das Design der Fragebogen bzw. deren Layout kann durch die Hardware-, System- und Browser-Einstellungen des Nutzers beeinflußt werden. Um das Problem möglicher Inkonsistenzen beim Layout zu umgehen, müssen Marktforscher die Befragten dahingehend instruieren, daß sie ihre E-Mail-Betrachter so einstellen, daß das gewünschte Layout angezeigt wird.

Sonderzeichen, Bilder und Graphiken

E-Mail-Fragebogen werden im ASCII-Format erstellt und sind daher beschränkt, was den Einsatz von Sonderzeichen, Bildern und Graphiken betrifft. Auch wenn es nicht bewiesen ist, kann diese mangelnde Flexibilität bezüglich der Schrift und des Layouts zu niedrigeren Antwortquoten führen.

ASCII Format

Ein Hauptnachteil von E-Mail-Umfragen ist, daß E-Mail-Fragebogen im ASCII Format durch den Befragten editiert und das Format völlig verändert werden kann. So können neue Antwortkategorien eingefügt werden oder Fragen verändert und neue aufgenommen werden. Dies ist offensichtlich eine großer Nachteil, da diese Fragebogen dann entweder nicht bzw. nicht automatisiert gezählt werden können oder die Daten müssen bereinigt werden, was zu entsprechender mehr Arbeit für die Marktforscher führt.

Unaufgeforderte E-Mail-Kommunikation

Eine weitere Beschränkung von E-Mail-Umfragen bezieht sich auf die Natur von E-Mail als Kommunikationsmedium. Unaufgeforderte E-Mail-Kommunikation wird gegenwärtig von der Gemeinde Internet-Nutzer mißbilligt. E-Mail-Umfragen sollten daher entweder durch andere Kommunikationsmedien angekündigt oder durch vorsichtig abgefaßte Benachrichtigungen per

Kapitel 3: Elektronische Marktforschung: E-Mail- und Web-Umfragen

E-Mail avisiert werden, um Rückschläge und Flames (Beschimpfungen und Bedrohungen per E-Mail) von einigen der Befragten zu vermeiden.

Die Verwendung von E-Mail macht es den Empfängern auch einfacher, die Teilnahme an der Umfrage abzulehnen (durch einfaches drücken des „delete"- oder „löschen"-Knopfes im Mail-Reader) oder sich sogar bei den Marktforschern zu beschweren.

2.5.3 Web- (HTML-) Umfragen

Automatisierung

Neben den Kosten ist der Hauptnutzen bzw. Vorteil von Web-Interviews oder -Umfragen, daß der gesamte Prozeß, vom anklicken einer Antwort bis zur Ausgabe der Daten als Datei für die Analyse automatisiert abläuft. Dies stellt auch die Integrität der Daten sicher, in dem es Zwischenstationen minimiert und damit die Gefahr von Fehlern durch manuelles Handling bzw. Übertragen der Daten reduziert.

Abb. 1:
Freitexteingabe und Auswahlmöglichkeit in der W3B-Umfrage November 98

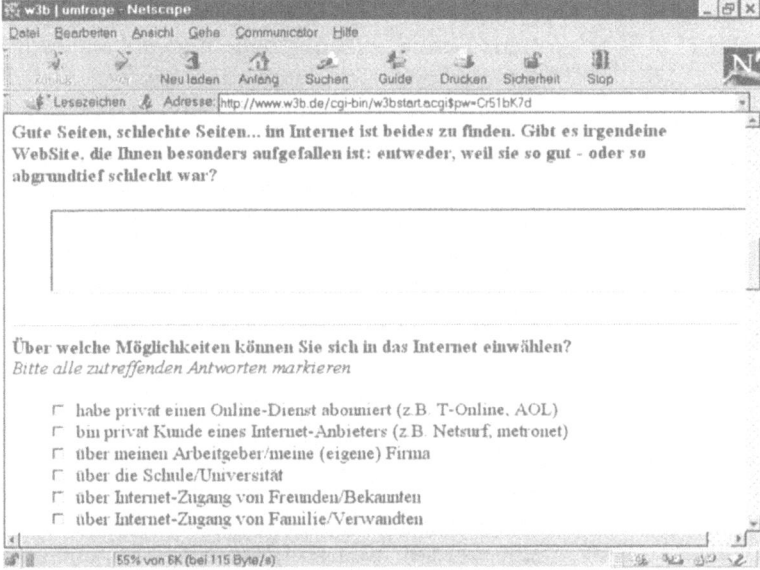

Flexibilität des Fragebogendesigns

Der zweite Nutzen von HTML-Fragebögen ist die Flexibilität hinsichtlich des Fragebogendesigns. Anders als E-Mail-Fragebögen, die bezüglich ihres potentiellen Formats recht restriktiv sind, können Web-Formulare bzw. -Fragebogen unterschiedlichste Schriftarten, Farben, Graphiken, Klänge, und Videosequenzen enthalten. Auch wenn gegenwärtig technische Beschränkungen hinsichtlich z.B. der Übertragungsraten die Nutzung von Video erschweren, kann mit der fortschreitenden technologischen Entwicklung der Einsatz von Video zu einer echten Chance werden. In ihrer gegenwärtigen Form bieten HTML-Fragebogen eine interaktive Benutzerschnittstelle, die sehr attraktiv gestaltet werden kann, um dem Befragten das Antworten zu erleichtern. Die Abbildungen 1 und 2 geben einen Eindruck von dem gegenwärtigen Erscheinungsbild von Web-Umfragen.

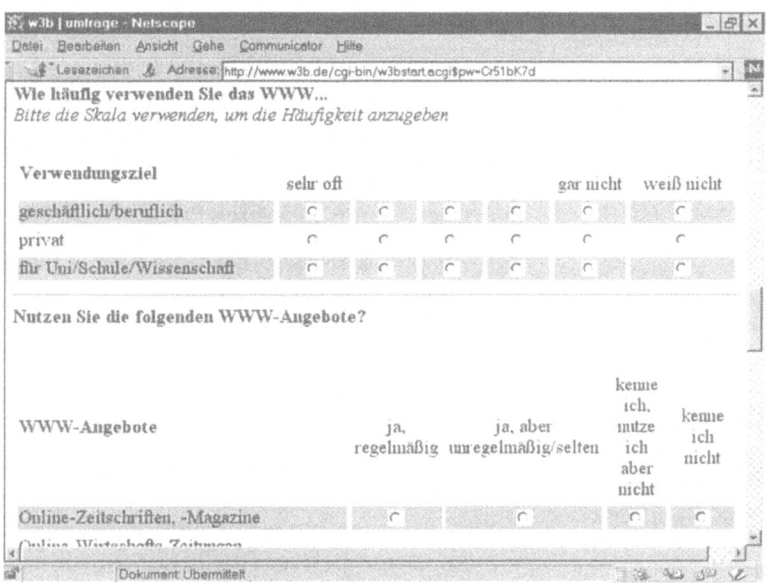

Abb. 2: Skalen in der w3b Umfrage November 98

Überwachung der Antworten

Ein weiterer Nutzen läßt sich aus der Überwachung der Antworten ableiten. In einer von Reuters in ihrem Intranet und im Internet durchgeführten Umfrage waren für die Marktforscher während der Umfrage ständig folgende Informationen erhältlich:

- wie viele Menschen sahen die veröffentliche Umfrage,
- wie viele riefen den Fragebogen auf und
- wie viele füllten ihn aus.

Testen von Web-Fragebogen

Diese Art von Informationen kann besonders beim Testen von Web-Fragebögen nützlich sein. Die obigen Informationen nutzend, kann der Marktforscher bestimmen, ob ernsthafte Fehler im Fragebogendesign stecken. Egal, ob ein Designproblem oder Probleme technischer Art auftreten, es können immer entsprechende Maßnahmen ergriffen werden, etwa bei Problemen mit der Vervollständigung des Fragebogens. Tabelle 4 zeigt die Vor- und Nachteile von Web-Umfragen auf.

Tab. 4:
Nutzen und Beschränkungen von Web-Umfragen

Nutzen	Beschränkungen
Automatisierte Antworten	Befragter muß Internet-Zugang und WWW-Browser haben
Reduzierter Arbeitsaufwand für Marktforscher	Nicht mit allen Web-Browsern kompatibel
Sichert die Integrität der Daten	Identifikation des Stichprobenrahmens
Einsatz von Farben, Graphiken, Sound, Video im Fragebogendesign	Selbstauswahl der Befragten, sofern keine Kontrollen installiert sind
Bietet ein interaktives Interface für den Befragten	
Bessere Überwachung der Fragebogenzustellung und der Antworten	

Nicht alle Browser können HTML-Fragebogen bzw. -Formulare darstellen

Als negativer Aspekt ist anzumerken, daß nicht alle Browser HTML-Fragebogen bzw. -Formulare darstellen können. Dies wird auch weiterhin eine Beschränkung für jene sein, die alte Versionen der Browser, z.B. des Netscape Navigator oder des Microsoft Internet Explorer nutzen. Damit verbunden ist auch die Tatsache, daß einige Befragte zwar per E-Mail erreichbar sind, jedoch keinen Zugang zum World Wide Web (WWW) haben. Dieses behindert besonders die zuvor erwähnten, kombinierten Umfragemethoden, wie z.B. E-Mail mit angehängten HTML-Formularen. Der Einsatz solcher Methoden wird z.B. in den Unternehmen beeinträchtigt, die zwar E-Mail erhalten können, jedoch keinen Web-Zugang haben oder ein nicht auf der Internet-Technologie aufbauendes internes Netzwerk nutzen.

Systematische Fehler

Ein weiterer Kritikpunkt der Web-Umfragen betrifft den Bias (systematischer Fehler) der gesammelten Daten. Wie bereits erwähnt, stellt die Stichprobenauswahl ein Problem fast aller elektronischen Umfragen in offenen Netzwerken wie dem Internet dar. Web-Umfragen als Datenerhebungsmethode haben zusätzlich mit der Kritik zu leben, daß sie mit TV-Response-Spots verglichen werden können. Sie sind ihrer Natur nach zum ausfüllen durch den Befragten gedacht. Das bedeutet erstens, es ist nicht klar, wer tatsächlich den Fragebogen beantwortet und zweitens, es ist offen, wie oft eine Person antwortet. Diese Kritik läßt jedoch die Möglichkeit des kombinierten Einsatzes von E-Mail und Web-Formularen bei der Datenerhebung außer acht. Es wird weiterhin nicht in Betracht gezogen, daß Web-Umfragen auch isoliert von anderen Web-Seiten (ohne explizite Links von anderen Seiten) realisiert werden können. Zusätzlich kann durch verschiedene integrierte Mechanismen wie Paßwörter, die dem Stichprobenmitglied ausgehändigt werden, eine entsprechende Kontrolle ausgeübt werden. Ein solches Vorgehen wird in Deutschland u.a. vom Emnid-Institut z.B. im Rahmen von Expertenbefragungen eingesetzt. Dem telefonischen Kontakt folgt ein Fax mit dem zur Identifizierung notwendigen Paßwort.

Selbstauswahl

Bezüglich der Selbstauswahl der Befragten kann man auch argumentieren, daß letztlich alle Umfragen dem Selbstauswahlphänomen unterliegen. Wenn z.B. ein potentieller Befragter bei einem Telefoninterview aufhängt oder einen per Post zugesendeten Fragebogen nicht zurückschickt, findet ebenfalls eine Selbstauswahl statt.

2.5.4 Online-Diskussionsgruppen

Textbasierte und visuelle Gruppen

Es gibt zwei mögliche Typen von Online-Diskussionsgruppen: textbasierte und visuelle Gruppen. Textbasierte können in Echtzeit durchgeführt werden. Dabei sind entweder alle Teilnehmer gleichzeitig online oder alternativ sie werden über einen längeren Zeitraum hinweg durchgeführt. Damit es wird den Teilnehmern ermöglicht, Beiträge zu verfassen, wann es ihnen am besten paßt. Letzteres ist vorteilhaft, wenn in Gruppen Teilnehmer aus unterschiedlichen Zeitzonen zusammenkommen. Andere Vorteile von Online-Diskussionsgruppen, verglichen mit konventionellen Diskussionsgruppen, sind das Einloggen und die Aufzeichnung der Diskussion, die anschließend zur Analyse bereitsteht. Textbasierte Online-Diskussionsgruppen erzeugen automatisch eine Mitschrift des gesamten Interviews bzw. des Gruppendialogs. Dies erspart dem Marktforscher nicht nur Zeit und Kosten für die Dokumentation, es verhindert auch Fehler, die sonst durch das Übertragen der Mitschrift entstehen können.

Tab. 5:
Online-Diskussionsgruppen

Typ	Methode	Nutzen	Beschränkung	Ergebnis
Text Echtzeit (1)	Diskussionsgruppe	automatische Aufzeichnung der Antworten	Moderator mit Tastaturfertigkeiten nötig	Ende der Sitzung
Text verzögert (2)	E-Mail / Diskussionsgruppe	kostengünstig, bietet Elemente der Anonymität	Befragte brauchen gute Tastaturfertigkeiten	Ende einer bestimmten Periode
Visuell	Videokonferenz	erlaubt es dem Forscher, die Befragten zu sehen	mangelnde Bildqualität (Übertragungsraten)	Ende der Sitzung

Hinweis: 1) Die Befragten müssen alle gleichzeitig online sein. 2) Ein zusätzlicher Nutzen ist, daß die Befragten teilnehmen können, wie es ihnen paßt.

Anonymität

Ein weiterer Vorteil betrifft die "Anonymität", die durch die Verwendung von textbasierten Gruppen gegenüber visuellen Diskussionen geschaffen wird. Teilnehmer können sich z.B. unter anderem Namen an einer Diskussion beteiligen, wenn sie dieses wünschen. Da es sich hier um eine Art der Anonymität handelt, d.h. die Befragten können einander nicht sehen, haben Marktforscher festgestellt, daß solche Diskussionsgruppen sowohl bezüglich der Gruppeninteraktion als auch hinsichtlich der Behandlung sensitiver Themen profitieren. Die Anonymität des Prozesses erlaubt es den Teilnehmern, ihre Bewertungen und Meinungen freier und aufrichtiger zu äußern. Sie geben damit mehr Aspekte ihrer Persönlichkeit preis. In Anbetracht dieser Argumente kommt die Frage auf, ob dieses neue Medium eine höhere Antwortqualität als konventionelle Gruppendiskussionen liefern kann?

Kompetenz und benötigte Tastaturfertigkeit

Geschwindigkeit des Datentransfers

Die wichtigste Einschränkung textbasierter Diskussionsgruppen betrifft die Kompetenz und die benötigte Tastaturfertigkeit der Teilnehmer und des Moderators. Auch wenn visueller Kontakt in Diskussionsgruppen notwendig ist, bieten Textversionen keine Lösung. Visuelle Diskussionsgruppen werden in Zukunft, wenn sich die Technologien entsprechend entwickeln, und sich die Datenübertragungsgeschwindigkeiten verbessern, eine realistische Chance besitzen. Sie werden erst dann eine sinnvolle Möglichkeit darstellen, wenn im Netz Bildwiederholungsraten wie bei Computerbildschirmen und TV-Geräten möglich sind.

Keyboardfertigkeiten des Moderators	Eine weitere Überlegung betrifft die Keyboardfertigkeiten des Moderators und der Befragten. Eine vernünftige Tipp-Geschwindigkeit und generelle Fähigkeiten im Umgang mit der Tastatur sind ein kritischer Faktor beim Erzeugen von Dialogen in textbasierten Diskussionen.
Bias	Bedenkt man, daß es in Online-Umfragen einen Bias bezüglich des Nutzerprofiles der Online-Gemeinde gibt, kann man schließen, daß bei Online-Gruppendiskussion dieser Bias ebenfalls auftreten wird. Dies gilt besonders, da die potentiellen Befragten spezielle Keyboardfähigkeiten benötigen, um effektiv an der Diskussion teilzunehmen.

3 Die Zukunft der Netzwerk- und Online-Umfragen

3.1 Diffusion der Technologie

Adoption der Netzwerktechnologie und verwandter Technologien	Die Zukunft jeder der in diesem Kapitel erwähnten Methoden der Datenerhebung wird sowohl von der Adoption der Netzwerktechnologie und verwandter Technologien durch Unternehmen abhängen als auch von den Individuen, die Zugang zu ihnen haben. Das bedeutet, je mehr Organisationen und Individuen auf die computervermittelte Kommunikation angewiesen sind, desto größer werden die Möglichkeiten bzw. Chancen für Netzwerk- oder Online-Umfragen sein.
Zugang von Organisationen und Individuen	Speziell auf das Internet bezogen bedeutet dies, daß gegenwärtig, da mehr und mehr Organisationen und Individuen Zugang zum Netz haben, E-Mail- und Web-Umfragen sowie Online-Diskussionsgruppen stärkere Bedeutung erlangen. Da die Online-Nutzerschaft weiterhin wächst und das Profil der Nutzer immer mehr dem der Gesamtbevölkerung entspricht, werden die Resultate, die mit den Online-Erhebungsmethoden erzielt werden, bald auch genutzt werden können, um Rückschlüsse auf die gesamte Bevölkerung ziehen zu können.

3.2 Fortschritte der Technologie und der Software

Existierende Technologien	Der aktuelle Einsatz von E-Mail oder Web-Umfragen ist auf die existierenden Technologien angewiesen. Das beinhaltet Computer, Modems, E-Mail-Clients, Web-Browser und ähnliche Software. Dazu kommen gemeinsame Protokolle und eine entwickelte Telekommunikationsinfrastruktur.

Kapitel 3: Elektronische Marktforschung: E-Mail- und Web-Umfragen

Entwicklungen im Bereich Software und Datentransfergeschwindigkeit

Da im Bereich Software und Datentransfergeschwindigkeit ständig neue Entwicklungen statt finden, werden sich neue Chancen und Gelegenheiten für die qualitative und die quantitative Forschung bieten. So werden z.B. anstelle textbasierter Gruppendiskussionen videobasierte Diskussionsgruppen eine realistische Möglichkeit sein. Wenn es soweit ist, werden „screen-to-screen"-Interviews (anstelle von Face-to-Face-Befragungen) möglich werden.

Persönlicher Interviewers

Zusätzlich zur Nutzung von Video, bedroht der Einsatz von Graphik und Klang in Web-Umfragen die Rolle des persönlichen Interviewers. Die Feldforschung, die traditionell z.B. mit transportablen Computern durchgeführt wurde (Computer Assisted Personal Interviewing - CAPI) kann in der heimischen Bequemlichkeit des Befragten ohne Interviewer durchgeführt werden. Außerdem bringen Graphik, Sound und Video neue Dimensionen in die Fragebogengestaltung ein.

Software

Letztlich machen Software-Entwicklungen den Einsatz von E-Mail- und Web-Umfragen für den Forscher attraktiver. Software-Programme wie z.B. "Pinpoint", "Question Mark", "Inquest", "Decisive Survey" "Development II" und "Snap" bieten in unterschiedlichem Maße die Option, Fragebogen für Web- und E-Mail-Umfragen zu entwickeln. In einigen Fällen werden auch integrierte Werkzeuge zur Analyse der Resultate angeboten. Unternehmen wie z.B. "Quantime" bieten einen Büroservice für Web-Interviews. Vereint die Software das Fragebogendesign, die Datenerhebung und die Analyse, wie z.B. Snap, können sich für den Forscher viele Vorteile ergeben (siehe Abschnitt 2.5).

Verzweigung innerhalb von Fragebogen

Bezüglich der Verzweigung innerhalb von Web-Fragebogen ergeben sich mit „Development II" neue Möglichkeiten. Anstatt auf einer Web-Seite nach unten zu „Scrollen", um Fragen zu beantworten, werden die Fragen oder Sektionen den Befragten individuell angezeigt. Die Antworten auf die Fragen bestimmen, welche Frage als nächstes angezeigt wird.

Reduzierte Anzahl der Fragen

Auf diese Weise reduziert sich die Anzahl der Fragen, die ein Befragter jeweils sieht, wodurch sich die Aufmerksamkeit, die den einzelnen Fragen gewidmet wird erhöht. Dies kann auch Auswirkungen auf die Antwortbereitschaft der Befragten haben, da die Menschen, die an einer Umfrage teilnehmen, zu Beginn der Umfrage nicht wissen, wie lang der Fragebogen ist.

Positiver Effekt

Eine entsprechende Software, die in einer Umfrage der Firma Digital eingesetzt wurde, zeigte bereits Elemente der Verzweigung bzw. einer „anpassungsfähigen Umfrage". Das Modell, den Befragten jeweils nur eine oder wenige Fragen z.Z. zu präsentieren, hat einen sehr positiven Effekt auf das Erlebnis des Beantwortens. Die Methode gibt den Nutzern das Gefühl, daß sie an der Umfrage teilhaben und nicht nur die Rolle eines Eingabemediums erfüllen.

4 Zusammenfassung

Qualitative und quantitative Umfragen

Wie konventionelle Methoden auch, kann die elektronische Datenerhebung genutzt werden, um qualitative und quantitative Umfragen zu erleichtern. Es existieren drei Methoden, um Daten entweder in internen oder offenen externen Netzwerken, wie dem Internet zu erheben. E-Mail- und Web-Umfragen sowie Online-Diskussionsgruppen können dabei separat oder kombiniert eingesetzt werden. Sie ergeben in Kombination miteinander fünf Möglichkeiten der Online-Erhebung von Primärdaten.

Erhältlichkeit der Technologie und Software

Die Nutzung solcher Methoden hängt von der Erhältlichkeit der Technologie und Software für den Forscher wie auch den Befragten ab. Aus Sicht der Forscher bieten diese neuen Methoden, verglichen mit den traditionellen Methoden der Datenerhebung, eine Reihe einzigartiger Vorteile. Sie unterliegen jedoch auch Beschränkungen. Die Hauptvorteile beziehen sich auf die Kosten, die Datenintegrität, die Bequemlichkeit sowie Zeitersparnisse. Die Einschränkungen betreffen die Umfrage-Umgebung, die tatsächlichen Nutzer (oder potentiellen Befragten), den Gegenstand der Untersuchung und technische Aspekte der Durchführung von Umfragen in computervermittelten Umwelten.

Vertraulichkeit und Vertrautsein mit Computern

Es gibt eine Reihe von Gründen, die einen Nutzer oder potentiellen Befragten davon abhalten oder ihn daran hindern, an einer elektronischen Umfrage teilzunehmen. Dies sind Fragen der Geheimhaltung bzw. Vertraulichkeit und des Vertrautseins im Umgang mit Computern, Software und der Netzwerkumgebung.

Anzahl und das Profil der Nutzer

So wie die Anzahl der Nutzer des öffentlichen (Internet) und privater (organisationaler) Netzwerke zunimmt und sich das demographische Profil der Nutzer dem der Gesamtbevölkerung nähert, steigt die Bedeutung der neuen elektronischen Datenerhebungsmethoden. Auch wenn in der vergangenen Dekade Forschungen zu unterschiedlichen Aspekten der elektronischen Datenerhebungsmethoden betrieben wurden, bleibt für die Zukunft ein beachtlicher Spielraum für weiterer Studien.

Literatur

Comley, Pete: The use of the Internet as a data collection method, 1997, at http://www.sga.co.uk/esomar.html, 1-7 (Accessed 07/05/97).

Frost, Fraser: Market Research and the Internet, unpublished paper, 1997b.

Frost, F.L. and Wills P.: On-line Surveying, in the proceedings of CALECO 97: Using computer technology in Economics and Business, 25-26 September, 1997c.

Kiesler, Sara and Sproull, Lee: Response effects in the Electronic Survey, in: Public Opinion Quarterly, Vol. 50, 1986, 402-413.

Kunz, M.: WWW & Internet On-line Shopping Survey, 1997, at http://www.morehead-st.edu/people/m.kunz/shop.html (Accessed 15/05/97).

Mehta, Raj and Sivadas, Eugene: Comparing response rates and response content in mail versus electronic mail surveys, in: Journal of Market Research Society, Vol. 37, 1995, No. 4, 429-439.

Oppermann, Martin: E-mail Surveys - Potentials and Pitfalls, in: Marketing Research, Vol. 7, 1995, No. 3, 29-33.

Parker, Lorraine: Collecting data the e-mail way, in: Training and Development, July, 1992, 52-54.

Perrott, Nicky: How Reuters is using the Web for customer surveys, in: Market Research Society 1997, Conference Papers: 1-5.

Pitkow, James E. and Kehoe, Colleen M.: Results from the WWW user survey, 1997, at http://www.w3.org/pub/www/journal/1/pitkow.107/paper/107.html. (Accessed 18/04/97)

Schuldt, Barbara A. and Totten, Jeff W.: Electronic mail Vs. Mail Survey Response Rates, in: Marketing research, Vol. 6, 1994, No. 1: 36-39.

Sproull, Lee S.: Using electronic mail for data collection in organisational research, in: Academy of Management Journal, Vol. 29, 1986, No. 1, 159-169.

Sterne, Jim: World Wide Web Marketing : integrating the Internet into your marketing strategy, New York 1995.

Tagg, Stephene K.: World Wide Web Surveys, in the proceedings of 31st Annual Conference of Academy of Marketing (Marketing Education Group) "Marketing Without Borders", 8-10 July, 1997, Vol. II, 1663-1668.

Tse, Alan C. B. et al.: Comparing two methods of sending out questionnaires: E-mail versus mail, in: Journal of the Market Research Society, Vol. 37, 1995, No. 4, 441-446.

4 Möglichkeiten der internationalen Sekundärforschung im Internet

Henri Vandré

1 Einleitung und Überblick 70
2 Internationale Marketingforschung 70
3 Online-Ressourcen als Informationsquellen 71
4 Das Internet als sekundärstatistische Informationsquelle für
   internationale Marketingentscheidungen 73
   4.1 Bedeutung des Internet für die internationale
        Sekundärmarktforschung 73
   4.2 Sekundärstatistische Informationsquellen im Internet 75
   4.3 Identifizierung von Informationsquellen im Internet 78
      4.3.1 Vorüberlegungen 80
      4.3.2 Suchhilfen für Informationsrecherchen im Internet .. 81
      4.3.3 Das praktische Vorgehen 85
   4.4 Anwendungsbeispiel 87
      4.4.1 Allgemeine und soziodemographische
            Informationen 88
      4.4.2 Marktdaten und Brancheninformationen 89
      4.4.3 Informationen über Wettbewerber 91
5 Kritische Würdigung 95
6 Fazit und Ausblick 96
Literatur 98

1 Einleitung und Überblick

Gründe

Die vermehrten Probleme, die aus einer Internationalisierung der Geschäftstätigkeit resultieren, beeinflussen in direkter Weise das Marketing der betroffenen Unternehmen. Ihre Marketingentscheidungen benötigen eine sowohl quantitativ als auch qualitativ ausgeweitete Informationsgrundlage, die mit einer zunehmenden Entfernung vom Stammland, der Höhe der im Ausland erbrachten Wertschöpfung sowie der Anzahl und der Art der zu bearbeitenden Auslandsmärkte ansteigt. Um diesen gestiegenen und veränderten Informationsbedarf zu decken, ist eine internationale Marketingforschung unerläßlich.

Beitrag

Das Faktum sich weltweit stetig verändernder Bedingungen gibt dem Anspruch an die Aktualität von Informationen und der Geschwindigkeit der Informationsbeschaffung und Kommunikation eine gesteigerte Bedeutung und macht somit neue Techniken der Kommunikation und der Informationsbeschaffung erforderlich. Bietet der Einsatz des Internet Alternativen für die internationale Sekundärforschung? Die Beantwortung dieser Frage ist Gegenstand dieses Beitrags.

2 Internationale Marketingforschung

Ablauf

Der Ablauf einer internationalen Sekundärforschung – in Abgrenzung zu einer internationalen Primärforschung – kann wie in Abbildung 1 dargestellt werden.

Phasen

Gerade in der ersten und dem Übergang zur zweiten Phase ergeben sich Schwierigkeiten, das zur Lösung anstehende Problem klar zu definieren, d.h. das Marketingentscheidungsproblem, welches sich im Prozeß der Teilentscheidungen ergibt, in ein Marketingforschungsproblem zu transformieren. Im Kontext dieses Aufsatzes sind insbesondere die Suche nach internationalen Informationsquellen und -materialien, die Bewertung gefundener Quellen sowie die Beschaffung relevanter Materialien von Interesse.

3 Online-Ressourcen als Informationsquellen

Abb. 1: Prozeßphasen einer internationalen Marketingforschung

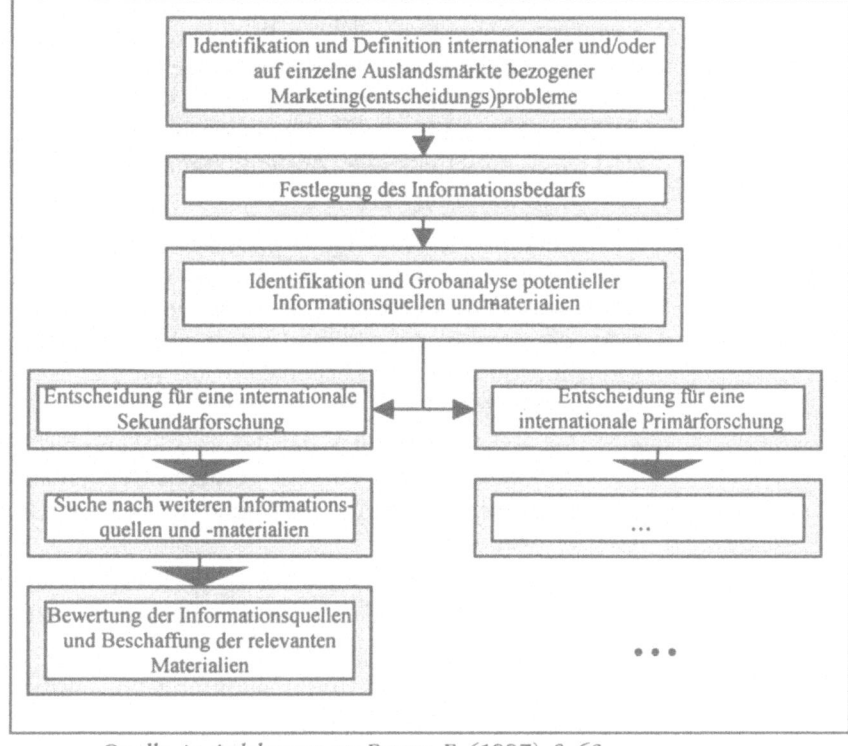

Quelle: in Anlehnung an Bauer, E. (1997), S. 63

3 Online-Ressourcen als Informationsquellen

Stellenwert

Im Rahmen der Informationsbereitstellung und der internationalen Sekundärforschung nehmen Online-Ressourcen einen immer höheren Stellenwert ein. Verschiedene Autoren unterteilen sekundärstatistische Informationsquellen in Printmedien und elektronische Medien, wonach z.B. auch elektronische Datenbanken auf CD-ROM zu den elektronischen Medien zählen. Zwecks einer Abgrenzung erfolgt daher in dieser Arbeit eine Unterteilung in Printmedien (gedruckte und elektronische Medien) und Online-Ressourcen.

Interaktive Medien

Unter Online-Ressourcen werden interaktive Medien der Informationsrecherche und -beschaffung verstanden. Das eingrenzende Kriterium ist dabei nicht nur die elektronische Form der Informationsspeicherung sondern ebenfalls die Möglichkeit eines Zugriffs auf sekundärstatistische Informationsquellen und -materialien, die physisch nicht am Ort der Lösungsfindung eines

Marketingentscheidungsproblems vorhanden sind. Im weiteren zählen dazu Online-Datenbanken und das Internet. Während Online-Datenbanken sich z.B. nach den Kriterien inländisch/ausländisch und kommerziell/nicht-kommerziell kategorisieren lassen, ist das Internet aufgrund seiner Struktur und Technologie eine „neue" Form der Informationsquelle, deren Besonderheiten entscheidende Auswirkungen auf die internationale Sekundärforschung haben.

Vorteile

Die zunehmende Nutzung von Online-Ressourcen in der internationalen Sekundärforschung basiert auf deren Vorzügen im Vergleich zu konventionellen Informationsquellen. Diese Vorteile, die sowohl auf Online-Datenbanken als auch auf das Informationsquellen und -materialien im Internet zutreffen, bestehen grundlegend in:

- der hohen Aktualität der Informationen, da elektronische Publikationen nur zu sehr geringen Zeitverlusten führt, Informationsvorsprung (insbesondere bei sog. Real-Time-Informationen),
- der Zeitersparnis: schneller Zugriff auf Informationen gegenüber allen anderen Formen der externen Informationsbeschaffung,
- dem umfassenden Informationsangebot, insbesondere internationale Abdeckung,
- der Flexibilität durch mehrdimensionale Suche, Kombinierbarkeit von Suchbegriffen und bei Online-Datenbanken auch durch einen selektiven Zugriff,
- einem ortsunabhängigem Zugriff, räumlicher Unabhängigkeit und dezentraler und ständiger Verfügbarkeit von Informationen durch asynchrone Kommunikation,
- geringem Platzbedarf durch externe und elektronische Speicherung,
- der Möglichkeit zur direkten elektronischen Weiterverarbeitung der Informationen.

In diesem Kontext wird darauf verzichtet die oben genannten Online-Datenbanken professioneller Datenbank-Hosts näher zu betrachten.

4 Das Internet als sekundärstatistische Informationsquelle für internationale Marketingentscheidungen

Um Verständnis über die Besonderheiten des Internet als Informationsquelle für eine internationale Sekundärforschung zu erlangen, ist eine kurze Betrachtung der Technologie und der Struktur des Internet sinnvoll. Hierzu wird auf den Beitrag von Köckeritz in diesem Buch verwiesen.

4.1 Bedeutung des Internet für die internationale Sekundärmarktforschung

Umfrage

Eine Umfrage der Universität Bern, an der 1000 Deutsche Firmen mit einer Internetpräsenz im World Wide Web (WWW) teilnahmen, gibt Aufschluß über die derzeitige Gewichtung einzelner Nutzungsmöglichkeiten. Wie in Abbildung 2 zu erkennen ist, gaben gut 88% der Firmen die Informationsbeschaffung als Verwendungszweck für das World Wide Web an. Ob es sich dabei um Primär- oder Sekundärforschung handelt bleibt offen.

Stellenwert der Sekundärforschung

In der Marketingforschung besitzt die Primärforschung einen im Vergleich zur Sekundärforschung höheren Stellenwert. Dazu paßt die Aussage eines Produktmanagers eines in Deutschland ansässigen, multinationalen Unternehmens, nach der die Primärforschung einen geschätzten Anteil von 98% der gesamten Marketingforschung des Unternehmens ausmacht. Operative Marketingentscheidungen können oftmals nur über primärstatistische Erhebungen oder Beobachtungen fundiert werden. Meist werden jedoch als Vorstudie vor der Durchführung von Primärerhebungen Sekundärstudien durchgeführt.

Internationale Marketingentscheidungen und strategische Marketingplanung

Zur Fundierung internationaler Marketingentscheidungen und speziell in der strategischen Marketingplanung, nimmt dagegen der Anteil der Sekundärforschung stark zu. Darüber hinaus vollzieht sich in der Sekundärforschung über den Zugang zu Online-Ressourcen ein Wandel, durch den sie mittlerweile umfassend, schnell, aktuell, bündig und günstiger als eine Primärforschung ist. Speziell über das Internet und durch dessen beständiges Wachstum erhöhen sich die Zugangsmöglichkeiten zu relevanten Informationsquellen, welche nunmehr global erreichbar sind.

Kapitel 4: Möglichkeiten der internationalen Sekundärforschung im Internet

Abb. 2: Verwendungszweck des World Wide Web für Unternehmen

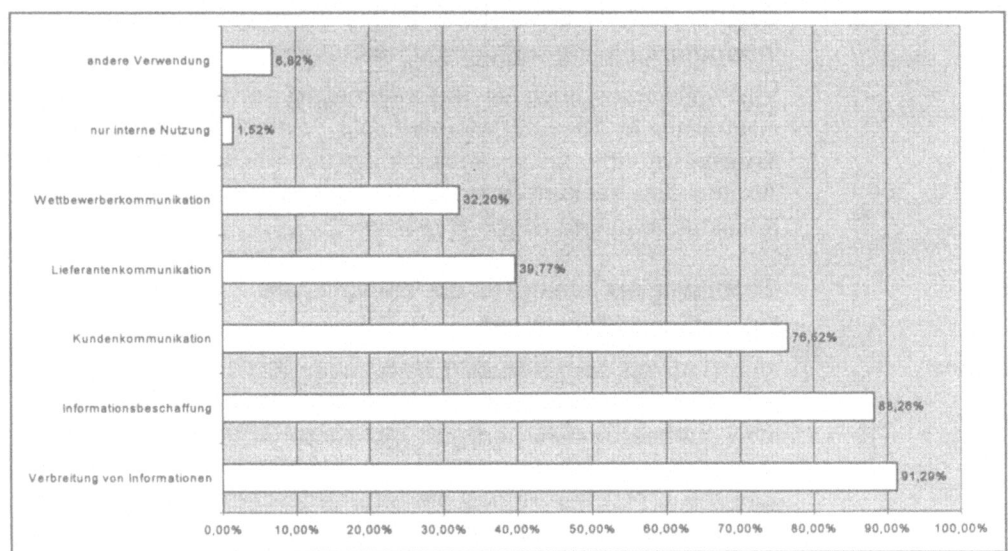

Kosteneinsparungen

In Abhängigkeit von der Menge und Qualität online verfügbarer Informationen ermöglicht eine Sekundärforschung eine Reduzierung langwieriger und kostspieliger Primärforschungen, wodurch die Sekundärforschung u.U. aus dem „Schatten" der Primärforschung treten kann. Um diesen Umstand noch einmal zu verdeutlichen, seien hier die spezifischen Vorteile des Internet in bezug auf die internationale Sekundärforschung aufgezeigt.

geographischer Entfernung

Bisher unterlag eine internationale Sekundärforschung der Schwierigkeit, daß der Zugriff auf externe ausländische Informationsquellen, in Abhängigkeit zu deren geographischer Entfernung vom Stammland, teurer und problematischer war als der auf inländische Informationsquellen. Das Internet ermöglicht dagegen einen Zugriff auf im Ausland befindliche Quellen und eine Beschaffung und Übermittlung relevanter Informationen vom Stammland aus, ohne daß dazu ein höherer Zeitaufwand entsteht bzw. höhere Kosten anfallen. Durch den Wegfall von Entfernungsbarrieren wird darüber hinaus oftmals erst der Zugang zu Primärquellen ermöglicht, was sicherlich einen entscheidenden Grund des Interneteinsatzes für internationale Sekundärforschungen verkörpert.

Desk Research

Ein weiterer Vorteil des Internet ergibt sich wiederum im Kontext der Zeit- und Kostenersparnis. Bisherige Sekundärforschungen erforderten, die Recherche in unternehmensexternen Umge-

4 Das Internet als sekundärstatistische Informationsquelle für internationale Marketingentscheidungen

bungen bzw. Örtlichkeiten oder anhand kostenpflichtiger Informationsmaterialien durchzuführen. Durch die Verwendung des Internet als sekundärstatistische Informationsquelle entspricht dagegen der englischsprachige Begriff „*Desk Research*" seiner eigentlichen Bedeutung, da eine Informationsrecherche tatsächlich direkt vom Arbeitsplatz bzw. Schreibtisch aus durchgeführt werden kann. Bezüglich der Kosten ist darauf hinzuweisen, daß sehr viele Informationen im Internet (zur Zeit noch) kostenfrei zu erhalten sind, z.T. sogar dann, wenn die entsprechenden Printquellen kostenpflichtig sind.

Informationsvielfalt

Durch das Anwachsen des Informationsbestandes zur Fundierung von Marketingentscheidungen ergibt sich, neben einer Zunahme der Möglichkeiten internationaler Sekundärforschungen, die Schwierigkeit, relevante Informationen für Entscheidungen im internationalen Marketing aus der großen Menge nicht bzw. weniger relevanter Informationen auszuwählen bzw. zu finden. Das Internet ist zum einen Mitverursacher dieses Dilemmas, zum anderen aber auch potentielles Mittel, um dieses Dilemma zu lösen oder wenigstens einen Beitrag zur Lösungsfindung beizusteuern. Denn durch die Bereitstellung von Informationen im Internet in elektronischer Form besteht die Möglichkeit einer ebenfalls elektronischen, rechnergestützten Informationsrecherche, welche eine wesentliche Voraussetzung einer gezielten und effektiven Suche in sehr großen Suchräumen ist. Darüber hinaus ermöglichen elektronisch gespeicherte Informationen eine leichtere und rasche Aufbereitung.

4.2 Sekundärstatistische Informationsquellen im Internet

Tabelle 1 gibt einen Überblick über den Einfluß verschiedener Internet-Dienste auf die Sekundärforschung. Sofern es sich um neue Informationsquellen handelt, werden diese im Anschluß näher erläutert.

WWW

Das größte Feld neuer sekundärstatistischer Informationsquellen im Internet stellt unangefochten das World Wide Web dar. Die geringen technischen und finanziellen Anforderungen des WWW sowie die sehr geringe zeitliche Verzögerung einer Informationsveröffentlichung, befähigen eine Vielzahl von kommerziellen und nicht-kommerziellen Institutionen oder Einzelpersonen zu einer weltweiten Informationsbereitstellung. Dadurch ist es z.B. auch „finanzschwachen" Ländern und deren Ministerien und Ämtern sowie Privatpersonen, Unternehmen, Universitäten und

Forschungseinrichtungen möglich, Informationen erstmals einer breiteren Öffentlichkeit verfügbar zu machen. Gerade in bezug auf Entwicklungsländer bietet das WWW die Möglichkeit, sogenannte *„hard-to-get"*-Informationen zu beschaffen. Mittlerweile befinden sich mehr als ein Drittel der an das Internet angeschlossenen Netzwerke außerhalb der Vereinigten Staaten.

Tab. 1
Einsatzmöglichkeiten verschiedener Internet-Dienste in der Sekundärforschung

Internet-Dienst	*Einsatzmöglichkeit in der Sekundärforschung*
Suchhilfen (www-basierte Suchhilfen, Gopher, Veronica, WAIS, Archie, etc.)	• Unterstützung bei der Informationssuche
Telnet	• Unterstützung bei der Informationssuche
Newsgroups (Usenet)	• neue Informationsquelle
Mailing-Listen	• neue Informationsquelle
World Wide Web (umfaßt auch Alert-Dienste, Push-Technologien und Browser-Tools)	• neue Informationsquellen • Unterstützung bei der Informationssuche
FTP	• Unterstützung bei der Datenübertragung

Quelle: in Anlehnung an: Klosa, O. (1996), S.12

Datenbank-Dienstleister

Ebenfalls im Bereich des WWW ergeben sich aber auch gänzlich neue Formen der Informationsquellen und -bereitstellung. Dazu zählen insbesondere kommerzielle Informationsanbieter. Wovon die über das Internet erreichbaren Anbieter von Online-Datenbanken, z.B. Knight-Ridder Information oder Lexis-Nexis (http://www.lexis-nexis.com) und herkömmliche Informationsspezialisten, z.B. Reuters (http://www.reuters.com), DowJones (http://www.dowjones.com) oder Dun & Bradstreet (http://www.dnb.com) sicherlich den größten Anteil ausmachen. Gerade die WWW-Angebote dieser Dienstleistungsanbieter erfahren durch das Internet eine neue Qualität und Form, die eine internationale Sekundärforschung wesentlich erleichtern können.

Spezialisierte Anbieter

Neben diesen „herkömmlichen" Anbietern entstehen aber auch neue, z.T. sehr spezialisierte, ausschließlich über das WWW erreichbare Anbieter sekundärstatistischer Informationen wie z.B. Internet Securities (http://www.securities.com, Markt- und Wirtschaftsinformationen über Schwellenländer) oder FISH (http://www.infront.com.sg/, Marktberichte aus bzw. über Singapur). Die Anzahl kommerzieller und nicht-kommerzieller Informationsdienste im WWW ist bereits zum jetzigen Zeitpunkt sehr hoch und wächst beständig (auch wenn ein verstärkter Trend zur Konzentration sichtbar ist). Eine Auflistung der einzelnen Anbieter ist kaum möglich. Einen interessanten Einstiegspunkt zur Identifizierung potentiell nutzbarer Informationsdienste bilden spezifische Themenverzeichnisse bzw. Jump Stations wie z.B. der Financial Data Finder (http://www.cob.ohio-state.edu/dept/fin/osudata.htm)

Push-Technologien Die wohl aktuellste Form der Informationsbereitstellung im WWW ergibt sich durch die sogenannte Push-Technologie. Push-Technologien ermöglichen den Informationsanbietern, ausgewählte Informationen aktiv an interessierte „Abonnenten" zu übermitteln (push), während Web-Seiten passiv sind und die der Benutzer Informationen selbständig selektieren und abrufen muß (pull).

Channels Informationen werden im Rahmen von Push-Technologien in sogenannten *Channels* angeboten. Der Anwender kann sich anhand dieser Channels ein relativ spezifisches Informationsangebot zusammenstellen. Die Besonderheit der Push-Technologie besteht in ihrer komprimierten und dadurch sehr schnellen Datenübertragung, die im Hintergrund während einer Verbindung zum Internet stattfindet. Die erhaltenen Informationen können im Anschluß an die Übertragung offline verarbeitet werden, wodurch sich Zeit- und Kostenvorteile ergeben.

Point Cast Einer der Vorreiter dieser Kommunikationsform ist das US-amerikanische Unternehmen Point Cast (http://www.pointcast.com), welches sehr spezifische, kostenlos verwendbare Channels für Wirtschaftsinformationen anbietet (z.B. den *Consumer Markets Insider* oder den *Government Insider*). Mittlerweile stellen immer mehr Anbieter (z.B. ABCNews oder Business Week) ihre Informationen über Push-Channels zur Verfügung, woraus sich deren zunehmende Bedeutung für internationale Sekundärforschungen erkennen läßt.

Alert Services Den Push-Channels ähnlich sind sogenannte *Newsfeed*-Dienste bzw. *Alert-Services*. Anbieter von Newsfeed-Diensten entsprechen in etwa elektronischen Zeitungsausschnittsbüros. Professionelle Newsfeed-Dienste wie z.B. Individual (http://www.individual.com) durchsuchen eine Vielzahl von Nachrichten, Zeitschriften und Publikationen nach bestimmten Kriterien, wie z.B. Veröffentlichungen über Wettbewerber und Produkte oder Entwicklungen bestimmter (Länder-) Märkte und leiten die Ergebnisse regelmäßig und in sehr kurzen Intervallen über das Internet an den Auftraggeber weiter.

Newsfeed-Dienste

Einen nicht-kostenpflichtigen Newsfeed-Service bietet z.B. Netscape (http://form.netscape.com/ibd/html/ibd_frameset.html) an. Durch die permanente Überprüfung von Informationsquellen kann zusätzlich ein rechtzeitiges Erkennen von Markttrends und -risiken gewährleistet werden.

Newsgroups

Newsgroups stellen eine gänzlich neue Informationsquelle im Internet dar. Sie ermöglichen einen weltweiten Informationsaustausch über sogenannte elektronische „schwarze Bretter", die über das Internet nutzbar sind. Einzelne Newsgroups spezifizieren dabei bestimmte und relativ eingegrenzte Themengebiete, zu denen jeder Informationen bereitstellen kann, die dann für jeden anderen lesbar bzw. abrufbar sind und von diesen gegebenenfalls kommentiert werden können. Newsgroups ermöglichen so einen weltweiten Meinungsaustausch zu spezifischen Themen. Die Nutzungsschwerpunkte von Newsgroups als Informationsquelle liegen allerdings weniger im Bereich der unternehmerischen Sekundärforschung, weshalb darauf nicht weiter eingegangen werden soll. Potentiell interessante Newsgroups lassen sich ebenfalls über Suchwerkzeuge identifizieren. Eine gute Möglichkeit stellt DejaNews dar, zu erreichen unter http://www.dejanews.com/ darüber hinaus gibt es einen speziellen Newsfeed-Dienst, der Newsgroups nach bestimmten Kriterien überwacht (http://sift.stanford.edu/).

Mailing-Listen

Mailing-Listen sind im Vergleich zu Newsgroups nicht-öffentliche Diskussions- und Informationsforen. Um einen Zugang zu ihnen zu erhalten, ist ein Abonnement einzelner Mailing-Listen in Form einer Einschreibung erforderlich. Der wesentliche Vorteil von Mailing-Listen besteht darin, daß man neue Einträge oder Informationen automatisch per E-Mail als Newsletter erhält. Damit bieten sie einen ähnlichen Vorteil wie die oben genannten Push-Technologien oder Newsfeed-Dienste, wobei letztere jedoch für Sekundärforschungen einen höheren Wert aufweisen. Auch zur Indentifizierung von Mailing-Listen existieren Suchwerkzeuge wie z.B. Liszt (http://www.liszt.com).

4.3 Identifizierung von Informationsquellen im Internet

Probleme

Aus den Besonderheiten und Spezifikationen des Internet ergeben sich verschiedene Probleme hinsichtlich einer Informationssuche bzw. eines gezielten Zugriffs auf Informationen, die an dieser Stelle als Überblick zusammengefaßt werden. Es handelt sich dabei um:

fehlende Organisation
- die fehlende Organisation: durch das Fehlen einer organisierenden und überwachenden Institution besteht keine Kontrollmöglichkeit, wer, wo, welche Information in welcher Form im Internet veröffentlicht; es mangelt daher an einer qualitativen Bewertung und einem zentralen Verzeichnis der im Internet verfügbaren Informationen

fehlende Strukturierung
- die fehlende Strukturierung: Dokumente im Internet können Informationen in verschiedenen Formen enthalten (schriftlich, graphisch, akustisch) und unterschiedlichste Größen aufweisen, stehen aber davon unabhängig, gleichberechtigt, in einem nicht-hierarchischen Verhältnis zueinander; um eine Vorauswahl einzelner, potentiell relevanter Dokumente treffen zu können, wären Meta-Daten wie z.B. Inhaltsangaben, Informationen über Autor, Erstellungsdatum, verwendete Quellen, etc. notwendig, die aber nicht immer für eine gezielte Suche zur Verfügung stehen

Beliebigkeit
- die Beliebigkeit: welche Information im Internet verfügbar ist, ist allein davon abhängig, ob bei einer Institution oder Einzelperson ein Interesse besteht, diese zu veröffentlichen; es ist daher trotz der hohen Anzahl verfügbarer Informationen nicht gewährleistet, daß sich auch die relevante darunter befindet.

Dynamik
- die Dynamik: das Angebot an Informationen im Internet unterliegt einem permanenten Wandel und Wachstum; das stetige Wachstum wird dabei vor allem durch die niedrigen Barrieren des elektronischen Publizierens im Internet ausgelöst; darüber hinaus können bereits existierende Informationen problemlos von deren Anbietern verändert, gelöscht oder verschoben werden; eine neue, geänderte oder verschobene Information ist nicht direkt zugreifbar

Größe
- die Größe: es ist aufgrund der Struktur des Internet nahezu unmöglich, eine korrekte Schätzung der angebotenen Informationsmenge vorzunehmen; die Zahlen allein der im WWW befindlichen Dokumente variieren zwischen 100 und 200 Mio., woraus sich enorme Schwierigkeiten einer Identifikation relevanter Informationen ableitet (Informationsflut vs. relevante Informationen)

Recherchestrategien	Um das Internet trotz der aufgezeigten Probleme für eine zielgerichtete Informationsbeschaffung nutzen zu können, sind adäquate Recherchestrategien und Hilfsmittel erforderlich.
Informationsabruf	Bei der Nutzung des Internet als sekundärstatistische Informationsquelle ist die Informationsbeschaffung in Informationserkundung und Informationsabruf zu unterteilen. Die Informationserkundung versteht sich eher als ein nicht streng zielgerichtetes Suchen von Informationsquellen und -materialien, während der Informationsabruf einem zielgerichteten Abruf von Informationen aus bereits bekannten oder bei einer vorhergehenden Suche identifizierten Informationsquellen entspricht.
Informations-erkundung	Da eine internationale Sekundärforschung vorzugsweise einen gezielten Informationsabruf aus bekannten Quellen erfordert, muß versucht werden, die Schwächen der Informationssuche mit Hilfe von Recherchestrategien soweit wie möglich zu reduzieren, um geeignete Quellen schnell und effizient identifizieren zu können.

4.3.1 Vorüberlegungen

Welche Informationen	Im Anschluß an die Problemaufbereitung und Eingrenzung des Informationsbedarfs ist abzuschätzen, ob die benötigten Informationen überhaupt über das Internet verfügbar sein könnten und wenn ja, ob sich daraus ein Zeit- oder Kostenvorteil ableiten läßt. Bei der Verwendung des Internet als sekundärstatistische Informationsquelle ist zu beachten, daß es sehr von der Art und dem Bereich der benötigten Informationen abhängig ist, ob diese im Internet vorkommen. Aufgrund der Beliebigkeit der verfügbaren Informationen im Internet sollte daher überlegt werden, welche Institutionen oder Personen ein Interesse an der Veröffentlichung der gesuchten Informationen haben könnten. Über eine solche Vorgehensweise können adäquate Informationsquellen im Sinne einer Vorauswahl für eine internationale Sekundärforschung festgelegt werden.
Drei Ebenen	Sekundärstatistische Informationsquellen zur Fundierung internationaler Marketingentscheidungen im Internet können generell in drei Ebenen eingeteilt werden:

- eine übergreifende makroökonomische Ebene (Regierungsquellen, Organisationen, etc.),
- eine branchenspezifische Ebene (Branchenverzeichnisse, Unternehmensdatenbanken, Marktforschungsinstitute Handelskammern, etc.) und

4 Das Internet als sekundärstatistische Informationsquelle für internationale Marketingentscheidungen

- eine unternehmensspezifische Ebene (Unternehmensprofile und -informationen).

Potentielle Quellen

Bei der Sekundärforschung für internationale Marketingentscheidungen mit Hilfe des Internet ist es wichtig, daß zunächst nach potentiellen Quellen im Internet gesucht wird und erst zweitrangig nach spezifischen Informationen. Dieser Umstand basiert auf einer Schwäche der bisher bestehenden Suchhilfen im Internet. Viele der Informationen die über einen Anbieter im Internet zugänglich sind, befinden sich in externen Datenbanken, welche an das Internet über Gateways angebunden sind oder sie stehen nur in speziellen Dateiformaten zur Verfügung. Die Agentenprogramme der Suchhilfen sind jedoch nicht in der Lage, diese Datenbanken und Dateiformate nach Informationen zu durchsuchen, so daß darin enthaltene Daten nicht erfaßt werden und daher nicht über eine Suche nach spezifischen Informationsmaterialien identifiziert werden können. Dennoch sollte zusätzlich auch eine Suche durchgeführt werden, die auf die Identifizierung spezifischer Informationen ausgerichtet ist, da im Internet nicht nur „allgemein bekannte" Informationsquellen vorhanden sind, sondern eine Vielzahl an neuen Informationsmöglichkeiten existieren.

4.3.2 Suchhilfen für Informationsrecherchen im Internet

Arten von Suchhilfen

Im Internet stehen verschiedene Suchhilfen bzw. Suchwerkzeuge zur Lokalisierung relevanter Informationen zur Verfügung. Als übergeordnete Suchhilfen lassen sich einige der Internet-Dienste verstehen. Es handelt sich dabei z.B. um Gopher, Veronica, Archie und das World Wide Web. Darüber hinaus ergeben sich weitere Suchhilfen, deren gebräuchlichste auf dem WWW basieren bzw. darüber zugänglich sind. Es handelt sich um:

- Hypertext bzw. das Hypertext-System,
- Suchmaschinen,
- Themenverzeichnisse,
- Meta-Suchdienste und
- Internet-Agenten.

Da die hier aufgezählten Suchhilfen in direktem Zusammenhang zum World Wide Web stehen und weitere Suchhilfen im Sinne von Internet-Diensten ebenfalls über das WWW oder Web-Browser zugänglich sind, empfiehlt es sich zunächst das WWW als Internet-Dienst näher zu betrachten.

Hypertext-System

Das World Wide Web ist ein Hypertext-System. Analog dazu lassen sich die darin befindlichen Dokumente als Hypertext-Dokumente bezeichnen. Im Gegensatz zu herkömmlichen Dokumenten, die linear von einem Anfang zu einem Ende strukturiert und damit eindimensional sind, sind Hypertext-Dokumente mehrdimensional. Es besteht die Option, von einer Information direkt auf eine damit verknüpfte, zusätzliche Information zuzugreifen, welche sich auf einem, unter Umständen weit entfernten Rechner befinden kann und von einer anderen Institution bzw. Person in einem ähnlichen sachlichen Zusammenhang verfügbar gemacht wurde. Bei einer Recherche in einem Hypertext-System kann also direkt zu einzelnen Informationsquellen und -materialien, die in einem gemeinsamen Kontext stehen (können) gesprungen werden, während sich eine herkömmliche Suche sequentiell durch einen Bereich strukturierter Informationen bewegen muß.

Suchumgebung

Zur Identifikation unbekannter Quellen bzw. ihrer Adressen im Internet ergeben sich mehrere Möglichkeiten. Eine davon besteht im „Raten" einer Adresse anhand des Namens oder der Bezeichnung eines Informationsanbieters. Ist der allgemeine Aufbau von Internet-Adressen bekannt, kann diese Vorgehensweise direkt zur Lokalisierung einer bereits bekannten Informationsquelle führen. Ist diese Möglichkeit nicht gegeben, wird die Verwendung von internationalen und/oder länderspezifischen Suchmaschinen, Themenverzeichnissen oder Meta-Suchdiensten erforderlich.

Suchmaschinen und Themenverzeichnisse

Bei Suchmaschinen und Themenverzeichnissen handelt es sich um Datenbanken des Internet, in denen sich indizierte Internet-Dokumente befinden. Im allgemeinen erfolgt eine Indizierung auf Basis einer Volltexterfassung der aufgelisteten Dokumente, da eine Meta-Indizierung bei den derzeitigen Standards nur sehr eingeschränkt möglich ist. Die Datenbanken lassen sich, in Analogie zu Online-Datenbanken, als Referenzdatenbanken verstehen. Im Gegensatz zu Online-Datenbanken ermöglicht es das Hypertext-System jedoch, direkt von der Referenzquelle zur beschriebenen Primärquelle und den darin enthaltenen Informationen zu springen. Suchmaschinen und allgemeine Themenverzeichnisse erfassen die in ihnen enthaltenen Informationen über sogenannte „intelligente Agenten" (weitere Bezeichnungen sind z.B. *Robots*, *Spiders* oder *Gatherer*). Intelligente Agenten sind Programme, die laufend und selbständig Informationen aus dem

4 Das Internet als sekundärstatistische Informationsquelle für internationale Marketingentscheidungen

Internet (neben dem WWW werden auch weitere Internet-Dienste durchsucht) zusammentragen.

Unterscheidung

Die Unterscheidung zwischen Suchmaschinen und Themenverzeichnissen ergibt sich anhand der Art der Indizierung und der Auswahl der in den Datenbanken enthaltenen Dokumente. Die Datenbanken von Suchmaschinen enthalten sämtliche automatisch erfaßten Informationen, ohne daß diese manuell überprüft und in hierarchische Kategorien unterteilt bzw. zugeordnet werden. Der Informationsbestand in solchen Datenbanken ist daher i.d.R. sehr umfassend, dafür aber unstrukturiert. Um einzelne Informationen in diesen gigantischen Datenbanken zu ermitteln, erlauben die Suchmaschinen eine Schlagwortsuche, meist im Volltext der enthaltenen Dokumente.

Themenverzeichnisse

In Themenverzeichnissen werden die erfaßten Informationen, im Gegensatz zu den Suchmaschinen, „mit Hilfe der intellektuellen Leistung von Menschen" bewertet und nach gewissen Kriterien kategorisiert. Die einzelnen Kategorien sind dabei hierarchisch unterteilt und bei den größeren Verzeichnissen über eingebaute Programme durchsuchbar. Im Gegensatz zu den Suchmaschinen erfolgt diese Suche innerhalb der manuellen Dokumentbeschreibungen und nicht im Volltext. Eine Untergruppe der Themenverzeichnisse stellen manuell erstellte Verzeichnisse dar (z.T. auch als *Jump Stations* oder Hyperlink-Sammlungen bezeichnet), in denen die aufgeführten Dokumente bzw. Quellen manuell identifiziert, bewertet und kategorisiert werden.

Rechercheergebnisse

Um zu aussagekräftigen Rechercheergebnissen zu gelangen, sollte man immer mehrere der oben genannten Suchhilfen verwenden. Dabei ergeben sich gewisse Schwierigkeiten aufgrund der unterschiedlichen Syntax möglicher Suchbefehle und -optionen einzelner Suchhilfen. Diesem Problem läßt sich durch die Verwendung sogenannter Meta-Suchdienste entgegenwirken. Bei Meta-Suchdiensten muß die Suchanfrage lediglich einmalig angegeben werden. Anschließend werden die Datenbanken einzelner Suchwerkzeuge in der adäquaten Syntax durchsucht. Trotz einiger Vorteile von Meta-Suchdiensten empfiehlt es sich, für bestimmte Recherchen auf einzelne Suchhilfen zurückzugreifen. Tabelle 2 gibt eine Übersicht über die genannten WWW-basierten Suchhilfen.

Kapitel 4: Möglichkeiten der internationalen Sekundärforschung im Internet

Tab. 2: WWW-basierte Suchwerkzeuge im Vergleich

	Suche	Ergebnis	Vorteile	Nachteile
Suchmaschinen	schlagwortbasierte Online-Recherche in den Datenbanken der Suchmaschinen	teils bewertete Trefferliste, Hyperlink zum entsprechenden Dokument und Inhaltsübersicht	umfangreiche Suchergebnisse stets aktualisierter Datenbanken	oftmals zu viele, teils ungenaue Ergebnisse erfordern zeitaufwendiges Überprüfen
Themenverzeichnisse	schlagwortbasierte Online-Recherche in kategorisch thematisierten Datenbanken	bewertete Trefferliste, Hyperlinks zu Dokumenten und Inhaltsübersicht, weitere Navigation über Unterkataloge möglich	inhaltlich geprüfte, genaue Suchergebnisse	wenige, oftmals nicht aktualisierte Datenbankeinträge
Meta-Suchdienste	schlagwortbasierte Online-Recherche, Vergabe der Suchanfragen an Suchmaschinen und Themenkataloge	bewertete Auflistung mit Verweis auf die in Anspruch genommene Suchmaschine	umfangreiche und/oder genaue Suchergebnisse, teils mit Korrektur um doppelte Einträge	parallele Suche in verschiedenen Suchmaschinen und Themenverzeichnissen oft nicht möglich
Internet-Agenten	benutzerorientierte Offline-Recherche nach Interessensgebieten und Stichworten ohne direkte Beteiligung des Anwenders	automatisierte „Lieferung" der Suchergebnisse per E-Mail oder Fax	bedürfnisorientierte automatisierte Ergebnisermittlung ohne Einsatz des Anwenders, zeitsparend	Suche ist mit hohen Kosten oder der Angabe von persönlichen Daten verbunden

Quelle: in Anlehnung an Fischer, M./Knappertz, K. (1996), S. 5

Optionen

Eine weitere Möglichkeit stellt die Suche nach länder- oder regionenspezifischen Servern dar. Über Listen aller WWW-Server wie Virtual Tourist (http://www.vtourist.com/) oder W3C (http://www.w3.org/DataSources/WWW/Servers.html) sowie speziell für europäische Länder (http://www.tue.nl/europe) können weltweit Server, unterteilt nach einzelnen Ländern, gesucht werden. Existiert z.B. ein von der Regierung betriebener Server in einem afrikanischem Land, so ließe er sich über diese Listen finden. Als Problem stellt sich jedoch die Tatsache, daß viele Server nicht unter der Top Level Domain des Heimatlandes der betreibenden Institution adressiert sind. Eine weitere Möglichkeit bietet die gezielte Suche nach Internet-Adressen über die zuständigen *Network Information Centers* (NIC). Jede Institution oder Person, die mit einem eigenen Domain-Namen im WWW auftritt, muß diese beim regionalen NIC registrieren lassen. Diese Registrierungsdaten sind für die Öffentlichkeit über das Internet zugänglich. Die Datenbanken der NICs lassen sich dabei nach Schlagwörtern durchsuchen, so daß übergreifende Kategorien entstehen (so kann z.B. über das Schlagwort „Bank" eine Vielzahl von Banken gefunden werden). `http://www.ripe.net/ cgi-bin/ripedbsearch/` erreichbar.

4.3.3 Das praktische Vorgehen

Suchmaschinen

Suchmaschinen arbeiten bei der Beschreibung der in ihren Datenbanken enthaltenen Dokumente nicht mit Schlagwörtern, sondern mit Stichwörtern aus einer Volltexterfassung. Daher sollte der erste Schritt einer Suche über Suchmaschinen und Themenverzeichnisse in der Überlegung bestehen, welche verschiedenen Begriffe die gesuchte Thematik beschreiben oder damit in Zusammenhang stehen könnten. Um Informationen zur Fundierung internationaler Marketingentscheidungen zu finden, sind ebenfalls die entsprechenden fremdsprachlichen Synonyme von Suchbegriffen zu verwenden. Bei sprachlichen Barrieren empfiehlt es sich, englische Synonyme zu verwenden, da die meisten Dokumente (auch) in englischer Sprache angeboten werden.

Anzahl

Anschließend ist zu entscheiden, ob eine oder mehrere Suchmaschinen oder aber Themenverzeichnisse für die Recherche eingesetzt werden sollten. Generell läßt sich sagen, daß Suchmaschinen aufgrund ihrer weitaus größeren Datenbanken dann verwendet werden sollten, wenn sehr spezifische und eingrenzende Suchbegriffe zur Verfügung stehen, da die Menge angezeigter Ergebnisse unüberschaubar wird. Bei einer Suche nach allgemeineren Kategorien empfehlen sich dagegen Themenverzeichnisse. Gerade für die Suche nach Informationsquellen für internationale Sekundärforschungen stehen einige sehr gute, spezifische thematische Verzeichnisse wie z.B. @Brint (`http://www.brint.com/Business.htm`), WebEc (`http://netec.wustl.edu`), oder WWW Virtual Library (`http://www.hkkk.fi/EconVLib.html`) als Einstiegsmöglichkeit zur Verfügung.

Auswahl

Um gute Ergebnisse zu erzielen, sollten jedoch immer mehrere, auch internationale Suchhilfen verwendet werden. Als problematisch erweist sich, daß einzelne Suchhilfen eine leicht unterschiedliche Syntax der Suchanfragen bzw. -möglichkeiten haben. Um dennoch einen schnellen Einstieg in die Verwendung ver-

Kapitel 4: Möglichkeiten der internationalen Sekundärforschung im Internet

Genauigkeit	schiedener Hilfen zu gewährleisten, ist eine Kenntnis der grundlegenden Abfragesyntax von Suchhilfen erforderlich. Im folgenden einige Hinweise dazu.

Genauigkeit: die meisten Suchmaschinen erfassen bei der Angabe eines oder mehrerer Begriffe in Kleinschreibung alle Dokumente, in denen der/die Begriff/e sowohl als Ganzes oder aber auch nur als Teil eines Wortes vorkommt/vorkommen, hierbei wird auch von einer unscharfen oder „*fuzzy*"-Suche gesprochen; um nach exakten Begriffen oder exakten Phrasen zu suchen, müssen diese besonders gekennzeichnet werden (z.B. über Anführungszeichen)

Trunkierung

Trunkierung: in einem ähnlichen Zusammenhang steht die Verwendung von Platzhaltern, die es ermöglichen, Teile eines Begriffes auszulassen (die Angabe 'international* marketing' fände sowohl Dokumente, in denen der im deutschen verwendete Begriff 'internationales Marketing' vorkommt als auch Dokumente, die das englische Pendant 'international marketing' enthalten)

Boolsche Operatoren

Boolsche Operatoren: die meisten Suchhilfen erlauben die Verwendung der logischen Verknüpfungen von einzelnen Suchbegriffen (AND, OR, NOT und NEAR).

Eingrenzung

Die aufgezählten Suchbefehle gewährleisten oftmals eine effektive Eingrenzung der Recherche. Darüber hinaus existieren mittlerweile weitere Suchbefehle, die auf einer Einschränkung auf bestimmte Dokumentattribute basieren. Bei Altavista (http://www.altavista.digital.com); einer der schnellsten und umfangreichsten Suchmaschinen im Internet, kann z.B. die Suche auf den Dokumententitel, Zwischenüberschriften, Teile der Adresse, der Top Level Domain, Dateiformate, Erstellungsdatum und Hypertext-Verweise eingeschränkt werden und so das Fehlen von Meta-Daten z.T. kompensieren.

Irrelevante Ergebnisse

Suchmaschinen und Themenverzeichnisse bieten zur Zeit die besten Möglichkeiten einer Suche nach sekundärstatistischen Informationen im Internet. Dennoch liefern Recherchen über diese Suchhilfen oft eine enorme Anzahl irrelevanter Ergebnisse. Dies liegt weniger an den Suchhilfen als an der Struktur der in Internet-Dokumenten enthaltenen Informationen. Da Informationen im Internet fast ausschließlich über Volltext indiziert werden können, werden die Betreiber der Suchhilfen mit einem exorbitanten, inhomogenen Datenbestand konfrontiert, der sich nicht automatisch, sondern lediglich manuell kategorisieren ließe. Ein weiteres Problem besteht in der Relevanzberechnung identifi-

4 *Das Internet als sekundärstatistische Informationsquelle für internationale Marketingentscheidungen*

Recherchestrategien

zierter Dokumente. Zur Relevanzberechnung bieten sich verschiedene Verfahren (z.B. Anzahl der gefundenen Suchbegriffe in einem Dokument oder Stelle der Suchbegriffe im Dokument). Ein Ranking anhand der Relevanzberechnung ist daher nicht unbedingt ausschlaggebend für die Qualität des angezeigten Dokuments.

Abschließend sind im Rahmen von Recherchestrategien noch sogenannte *Browser-Tools* in Betracht zu ziehen. Diese ermöglichen eine Art selbstgestalteten Alert-Services, indem sie die Inhalte vorher identifizierter und ausgewählter Dokumente speichern und automatisch in regelmäßigen Abständen auf Veränderungen überprüfen und gegebenenfalls aktualisieren. Eine solche Funktion kann, bezüglich der hohen Dynamik des Internet, für den Erfolg kontinuierlicher Sekundärforschungen sehr ausschlaggebend sein.

4.4 Anwendungsbeispiel

Unternehmens- und branchenspezifische Faktoren

Die Entscheidungen im internationalen Marketing sind sowohl auf der strategischen als auch auf der operativen Ebene äußerst komplex und vielfältig. Darüber hinaus ist der aus den einzelnen Entscheidungen abzuleitende Informationsbedarf von sehr vielen unternehmens- und branchenspezifischen Faktoren und dem angestrebten Internationalisierungsgrad abhängig, so daß eine komplexe Darstellung des möglichen Informationsbedarfes im internationalen Marketing nahezu unmöglich ist. Ein ähnliches Problem offenbart sich bei der Darstellung der zur Deckung des Informationsbedarfes über das Internet verfügbaren sekundärstatistischen Quellen und Materialien, so daß lediglich ein allgemeiner Überblick geleistet werden kann. Um dennoch eine Evaluation des Internet als sekundärstatistische Informationsquelle zu ermöglichen, sollen generelle Möglichkeiten einer Sekundärforschung mit Hilfe des Internet anhand eines typischen Informationsbedarfes einer Entscheidung über die zukünftige Marktbearbeitung mehrerer Schwellenländer einer Region aufgezeigt werden.

Ziele

Das Ziel einer Sekundärforschung mit Hilfe des Internet zur informationellen Fundierung dieser Entscheidung ist:

Länderinformationen

- die Suche nach allgemeinen Länderinformationen und soziodemographischen Informationen, um notwendige Hintergrundinformationen über die in Betracht kommenden

Länder, deren wirtschaftliche Situation und deren Nachfragepotential zu erhalten;

Marktsituation
- eine Analyse der gegenwärtigen Marktsituation für das zu vermarktende Produkt in diesen Ländern durchzuführen;

Wettbewerber
- einen Überblick über die größeren Wettbewerber auf diesen Märkten zu erhalten und über diese Unternehmensprofile bezüglich Umsatz, Marktanteile, Beschäftigtenzahlen, Aktivitäten, Strategien, etc. zu erstellen;

Ansatz
Der Ansatz einer Recherche basiert dabei auf der Auswahl und Einteilung möglicher Quellen in eine makroökonomische, branchen- bzw. marktspezifische und unternehmens- bzw. wettbewerbsspezifische Ebene, um Informationen über die globale und aufgabenspezifische Marketingumwelt zu gewinnen. Es ist bei den im folgenden genannten Möglichkeiten zu beachten, daß die Aufzählung keinen Anspruch auf Vollständigkeit darstellen kann.

4.4.1 Allgemeine und soziodemographische Informationen

Für die Suche nach allgemeinen Länderinformationen und soziodemographischen Informationen bieten sich Informationsquellen auf einer makroökonomischen Ebene an. Für einen ersten internationalen Überblick eignet sich z.B. das CIA World Fact Book http://www.odci.gov/cia/publications/nsolo/wfb-all.htm, welches kostenlose, relativ aktuelle und z.T. sehr detaillierte Informationen über Geographie, Bevölkerung, Regierung, Wirtschaft, Infrastruktur, Kommunikation, etc. zur Verfügung stellt. Zusätzlich bieten sich zahlreiche inter- und supranationale Organisationen wie die Vereinten Nationen (http://www.un.org) oder die Weltbank (http://www.worldbank.org) zur Informationsbeschaffung an. Deren Vorteil liegt vor allem in der Möglichkeit eines intranationalen Vergleichs der erhobenen Daten. Ein Nachteil der so erhältlichen Informationen ist, daß diese z.T. einem erheblichen Aktualitätsmangel unterliegen, der von der jeweiligen Detailliertheit und Genauigkeit der Veröffentlichungen abhängig ist. Allein aus diesem Grund ist eine zusätzliche Suche nach Web-Seiten der nationalen statistischen Ämter und Regierungsinstitutionen zu empfehlen. Eine gute Möglichkeit für eine Identifizierung derselben bilden Verzeichnisse auf den Web-Seiten der statistischen Ämter des Heimatlandes. So bietet z.B. die Internet-Seite des Statistischen Bundesamtes (http://www.statistik-bund.de) eine weltweite, jedoch leider nicht vollständige Link-Sammlung zu nationalen statistischen Ämtern.

4   Das Internet als sekundärstatistische Informationsquelle für internationale Marketingentscheidungen

Erhältliche Informationen

Ein weiterer Einstiegspunkt ist unter http://www.analisi.com/intstat.htm zu finden.

Generell läßt sich sagen, daß das Internet sehr gute Möglichkeiten zum Bezug (relativ) aktueller und sehr günstiger Länderinformationen und soziodemographischer Informationen aus qualitativ hochwertigen Quellen bietet. Zu diesen erhältlichen Informationen zählen:

- Länderinformationen für eine Grobauswahl und einen ersten Überblick
- nationale statistische Daten; generell verfügbar über die nationalen statistischen Ämter
- Informationen über die allgemeine wirtschaftliche Situation und Im- und Exporte
- soziale und kulturelle Informationen (soziale Schichten, Einkommensschichten, etc.)
- Einschätzung von Marktrisiken, z.B. J.P. Morgan (http://www.jpmorgan.com/businesses/fx/eri/rkmd_pub.htm)

Berichte über spezielle Branchen und Ländermärkte

Darüber hinaus stellen einige statistische Ämter und internationale Organisationen Berichte über spezielle Branchen und Ländermärkte und deren Entwicklung über das Internet zur Verfügung, z.B. die Vereinten Nationen http://www.un.org/Depts/unsd/mbsview/mbsview.htm.

4.4.2   Marktdaten und Brancheninformationen

Länderteilmärkte

Größere Schwierigkeiten ergeben sich bei einer Suche nach spezifischen Informationen über Länderteilmärkte und Marktdaten sowie nach Marktstudien, da diese nahezu ausschließlich über kommerzielle Informationsquellen und in Form kostenpflichtiger Informationsmaterialien zu beziehen sind. Generell sollte zunächst eine Suche nach Informationsquellen der branchenspezifischen Ebene durchgeführt werden.

Marktforschungsinstitute und Online-Datenbanken

Die besten Quellen im Internet stellen Branchenverbände, Marktforschungsinstitute und Online-Datenbanken dar, über die z.T. bereits durchgeführte Marktstudien erhältlich sind. Informationen aus Marktstudien sind zum einen als Volltextstudien verfügbar, die entweder direkt über einzelne Marktforschungsinstitute oder aus Volltextdatenbanken der Online-Datenbankanbieter über das Internet erhältlich sind. Eine weitere Möglichkeit zur Informationsgewinnung aus Markstudien ergibt sich anhand von Referenzdatenbanken und -materialien, die jedoch lediglich eine Zusammenfassung der grundlegenden Ergebnisse einzelner Marktstudien enthalten oder ausschließlich auf relevante Studien verweisen. z.B. Euromonitor http://www.euromonitor.com an, während Infratest-Burke http://www.infratest-burke.de z.T. sogar vollständige, kostenlose statistische Marktinformationen über das Internet zur Verfügung stellt. Eine sehr interessante Informationsquelle für den Bereich neuer Technologien ist BCCconnect http://www.buscom.com, die über das Internet zum einen eine durchsuchbare und sehr detaillierte Referenzdatenbank über Markstudien, zum anderen ebenfalls verschiedene kostenpflichtige Online-Marktstudien und Newsletters anbietet. Weitere Studien sind seit kurzer Zeit auch über Dun & Bradstreet http://www.dnb.com/industry/pindustry1.htm erhältlich.

Marktstudien

Eine Suche nach branchenspezifische Marktstudien und -informationen kann darüber hinaus über die Internet-Präsenzen internationaler Banken (z.B. bieten die Deutsche Bank Research http://www.deutsche-bank.de/dbr/ und J.P. Morgan Securities http://www.jpmorgan.com erfolgen. Spezielle, kostenlose Markstudien, bieten auch nationale und internationale Industrie- und Handelsvereinigungen an, z.B. http://www.iccwbo.org oder http://www.gcc.net. Einstiegspunkte http://www.chambers-of-commerce.com, http://www.eurochambres.be. Zu empfehlen sind auch nationale Wirtschaftsforschungsinstitute und nationale Ämter und Ministerien. Informationen über den Markt für Linienflüge können z.B. über nationale Verkehrsministerien verfügbar sein.

Informationsdienstleister

Eine dritte Möglichkeit bietet sich durch das Heranziehen spezialisierter Informationsdienstleister im Internet, die sich auf die Beschaffung von Informationen über bestimmte Märkte, Regionen oder Branchen spezialisieren und diese über das Internet gegen Nutzungsgebühren zur Verfügung stellen. Über solche Informationsanbieter ist z.T. auch ein eingeschränkter Zugang zu weiteren professionellen Informationsquellen möglich. So kann z.B. über den Anbieter Internet Securities (http://www.securities.com) z.B. auf internationale Informationsanbieter wie Economist Intelligence Unit (http://www.eiu.com) oder nationale Informationsanbieter zugegriffen werden.

Newsfeed- und Newswire-Dienste

Schließlich sollten auch nationale und internationale Newsfeed- und Newswire-Dienste und über das Internet recherchierbare nationale Zeitschriften und Zeitschriftendatenbanken berücksichtigt werden. Eine sehr gute Möglichkeit zur Online-Recherche nach verfügbaren Marktstudien in Zeitschriften ist z.B. die kostenlose UnCover-Datenbank (http://uncweb.carl.org) mit derzeit über 7 Mio. Artikeln aus verschiedenen Fachzeitschriften. Über diese Datenbank können sehr schnell und effektiv Artikel aus relevanten Zeitschriften wie z.B. American Demographics identifiziert werden.

Evaluation der gefundenen Quellen

Sollten keine relevanten Quellen zu identifizieren sein, bleibt eine Suche nach spezifischen Informationsmaterialien über klar definierte Suchbegriffe, die durchaus relevante Informationen im Internet lokalisieren kann. Bei diesen sollte allerdings auf eine genaue Evaluation der gefundenen Quellen und Materialien geachtet werden (diese Vorgehensweise ist zu empfehlen, da z.B. verschiedene Forschungseinrichtungen (z.B. Marketinglehrstühle an Universitäten) ebenfalls Markt- und Branchendaten erheben und über das Internet zugänglich machen).

Referenzdatenbanken und -verzeichnisse

Generell läßt sich bei einer Suche nach sekundärstatistischen Informationen in Form von Marktstudien und Branchenberichten feststellen, daß dies der wohl problematischste Bereich einer internationalen Sekundärforschung unter Verwendung des Internet darstellt. Verhältnismäßig leicht lassen sich dabei Marktstudien über Referenzdatenbanken und -verzeichnisse identifizieren, indem auf Web-Seiten von Marktforschungsinstituten und auf professionelle Online-Datenbanken im Internet zugegriffen wird. Volltext-Marktstudien werden nur in geringem Maße über das Internet zu erhalten sein, was sich zum einen durch deren hohe Kosten begründet, zum anderen durch die Tatsache, daß nur eine sehr geringe Anzahl bereits durchgeführter Studien auch der Öffentlichkeit zugänglich gemacht werden (z.B. zur Wahrung des Wettbewerbsvorteils durch einen Informationsvorsprung des Auftraggebers einer Studie gegenüber seinen Wettbewerbern). Dennoch sollte bei einer internationalen Sekundärforschung das Internet zur Suche nach Markt- und Brancheninformationen einbezogen werden, da es in diesem Zusammenhang sehr gute Einstiegspunkte für eine internationale Marketingforschung bietet.

4.4.3 Informationen über Wettbewerber

Im Bereich der Informationssuche über potentielle Wettbewerber und Kooperationspartner sollte sowohl nach Informationsquellen der branchenspezifischen, als auch der unternehmensspezifischen Ebene gesucht werden.

Kapitel 4: Möglichkeiten der internationalen Sekundärforschung im Internet

Überblick	Als Einstieg ist es notwendig, einen Überblick über die aktuellen und potentiellen Wettbewerber auf zukünftig zu bearbeitenden Märkten zu erhalten, indem diese nach entsprechenden Branchen klassifiziert werden. Gerade das Internet bietet zahlreiche, nach Branchen gegliederte bzw. strukturiert durchsuchbare Unternehmensverzeichnisse an.
Kostenlose Themenverzeichnisse	Zu Beginn einer Suche nach Unternehmen einer bestimmten Branche bietet es sich an, die diversen, kostenlosen Themenverzeichnisse des Internet zu durchsuchen. Zusätzlich existieren verschiedene WWW-Dienste, die speziell auf die Identifizierung einzelner Unternehmen ausgerichtet sind. Zu einer nach Branchen strukturierten, weltweiten Suche nach Unternehmen kann z.B. ComFind (http://www.comfind.com) verwendet werden, bei dem es sich um einen kostenlosen Service handelt.
US-amerikanische Unternehmen	Den überwiegenden Anteil an durchsuchbaren (kostenlosen) Unternehmensdatenbanken stellen jedoch Dienste, die ausschließlich US-amerikanische und z.T. kanadische Unternehmen erfassen. Als gute Möglichkeiten sind z.B. CompaniesOnline (http://www.CompaniesOnline.com/ eine Kooperation von Dun&Bradstreet und Lycos) und das Wallstreet Research Net http://www.wsrn.com zu erwähnen. Als europäisches Pendant stellt sich Europages (http://www.europages.com) dar. Auf einer nationalen Ebene können u.U. sogenannte „Gelbe Seiten" einige der benötigten Informationen liefern (http://www.gelbeseiten.de).
Schwächen kostenloser Unternehmensdatenbanken	Kostenlose Unternehmensdatenbanken im Internet weisen jedoch mehrere Schwächen auf. Das größte Problem resultiert aus der Tatsache, daß nahezu alle kostenlosen Unternehmensverzeichnisse ausschließlich Unternehmen mit einer Internet-Präsenz auflisten. Zusätzlich sind viele der Verzeichnisse auf größere Kapitalgesellschaften beschränkt und haben keine internationale Abdeckung. Daraus leitet sich die Notwendigkeit ab, auf kostenpflichtige Unternehmensdatenbanken und -verzeichnisse im Internet zuzugreifen. Diese enthalten auch Unternehmen ohne Internet-Präsenz und weisen oft eine internationale Abdeckung auf. Ein weiterer Vorteil besteht in der Möglichkeit, zusätzlich detaillierte Unternehmensprofile der identifizierten Wettbewerber zu erhalten.
Unternehmensprofile	Sind die potentiellen Wettbewerber identifiziert, müssen möglichst detaillierte Unternehmensprofile erstellt werden. Eine Option besteht im Zugriff auf die Internet-Seiten der entsprechenden Unternehmen. Insbesondere bei größeren Unternehmen

(Publikationspflicht) und, speziell bei Unternehmen der IT-Branche, bieten die Web-Seiten Zugang zu Jahresabschlüssen, Produktankündigungen, Produktkatalogen, Informationen aus den F&E-Abteilungen und allgemeinen Unternehmensinformationen (rechtliche Unternehmensform, Management, Tochtergesellschaften, etc.). Bei Informationen, die von den Unternehmen selbst veröffentlicht werden, ist allerdings darauf zu achten, daß diese nur bedingt nach objektiven Kriterien ausgewählt und publiziert werden. Daher empfiehlt es sich, zusätzlich objektive Quellen zur Evaluation heranzuziehen.

Investmentbanken und Wertpapierhäuser

Solche Quellen können Investmentbanken und Wertpapierhäuser, professionelle Online-Datenbanken, staatliche Einrichtungen, spezialisierte Anbieter von Finanz- und Kapitalinformationen, Handelsregister etc. sein. Als Einstiegspunkte einer Suche nach solchen Anbieter eignen sich Suchhilfen wie Excite (http://www.excite.com/) oder Infoseek (http://www.infoseek.com) Diese Informationsquellen werden auch benötigt, um Informationen über Wettbewerber ohne Internet-Präsenz zu erhalten. Zusätzlich enthalten sie ergänzende, spezifischere Unternehmensdaten. Zu verschiedenen professionellen und meist kostenpflichtigen Informationsquellen und Unternehmensdatenbanken siehe Tabelle 3.

Online-Zeitschriften

Weitere Quellen für Unternehmensinformationen können Online-Zeitschriften und Newsfeed- und Newswire-Dienste wie z.B. Reuters oder DowJownes News sein. Deren Vorteil liegt zum einen in der Aktualität der Daten, die z.T. sogar als Real-Time-Informationen geliefert werden, zum anderen in der internationalen Abdeckung. Daher sollten diese unbedingt bei einer Verwendung von Online-Datenbanken mit ihrer teilweise geringen Aktualität als zusätzliche Informationsquellen herangezogen werden. Informationen aus diesen Quellen können z.B. in Form von Berichten über geplante strategische Kooperationen, Produkteinführungen, Kapitalerhöhungen, aktuelle Marktanteile etc. erhältlich sein. Weiterhin bieten einige nationale Tages- und Wochenzeitungen auf ihren Web-Seiten Datenbanken mit Stellenausschreibungen an, in denen z.T. recht gute Informationen über die ausschreibenden Unternehmen erhältlich sind. In diesem Zusammenhang sind auch spezielle Stellenvermittlungsdienste (z.B. http://www.jobware.de) im Internet zu erwähnen, da über diese Informationen zu einstellenden Unternehmen zu entnehmen bzw. abzuleiten sind.

Kapitel 4: Möglichkeiten der internationalen Sekundärforschung im Internet

Mailing-Listen

Gute Informationsmöglichkeiten über Wettbewerber sind u.U. auch durch Mailing-Listen gegeben, da Abonnenten darüber automatisch kostenlose Newsletters einiger Unternehmen erhalten können.

Tab. 3: Professionelle Quellen für spezifische Unternehmensinformationen

Anbieter / Produkt	http://www.	Anmerkungen
Dun & Bradstreet	dnb.com krinfo.com	generell kostenpflichtig; kostenlose Datenbank über US-Unternehmen.
Disclosure	disclosure.com	vollständige Finanz- und Managementinformationen, aktuelle und historische Unternehmensdaten; aktuelle Studien und Geschäftsnachrichten aus über 2500 Veröffentlichungen und aus Nachrichtendiensten.
Kompass	krinfo.com	weltweite Unternehmensinformationen.
Bloomberg	bloomberg.com	Bloomberg *personal*: bedeutende Wirtschaftsnachrichten, Marktinformationen, Finanzinformationen.
Edgar-Online	edgar-online.com sec.gov/edgarhep.htm	Kapitalinformationen; ausschließlich US-Unternehmen, kostenlos; sehr detaillierte Informationen
Nasdaq	nasdaq.com	Kurse, Börsenberichte, Jahresberichte, Unternehmensnachrichten, Hinweise auf Kapitalinformationen; ausschließlich US-Unternehmen, kostenlos, sehr detaillierte Informationen.
Global Securities Inform.	gsionline.com	Kapital- und Wertpapierinformationen.
Hoovers Online	hoovers.com	sehr detaillierte historische Finanzdaten; Hoover's online library (zahlreiche Datenbanken mit Unternehmenspublikationen); Suche in Unternehmensdatenbank (mehr als 12000 Kapital- und Personengesellschaften weltweit) über Firmennamen, Schlagworte, Branchen, etc.; Datenbanksuche ist kostenlos, Artikel im Volltext lediglich für Abonnenten
Creditreform	creditreform.de	sehr detaillierte Unternehmens-, Wirtschafts-, Finanz-, Kapital- und Bonitätsinformationen; speziell deutsche Unternehmen; Wirtschaftsinformationen über weltweit 16.000 Unternehmen
Investext	investext.com	detaillierte Analysen und Finanzinformationen über Kapitalgesellschaften (inkl. Umsatz, projizierter Marktanteil, F&E); Finanzberichte und -analysen internationaler Investmenthäuser

Quelle: in Anlehnung an: Graumann, S. (1998), S. 16f

Patentinformationen

Darüber hinaus lassen sich Informationen über Wettbewerber anhand von Patentinformationen im Internet gewinnen. Patentinformationen können dabei über nationale und internationale Patentämter, Patentinformationszentren an Universitäten (http://www.cis.csiro.au/cis/lib/patlibs.html), recherchierbare Datenbanken, spezielle Patentinformationsdienste, Online-Datenbankanbieter etc. erhältlich sein.

Wettbewerbsinformationen

Allgemein läßt sich sagen, daß das Internet im Bereich der Wettbewerbsinformationen sehr gute Möglichkeiten bietet, da eine Vielzahl an Materialien für die Öffentlichkeit verfügbar ist. Dabei ist allerdings zu beachten, daß der Bestand und die Tiefe der über das Internet erhältlichen Informationen über einzelne Unternehmen von verschiedenen Faktoren abhängig sind. Zu diesen Faktoren zählen:

- die Größe eines Unternehmens; z.B. höhere Wahrscheinlichkeit eines eigenen WWW-Angebotes, größeres Allgemeininteresse
- die Rechtsform; Publizitätspflicht und eventuelle Börsennotation bei Kapitalgesellschaften
- die Branchenzugehörigkeit; guter Informationsbestand bei Unternehmen der IT-Branche
- das Stammland; nur wenige Informationen über Unternehmen aus Schwellenländern

5 Kritische Würdigung

Generell sind auf sekundärstatistische Informationsquellen und -materialien im Internet die gleichen Evaluationskriterien anzuwenden wie auf herkömmliche Quellen und Materialien. Durch das Erscheinen neuer, unbekannter oder geänderter Informationsquellen und -materialien im Internet gestaltet sich eine Evaluation jedoch oft problematischer.

Ursprünglichkeit, Objektivität, Aktualität und Vergleichbarkeit

Ein erstes Problem ergibt sich aus der Tatsache, daß jeder Teilnehmer Informationen im Internet zur Verfügung stellen kann, ohne daß diese auf Ursprünglichkeit, Objektivität, Aktualität und Vergleichbarkeit überprüft werden bzw. überprüft werden können. Dieses Problem stellt sich auch bei neuen kommerziellen Informationsdiensten und -anbietern, da es sich dabei z.T. um neue Quellen handelt, die nahezu unbekannt sind. Daher läßt sich eine Beurteilung ihrer Objektivität und der Qualität der angebotenen Informationen nur schlecht vornehmen.

Evaluation

Auch die Zugangsmöglichkeit zu Informationen nationaler Behörden und Organisationen erfordert eine nähere Evaluation der neu verfügbaren Quellen und Materialien insbesondere in bezug auf deren Objektivität und Professionalität. Statistiken vieler Entwicklungsländer reflektieren z.B. oft mehr Wunsch- oder Zielvorstellungen statt Realität. Generell ist zu beachten, daß die Vollständigkeit der Materialien im Vergleich zu konventionell beschafften Materialien geringer einzuschätzen ist.

Kostenlose Informationsquellen

In sehr vielen Fällen sind keine oder nur unzureichende Informationen über Autor, Quelle, Aktualität und Grund der Erhebung bzw. Veröffentlichung erhältlich. Ein besonderes Gewicht sollte daher die Evaluation kostenloser Informationsquellen und -materialien einnehmen, da deren Inhalt durchaus von den Gründen der kostenlosen Publikation abhängig sein kann. Sofern es sich bei den Informationsquellen um Organisationen mit öffentlichem Auftrag handelt, ist davon auszugehen, daß eine kostenlose Verfügbarkeit keinen Einfluß auf die Qualität der verfügbaren Informationen hat, dabei ist jedoch zu bedenken, daß solche Informationen auch zum Zwecke einer politischen Einflußnahme genutzt werden können.

6 Fazit und Ausblick

Bietet der Einsatz des Internet Alternativen in der Sekundärforschung für internationale Marketingentscheidungen? Diese Frage und insbesondere die Reichweite eines möglichen Einsatzes läßt sich aufgrund der aufgezeigten Vorteile und der Schwierigkeiten des Internet als sekundärstatistische Informationsquelle nicht eindeutig beantworten.

Informationsbedarf

Der Einsatz des Internet ist abhängig vom Informationsbedarf einzelner Entscheidungen, der relevante Quellen determiniert. Nicht jeder Bedarf an sekundärstatistischen Informationen für internationale Marketingentscheidungen ist über das Internet abzudecken, dafür bietet es jedoch gerade unter internationalen Gesichtspunkten Quellen, -materialien und neue Zugangswege, die ohne dessen Einsatz nicht oder nur in einer schlechteren Form zur Verfügung stünden.

Eingeschränkte systematische Recherchemöglichkeiten

Die Einschränkungen liegen in der Problematik sehr eingeschränkter systematischer Recherchemöglichkeiten in einem extrem großen Suchraum, dem Fehlen bestimmter Informationen und den Schwierigkeiten einer Evaluation. Dem Mangel an Informationen und der Schwierigkeit einer Evaluation kann allerdings durch die Verwendung professioneller Informationsanbieter und Online-Datenbanken im Internet entgegengewirkt werden. Zur Gewinnung entscheidungsrelevanter und vollständiger Informationen durch eine Sekundärforschung über Online-Ressourcen müssen daher sämtliche verfügbaren Informationsquellen einbezogen werden, auch wenn dies zu weitaus höheren Kosten führt. Gerade im Bereich kostenloser Informationen kann deren Wert für eine internationale Sekundärforschung u.U. genau dem Preis entsprechen.

Zukünftige Entwicklungen

Unter dem Aspekt der heute bestehenden Schwächen des Internet bei einer Verwendung für internationale Sekundärforschungen stellt sich die Frage, wie sich zukünftige Entwicklungen auf die Möglichkeiten einer Sekundärforschung auswirkt.

Zunehmende Verbreitung

Durch die zunehmende Verbreitung und Kommerzialisierung des Internet werden immer mehr traditionelle sekundärstatistische Informationsquellen aber auch neue Anbieter kommerzieller Dienstleistungen über das Internet zugänglich sein, wodurch sich die Möglichkeiten einer Sekundärforschung mit Hilfe des Internet erheblich verbessern werden. Durch die weitere unstrukturierte Zunahme an Informationsquellen und -materialien vergrößern sich allerdings auch die Schwierigkeiten der Identifikation und Auswahl relevanter Informationen.

Technologien

Mit der Verbesserung der Technologien und der angewendeten Standards wird daher auch eine Verbesserung der Informations- und Recherchemöglichkeiten einhergehen. Gerade im Bereich der Suchhilfen können diese neuen Entwicklungen zu einer Optimierung der zielgerichteten Recherche führen. Exemplarisch sei noch einmal die Implementierung von Meta-Daten in WWW-Dokumenten, die Verwendung intelligenter Agenten und die Entwicklung eines *Natural Language Retrieval* erwähnt.

Effektive Suchumgebung

Aufgrund zukünftiger Entwicklungen wie den oben genannten, wird das Internet mehr und mehr zu einer effektiven Suchumgebung für Sekundärforschungen für internationale Marketingentscheidungen werden und sich über die bisherigen Bereiche der Einsatzmöglichkeiten ausweiten.

Literatur

Babiak, U.: Effektive Suche im Internet - Suchstartegien, Methoden, Quellen, Köln 1998.

Bauer, Erich: Internationale Marketingforschung, 2. Aufl., München 1997

Bohr, Diana: Internet-Nutzung deutscher Unternehmen, in: Sieber, Pascal; Griese, Joachim (Hrsg.): Internet: Nutzung für Unternehmungen, Bern 1996.

Czakert, E.: Das Internet als Informationsquelle für den Import und Export, Köln 1997.

Fischer, M.; Knappertz, K.: Marktforschung im Internet, Erlangen 1996.

Graumann, S.: In Serarch of Online Market Data - Conducting Desk Research Studies with the Internet, in: Fellows-Rödel 1998, Amsterdam, S. 33-57

Klosa, O.: Marktforschung im Internet, Regensburg 1996.

Lampe, Frank: Unternehmenserfolg im Internet, 2., berarb. u. erw., Wiesbaden 1998.

Lescher, John F.: Online Research - Cost effective searching of the Internet and Online Databases, Reading/MA. 1995.

Schmitz, M.: Information Broking und Retrieval, München 1996.

5 Relationship Marketing und das Internet

Fraser Frost

1 Einführung 100
2 Das Internet und das World Wide Web 101
3 Beziehungsmarketing - Das neue Medium 102
   3.1 E-Mail und das World Wide Web als Kommunikationsmedien 102
   3.2 Globales Medium 102
   3.3 E-Mail 103
   3.4 Interaktivität 104
   3.5 Beziehungswissen 105
   3.6 Kosten von Online-Kundenbeziehungen 107
   3.7 Vertrauen und Sicherheit 108
   3.8 Vertraulichkeit 109
4 Beschränkungen des Internet und World Wide Web für das Beziehungsmarketing 110
5 Welche Produkte bzw. Dienstleistungen profitieren von „Internet-Beziehungen"? 113
6 Zusammenfassung 114
Literatur 116

1 Einführung

Relationship Marketing oder auch Beziehungsmarketing beinhaltet alle Aktivitäten, die darauf gerichtet sind, Kunden anzuziehen, zu entwickeln und dauerhaft zu halten.

Abb. 1: Transaktions- und beziehungsorientierter Austausch

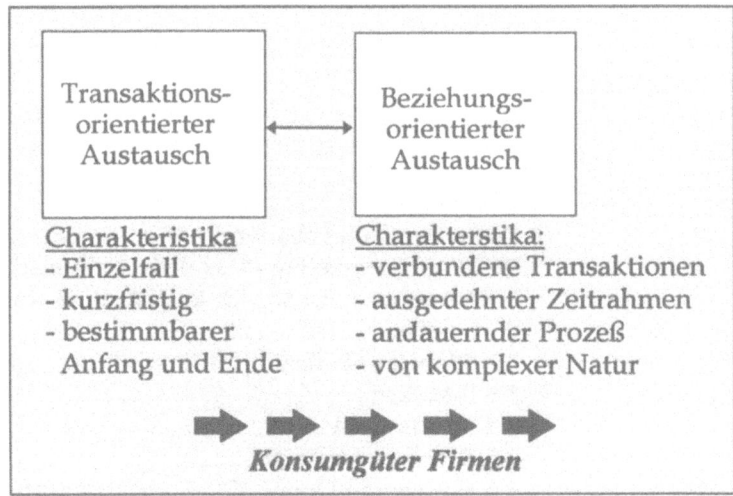

Transaktionsorientierte Austauschprozesse

Transaktionsorientierte Austauschprozesse sind einzelne, kurzfristige Austauschvorgänge, die einen bestimmten Anfangs- und Endzeitpunkt haben. Konsumgüterhersteller, die Massenmärkte bedienen und wenig Kontakt mit ihren letztendlichen Kunden bzw. den Endverbrauchern haben, bieten in der Regel solche transaktionsorientierten Austauschvorgänge an (Abbildung 1).

Beziehungsorientierter Austausch

Auf der anderen Seite beinhaltet ein beziehungsorientierter Austausch, daß einzelne Transaktionen über einen längeren Zeitraum miteinander verbunden werden. Die Transaktionen lassen sich zurückführen auf vorhergehende Interaktionen und reflektieren einen andauernden Prozeß. Die meisten Konsumgüterproduzenten werden sich damit eher auf der Transaktionsseite sehen. Trotzdem wurden Versuche unternommen, das Konzept des Beziehungsmarketing auch auf Konsumgütermärkte anzuwenden.

Elemente des Beziehungsmarketing

Die wichtigsten Elemente des Beziehungsmarketing entstammen der Forschung zum Industriegüter- bzw. Investitionsgütermarketing. Entsprechende Untersuchungen haben ergeben, daß solche interfirmen Beziehungen komplex, von längerfristiger Natur und zum gegenseitigen Vorteil sind. Die Beziehungen werden dabei

2 Das Internet und das World Wide Web

charakterisiert von Vertrauen, Verpflichtung, gegenseitigem Vorteil, Anpassung, Respekt und der Notwendigkeit von Vertraulichkeit. Wenn Beziehungsmarketing erfolgreich auf Konsumgütermärkten angewandt werden soll, dann sollten die Beziehungen diese integralen Elemente berücksichtigen.

Gelegenheit

Mit der Einführung neuer Medien, wie dem Internet bzw. dem World Wide Web, bietet sich für Unternehmen, die Produkte oder Dienstleistungen an Konsumenten vermarkten, die Gelegenheit, von der einmaligen Verkaufstransaktion zu beziehungsorientierten Austauschprozessen zu gelangen.

2 Das Internet und das World Wide Web

Entwicklung und Bedeutung

Die Presse hat viel über die Entwicklung und die Bedeutung des Internet geschrieben. Exakte Zahlen zur Internet- und World Wide Web-Nutzung sind nur schwer zu erhalten. Dennoch, der gemeinsame Tenor aller Quellen ist, daß sich das Internet und das WWW mit einer phänomenalen Wachstumsrate ausdehnt. Dieses neue Medium bietet Unternehmen eine Vielzahl von Möglichkeiten, auf einer individuellen Basis mit ihren Kunden zu kommunizieren und damit langfristige Beziehungen aufzubauen. Damit ist auch der inhaltliche Schwerpunkt dieses Beitrags umrissen.

Globales Netz

Das Internet kann beschrieben werden als ein globales Netz, bestehend aus miteinander verbundenen Computern, die mit einem Standard Protokoll arbeiten. Diese Protokoll, „Transmission Control Protocol/Internet Protocol" genannt, stammt aus einem Computernetz, welches vom US-Verteidigungsministerium in den siebziger Jahren errichtet wurde. Mit der Einführung von Hochgeschwindigkeitsnetzen und anderen Kommunikationstechnologien, wie z.B. „integrierten Browser Paketen", entwickelte sich das Internet von einem Verteidigungs- und Forschungsnetz zu einem „Netz der Netze", dessen Teilnehmer Regierungen, Universitäten, Unternehmen und Privatleute sind, um nur einige zu nennen.

WWW

Ein „Phänomen", welches sich auf dem Rücken der neuen globalen Verbunden- bzw. Vernetztheit entwickelte, ist das „World Wide Web" oder kurz „Web". Das WWW, ein hypertextbasiertes Informationssystem, erlaubt es, Informationen mittels der „HyperTextMark-upLanguage" (HTML) in Form von „Web pages" oder „Sites" zu publizieren.

HTTP	Das Web funktioniert wie das Internet auch auf Basis eines Protokolls, dem „HyperText Transfer Protokol" (HTTP). Dies ermöglicht einem „Web Browser" oder auch GUI (Graphical User Interface = graphische Benutzerschnittstelle), wie z.B. Netscapes „Navigator" oder Microsofts „Internet Explorer", mit Servern auf entfernten Computern zu kommunizieren. Hypertext wurde Anfang der neunziger Jahre von Tim Berners-Lee am Europäischen Labor für Teilchenphysik (Cern) in Genf entwickelt und verbreitet. Dies war der Entwicklungsweg der vergangenen Jahre. Heute ermöglicht das Web den Nutzern die Interaktion mit Web-Sites via Text, Klang, Bild und Video.

3   Beziehungsmarketing - Das neue Medium

3.1   E-Mail und das World Wide Web als Kommunikationsmedien

E-Mail ist ein Beispiel für ein „one-to-one"-Kommunikationsmedium. Das Web hingegen ist ein „many-to-many"-Kommunikationsmedium.

Potential	In Anbetracht der Natur solcher Medien, kann ihr Potential – sei es allein oder in Kombination mit anderen Medien – das Direkt-Marketing und insbesondere das Beziehungsmarketing erleichtern. „One-to-one" Marketing wird durch das Internet erleichtert. Dies geschieht u.a. dardurch, daß das Internet die bidirektionale Kommunikation fördert, „Advertising on Demand" (Werbung auf Abruf) ermöglicht und den „Point of Purchase", den Verkaufsort zum Individuum bzw. in dessen Wohnzimmer oder Büro verlagert.

3.2   Globales Medium

Einfluß auf die Internationalisierung	Es ist offensichtlich, daß das Internet und das World Wide Web einen signifikanten Einfluß auf die Internationalisierung bzw. Globalisierung von kleinen und mittleren Unternehmen in Investitionsgütermärkten haben kann und wird. Das Web als Medium ist international und bietet, verglichen mit anderen Medien, allen Organisationen, unabhängig von ihrer Größe, eine mehr oder weniger gleiche Ausgangsbasis. Dennoch, die Nutzung des Internet und des WWW zur Etablierung internationaler Konsumentenbeziehungen ist nicht unproblematisch. Die Internet-Nutzung über die Grenzen hinweg wird durch die Heterogenität der Märkte behindert. Einige Beispiele sollen dies demonstrieren. Die Fluggesellschaft Virgin Atlantic Airways unterhielt eine Web-

3 Beziehungsmarketing - Das neue Medium

Site und plazierte dort Details ihrer Transatlantik-Flugtarife. Die Web-Site beschrieb u.a. ein Rückflugticket für weniger als 500 US$. Einem möglichen Interessenten bzw. potentiellen Passagier, der eines dieser Tickets kaufen wollte, wurde gesagt, daß dieser Spezialpreis nicht länger erhältlich sei, und daß ein alternatives Ticket über 500 US$ kosten würde. Nach US-Gesetzen war die Fluglinie jedoch verpflichtet, ihre Informationen aktuell zu halten, und da sie dies unbeabsichtigt nicht getan hatte, mußte die Gesellschaft 14.000 US$ Geldstrafe an das US-Verkehrsministerium zahlen.

Gesetze

Es wird deutlich, das Unternehmen, die Geschäfte mit Kunden in anderen Ländern machen, sich über die jeweils anzuwendenden Gesetze und rechtlichen Regelungen im klaren sein müssen, wenn sie für ihre Produkte und Dienste im Internet werben.

3.3 E-Mail

Gezielte Nachricht regulärer Dialog

Verkäufer können E-Mail auf zweierleiweise nutzen, um einen Dialog im Sinne des Beziehungsmarketing aufzubauen. Erstens kann es genutzt werden, um einer fokussierten Gruppe von Kunden in einem speziellen Markt Informationen zukommen zu lassen. Zweitens kann E-Mail genutzt werden, um die allseits beschworene „one-to-one"-Beziehung durch das Unterhalten eines dauerhaften Dialogs zu entwickeln. Ersteres wird besonders für die Unternehmen erleichtert, die Zugriff auf die E-Mail-Adressen ihrer Nutzer haben, oder die die Möglichkeiten der Browser der Nutzer nutzen und mit Cookies-files arbeiten. Ein solcher E-Mail-Dialog erfolgt oft in Verbindung mit dem Web. Elektronische Post ist, wie oben beschrieben, ein „eins-zu-eins"-Kommunikationsinstrument.

Leichtigkeit

Die Leichtigkeit, mir der es benutzt werden kann, speziell im Zusammenhang mit dem Web, sollte nicht unterschätzt werden. Das Versenden einer E-Mail kann sehr einfach gestaltet werden, sei es direkt, über eine Web-Site oder als Antwort auf eine eingegangene E-Mail. Das Anklicken eines einzigen Feldes, z.B. des „Reply-Butttons" oder des „Versenden"-Knopfes im Mail-Client oder auf der Web-Site, genügt. Wenn man den Aufwand und den Prozeß, der mit der Nutzung anderer Direktmarketingmedien verbunden ist, bedenkt, müßte die Bequemlichkeit der E-Mail-Nutzung in der Zweiwegkommunikation anscheinend sehr viel attraktiver für die Kunden sein. Dies gilt besonders, wenn man bedenkt, daß der Gesamt-Dialog initiiert und unterhalten wird, während der Konsument den Komfort seiner eigenen vier Wände genießt.

3.4 Interaktivität

Interaktive Kommunikation

Interaktive Kommunikation kann aufgeteilt werden in die Situation, bei der der Leser mit der Nachricht, z.B. einer CD-ROM interagiert und dem Fall, bei dem der Leser mit einem Botenmedium entweder Direktmail oder per Telefon interagiert. Das Internet schließt beide Arten der interaktiven Kommunikation ein. Interaktives Marketing hat drei Vorteile:

- Erstens, wenn man eine Zielgruppe bittet eine Nachricht zu beantworten, ist es wahrscheinlicher, daß sie die Informationen akkurater und für längere Zeit im Gedächtnis behält.

- Zweitens können die Empfänger die Information, die für sie relevant ist, nach ihren eigenen Wünschen und Geschwindigkeiten aufnehmen bzw. filtern. Wenn Informationen fehlen oder nicht völlig verstanden wurden, kann die Person die Information erneut aufnehmen oder weitere Information anfordern.

- Drittens kann es dem Empfänger ermöglicht werden, den Erhalt der Information zu individualisieren bzw. zu personalisieren.

Vorzüge der Online-Kommunikation

Online-Kommunikation, wie jene über das Internet bzw. das World Wide Web, hat daher eine Reihe von Vorzügen gegenüber der Offline Kommunikation:

- Informationen können konstant aktualisiert werden.

- Die veröffentlichten Informationen können über die Zeit kontrolliert werden, veraltete Informationen können entfernt werden.

- Sie bietet dem Online-Nutzer die Möglichkeit, in eine Zweiwegkommunikation bzw. einen Dialog mit dem Anbieter zu treten.

Dialoge und Loyality-Sites

Entsprechende Dialoge sind von elementarer Bedeutung für die Entwicklung einer Online-Beziehung. Außerdem ermöglicht das Internet Individuen und Organisationen, direkt miteinander zu kommunizieren, unabhängig von Entfernung und Zeit. Dialog ist sehr wichtig für Unternehmen, die in der Lage sind, Feedback über ihre Produkte und Dienstleistungen zu erzeugen. Außerdem kann die Kundenbindung oder Loyalität über die Entwicklung entsprechender „Loyality-sites" erhöht werden. Es können und werden Transaktionen bzw. Verkäufe initiiert und Informationen über potentielle Kunden gewonnen. Auch Online-Marktforschung wird durchgeführt (siehe auch die Beiträge 3 und 4 in diesem Buch).

„Visits" und „Hits"

Interaktivität kann man in zwei Kategorien einteilen: in Web-Site „Visits" und „Hits". Ein „Visit" (Besuch) impliziert dabei eine Interaktion zwischen „Surfer" und der Web-page. Ein „Hit" dagegen bedeutet noch keine Interaktion mit der Information der Site, sondern nur den Abruf eines Elementes der Seite.

3.5 Beziehungswissen

Wissen ist Macht

Einer der fundamentalen Grundsteine jeder Beziehung ist das jeweilige Wissen einer Partei über die andere. Das Konzept „Wissen ist Macht" ist ein etabliertes Sozialprinzip und eine Hauptdeterminante der Marketingmacht von Unternehmen. Aus der Sicht der Konsumenten mag das Beziehungswissen in erster Linie begrenzt sein auf das, was eine Organisation im Internet, im World Wide Web oder über andere Medien den Konsumenten kommuniziert.

Macht der Informationsbeschaffung

Durch die Natur des Internet und des WWW liegt jedoch die Macht der Informationsbeschaffung in den Händen des Konsumenten. Das Web selbst ist ein mächtiges Forschungswerkzeug, welches den Konsumenten zuvor nicht zur Verfügung stand. Ein entsprechendes Werkzeug kann, wenn es genutzt wird, zusätzliche Informationen über eine Organisation ergeben, die z.B. von nationalen oder internationalen Drittparteien publiziert werden. Dies könnte den Aufbau und die Entwicklung von Beziehungen beeinflussen. Das Potential für Konsumentenwissen könnte sogar die Nutzung des Internet durch Organisationen behindern.

Preisdifferenzierung

Ein Beispiel, um dies zu verdeutlichen, ist der Fall einer Firma, die die gleichen Produkte zu unterschiedlichen Preisen in unterschiedlichen Ländern vermarktet (regionale Preisdifferenzierung). Die Information, daß Kunden die Produkte in anderen Ländern günstiger kaufen können, kann das Vertrauen in die Beziehung sofort zu Nichte machen. Dies kann bedeuten, daß das Internet zu geringeren Preisunterschieden oder einer zunehmenden Standardisierung der grenzüberschreitenden Preise führt. Diese potentielle Gefahr für Organisationen, die Beziehungen über Online-Kommunikation aufbauen wollen, kann verringert werden, indem u.a. lokale Sprachen eingesetzt werden. Dies ist jedoch aufgrund der Verbreitung einiger Sprachen und der Ver-

Kapitel 5: Relationship Marketing und das Internet

besserung der Sprachfähigkeiten der Konsumenten in verschiedenen Ländern nur wenig aussichtsreich.

Abb. 2:
Relationship Knowledge

Wissenserwerb

Aus unternehmerischer Sicht kann das Beziehungswissen recht problemlos durch die Nutzung des Internet und des World Wide Web entwickelt bzw. aufgebaut werden. Es gibt mehrere Wege, auf denen Organisationen dieses Wissen über Konsumenten ansammeln können:

Web-Site Statistiken

- *Nutzung von Web-Site Statistiken aus den Server Log Files* – Web-Site-Besucher bzw. ihre Aktionen können gut dokumentiert werden, ohne daß ihre Aktionen auf der Web-Site dadurch beeinträchtigt würden. Software, die speziell für diesen Zweck entwickelt wurde, kann Auswertungen und Statistiken anfertigen über das, was gesehen wurde, wie lange es gesehen wurde und von wem (E-Mail-Adresse).

„Cookie-files"

- *Nutzung von „Cookie-Files"* – Dies sind Dateien, die ein Browser auf der Festplatte des Nutzers anlegt, und in die Server Informationen über erfolgte Besuche ablegen können. Durch die Nutzung von speziellen HTML-Befehlen erkennt der Server einer Site anhand der Informationen in den Cookie-files, ob der Nutzer diese Web Site zuvor schon einmal besucht hat und verfügt anschließend über eine Aufzeichnung seines Nuztzerverhaltens vom letzten Mal.

3 Beziehungsmarketing - Das neue Medium

Dateneingabefelder

- *Nutzung von Online-Forms* – Dies sind Dateneingabefelder auf Web-Seiten, die mit einer Datenbank verbunden werden. Dies erlaubt Nutzern die selbständige direkte Informationseingabe. Die Eingabeformulare können sowohl als freiwillige wie auch als Pflichteingabe aufgebaut werden, wenn der Nutzer weiter auf der Web-Site navigieren möchte. Mögliche Anwendungen für solche „Forms" sind die Beschaffung demographischer Daten, Registrierungsinformationen, wie z.B. der E-Mail Adresse oder umfangreichere Informationen durch Online-Fragebögen.

3.6 Kosten von Online-Kundenbeziehungen

Kundenbindung

Es ist gut dokumentiert, besonders für Investitionsgütermärkte, daß die Kosten eines Kundenverlustes die der Kundenbindung bei weiten übersteigen. Kundenbindung oder Kundenloyalität ist für viele Unternehmen eine wichtige Grundlage ihres Erfolges. Deshalb sollte es das Ziel von Unternehmen sein, Loyalität durch ihre Kundenbeziehungen aufzubauen. Man kann die Kosten von Online-Beziehungen in drei Gruppen einteilen:

Kommunikations- Transaktions- und Opportunitätskosten

- Kommunikationskosten,
- Transaktionskosten und
- Opportunitätskosten.

Weniger Ressourcen notwendig

Im Gegensatz zu konventionellen „eins-zu-eins"-Medien (Brief und Telefon) ist das Internet günstiger und E-Mail ist fast kostenlos. Da das Internet und das World Wide Web relativ günstige „one-to-one"-Kommunikation bieten, werden weniger Ressourcen benötigt, um solche Online-Beziehungen aufzubauen und zu unterhalten. Auf diese Weise erlaubt das Internet auch kleineren Firmen, entsprechende Initiativen zu implementieren, und es erlaubt größeren Firmen, nationale zu internationalen Kundenbeziehungen auszuweiten.

Kosten niedriger als bei Handelstransaktionen

Sollten Online-Beziehungen sich in einem Maße entwickeln, daß Transaktionen stattfinden, so liegen die Kosten generell niedriger als bei Handelstransaktionen, sie schwanken jedoch je nach Produkt oder Dienstleistung. Weitere Online-Beziehungskosten sind die Opportunitätskosten. Eine Web-Site, die regelmäßig von einem Kunden besucht wird, kann ständig andere Produkte vorstellen und einen Online-Kauf induzieren oder den Kunden veranlassen, konventionelle Handelskanäle aufzusuchen. Ein anderer Opportunitätsaspekt von Online-Beziehungen ist die positive oder negative „Mundpropaganda" durch E-Mails an Freunde, Postings an USENET Newsgroups oder die Kommunikation in Chaträumen durch Internet Relay Chat (IRC).

3.7 Vertrauen und Sicherheit

Notwendigkeit von Garantien

Verantwortung und Vertrauen sind ebenfalls Attribute einer erfolgreichen Kundenbeziehung. Die Notwendigkeit von Garantien, die davor schützen, ein Opfer von betrügerischen Internet-Verkäufern zu werden, ist wichtig. Mangelnde Internet-Sicherheit behindert immer noch den Schritt von einem Verbraucher, der das Medium zur Kommunikation nutzt, zu einem, der es für Einkäufe verwendet. Für beides, sowohl für die Online-Kommunikation als auch die Transaktion, ist Vertrauen und Zuverlässigkeit wichtig.

Verbraucher-Perspektive

Online-Kommunikation mit Organisationen kann aus Verbraucher Perspektive möglicherweise sehr irreführend sein. Zum Beispiel können, auch wenn dies nicht im Interesse des Aufbaus von Kundenbeziehungen liegt, E-Mails anonym versendet werden, und der Inhalt und die Adresse von Web-Seiten muß nicht zwangsläufig sein, was es scheint.

Sicherheit

Wo sich die Beziehung eines Verbrauchers zu einem Unternehmen bereits von einer kommunikativen zu einer transaktionsorientierten Beziehung gewandelt hat, ist Sicherheit eine Hauptfrage. Das Vertrauen und die Zuverlässigkeit, die in einer Beziehung aufgebaut werden, kann an Bedeutung verlieren, wenn das Medium selbst als nicht vertrauenswürdig angesehen wird. Dies bezieht sich auf den Umstand, daß zwischen Sender und Empfänger oder „Transactor" und „Transactee" Dritte Informationen leicht abfangen und verändern können. Dies ist ein häufiges Bedenken aus Verbrauchersicht, besonders, wenn es um Transaktionen geht. Dies gilt auch, wenn in konventionellen Transaktionen potentiell gleiche oder höhere Risiken auftreten.

Public Key Encryption

Es gibt zwei Wege diese Bedrohung zu verringern bzw. zu überwinden, z.B. die „Public Key Encryption". Dabei benutzt der Sender den öffentlichen Schlüssel des Empfängers, um einen verschlüsselten Text zu erstellen. Dann nutzt der Empfänger seinen geheimen, privaten Schlüssel, um die kodierte Nachricht wieder in Text zu verwandeln. Die Entwicklung von Online-Transaktionen macht es möglicherweise notwendig, vertrauenswürdige Drittparteien, die bei der Sicherheit der über das Internet gerouteten Information assistieren, einzubeziehen, z.B. bei Kreditkarteninformationen.

3.8 Vertraulichkeit

Recht auf Anonymität

Vertraulichkeit bzw. der Schutz der Privatsphäre manifestiert sich u.a. in dem Recht, nicht gestört zu werden, im Recht auf Anonymität, im Recht nicht überwacht zu werden oder im Recht auf informatorische Selbstbestimmtheit (keine Nutzung / Ausnutzen persönlicher Daten). Diese Aussagen implizieren deutlich, daß es im Zusammenhang mit dem Internet und dem World Wide Web einige wichtige Vertraulichkeitsfragen gibt. Der Mißbrauch der Vertraulichkeit bzw. Privatheit im Internet kann in zwei Gruppen unterteilt werden:

Erleichterung der Überwachung

- *Leichtere Überwachung des Verhaltens von Personen* – Wie bereits beschrieben, können fast alle Aktivitäten aufgezeichnet werden, die ein Nutzer während des Besuchs eine Web-, Gopher- oder FTP-Site macht. Diese Aufzeichnungen ihrerseits sind ebenfalls oft nicht geschützt. Die Überwachungsmöglichkeiten erstrecken sich jedoch nicht nur auf das Web. Es gibt Organisationen, welche die E-Mail-Adressen von Teilnehmern an den themenorientierten Diskussionsgruppen sammeln und die Listen dann, gegen eine geringes Entgelt, zur kommerziellen Nutzung zur Verfügung stellen.

Kosten der Versendung von Angeboten

- *Niedrige Kosten der Versendung von Angeboten an potentielle Kunden* – Diese Werbung ist recht attraktiv für Unternehmen, da damit relativ geringe Kosten für das Versenden einer großen Zahl von E-Mails an potentielle Kunden verbunden sind.

Freiwillige Informationen

Eine Möglichkeit, wie Organisationen die potentiellen Gegenreaktionen der Nutzer reduzieren können, ist, Formulare in ihre Web-Site einzubinden, auf denen Besucher freiwillig Informationen und Auskunft über sich geben können. Solche freiwilligen Informationen können eine wertvolle Basis sein, auf der Dialoge und Beziehungen florieren können.

Unsicherheitsrisiko Intermediaries

E-Mail könnte, ähnlich normaler Post als vertraulich bzw. privat erachtet werden. Diese Vertraulichkeit bzw. Privatheit hängt von jedoch den jeweiligen Zwischenstellen, den „Intermediaries" bzw. Netzknoten ab, die Teile des Netzes überwachen. Es hängt auch davon ab, auf welche Weise die E-Mail über das Internet versendet wird. Wenn E-Mail-Nachrichten verschlüsselt werden, ist das Sicherheitsrisiko für Sender und Empfänger reduziert.

Auch wenn es hierfür keine Garantie gibt, bietet schon allein das enorme Volumen an Internet-Datenverkehr einen gewissen Grad an Sicherheit und Schutz. Wie zuvor erwähnt, kann dies in allen Beziehungen von Bedeutung sein, in denen versucht wird, mit der Zeit Vertrauen zu entwickeln. Für bestimmte Arten der Kommunikation mit Konsumenten wird die verschlüsselte Kommunikation wahrscheinlich die notwendige Voraussetzung sein.

„Junk-" bzw. Werbe-E-Mail

In der Online-Gemeinde gilt die grundsätzlich Haltung, daß unaufgeforderte „Junk-" bzw. „Werbe-E-Mail" inakzeptabel ist. Organisationen, die daran denken diese Methode zu Aufbau von Kundendialogen zu nutzen, sollten vorsichtig sein. In den USA wird solches Verhalten oft mißbilligt und mit beleidigenden Antwortnachrichten der Empfänger und möglichen rechtlichen Schritten beantwortet.

Selbstregulierung

Bis vor kurzem war die Selbstregulierung Praxis. Die Gründung einer Organisation in den USA namens Internet E-Mail Marketing Council (IEMMC) könnte der erste Schritt zur Regulierung unaufgeforderter Werbe-E-Mails sein. Bestehend aus fünf großen Werbefirmen und einem Backbone Provider wird die IEMMC ein Filtersystem implementieren, welches effektiv alle Empfänger, die keine kommerzielle E-Mail erhalten möchten heraussortiert. Diese Initiative, wenn sie den erfolgreich ist, kann den Aufbau von Online-Kundenbeziehungen durch unaufgeforderte Massen-E-Mailings erleichtern, da die weiterhin empfangenden Parteien damit rechnen, entsprechende Kommunikation zu erhalten.

4 Beschränkungen des Internet und World Wide Web für das Beziehungsmarketing

Zusätzlich zu den zuvor genannten Faktoren lassen sich die wichtigsten vom Autor identifizierten Beschränkungen des Internet für den Aufbau von Kundenbeziehungen wie folgt darstellen:

1. *Anzahl und Art der Online-Konsumenten* – Wenn die gegenwärtige Zielgruppe eines Unternehmens keinen Online-Anschluß aufweist, werden Beziehungsmarketing-Strategien, die das Internet und das World Wide Web einbeziehen, nicht durchführbar sein. Da sich die Anzahl der Online-Anbindungen, durch sowohl Computer als auch Web Set Top Boxen, die den Internet Zugang via TV-Gerät ermöglichen, langsam der Anzahl von Telefonen und Fernsehgeräten nähert, wird die Attraktivität des Internet als Medium steigen. Die Beschränkungen, die Angestellten von ihren Arbeitgebern bezüglich des Internet-Zugangs am Arbeitsplatz auferlegt

4 Beschränkungen des Internet und World Wide Web für das Beziehungsmarketing

werden, kann die Entwicklung von Beziehungen zu Konsumenten erschweren, die auf den Zugang am Arbeitsplatz angewiesen sind.

Telekommunikationsinfrastruktur

2. *Die Telekommunikationsinfrastruktur* – Um effektive Konsumentenbeziehungen via Internet zu kultivieren, sollte die Telekommunikationsinfrastruktur in keiner Weise die Kommunikation beschränken. Wenn dies der Fall ist, können Frustration über z.B. langsame Downloadzeiten oder schwache bzw. nicht existente Verbindungen die Beziehungen merklich schädigen. Aus einer internationalen oder globalen Perspektive ist dies wichtig, da die Infrastrukturen in verschiedenen Ländern einen unterschiedlichen Entwicklungsstand aufweisen und als wenig attraktiv für Online-Marketing-Strategien angesehen werden können.

Account Wechsel

3. *Accountwechsel* – Fast jeder private Online-Nutzer hat einen Accout bei einem Internet Service Provider (ISP). Es gibt normalerweise zwei Arten von Accounts (1) Einwählverbindungen, bei denen ein Kunde einen monatlichen Pauschaltarif zahlt und (2) Online-Verbindungen, bei denen der Kunde einen Minuten- oder Stundentarif bezahlt. Der Entwicklungspfad, den das Internet bisher nahm, kann teilweise den Gratis-Einführungsangeboten großer ISPs wie AOL und CompuServe zugeschrieben werden. Das bedeutet u.a. auch, daß Kunden ein Gratisangebot nach dem nächsten nutzen, um für eine begrenzte Zeit kostenlos im Internet surfen zu können. Aus der Sicht des Beziehungsmarketing ist der Accountwechsel problematisch. Darum werden Kundenbeziehungen via Internet eher aufblühen, wenn Konsumenten sich für einen bestimmten Internet Provider entscheiden und bei diesem bleiben. Dies kann man auch auf eins der Fundamente des Beziehung-Marketing, die gegenseitige Verpflichtung, beziehen. Das Hauptproblem des Accountwechsels aus der Sicht der Organisation ist die Auffindbarkeit und damit die Verwaltung der Kunden. Auch wenn die Technologie existiert, um E-Mail-Nachrichten an andere Accounts weiterzuleiten oder E-Mail Accounts von überall auf der Welt aufzurufen, etwa durch die Nutzung von Telnet, kann ein Konsument seinen ISP wechseln und ist dann, wenn keine weiteren Kontakt- bzw. Adreßdetails vorhanden sind, unauffindbar. Anders als bei der Adresse und Telefonnummer eines Konsumenten, die sich normalerweise nur einige wenige Male

über einen längeren Zeitraum ändern, hat dies Folgen. In bezug auf die Verwaltung kann der häufige Wechsel des Providers einen höheren Aufwand bei der Unterhaltung und Pflege der Kundendatenbank etc. verursachen. Dies kann die Kosten von Kundenbeziehungen erhöhen und den Vorteil reduzierter Kommunikationskosten durch den Einsatz des Mediums kompensieren.

Aliasnamen

4. *Nutzung von Aliasnamen* – Es wird gemeinhin akzeptiert, daß persönliche Details wie Namen, Adressen, Telefonnummern aktuell, wahr und nicht irreführend sein sollten. In formalen Arrangements erfordert das Gesetz dies oft als Grundvoraussetzung. Drittparteien, wie Internet Service Provider (ISPs), sind indirekt in jede Kommunikation involviert, ob sie Bestandteil einer andauernden Beziehung sind oder nicht. Die Existenz dieser Drittparteien kann sich als wichtiger Faktor bei der Entwicklung bzw. dem Aufbau von Online-Beziehungen entpuppen. ISPs werden von Online-Nutzern benötigt, um ihren Zugang zum Internet zu erhalten. Sie legen zum Zwecke der E-Mail Kommunikation einen eindeutigen Namen fest. Der Prozeß der E-Mail-Registrierung kann zukünftige Kundenbeziehungen begrenzen. Nutzer können fast jeden Namen oder Begriff für die Online-Nutzung registrieren lassen, ohne jede reale Beschränkung (außer es werden beleidigende Begriffe genutzt). Die Nutzung von konventionellen Vor- und Nachnamen, Initialen, Aliasnamen, oder Spaßnamen ist ebenfalls möglich. Die Möglichkeiten sind unbegrenzt. Die einzige Ausnahme, die es verhindert, einen bestimmten Namen registrieren zu lassen, ist, wenn dieser Name oder Begriff bereits bei diesem speziellen ISP registriert ist. Wenn dies der Fall ist, kann die Person bei einem andern ISP, der einen anderen Domain-Namen nutzt, versuchen, den gewünschten Namen oder Begriff registrieren zu lassen. Dies kann sehr irreführend sein und potentiell den Aufbau von Online-Beziehungen schädigen, da die Person, mit der man glaubt zu kommunizieren, in Wirklichkeit jemand anderes sein kann.

Mehr als eine E-Mail-Adresse

5. *Mehr als eine E-Mail-Adresse* – Mit der Zeit werden Konsumenten mehr als eine E-Mail-Adresse für die Kommunikation haben: eine bei der Arbeit und eine für Zuhause. Dies mag sich beim Aufbau von Kundenbeziehungen auf den ersten Blick nicht als hinderlich erweisen, da Konsumenten normalerweise auswählen, welche E-Mail-Adresse sie für die Kom-

munikation bevorzugen. Aber kombiniert mit einigen der zuvor genannten Beschränkungen erhöht die Existenz einer zweiten E-Mail-Adresse für eine Organisation die Komplexität der Unterhaltung von Kundenbeziehungen über das Internet.

Sprachbarrieren

6. *Sprachbarrieren* – Aus einer internationalen Perspektive ist es möglich und machbar, Web-Seiten einzurichten, die unterschiedliche Sprachen nutzen, insbesondere solche, die andere Schriften nutzen, wie z.B. Japanisch oder Griechisch. Die Nutzung von E-Mail in solchen Sprachen erweist sich als schwieriger, da Nachrichten in ASCII-Format geschrieben werden; ein Format, welches spezielle Zeichen nicht unterstützt.

Telekommunikationsunternehmen

7. *Internet Service Provider (ISPs) und Telekommunikationsunternehmen* – Das Internet und das Web kann Drittparteien in konventionellen Lieferketten umgehen. Man kann sagen, das Netz bringt die Unternehmen bzw. Organisationen näher an den Kunden heran, unabhängig vom geographischen Ort. Dennoch, ein Medium zu nutzen, bei dem ISPs oder Telekommunikationsunternehmen einen solchen Grad von Macht über die Nutzung ausüben und eventuellen Mißbrauch ermöglichen, ist nicht unproblematisch. Die zukünftigen Chancen und Entwicklungsmöglichkeiten liegen zu einem Teil auch in den Händen dieser Organisationen.

5 Welche Produkte bzw. Dienstleistungen profitieren von „Internet-Beziehungen"?

„Soft Products" (z.B. Finanzdienstleistungen oder Software) wären die idealen Produktkategorien, bei denen Beziehungen und Transaktionen aufgebaut und Produkte online ausgeliefert werden können. Die Attraktivität des Angebotes wird u.a. davon abhängen, ob es auf einer nationalen oder einer internationalen Basis angeboten wird. Software-Hersteller bieten Softwareaktualisierungen online weltweit an. Aber einige Finanzdienstleistungen mögen z.B. nur für einen bestimmten nationalen Markt verwendbar sein.

In bezug auf „Hard Products" wird das Beziehungsmarketing, welches sich um wiederholte Transaktionen entwickelt, ein anderes Medium für die Auslieferung einbeziehen müssen.

Kapitel 5: Relationship Marketing und das Internet

6 Zusammenfassung

Das Konzept Beziehungsmarketing in Konsumgütermärkten ist charakterisiert vom Dialog zwischen zwei Parteien über einen ausgedehnten Zeitrahmen hinweg. Kritisch für erfolgreiche Beziehungen sind Konzepte wie Kommunikation, Vertrauen, gegenseitige Verpflichtung, gegenseitiger Nutzen, Anpassung, Respekt und die Notwendigkeit von Vertraulichkeit und Sicherheit.

Abb. 3: Relationship Marketing und das Internet

Beziehungscharakteristika

Das Internet und das World Wide Web scheinen ein ideales Medium für den Aufbau von Online-Kundenbeziehungen zu sein, da es mehrere der zuvor aufgezählten Beziehungscharakteristika unterstützt bzw. erleichtert. Gründe dafür mögen der Grad an Interaktivität und Dialog sein, die durch die Online-Kommunikation vereinfacht werden. Organisationen werden wahrscheinlich einen Nutzen aus den verringerten Kosten des Aufbaus von Online-Beziehungen ziehen. Die Bequemlichkeit der Kommunikation und der möglichen waren- oder dienstleistungsbasierten Transaktionen bietet dagegen dem Kunden Nutzen.

Fragen und Beschränkungen

Auch wenn beide Seiten der Beziehung wahrscheinlich durch die Benutzung des Mediums einen Nutzen haben, existieren gegenwärtig eine Anzahl von Fragen und Beschränkungen, die den Erfolg beim Aufbau von Online-Kundenbeziehungen begrenzen. Privatsphäre und Vertrauen in Verbindung mit Sicherheitsfragen sind wahrscheinlich die Hauptbedenken der Konsumenten in Online-Kundenbeziehungen.

6 Zusammenfassung

Standpunkt der Unternehmen

Vom Standpunkt der Unternehmen aus betrachtet gibt es weitere Einschränkungen, die den Aufbau und die Unterhaltung von Online-Kundenbeziehungen stärker erschweren, als man zunächst gedacht hat: die Anzahl und Art der Konsumenten, die online sind, die Existenz von Drittparteien wie Internet Service Providern und Telekommunikationsfirmen sowie die Nutzung von mehr als einer E-Mail-Adresse mit möglichen Aliasnamen.

Macht des Verbrauchers

Obwohl beide Parteien durch eine Online-Beziehung ihr Wissen vom jeweils anderen erhöhen, steigt die Macht des Verbrauchers, verglichen mit konventionellen Kundenbeziehungen im Handel. Das Internet und das WWW bieten eine Wissensbasis und Foren, die normalerweise für den Durchschnittsverbraucher nicht zugänglich wären. Die Erhältlichkeit von Informationen im Web kann sogar die unternehmerische Nutzung des Web und des Internet im internationalen Rahmen behindern.

Internationale Perspektive

Bedenkt man weiterhin die internationale Perspektive, so bringt das Internet und das Web die Verbraucher näher zum Unternehmen, aber Sprache, Kultur und Einstellungsunterschiede und die gegenwärtig vorhandene Technologie beschränken die Nutzung beim Aufbau von Kundenbeziehungen über Ländergrenzen hinweg. Nicht auf Kommunikation beschränkt, spielen Online-Transaktionen eine Rolle bei der Entwicklung von Kundenbeziehungen in Konsumgütermärkten. Dennoch, langfristige Kundenbeziehungen mit speziellen Produkten oder Dienstleistungen werden auf einer internationalen Basis nicht durchführbar sein.

Literatur

Berry, L.L.; Parasuraman (1993): „Relationship, Marketing", in Journal of Academy of Marketing Science, 23 (4), S. 236-245.

Berthon, Pierre; Pitt, Leyland F.; Watson, Richard T. (1996): The World Wide Web as an advertising medium: Towards understanding of conversion efficiency, in: Advertising Research, January / February, S. 43-54.

December, John. and Randall, Neil (1995): The World Wide Web - Unleashed, Indianapolis 1996.

Ellsworth, Jill H. and Ellsworth, Matthew V. (1996b): Marketing on the Internet - multi-media Strategies for the World Wide Web. New York.

Gronroos, C (1990): "Relationship Approach to Marketing in Service Contexts", in: Journal of Business Research (20), S. 3-11.

Hoffman, Donna L. and Novak, Thomas P. (1996) "Marketing in Hypermedia Computer- Mediated Environments: Conceptual Foundations", in: Journal of Marketing, July, 60, S. 50-68.

Morris, Lee (1996): "Privacy - It's everyone's business now!", in: Direct Marketing, April, S. 40-43.

Poon, Simpson and Jevons, Colin (1997): "Internet-enabled International Marketing: A small Business Network Perspective", in: Journal of Marketing Management, 13, S. 29-41.

Sutherland, Rory (1996): "The Web, the net and the direct marketer", in: Admap, November, S. 72-74.

Swinfen-Green, Jeremy (1996): "Why interactive marketing is here to stay", in: Admap, January, S. 28-31.

6 Der Einsatz ausgewählter Kommunikationsinstrumente im Internet

Carsten von Bargen

1 Einleitung 118
2 Werbung im Internet..118
   2.1 Online-Werbung mittels einer WWW-Präsenz................118
   2.2 Online-Werbung mittels Werbe-Banner (Banner-Ads).....122
   2.3 Sonstige Werbemöglichkeiten im Internet........................125
3 Öffentlichkeitsarbeit im Internet..............................126
   3.1 Öffentlichkeitsarbeit im World Wide Web, via E-Mail und durch FTP 126
   3.2 Der Einsatz von Newsgroups und Mailinglisten in der Öffentlichkeitsarbeit 128
4 Verkaufsförderung im Internet 130
5 Direktwerbung im Internet 132
6 Sponsoring im Internet 134
7 Resümee 134
Anmerkungen 135
Literatur..135

Kapitel 6: Der Einsatz ausgewählter Kommunikationsinstrumente im Internet

1 Einleitung

Marketing-Kommunikation

Die Marketing-Kommunikation beinhaltet die Gestaltung der auf den Absatzmarkt gerichteten Informationen einer Unternehmung, mit der Absicht, die Verhaltensweisen, Einstellungen und Meinungen aktueller und potentieller Kunden zu beeinflussen. Zur Umsetzung dieses Vorhabens stehen verschiedene Kommunikationsinstrumente bereit, die es effektiv zu kombinieren gilt.

Ziel

Ziel dieses Kapitels ist es, zu zeigen, wie der Einsatz verschiedener Absatzförderungsinstrumente im Internet möglich ist. Neben dem Sponsoring, der Direktwerbung und der Verkaufsförderung, soll das Hauptaugenmerk auf die Öffentlichkeitsarbeit und die Werbung im Internet gerichtet werden.

2 Werbung im Internet

Kommunikationsinstrument Werbung

Das Kommunikationsinstrument Werbung „... umfaßt die absatzpolitischen Zwecken dienende, absichtliche und zwangfreie Kundenbeeinflussung mit Hilfe spezieller (Massen-) Kommunikationsmittel."[1]

Möglichkeiten

Die Möglichkeiten, Werbung im Internet zu betreiben, sind vielfältig. In der Praxis konzentriert sich der Großteil der Werbeaktivitäten im Internet allerdings auf das WWW. Im wesentlichen sind dabei, mit dem Angebot einer Online-Präsenz und dem Plazieren von Werbe-Bannern, zwei Erscheinungsformen dominant, die im Vordergrund der weiteren Betrachtungen stehen sollen.

2.1 Online-Werbung mittels einer WWW-Präsenz

Internet-Engagement

Das Angebot einer WWW-Präsenz stellt für viele Unternehmen die Grundlage für ein weitergehendes Internet-Engagement dar. Obgleich vielfach Elemente der Öffentlichkeitsarbeit, der Verkaufsförderung und des Sponsoring vorzufinden sind, dominiert im allgemeinen der Werbecharakter der Web-Site. Allerdings weist nicht allein *Oenicke* darauf hin, daß bei der Web-Präsenz keinesfalls die Werbung im Mittelpunkt stehen sollte, sondern der Nutzen für den Rezipienten. [2] Diese Notwendigkeit beruht auf dem „Pull-Charakter" der Online-Kommunikation. Werden Interessenten von aufdringlicher Werbung abgeschreckt, ohne daß sie einen Nutzen aus der Web-Site ziehen können, so werden sie sich von dem Angebot abwenden und dieses wahrscheinlich nicht wieder aufrufen. Insofern hängt der Erfolg der Internet-Werbung mittels einer Unternehmens-Präsentation im

WWW direkt von der Fähigkeit ab, dem Web-Surfer einen, über die reine Werbebotschaft hinausgehenden, Nutzwert zu bieten.

Nutzwert generieren

Die Möglichkeiten einen derartigen Nutzwert zu generieren, leiten sich teilweise aus den Produkten und Dienstleistungen ab, welche das betroffene Unternehmen erstellt. Für Produkte, welche in hohem Maße erklärungsbedürftig sind, bietet sich eine Web-Präsenz an, die diesbezügliche Informationen offeriert. Eine Umsetzung vorhandener Prospekte in das HTML-Format kann ein Anfang sein, berücksichtigt aber nicht die Besonderheiten, die das Internet, beispielsweise von den Printmedien, unterscheidet. Es gilt vielmehr den interaktiven Charakter sowie die multimedialen Gestaltungsmöglichkeiten einzubeziehen.

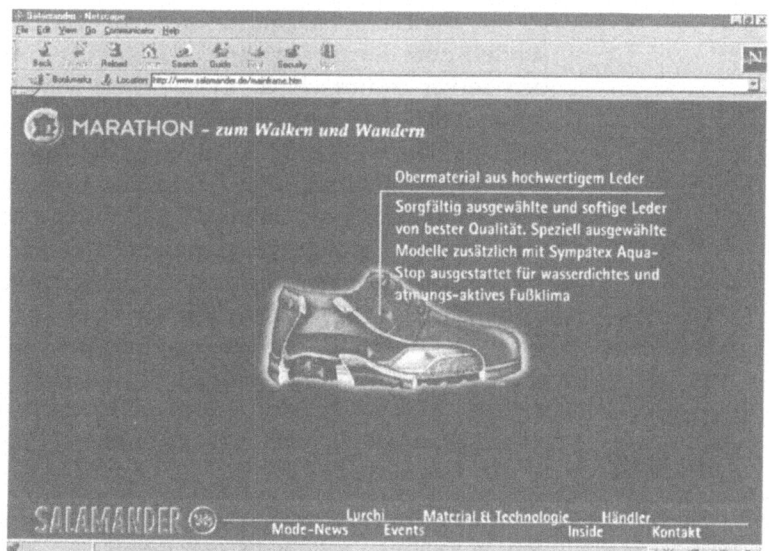

Abb. 1:
Salamander Web-Page als Beispiel für mediengerechte Informationsaufbereitung [3]

„Shockwave" und „onmouseover-Effekte"

Ein gutes Beispiel für ein mediengerechtes Informationsangebot, stellt der Web-Auftritt des Schuhherstellers „Salamander" dar. Der gelungene optische Auftritt vermittelt die Informationen unter Einsatz effektvoller Programmiertechniken. In Abbildung 1 ist der Einsatz von „Shockwave" und „onmouseover-Effekten" auf der Salamander-Homepage andeutungsweise zu erkennen. Die Erläuterungstexte werden dabei durch das Berühren der Teilbereiche des „MARATHON"-Schuhs eingeblendet.

Interaktive Kommunikation

Die Gelegenheit zur interaktiven Kommunikation ist ein kennzeichnendes Merkmal des Online-Mediums. Infolgedessen ist die Integration interaktiver Elemente, ein, für den Erfolg der Web-

Kapitel 6: Der Einsatz ausgewählter Kommunikationsinstrumente im Internet

Präsenz, maßgebender Faktor. Dieser Notwendigkeit Rechnung tragend, wird den Web-Nutzern auf nahezu jeder Homepage die Chance zur Kontaktaufnahme via E-Mail geboten. In den meisten Fällen sind die Bestrebungen, Kundennähe aufzubauen, damit erschöpft. Erfolgversprechendere Ansätze sollten, als „One-to-one-System", den Aufbau der Web-Präsenz auf die Bedürfnisse der Rezipienten zuschneiden. Ein Beispiel hierfür ist der Buchversender „Amazon", der, nach dem Besuch eines Web-Nutzers, dessen Vorlieben speichert und bei einem erneuten Besuch, auf Neuerscheinungen in entsprechenden Interessensgebieten hinweist.

Erfassen kundenbezogener Vorlieben

Das Erfassen kundenbezogener Vorlieben erfolgt dabei vielfach durch das Anlegen sog. „Cookies". Dabei handelt es sich um kleine Informationsdateien, die ein Web-Server zum Browser sendet, und die dieser dann bei künftigen Anfragen an denselben Server zurückschickt. Gespeichert werden die Cookies zwischenzeitlich auf der Festplatte des Web-Nutzers, so daß sie auch nach mehreren Wochen noch abrufbar sind. In diesem Zusammenhang entbrannte eine heftige Diskussion um die Wahrung der Privatsphäre der Internet-User, welche dazu führte, daß in den neueren Browsergenerationen das Anlegen von Cookies, durch die Wahl einer entsprechenden Option, zu verhindern ist. Es ist daher in Frage zu stellen, ob auch zukünftig auf den Einsatz von Cookies zur Erstellung eines personalisierten Informationsangebotes zurückgegriffen wird, oder ob andere Verfahrensweisen zu erarbeiten sind. Auf eine tiefergehende Diskussion der technischen Möglichkeiten soll an dieser Stelle allerdings verzichtet werden.

Bestellmöglichkeit

Eine weitere Möglichkeit zur Erzeugung eines Nutzwertes für den Web-User, besteht in der Integration einer Bestellmöglichkeit auf der Unternehmens-Web-Site. Ein wirklicher Nutzen liegt für die WWW-User allerdings nur dann vor, wenn der Kaufprozeß auf diese Weise erleichtert wird. Beispielhaft sei hier die Online-Präsenz des „Org-Verlag Mademann"[4] erwähnt, der Zeitplan-Ringbücher inklusive dazugehöriger Blatteinlagen anbietet. Aufbauend auf einem Informationsangebot, welches die Vorzüge der einzelnen Produkte sowie eines effizienten Zeitmanagement näherbringt, wird eine Online-Bestellmöglichkeit geboten, die eine anwendungsfreundliche und schnelle Alternative zum postalischen Weg darstellt.

Anreize bieten

Während ein Informationsangebot auf einer Web-Site bei erklärungsbedürftigen Produkten und Dienstleistungen eine geeignete

2 Werbung im Internet

Vorgehensweise darstellt, Rezipienten einen Nutzwert zu bieten, muß bei wenig erklärungsbedürftigen Produkten auf andere Art ein Anreiz zum Besuch der Internet-Präsentation geschaffen werden. Dieses geschieht vielfach dadurch, daß der Unterhaltungscharakter einer Web-Site in den Vordergrund gestellt wird. Insbesondere für Lifestyle-Produkte, bei denen es um die Schaffung eines bestimmten Marken-Images und die Vermittlung von Werten geht, ersetzt das Entertainment die Vermittlung von Produktinformationen. Auf der Homepage des Softdrink-Herstellers „Pepsi" ist die Umsetzung dieses Konzeptes zu begutachten.[5] Der Entertainment-Aspekt, umgesetzt durch kleine Videos und Musikclips, ersetzt hier vollständig die Vermittlung von Produktinformationen.

Veranstaltung von Gewinnspielen

Ein weiterhin gebräuchliches Mittel, um einen Nutzwert durch Unterhaltung zu bieten, ist die Veranstaltung von Gewinnspielen auf der unternehmenseigenen Web-Site. Da diese aber eher dem Kommunikationsinstrument der Verkaufsförderung zuzuordnen sind, wird hier auf die Darstellung in Abschnitt 4 verwiesen.

Bekanntmachung der Web-Präsenz

Wie aus den vorhergehenden Ausführungen deutlich werden sollte, hängt der Erfolg der Werbung mittels einer Online Präsenz in erster Linie davon ab, inwieweit es gelingt, den Web-Usern einen Nutzwert zu bieten. Verschiedene Ansätze wurden diesbezüglich vorgestellt. Ist diesem Faktor Rechnung getragen worden, so kommt der anschließenden Bekanntmachung der Web-Präsenz große Bedeutung zu. Durch verschiedene Maßnahmen ist auf die Existenz der Web-Site hinzuweisen und das Interesse bei den Nutzern zu wecken. Nach Möglichkeit „... sollte auf das eigene Online-Engagement in der gesamten Palette der Unternehmenskommunikation hingewiesen werden."[6] Das Einfügen der Web-Adresse in die bestehenden Medien und Dokumente (Briefpapier, Visitenkarten) ist der dabei naheliegendste und zielgerichtetste Weg, um die Web-Site publik zu machen.

Informationsbeschaffung

Da für die gezielte Informationsbeschaffung im WWW vielfach Suchmaschinen genutzt werden, darf die Eintragung in die bekanntesten Suchdienste nicht vernachlässigt werden. Die Registrierung ist dabei zumeist kostenlos und ohne großen Aufwand möglich.

Plazierung von Hyperlinks

Eine weitere Vorgehensweise zur Steigerung des Publikumsverkehrs besteht darin, die Eigenheiten des WWW als Hypertext-System auszunutzen. Hierbei bietet sich die Plazierung von Hyperlinks an. Hyperlinks werden auf anderen Web-Seiten plaziert, um von dort aus auf die eigene Präsentation zu verweisen. Insbesondere Web-Pages, die in inhaltlichem Zusammenhang zum eigenen Angebot stehen, sind für die Hyperlinks prädestiniert.

Werbe-Banner schalten

Eine erweiterte Form der Hyperlinks stellen die Werbe-Banner dar. Diese dienen allerdings nicht nur der Bekanntmachung der Web-Präsentation, sondern implizieren vielfach selber eine plakative Werbebotschaft. Aufgrund dieser zusätzlichen Funktion als Werbemittel, soll im nächsten Abschnitt gesondert auf die Eigenschaften von Banner-Ads eingegangen werden.

2.2 Online-Werbung mittels Werbe-Banner (Banner-Ads)

Werbeflächen

Neben einer WWW-Präsenz stellen Banner-Ads die dominierende Werbeform im Internet dar. Nahezu jede kommerzielle Web-Site bietet heute Werbeflächen an, auf denen Unternehmen, mit ihren plakatähnlichen Bannern, für ihre Produkte oder ihre Homepage werben können. Der dafür zu entrichtende Betrag, gemessen als TKP, differiert stark, in Abhängigkeit von der zur Plazierung ausgewählten Web-Site. Im Allgemeinen hängen die Kosten davon ab, wie genau die von dem Werbe-Banner angesprochenen Web-Nutzer abgegrenzt werden können. Beispielsweise ist eine breite Zielgruppenansprache, auf der Ausgangsseite der deutschen Suchmaschine „Excite", mit einem TKP von DM 90 erheblich günstiger, als die Einblendung des Banners in Zusammenhang mit einem bestimmten Suchbegriff, für die Excite einen TKP von DM 130 berechnet.

Diverse Ausprägungen

Werbe-Banner sind im WWW in diversen Ausprägungen existent. Im Allgemeinen dominieren horizontale, rechteckige Banner, die durch wechselnde Grafiken und Texte animiert sind. Die Größe ist nicht einheitlich, obwohl verschiedene Standardformate bestehen. Zwei, z.B. von den Suchmaschinen, häufig angebotene Formate sind das Standardbanner mit einem Ausmaß von 230x33 Pixeln und das große Standardbanner mit 468x60 Pixeln. Abbildung 2 zeigt ein großes Standardbanner von „IBM", das bei YAHOO! nach Eingabe des Suchbegriffes „CAD" präsentiert wurde.

Werbe-Banner Konzept

Das dem Werbe-Banner zugrundeliegende Konzept besteht darin, durch eine ansprechende Gestaltung, Interesse bei dem Rezipienten zu wecken, das diesen dazu veranlaßt, das Banner anzuklicken um so, durch den integrierten Hyperlink, auf die Homepage des Werbenden Unternehmens zu wechseln. Dieser Vorgang wird vielfach als „Click-Through" bezeichnet. Die primäre Intention der Plazierung einer Banner-Anzeige ist somit die Steigerung des Publikumsverkehrs der eigenen Web-Site. Vor dem Hintergrund dieser Zielsetzung, ist die Effektivität eines Werbe-Banners von der Fähigkeit, den Web-Nutzer zum Anklikken zu bewegen, abhängig. Der so definierte Erfolg wird anhand der sog. „Click-Through Rate" oder den sog. „Ad Clicks" gemessen. Während die Ad Clicks die Anzahl der Klicks auf ein Werbebanner innerhalb einer Periode wiedergeben, mißt die Click-Through-Rate die prozentuale Häufigkeit, mit der ein bestimmtes Werbe-Banner angeklickt wird.

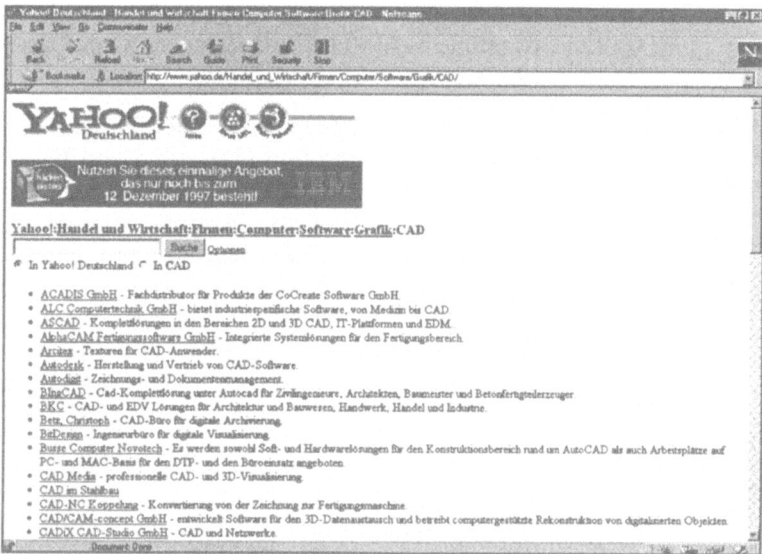

Abb. 2: Großes Standardbanner (IBM) bei YAHOO! [7]

Formalgestaltung

Verschiedene Studien haben sich in der Vergangenheit damit auseinandergesetzt, inwieweit die Formalgestaltung, die sprachliche- und die inhaltliche Gestaltung eines Banners, Einfluß auf die Click-Through-Rate haben. Beispielsweise wurde festgestellt, daß animierte Banner mit größerer Wahrscheinlichkeit angeklickt werden als statische. Eine exakte Quantifizierung des Wachstums der Click-Through-Rate fällt aber schwer. Angefangen bei Steigerungsraten von 15-40%, versprechen andere Untersuchungen eine bis zu 90 Prozent höhere Click-Through-Rate durch den Einsatz bewegter Bilder. Eine direkte Handlungsaufforderung, wie z.B. „Klicken Sie hier" bei dem IBM-Banner in Abbildung 2, soll die Click-Through-Rate sogar verdoppeln.

Einfluß der Lage auf der Web-Seite

Die Frage, ob die Lage auf der Web-Seite einen Einfluß auf die Wirksamkeit des Banners hat, stand im Mittelpunkt einer Untersuchung, die von Studenten der University of Michigan durchgeführt wurde.[8] Dazu wurden die Click-Through-Raten von Werbe-Bannern, die auf unterschiedlichen Bereichen der Web-Seite plaziert waren, erfaßt und anschließend verglichen. Am deutlichsten sichtbar wurde die Signifikanz bei der Plazierung der Banner-Ads neben der rechten Scrolleiste des Browsers. In diesem Bereich wurden Click-Through-Raten erzielt, die um den Faktor 2,43 bis 4,79 über denen bei der Plazierung im Kopfbereich der Web-Seite lagen. Weniger deutlich waren die Unterschiede bei einer Variation der vertikalen Anordnung. Die Plazierung im oberen Bereich der Web-Page führte hierbei zu geringfügig schlechteren Ergebnissen als bei um ein Drittel nach unten verschobenen Bannern.

Click-Through-Rate als Ausdruck der Effizienz

Auffällig ist, daß ein Großteil der Studien, die sich mit der erfolgreichen Gestaltung und Plazierung von Banner-Ads beschäftigen, die Click-Through-Rate als Ausdruck der Effizienz nutzen. Dem liegt der ursprüngliche Gedanke zugrunde, daß Werbe-Banner vornehmlich zur Steigerung des Publikumsverkehrs der Unternehmens-Homepage gedacht sind. Der Aspekt, das Banner als Träger bzw. als Verkörperung einer Werbebotschaft und somit als eigenständiges Werbemittel zu betrachten, wurde lange Zeit vernachlässigt. Erst neuere Studien griffen diesen Gesichtspunkt auf.

IAB-Studie zur Werbewirkung

Die „IAB Online Advertising Effectiveness Study" stellt eine der aufwendigsten Untersuchungen zum Nutzen von Banner-Ads dar.[9] Abgeleitet wurden die Erkenntnisse aus einer Versuchsreihe, die vom 01.06.1997 bis zum 13.06.1997 durchgeführt wurde. Dabei wurde die Werbewirkung von 12 verschiedenen Banner-Ads auf 16.758 zufällig ausgewählte Web-Nutzer untersucht. Die Ergebnisse dieser Studie bestätigen primär die mangelhafte Eignung der Click-Through-Rate zur Beurteilung der Effizienz eines Werbe-Banners. Die inhärente Annahme, daß Kommunikationsmaßnahmen, z.B. zur Verbesserung des Markenimages, lediglich auf der Unternehmens-Homepage durchgeführt werden können und die Werbe-Banner allein zur Bekanntmachung dieser dienen, wird als Gedankenfehler gesehen, der das Potential eines Banners unterschätzt. Statt dessen ergab die Versuchsreihe, daß schon die alleinige Rezeption des Werbe-Banners, ohne damit verbundenem Click-Through, das Markenbewußtsein prägen kann. So können Banner-Ads sowohl dazu eingesetzt werden, um bekannte Marken in Erinnerung zu rufen und somit die Markenbindung zu erhöhen als auch um die Markenbekanntheit neu eingeführter Produkte zu steigern.

Eigenständiges Werbemittel	Als Konsequenz ergibt sich hieraus, daß zukünftig, neben der Aufgabe Publikumsverkehr zu erzeugen, die Eignung eines Banners als eigenständiges Werbemittel verstärkte Beachtung finden sollte.
2.3	**Sonstige Werbemöglichkeiten im Internet**
Push-Channels	Als Werbemittel der Zukunft wurden anfangs die sog. „Webcasting-Angebote" mittels „Push-Channels" gefeiert. Wie durch den Begriff Push-Channel schon angedeutet wird, steht dahinter der Gedanke, das komplette Informationsangebot an die Empfänger zu übertragen, damit sich diese offline damit auseinandersetzen können. In der Realität unterliegen die Push-Channels allerdings keiner wirklichen Push-Technologie, da der Rezipient zunächst den jeweiligen Channel abonnieren muß, bevor er zukünftig die Daten empfängt. Die Vorstellung, daß Informationen, die im WWW bislang zum Abruf (Pull) bereit standen, nunmehr zur Zielgruppe gepusht werden, geht somit an der Realität vorbei. Es ist weiterhin notwendig, die Zielgruppe, z.B. in traditionellen Medien, auf das Webcasting-Angebot hinzuweisen und zum Abonnement des Channels zu animieren.
Nachteil	Der größte Nachteil der Werbung mittels Push-Channels besteht in den fehlenden Möglichkeiten zur Erfolgskontrolle. Während bei „klassischen" Online-Präsenzen verschiedene Kennzahlen bereitstehen, die zumindest tendenzielle Aussagen über die Werbewirkung erlauben, existieren derzeit keine Möglichkeiten zur Beurteilung des kommunikativen Erfolges der Werbung in Push-Channels, da sich die Nutzer offline durch den Auftritt klikken. Insbesondere aufgrund dieser Tatsache wird den Push-Channels zunehmend die Eignung als Werbemittel abgesprochen.
Werbung in Newsgruppen	Schließlich soll auf die Möglickeit der Werbung in Newsgruppen und Mailinglisten hingewiesen werden. Diese besteht darin, Kleinanzeigen in jenen Newsgroups und Mailinglisten zu veröffentlichen, die von der eigenen Zielgruppe frequentiert werden. Der Auswahl der Newsgruppe bzw. Mailingliste kommt somit große Bedeutung zu. Vor allem ist zu beachten, daß in den meisten Newsgruppen keine Werbung geduldet wird. Kleinanzeigen sollten nur an jene Newsgroups geschickt werden, in denen Werbung nicht als unpassend empfunden wird.
Öffentlichkeitsarbeit	Einen erheblich größeren Stellenwert besitzen die Newsgruppen und Mailinglisten im Rahmen der Öffentlichkeitsarbeit. Eine ausführlichere Auseinandersetzung mit dem kommunikationspo-

litischen Potential von Newsgroups und Mailinglisten erfolgt daher in dem nun folgenden Abschnitt.

3 Öffentlichkeitsarbeit im Internet

Public Relations

Das Kommunikationsinstrument Öffentlichkeitsarbeit, welches vielfach auch als Public Relations oder PR bezeichnet wird, unterliegt verschiedenen Definitionen. Im Rahmen dieses Beitrages soll die Öffentlichkeitsarbeit alle Maßnahmen beinhalten, die das Ansehen der Unternehmung in der Öffentlichkeit fördern.

Vermittlung von Informationen über Unternehmen

In diesem Verständnis inbegriffen, ist eine der zentralen Funktionen der Öffentlichkeitsarbeit, die in der Vermittlung von Informationen über das Unternehmen, mit dem Ziel ein positives Unternehmensimage zu schaffen, gesehen werden kann. Die Aufbereitung derartiger Informationen ist in nahezu allen Hauptdiensten des Internet denkbar. Im weiteren Verlauf sollen verschiedene Maßnahmen der Öffentlichkeitsarbeit in den Internet-Diensten vorgestellt werden.

3.1 Öffentlichkeitsarbeit im World Wide Web, via E-Mail und durch FTP

Erscheinungsbild der Unternehmung

Weitreichende Möglichkeiten, das Erscheinungsbild der Unternehmung zu prägen, bieten sich durch die Aufnahme entsprechender Informationen in die Web-Präsenz.

Botschaft

Schon die Online-Präsenz als solche war bis vor kurzem eine Maßnahme der Öffentlichkeitsarbeit. Die darin eingeschlossene Botschaft präsentierte das Unternehmen als fortschrittlich und zukunftsorientiert. Da die Unternehmenspräsenz im WWW aber zunehmend zum Standard wurde, verlor dieser Aspekt etwas an Bedeutung. Weiterhin besteht jedoch die Chance, durch die Aufnahme von Unternehmensinformationen die Beziehung zur Öffentlichkeit zu pflegen.

Unternehmensphilosophie

Ein sehr häufig in die Web-Präsenz integrierter Bereich befaßt sich mit der Unternehmensphilosophie und der Firmengeschichte. Diesbezügliche Ausführungen verfolgen vielfach das Ziel, Akzeptanz zu schaffen oder partielle Interessenidentität mit der Öffentlichkeit zu vermitteln. Mit derselben Intention stellen viele Unternehmen ihr umweltpolitisches Bewußtsein in den Mittelpunkt ihrer Online-Public-Relations. Ein gutes Beispiel dafür ist die Web-Site des Ölkonzerns „Royal Dutch Shell". Bestandteil dieser Web-Präsenz ist unter anderem ein Umweltbericht und eine Darlegung der Unternehmensgrundsätze.

3 Öffentlichkeitsarbeit im Internet

Kommunikationsprozeß

Bei der Bereitstellung der Informationen im WWW sollte insbesondere berücksichtigt werden, daß die Öffentlichkeitsarbeit einen Kommunikationsprozeß darstellt, welcher den Aufbau und die Pflege von Glaubwürdigkeit und Vertrauen in der Öffentlichkeit zum Ziel hat. Insofern besteht eine der wesentlichen Aufgaben der Public-Relations darin, Dialogbereitschaft gegenüber einer, vielfach kritisch eingestellten, Öffentlichkeit zu signalisieren. Die vorgestellten Fähigkeiten zum wechselseitigen Austausch von Mitteilungen sollten daher bei der Öffentlichkeitsarbeit im Internet genutzt werden. Die Responsemöglichkeit über einen E-Mail-Button ist dabei als obligatorisch anzusehen.

Pressearbeit

Ein weiteres Teilgebiet der Public-Relations bildet die Pressearbeit. Die Einbeziehung des WWW kann hier z.B. durch das Anlegen eines Archives aller Pressemitteilungen erfolgen. Damit stehen die Informationen zugleich einer interessierten Öffentlichkeit zur Verfügung. Für eine zielgerichtete Ansprache der relevanten Pressevertreter ist allerdings die zusätzliche Versendung der Pressemitteilung via E-Mail in Erwägung zu ziehen. *Emery* weist in diesem Zusammenhang allerdings darauf hin, daß die meisten Stellen im Internet, Pressemitteilungen als Werbung auffassen.[10] Insofern ist vor dem Versenden der E-Mail zu klären, ob Bedarf an der Pressemitteilung besteht. Andernfalls verfehlt diese Form der direkten Öffentlichkeitsarbeit ihr Ziel und ruft unter Umständen konträre Reaktionen hervor.

Material über FTP-Server veröffentlichen

Grundsätzlich besteht neben dem Angebot von Informationen im WWW und dem Versenden via E-Mail noch die Alternative, das Material über einen FTP-Server zu veröffentlichen. Die Daten lassen sich auf diese Weise erheblich schneller übermitteln als durch das Anhängen an eine E-Mail. Gilt es also, voluminöse Datenmengen, wie z.B. Sound- oder Videodateien, anzubieten, so ist ein FTP-Server von Vorteil. Andererseits weist die Handhabung Nachteile gegenüber dem WWW auf. Um das gewünschte Material zu finden, müssen sich die Rezipienten durch eine Liste von Verzeichnissen arbeiten. Dabei läßt nur der Dateiname auf die angebotenen Informationen schließen. Im allgemeinen ist die Einrichtung eines FTP-Servers nur dann lohnend, wenn es darum geht, eine Vielzahl von Informationen zu veröffentlichen. Ansonsten läßt sich das Material im WWW ansprechender aufbereiten.

Abb. 3:
Public-Relations auf der Web-Site des Shell-Konzerns [11]

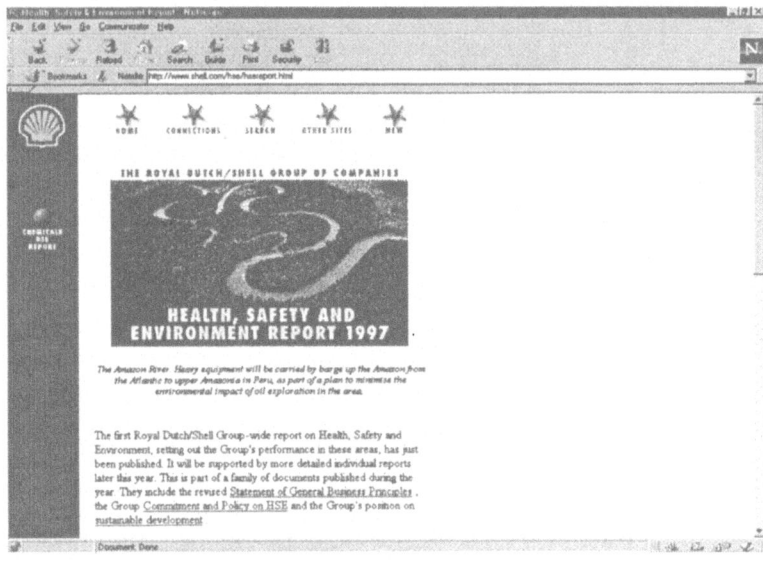

3.2 Der Einsatz von Newsgroups und Mailinglisten in der Öffentlichkeitsarbeit

Mailinglisten

Mailinglisten lassen sich auf verschiedene Art für die Öffentlichkeitsarbeit nutzen. Eine Möglichkeit für ein Unternehmen besteht darin, eine eigene Mailingliste zu führen. Diese kann beispielsweise eingesetzt werden, um Ankündigungen oder Rundschreiben zu verteilen. Empfänger dieser E-Mails sind jene Personen, die sich selber als Interessenten in die Mailingliste eingetragen haben. Angefangen mit kurzen Hinweisen auf bevorstehende Messeaktivitäten, sind auch umfangreichere Mailings denkbar. Für die Öffentlichkeitsarbeit bietet sich hier z.B. die Erstellung eines elektronischen Newsletters an, der in regelmäßigen Abständen über Aktivitäten oder Veränderungen des Unternehmens berichtet oder, im Rahmen der Produkt-Public-Relations, Zukunftspläne bevorstehender Produktgenerationen näherbringt.

Einseitiges Verbreiten von Nachrichten

Obgleich die Zielgruppe die Gelegenheit hat, die empfangenen Mailings zu beantworten, steht bei dem Betrieb einer Ankündigungs-Mailingliste das einseitige Verbreiten von Nachrichten im Vordergrund. Größeres Gewicht hat der, für eine erfolgreiche Öffentlichkeitsarbeit wichtige, Faktor der Interaktion bei einer Diskussions-Mailingliste. Hier besitzt jedes eingeschriebene Mitglied der Liste die Chance, sich mit eigenen Beiträgen einzubringen. Bei einer unmoderierten Mailingliste werden diese Beiträge

3 Öffentlichkeitsarbeit im Internet

direkt an alle Mitglieder weitergeleitet. Für den Einsatz in der Öffentlichkeitsarbeit ist hingegen das Führen einer moderierten Liste angebrachter, wenngleich aufwendiger. Einem Diskussionsleiter kommt dabei die Aufgabe zu, die eingehenden E-Mails zu bewerten und zu selektieren, welche Beiträge weiterzuleiten sind. Diese Moderation darf aber nicht in einer Zensur bestehen, sondern sollte vielmehr dem Zweck einer fruchtbaren Diskussion dienen. Das angesprochene Ziel des Aufbaus von Vertrauen und Glaubwürdigkeit sollte die Handlungsweise des Moderators leiten, so daß ein Forum entsteht, welches die zielgerichtete Einbringung von Informationen seitens des Diskussionsleiters begünstigt.

Ausreichend großes Zielpublikum

Eine grundlegende Voraussetzung zum Betrieb einer eigenen Mailingliste ist ein ausreichend großes Zielpublikum, das sich in die Liste einschreibt. Steht zu befürchten, daß eine eigene Mailingliste wenig Resonanz finden wird, so dürfte die Realisierung zu aufwendig erscheinen. Weniger aufwendig ist die Teilnahme an den Diskussions-Mailinglisten anderer Organisationen. Dazu ist es notwendig, jene Mailinglisten ausfindig zu machen, die von der eigenen Zielgruppe gelesen werden, um in diese zukünftig Beiträge zu lancieren. Inhaltlich sollten die Beiträge nicht das eigene Unternehmen in den Mittelpunkt stellen, sondern vielmehr an den Bedürfnissen der Leserschaft ausgerichtet sein. Demzufolge verfehlt das Einbringen von Pressemitteilungen, Geschäftsberichten oder Informationen, die der Werbung zuzuordnen sind, das Ziel. Eine, für die Öffentlichkeitsarbeit, geeignete Vorgehensweise besteht darin, Antworten auf gestellte Fragen zu geben.

nutzenbringende Informationen

Durch nutzenbringende Informationen kann ein positiver Eindruck vermittelt werden, der Rückschlüsse auf das Unternehmen begünstigt. Dieses wird dabei in der, standardmäßig am Ende einer E-Mail erscheinenden, Signatur präsentiert. Einer Visitenkarte ähnlich, hat diese Signaturdatei alle wesentlichen Kontaktinformationen zu vereinen. Bei der Gestaltung kann, durch den Gebrauch aktueller E-Mail-Clients, auf graphische Elemente, wie z.B. Logos zurückgegriffen werden. Da die Signatur das äußere Erscheinungsbild des Unternehmens beeinflußt, sollten allerdings die Corporate Design-Vorschriften des Unternehmens Beachtung finden.

Hilfsbereiter, qualifizierter Repräsentant

Wie deutlich werden sollte, besteht der grundlegende Gedanke der Öffentlichkeitsarbeit in Mailinglisten darin, als hilfsbereiter, qualifizierter Repräsentant, das Bild des Unternehmens in der

Öffentlichkeit zu formen, und die Firma im Zielmarkt bekanntzumachen. Wird eine eigene Mailingliste angeboten, so ergibt sich darüber hinaus verstärkt die Möglichkeit, unternehmensbezogene Informationen zu verbreiten.

Einsatzmöglichkeiten der Newsgroups

Die Einsatzmöglichkeiten der Newsgroups zum Zwecke der Öffentlichkeitsarbeit sind denen in Mailinglisten sehr ähnlich. Der wesentliche Unterschied besteht darin, daß in den Newsgruppen die zu lesenden Beiträge ausgewählt werden, während Mitglieder einer Mailingliste alle Beiträge zugestellt bekommen. Aus dieser Wahlmöglichkeit ergeben sich allerdings keine Konsequenzen, wenn es darum geht, Public-Relations durch Beiträge in fremden Newsgruppen zu betreiben; die obigen Ausführungen über die Öffentlichkeitsarbeit in Diskussions-Mailinglisten sind somit auf die Newsgroups übertragbar.

Einrichtung einer eigenen Newsgruppe

Entschließt sich ein Unternehmen eine eigene Newsgruppe einzurichten, so sind vor allem zwei Unterschiede zu Mailinglisten auffällig. Zum einen ist die Prozedur zur Einrichtung einer eigenen Newsgruppe komplexer als bei einer Mailingliste und zum anderen hat der Betreiber einer Newsgruppe weniger Kontrolle über die Reichweite seiner Öffentlichkeitsarbeit als der Betreiber einer Mailingliste. Während die Beiträge einer Mailingliste nur den eingeschriebenen Listenmitgliedern zukommen, können die Nachrichten, die in einer Newsgruppe abgelegt werden, von jedermann eingesehen werden. Allein aus diesem Grund sollte meines Erachtens der Betrieb einer Mailingliste zur gezielten Öffentlichkeitsarbeit, dem einer Newsgruppe vorgezogen werden.

4 Verkaufsförderung im Internet

Zeitlich kurzfristige Konzeption und Dauer

Die Verkaufsförderung oder „Sales Promotion" verfolgt das Ziel der „... Anregung und Unterstützung von Einkäufen beim Handel und bei den Bedarfsträgern sowie von Verkäufen in der Vertriebsorganisation und im Handel."[12] Verkaufsförderungsmaßnahmen sind i.d.R. durch eine zeitlich kurzfristige Konzeption und Dauer gekennzeichnet. Vielfach werden die Maßnahmen nach ihrer Aktionsebene unterschieden in verkaufspersonalorientierte-, handelsorientierte- und konsumentenorientierte Verkaufsförderungsmaßnahmen.

Konsumenten orientierte Verkaufsförderungsmaßnahmen

In der Praxis konzentriert sich die Verkaufsförderung im Internet auf konsumentenorientierte Verkaufsförderungsmaßnahmen. Die hierbei gebräuchlichste Maßnahme ist die Veranstaltung von

4 Verkaufsförderung im Internet

Verbraucher-Preisausschreiben und Gewinnspielen. Insbesondere Versandhandelsunternehmen integrieren verstärkt Gewinnspiele in ihre Web-Präsenz. Zusammen mit dem Ziel der Absatzförderung, ist ein bedeutender Aspekt der Gewinnspiele auf der Unternehmens-Web-Site, die Schaffung eines Nutzwertes durch Unterhaltung. Hierin spiegelt sich die enge Verwandtschaft zur Online-Werbung wider. Eng damit verbunden ist die Intention, Publikumsverkehr zu erzeugen. Durch die Bekanntmachung des Online-Preisausschreibens in traditionellen Medien kann ein Anreiz zum Besuch der Online-Präsenz geschaffen werden. Die Formulierung einer mit dem Gewinnspiel verbundenen Frage ermöglicht es darüber hinaus, die Aufmerksamkeit der Rezipienten auf bestimmte Seiten des Web-Angebotes zu richten. Beispielsweise kann der Teilnehmer die Aufgabe erhalten, einen bestimmten Slogan zu nennen, der auf einer der Web-Seiten prangt. Auf diese Weise wird sowohl die Auseinandersetzung des Rezipienten mit der entsprechenden Web-Seite als auch mit dem Slogan gefördert.

Angebot von Warenproben

Als eine weitere Form der konsumentenorientierten Verkaufsförderung bietet sich im WWW das Angebot von Warenproben an. Insbesondere bei Softwareprodukten liegt es nahe, im Funktionsumfang oder in der zeitlichen Nutzung eingeschränkte, Probeversionen zum kostenlosen Download anzubieten. Bei vielen Konsumgütern, wie z.B. „convenience goods"[13], ist es hingegen denkbar, dem Web-Nutzer die Möglichkeit zu geben, eine Warenprobe via E-Mail anzufordern, die ihm daraufhin durch Postversand zugestellt wird.

Verkaufspersonalorientierte- und handelsorientierte Verkaufsförderung

Das Internet läßt sich für die verkaufspersonalorientierte- und die handelsorientierte Verkaufsförderung vor allem durch die Bereitstellung von Informationen für das eigene Verkaufspersonal oder das der Absatzmittler einsetzen. Diese Informationen können beispielsweise darauf zielen, das Leistungsvermögen der Händler in Bezug auf ihre Beratungsfunktion zu steigern oder das eigene Verkaufspersonal auf den aktuellen Wissensstand zu bringen und Verkaufshilfen zu geben. Aufbereiten lassen sich die Verkaufshilfen im Internet z.B. im WWW. Damit die Informationen lediglich den dafür vorgesehenen Empfängern bereit stehen, ist eine Paßwortsicherung in Erwägung zu ziehen. Alternativ besteht die Möglichkeit, das Material via E-Mail direkt den Empfängern zukommen zu lassen.

5 Direktwerbung im Internet

Direct-Marketing

Die Direktwerbung ist Bestandteil des Direct-Marketing, bei dem es sich in erster Linie um direkte Kommunikation handelt, die durch „... gezielte Kontaktaufnahme und Individualität der Kommunikationsbeziehung gekennzeichnet ist."[14] 12]

Wechselseitiger Austausch von Mitteilungen

Dallmer weist darauf hin, daß vielfach auch Ansprachen in Massenmedien, der direkten Kommunikation zugeordnet werden: „Dieses ist dann erlaubt, wenn eine Rückkopplung durch den Empfänger beabsichtigt und möglich ist."[15] Ruft man sich vor diesem Hintergrund in Erinnerung, daß eine der charakteristischen Eigenschaften der Online-Kommunikation in der Möglichkeit zum wechselseitigen Austausch von Mitteilungen liegt, und daß eine erfolgreiche Online-Kommunikation i.d.R. darauf zielen sollte, dieses Potential zur Interaktion zu nutzen, so läßt sich schlußfolgern, daß nahezu alle kommunikationspolitischen Aktivitäten im Internet der direkten Kommunikation zuzuordnen sind.

Direct-Response-Marketing

Diesem weitreichenden Verständnis der direkten Kommunikation liegt der Gedanke des „Direct-Response-Marketing" zugrunde. Direct-Response-Maßnahmen bieten dem interessierten Empfänger eine Antwortmöglichkeit (Responsemöglichkeit), mit der Absicht, auf diese Weise ein bisher unbekanntes Mitglied der Zielgruppe zu identifizieren. Ist diese Identifikation erfolgreich, d.h. liegt die Anschrift, Telefonnummer oder E-Mail-Adresse des Interessenten vor, so kann, im Rahmen der Direktwerbung, eine gezielte Einzelansprache erfolgen.

Gezielte, adressierte Einzelansprache

Die Direktwerbung soll hiermit, enger gefaßt, die Werbemaßnahmen der gezielten, adressierten Einzelansprache eines Mitglieds der Zielgruppe vereinigen.

Nutzung des E-Mail-Dienstes

Im Internet vollzieht sich die Direktwerbung in erster Linie durch die Nutzung des E-Mail-Dienstes, d.h. durch „Direct-Mail". Übereinstimmend mit herkömmlichen Direct-Mail-Aktivitäten, bei denen der Werbebrief, Katalog o.ä. durch die Post zugestellt wird, ist die Direct-E-Mail durch eine hohe Informationsdichte gekennzeichnet und eignet sich somit besonders zur Vermittlung von Informationen über erklärungsbedürftige Produkte. Allerdings können sich hierbei die eingeschränkten Möglichkeiten bei der Formalgestaltung der E-Mail nachteilig bemerkbar machen. Auf Textformatierungen und Grafiken muß i.d.R. verzichtet werden. Als Lösungsmöglichkeit bietet sich hier das mittlerweile gängige „Anhängen" von Dateien an, bei dem Grafik- oder Textdateien zusammen mit der E-Mail übertragen werden.

Vorteil der Direktwerbung

Ein entscheidender Vorteil der Direktwerbung via E-Mail liegt in den niedrigen Kosten. Diese haben viele Unternehmen dazu verleitet, Massenmailings zu versenden und damit von der gezielten Ansprache abzuweichen. Während der Versand dieser unerwünschten E-Mail-Werbung, Anfang der 90er Jahre, noch massiven Widerstand in Form von Beschwerde-E-Mails zur Folge hatte, wird dieses, vielfach auch als „Spamming" bezeichnete, unaufgeforderte Verschicken von Werbe-E-Mails zunehmend geduldet. Es ist aber hervorzuheben, daß, einer der Vorteile der Direktwerbung, der in den, mit der zielgerichteten Ansprache verbundenen, geringen Streuverlusten besteht, durch das Verschicken von Massenmailings verlorengeht.

Zielgerichteter Versand

Im Rahmen der Direktwerbung erfolgt der Versand der E-Mails definitionsgemäß, zielgerichtet. Unabdingbar sind daher die E-Mail-Adressen der Zielgruppe. Am sinnvollsten ist es, im Laufe der Zeit, eine Adress-Datenbank anzulegen. In den Besitz der E-Mail-Adressen gelangt man dabei am einfachsten durch das Angebot einer Web-Site, welche eine Antwortmöglichkeit über einen E-Mail-Button bietet. Interessenten nutzen vielfach diese Möglichkeit, um Kontakt aufzunehmen und geben dadurch ihre E-Mail-Adresse preis. Das im vorigen Abschnitt beschriebene Veranstalten von Online-Gewinnspielen kann darüber hinaus eine Quelle für E-Mail-Adressen sein.

Ergänzung zum Informationsangebot

Zusammenfassend bleibt festzuhalten, daß sich durch Direct-E-Mail eine geeignete Ergänzung zum Informationsangebot im WWW bietet.

Beziehungsmarketing

Im Sinne eines Beziehungsmarketing (vgl. auch den Beitrag von Frost in diesem Buch), welches die Optimierung der Absatzergebnisse über den Zeitraum einer möglichst langfristigen Kundenbeziehung zum Gegenstand hat, sollte eine zielgerichtete Ansprache ausgewählter Empfänger Priorität haben. Allenfalls im Rahmen eines Transaktionsmarketing, bei dem die kurzfristige Maximierung der Verkaufsabschlüsse im Vordergrund steht, kann das Versenden von Massenmailings in Erwägung gezogen werden. Dieses würde allerdings eine Abkehr von dem, der Direktwerbung zugrundeliegenden, Verständnis bedeuten.

6 Sponsoring im Internet

Finanz-, Sach- oder Dienstleistungen

Das Sponsoring umfaßt die Zuteilung von Finanz-, Sach- oder Dienstleistungen eines Unternehmens (Sponsor) an eine Einzelperson, eine Gruppe von Personen oder eine Organisation (Gesponserter) gegen die Gewährung von Rechten zur kommunikativen Nutzung des Gesponserten auf der Basis einer vertraglichen Vereinbarung.

Multiplikatorfunktion

Sponsoringmaßnahmen sind im Internet kaum möglich. Vielfach wird auf der Web-Präsenz gezielt das Sponsoring-Engagement eines Unternehmens publik gemacht, wodurch das WWW eine Multiplikatorfunktion für die Vermittlung der Sponsoringbotschaft ausübt. Eine eigenständige Sponsoringmaßnahme stellt dieses jedoch nicht dar.

Werbecharakter der Banner-Ads

Einige Autoren vertreten die Auffassung, daß die Plazierung eines Werbe-Banners auf einer Web-Seite als Sponsoring des jeweiligen Web-Angebotes zu verstehen ist. Meines Erachtens dominiert im Regelfall der Werbecharakter der Banner-Ads. An dieser Stelle wird daher auf die diesbezüglichen Ausführungen in Abschnitt 2.2 verwiesen.

7 Resümee

Werbung und Öffentlichkeitsarbeit stehen im Vordergrund

Wie deutlich wurde, lassen sich die Kommunikationsinstrumente auf vielfältige Art im Internet einsetzen. Insbesondere die Werbung und die Öffentlichkeitsarbeit stehen dabei im Vordergrund. Die Frage, ob derartige kommunikationspolitische Aktivitäten im Internet sinnvoll sind, kann an dieser Stelle nicht beantwortet werden. Hier gilt es im Einzelfall zu klären, ob die gesteckten Kommunikationsziele des Unternehmens und, eng damit verbunden, ob die für kommunikationspolitische Maßnahmen abgegrenzte Zielgruppe durch ein Online-Engagement erreicht werden können.

Anmerkungen

[1] Meffert, H./Bolz, J. (1994), S. 183.
[2] Vgl. Oenicke, J. (1996), S. 116.-
[3] Quelle: http://www.salamander.de/index_flash.htm
[4] http://www.org-rat.de
[5] http://www.pepsi.com
[6] Oenicke, J. (1996), S. 136.
[7] Quelle: http://www.yahoo.de/Handel_und_Wirtschaft/Firmen/Computer/ Software/Grafik/CAD/
[8] Vgl. Doyle, K./Minor, A./Weyrich, C. (1997).
[9] Vgl. Briggs, R. (1997).
[10] Vgl. Emery, V. (1996), S. 250.
[11] Quelle: http://www.shell.com/hse/hsereport.html
[12] Dallmer, H. (1991), S. 4.
[13] Unter „conveniece godds"sind Güter des täglichen Bedarfs zu verstehen (z.B Kaffee, Putzmittel oder Zigaretten)
[14] Dallmer, H. (1991). S. 4.
[15] Ebenda, S. 5.

Literatur

Bänsch, Axel: Charakterisierung und Arten von Sales Promotions; in: Berndt, Ralph; Hermanns, Arnold (Hrsg.): Handbuch Marketing-Kommunikation; Wiesbaden 1993, S. 563-576

Briggs, Rex: IAB Online Advertising Effectiveness Study; http://www.mbinteractive. com/site/iab/study.html, Internet Advertising Bureau and Millward Brown Interactive; Abruf: 14.12.1997

Dallmer, Heinz: System des Direct Marketing - Entwicklung und Zukunftsperspektiven; in: Dallmer, Heinz (Hrsg.); Handbuch Direct Marketing; Wiesbaden 1991, S. 3-16

Doyle, Kim; Minor, Anastasia; Weyrich, Carolyn: Banner Ad Placement Study; http://www.webreference.com/dev/banners/, 05.05.1997; Abruf: 23.11.1997

Emery, Vince: Internet im Unternehmen; Heidelberg 1996

Meffert, Heribert; Bolz, Joachim: Internationales Marketing-Management; 2. Auflage, Stuttgart u.a. 1994

Oenicke, Jens: Online-Marketing; Stuttgart 1996

Einflüsse des Internet auf das internationale Marketing-Management

Frank Lampe

1 Problemstellung 138
2 Das Internet 139
3 Unternehmerische Internet-Nutzung und generelle Wirkung 139
4 Die globale Dimension des Internet 144
5 Internationales Marketing-Management 146
   5.1 Besonderheiten des internationalen Marketing 147
   5.2 Funktionen des internationalen Marketing-Management . 150
      5.2.1 Planung 150
      5.2.2 Organisation 151
      5.2.3 Koordination 152
      5.2.4 Kontrolle 153
   5.3 Der internationale Marketing-Managementprozeß 153
6 Schlußfolgerungen 155
Anmerkungen 157
Literatur 156

Kapitel 7: Einflüsse des Internet auf das internationale Marketing-Management

1 Problemstellung

Besonderheiten gegenüber rein nationalem Marketing

Internationales Marketing weist eine Reihe von Besonderheiten gegenüber rein nationalem Marketing auf. Das Internet, das seit dem Beginn der neunziger Jahren einen weltweiten Boom erlebt und Menschen und Unternehmen global verbindet, drängen sich Fragen nach den Auswirkungen des Netzes auf das internationale Marketing-Management auf.

Ziel dieses Beitrages

Ziel dieses Beitrages ist es – in Abgrenzung zu den bestehenden Forschungsarbeiten (zum Forschungsstand siehe auch den Beitrag des Autors in diesem Buch) – die Implikationen des Internet entlang der Besonderheiten, der Funktionen und entlang des Prozesses des internationalen Marketing-Managements zu analysieren.

Begriffe klären

Dabei gilt es zunächst, einige Begriffe zu klären. So finden u.a. die Begriffe Internet-Marketing, Cyber-Marketing und Online-Marketing immer stärkere Verbreitung. Häufig stehen diese Begriffe synonym für die Tätigkeit des „Marketing im Internet". Hingewiesen werden soll auf die Definition von Wißmeier. Er definiert „Internet-Marketing" etwas breit als: „... die Nutzung des Internet im Marketing von Unternehmen oder Organisationen." [1]. Er spricht von „internationalem Marketing im Internet", wenn die Zielgruppe in einem anderen Land als die Unternehmung beheimatet ist oder wenn Zielgruppen in mehr als einem Land angesprochen werden. In diesem Beitrag wird der obigen Definition gefolgt. Engere Konzepte, wie etwa das von Oenicke [2] aufgestellte, welches sich auf die „interaktive kommerzielle Kommunikation" bezieht, werden hier nicht näher untersucht.

Weiteres Vorgehen

Um eine Basis für das weitere Vorgehen zu schaffen, erfolgt zunächst ein systematischer Überblick über die potentiellen Einsatzfelder des Internet in Unternehmen. Danach wir die globale Dimension des Netzes kurz aufgezeigt. Anschließend werden die Besonderheiten des Internationalen Marketing, die Funktionen des internationalen Marketing-Managements sowie der internationale Marketing-Management-Prozeß bezüglich potentieller Auswirkungen untersucht. Dabei wird sich die Analyse der zuvor erstellten Systematik der unternehmerischen Internet-Einsatzmöglichkeiten bedienen. Ein Resümee faßt die gewonnene Erkenntnisse zusammen und gibt Handlungsempfehlungen für Unternehmen.

2 Das Internet

Grundlagen, Protokollen und Dienste

In den letzten Jahren erschienen viele Bücher, die sich mit dem Internet, seinen Grundlagen, Protokollen und Diensten etc. beschäftigen. Einige Beispiele sind Krol [1994], December/Randall [1994], Scheller/Boden/Geenen/et.al. [1994], Maier/Wildberger [1995]. Die Nutzung des Internet ist für viele bereits alltäglich geworden. Es soll daher an dieser Stelle keine nähere Darstellung, sondern nur eine kurze Begriffsabgrenzung erfolgen. Für nähere Ausführungen siehe auch den Beitrag von Köckeritz zu den Grundlagen des Internet in diesem Buch.

Internet verbindet autonome Subnetze

Das Internet verbindet autonome Subnetze, wie z.B. Universitäts-LANs (Local Area Networks), Unternehmens-LANs, MANs (Metropolitan Area Networks) oder WANs (Wide Area Networks), zu einem globalen Informations- und Kommunikationsnetzwerk. Williams schreibt: „The Internet is a free-form, self-organising collection of networks, or network of networks, each with its resources and all made available to users throughout the world" [3].

Definition Internet

In diesem Artikel wird der Begriff „Internet" definiert als die Summe der verbundenen Computer und Netzwerke, die das TCP/IP (Transmission Control Protocol / Internet Protocol) als grundlegendes Kommunikationsprotokoll verwenden. Das TCP/IP ist seit 1981 das anerkannte Basisprotokoll des Internet.

Online-Dienste

In dieser Definition werden u.a. Netzwerke, wie z.B. der proprietäre Online-Dienst der Deutschen Telekom „T-Online" explizit ausgeschlossen, auch wenn sie über Gateways [4] die Nutzung von Internet-Diensten erlauben.

3 Unternehmerische Internet-Nutzung und generelle Wirkung

Internet value chains

Cronin [1995], Sieber [1995], Grubb/Kannellakis/Lübbeke [1995], Alpar [1996], Weiber [1997] und andere folgten bei ihrer Analyse des Internet Porter's Wertschöpfungskette [Porter 1986]. Beispielhaft sei auf Cronin verwiesen. Sie definiert sogenannte „Internet value chains" [5] und beschreibt u.a. die Auswirkungen des Netzes auf die Bereiche Beschaffung der Inputs, interne Abläufe und Kundenbeziehungen.

Neue Internet-Geschäftsfelder

Alpar definiert ebenfalls Internet-Wertschöpfungsketten, die sich jedoch nicht im Unternehmen, sondern entlang des Weges der Information vom Autor über das Netz bis zum Kunden erstrecken. Er erklärt damit das Entstehen neuer internet-bezogener Geschäftsfelder, wie etwa spezielle Hardwareprodukte, Software, Netzdienste, Internet-Provider, etc. [6]. Anstatt dem Wertketten-

Basisfunktionen des Netzes

ansatz zu folgen soll hier zur Analyse des Internet-Einsatzes zur Unterstützung bestehender Geschäftsfelder von den Basisfunktionen des Netzes ausgegangen werden.

Das Internet verbindet die Informationstechnologie und die Kommunikationstechnologie. Die daraus resultierenden Basisfunktionen des Netzes sind:

- die Speicherung bzw. Vorhaltung von Daten und
- der Transport von Daten

Anwendungen

Auf Basis dieser Funktionen von Computernetzen lassen sich Anwendungen realisieren, die weitere Funktionen implementieren. So ermöglicht das Vorhalten und der Transport von Daten die Bereitstellung, Suche und Übermittlung bzw. Austausch von Informationen. Dies wiederum bildet die Grundlage für die Durchführung von Transaktionen. Die Transaktionsfunktion läßt sich somit als generische Funktion beschreiben. Weitere für Unternehmen relevante generische Funktionen, die durch entsprechende Anwendungen ermöglicht werden, sind die Informationsbeschaffung und die interne wie externe Unternehmenskommunikation. Als unternehmerische Einsatzfelder lassen sich nun alle Bereiche ausmachen, in denen diese Funktionen (Informationsbeschaffung, Unternehmenskommunikation und Durchführung von Transaktionen) relevant sind.

Marketing

Das Marketing nimmt eine besondere Stellung ein, da im Marketing alle drei Funktionen (Information, Kommunikation und Transaktion) zur Anwendung kommen können. Diese Besonderheit rührt vom „... informations- und kommunikationsorientierten Zweck des Marketing..." [7]. Damit stellen alle Marketingaktivitäten ein potentielles Feld für den Einsatz innovativer Telekommunikations- und informationstechnologien dar.

Interaktivität des Internet

Besonders die bidirektionale Nutzung des Internet – in anderen Worten die Interaktivität des Internet – liefert dabei den Schlüssel zum erfolgreichen Einsatz des Internet im Marketing. Jeder Teilnehmer ist gleichzeitig Sender und Empfänger von Informationen. Hoffmann/Novak [1996] sprechen in diesem Zusammenhang vom Übergang des traditionellen „one-to-many" Kommunikationsmodells zu einem „many-to-many"-Modell, wobei man jedoch einschränkend sagen muß, daß diese Modelle schon seit längerem nebeneinander existierten und auch noch weiter existieren werden. Tabelle 2 gibt einen Überblick über die grundsätzlichen Felder unternehmerischer Internet-Nutzung.

3   Unternehmerische Internet-Nutzung und generelle Wirkung

Tab. 1: Internationale Internet-Einsatz

Basisfunktion	Medium		Markt
	Speicherung/Zugang zu Information	Transport von Information	Medium für Transaktionen
Nutzung	Internationale Informationsbeschaffung	Internationale Unternehmenskommunikation / Informationsmanagement	Internationales Marketing
Kundenfokus	intern	intern/extern	extern
Betroffene Abteilung	alle, besonders Marktforschung und F&E	alle, besonders EDV	Marketing, Werbung, Vertrieb, Kundendienst
Potentielle Effekte	Ergänzung/Ersatz traditioneller Informationsquelen	Ergänzung/Ersatz traditioneller Kommunikationsmedien	Ergänzung/Ersatz traditioneller Marktumgebungen
Potentielle Nutzen	Effiziente internationale Informationsbeschaffung, Zeit- und Kostenersparnisse	Effizientes Informationsmanagement, Unternehmensweite Informationstransparenz, Zeit- und Kostenersparnisse	Reduktion von Transaktionskosten, Gewinnung neuer Kunden bzw. Zielgruppen, Schaffung und Management von Kundennähe
Beispiele	Weltweite Onlinesuche nach Lieferanten, weltweite Online-Marktforschung (Primär- und Sekundärforschung)	Realisierung von Global-Data-Warehouse-Konzepten, Online-Informationsverbünde (CIM), globales Kooperationsmanagement (z.B. EDI)	Global Online-Werbung + PR, globale Online-Bestellung /-Lieferung / -Zahlung, globaler Online-Kundendienst (Hotlines, Teleservice, Teleconsulting)
Beschränkungen	Kein zentrales Verzeichnis aller Informationen im Netz, Qualität/ Wahrheitsgehalt der Informationen im Netz ungeprüft	Sicherheitsprobleme z.T. ungelöst, Erhältlichkeit der Dienste ist nicht garantiert, Mangel an Bandbreite	Anzahl Nutzer und Nutzer-Demographie, mangelnde Akzeptanz des Online- Einkaufs, geringe realisierte Marktvolumen, keine internationalen Online-Handelsgesetze, keine global akzeptierte Online-Zahlung

Kapitel 7: Einflüsse des Internet auf das internationale Marketing-Management

Internationale Informationsbeschaffung

Hierarchieebenen und Funktionen

Die Möglichkeiten, die das Internet zur internationalen Informationsbeschaffung bietet (vgl. dazu auch den Beitrag von Vandré in diesem Buch) können relativ einfach von allen Hierarchieebenen und Funktionen, die externe Informationen benötigen, genutzt werden. Viele Datenbanken werden im Internet kostenlos zur Verfügung gestellt. Zusätzlich bieten die professionellen Datenbankanbieter über das WWW verstärkt kostenpflichtige Zugänge zu ihren Datenbeständen an. In den Fällen, in denen traditionelle Quellen der Informationsbeschaffung ersetzt werden, können entsprechende Kosteneinsparungen erzielt werden. Die ist besonders der Fall, wenn vormals regelmäßig aktuelle Printversionen gekauft werden mußten. Eine Reihe von Quellen kann im Internet günstiger angeboten werden, da sich die Organisations-, Material- und Produktionskosten des Anbieters durch das neue Medium reduzieren. Online-Information kann auch den Zeitaufwand, der für die Informationsrecherche notwendig ist, reduzieren. So liefern die kostenlosen elektronischen Bibliotheks-OPACs (Online Public Access Catalogues) im Netz in kürzester Zeit Listen mit Literatur. Entgeltpflichtige Dokumentenlieferdienste können die angeforderten Dokumente sowohl faxen als auch per E-Mail an den Besteller senden.

Minimalausstattung

Die internationale Informationsbeschaffung via Internet erfordert als Minimalausstattung einen PC, ein Modem und einen Internet-Zugang. Internet-Zugang für Unternehmen bieten die Internet-Provider oder Internet Service Provider (ISP) zu unterschiedlichen Preisen und Abrechnungssystemen an. Es können dabei vier Modelle unterschieden werden: volumen- oder byteorientierte Tarife, zeitorientierte Tarife, monatliche Pauschalen und Kombinationen der zuvor genannten Möglichkeiten. In den Vereinigten Staaten ist ein unbeschränkter Internet-Zugang ab ca. 19,–$ pro Monat erhältlich. Auch in Deutschland gibt es Angebote, die für 29,–DM unbegrenztes „Surfen" erlauben. Zusätzlich müssen Telefongebühren (in der Regel Ortsgespräche) bezahlt werden. In Deutschland fallen damit in der Woche zwischen 9 und 18 Uhr 4,84 DM pro Stunde an Telefongebühren an.

Unternehmenskommunikation

Unternehmenskommunikation via Internet ist ebenfalls für die meisten Organisationseinheiten eines Unternehmens interessant. Die Kommunikation per E-Mail, Web oder News kann sich dabei sowohl an Mitarbeiter als auch an unternehmensexterne Stellen richten. Beispiele hierfür sind lokale Verwaltungen, Behörden und andere Unternehmen, die an des Internet angeschlossen sind. Während sich die Unternehmenskommunikation als sowohl an interne wie an externe richtet, liegt der Fokus des Informationsmanagements eher bzw. stärker auf internen Aktivitäten. Ausnahmen ergeben sich jedoch etwa bei unternehmensübergreifenden Kooperationen, bei denen etwa im Rahmen eines effizienteren Informationsmanagements z.B. Bestellwesen und Warenwirtschaftssystem gekoppelt werden. Die Nutzung des Internet eröffnete neue Perspektiven für das unternehmensweite Informationsmanagement [Kaiser 1995].

Verfügbarkeit und Zugänglichkeit interner Informationen

Durch die Einrichtung eines Intranets und die Nutzung von WWW-Clients, also Browsern wie z.B. dem Netscapes' Communicator als einheitliche und leicht zu bedienende Benutzerschnittstelle, läßt sich die Verfügbarkeit und Zugänglichkeit interner Informationen und Daten mit verhältnismäßig geringem finanziellen Aufwand beschleunigen und vereinfachen. Die Kosten für die interne Verbreitung von Informationen sinken erheblich, wie die Praxis etwa im Fall von Hewlett Packard oder IBM gezeigt hat.

Transaktionsfunktion

Die Transaktionsfunktion des Internet bildet den Schwerpunkt der extern orientierten Anwendungen des Internet. Hier sind besonders die Online-Werbung und der Online-Verkauf sowie der elektronische Kundenservice anzuführen. Neben der Senkung der Transaktionskosten bietet das Netz vor allem die Möglichkeit mit Kunden und potentiellen Kunden über Feedback- und Interaktionsangebote z.B. auf der Unternehmens-Homepage in einen Dialog zu treten. Gegenwärtig ist das Netz für bestimmte Zielgruppen ein gutes Medium für Relationship Marketing (vgl. auch den Beitrag von Frost). Kundennähe und Kundenloyalität können besonders im WWW durch verschiedene Angebote, wie z.B. individualisierte aktuelle Informationen und Mehrwertangebote gefördert werden. Hilfsmittel hierfür sind u.a. Datenbankanbindungen, die dynamisch erzeugte Web-Seiten erlauben.

Kundendienst

Im Falle des Kundendienstes kann die Kundenzufriedenheit durch kommunikativen After-Sales-Service durch den Einsatz von E-Mail, WWW oder Newsgroups erhöht werden. Unternehmen präsentieren die häufig zu ihren Produkten auftauchenden Fragen und Probleme sowie die entsprechenden Antworten auf ihren Web-Seiten und reduzieren damit den Aufwand, der durch Telefonhotlines bzw. Call Center entsteht. Produzenten von Computer Hardware und Software machen es vor. E-Mail ersetzt dort bereits z.T. die Hotlines. Mit steigender Verbreitung von E-Mail wird dies auch für andere Branchen interessant, zumal sich das Handling und die Beantwortung von E-Mails bis zu einem

Kapitel 7: Einflüsse des Internet auf das internationale Marketing-Management

gewissen Grad automatisieren lassen. Da das Internet ein globales Netz ist, lassen sich alle oben beschriebenen Anwendungen auch im Rahmen des internationalen Marketing anwenden.

4 Die globale Dimension des Internet

Zahlen zur internationalen Verbreitung

Einige Zahlen zur internationalen Verbreitung bzw. zur Anschlußdichte sollen im folgenden Aufschluß darüber geben, wie international das Internet und damit auch seine Nutzer sind.

Abb. 1: Nationale Host Top-Twenty

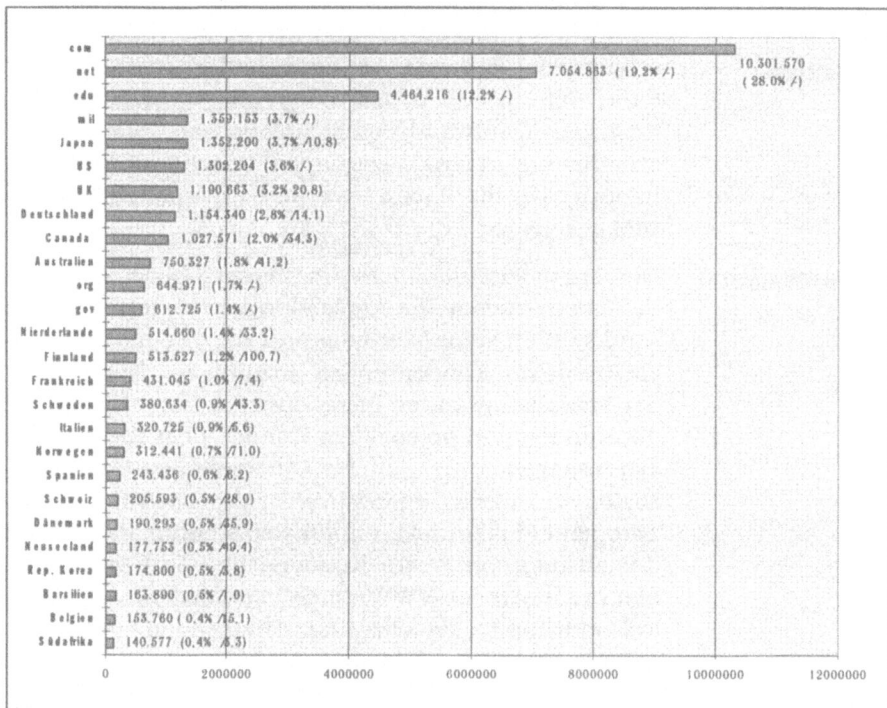

ca. 36 Mio. Hosts

Abbildung 1 zeigt die 20 wichtigsten Internet-Länder der Welt sowie den Anteil der sechs Organisationskennungen. Ausgehend davon, daß sich der größte Teil der Rechner mit Organisationsendungen ebenfalls in den wichtigsten Ländern befinden, vereinen diese zwanzig Länder rund 93% der ca. 36,7 Mio. Hosts auf sich (Juli 1998). Die übrigen 7% entfallen auf die restlichen 190 angeschlossenen Länder.

Domain-Kennung

Die exakte Anzahl der mit dem Netz verbundenen Rechner pro Land läßt sich nicht ermitteln, da die Verwaltung der Adressen

4 Die globale Dimension des Internet

dezentralisiert und die Veränderungsrate sehr hoch ist. Außerdem kann fast jeder z.B. eine deutsche oder eine französische Domain beantragen, unabhängig davon, wo der Rechner bzw. das Netzwerk sich befindet. Umgekehrt kann jeder eine .edu- oder .com-Kennung (Domain) registrieren lassen, wie das Beispiel Daimler Benz (http://www.daimler-benz.com) zeigt. Der in Abbildung 1 ausgewertete Internet Domain Survey zählt also z.B. den Daimler-Benz Server nicht als deutschen (.de-) Host. Das bedeutet, die abgebildeten Länderzahlen stellen eine Untergrenze dar, zu der die jeweiligen Anteile an den Organisations-Domains (.edu, .com., net, etc.) hinzuzuzählen sind. Insgesamt sind rund 24,4 Mio. Hosts mit einer Organisationskennung registriert (66,2%). Der Gesamtanteil der U.S.-amerikanischen Hosts liegt daher vermutlich bei rund 60%.

Top Sechs

Die sechs best angeschlossensten Länder (Vereinigte Staaten, Japan, Kanada, Großbritannien, Deutschland und Australien) vereinen immerhin noch rund 80% aller Hosts und damit auch aller Nutzer auf sich. Die Dominanz der Vereinigten Staaten im Netz war zu erwarten, da sie doch der Ursprung des Netzes sind.

Regionale Ungleichgewichte

Im Internet herrschen also starke regionale Ungleichgewichte bezüglich der Rechnerverteilung. Während die Triade-Länder (Vereinigte Staaten, Japan und Europa) gut angeschlossen sind, haben die Länder Afrikas, Zentral- und Südamerikas sowie der Nahe Osten nur in geringem Umfang Rechner im Netz. Dies gilt sowohl in absoluten Zahlen als auch relativ zur Bevölkerung. Tabelle 2 zeigt regionale Unterschiede auf.

Tab. 2:
Regionale Verteilung der Anschlüsse und Wachstum

Region	Hosts 7/97 in Mio.	Hosts 7/98 in Mio.	Zunahme in %
Nordamerika	12,54	27,16	116,6
Westeuropa	4,15	5,90	42,2
Asien (inkl. J, HK, Tw)	1,23	1,75	42,3
Pazifik/Ozeanien	0,98	1,05	7,1
Osteuropa	0,32	0,34	6,3
Zentral- & Südamerika	0,17	0,29	70,6
Afrika	0,12	0,15	25,0
Naher Osten	0,03	0,10	233,3
Total:	19,54	36,74	88,0

Quelle: Eigene Berechnungen auf Basis des Internet Domain Survey

Kapitel 7: Einflüsse des Internet auf das internationale Marketing-Management

Telekommunikations-infrastruktur	Im Rahmen des internationalen Marketing können die niedrigen Anschlußraten einiger Regionen die unternehmerische Internet-Nutzung stark begrenzen. Auch wenn das Internet eine globales Computernetzwerk ist, gibt es eine Reihe von Regionen, in denen die Telekommunikationsinfrastruktur entweder veraltet ist oder aber völlig fehlt. Gleiches gilt in diesen Gebieten für die Internet Service Providers (ISP), die sich dort nur schwer bzw. gar nicht entwickeln können.
Beispiele Hongkong und Singapur	Während es auf der einen Seite Engpässe in einigen Regionen gibt, wird in gut entwickelten Regionen wie z.B. Hongkong oder Singapur der geschäftliche Internet-Einsatz von der lokalen Regierung intensiv gefördert. So sind in Singapur viele Behörden, wie z.B. der Zoll im Netz. Importeuren und Exporteuren werden nicht nur Informationen über Formalitäten geboten, auch eine Börse zur Erleichterung internationaler geschäftlicher Kontakte ist seit längerem in Betrieb. Hongkong hält z.B. das Handelsinformationssystem TDC-Link (http://tdclink.tdc.org.hk/) mit den Kontaktadressen einiger 100.000 Unternehmen. Eine Datenbank mit Unternehmensprofilen kann genutzt werden, um eine Vorauswahl möglicher Partner zu treffen.
Chancen und Beschränkungen	Zusammenfassend kann festgehalten werden, daß der Einsatz und die Bedeutung des Netzes abhängig von der jeweiligen geographischen Region stark variieren. Global betrachtet, existieren damit also für Unternehmen sowohl Chancen als auch Beschränkungen.

5 Internationales Marketing-Management

Begriff	Der Begriff des internationalen Marketing-Management wird meist definiert als der Prozeß der Planung, Organisation, Koordination und Kontrolle aller Aktivitäten, die auf gegenwärtige oder potentielle internationale Märkte oder den Weltmarkt zielen [8].
Problemlösungsbeiträge	Diese Aktivitäten im internationalen Umfeld konfrontieren die Unternehmen bzw. deren Funktionsträger mit speziellen Problemen. Daher sollen zunächst mögliche Problemlösungsbeiträge der Internet-Nutzung im Internationalen Marketing-Management analysiert werden. In einem zweiten Schritt werden die Funktionen des internationalen Marketing hinsichtlich erkennbarer bzw. denkbarer Auswirkungen des Internet untersucht. In einem dritten Schritt wird die Relevanz des Internet für den Prozeß des internationalen Marketing Managements evaluiert. Abbildung 2

gibt einen Überblick über die Schlüsselelemente dieser Betrachtung.

Abb. 2:
Elemente der Untersuchung

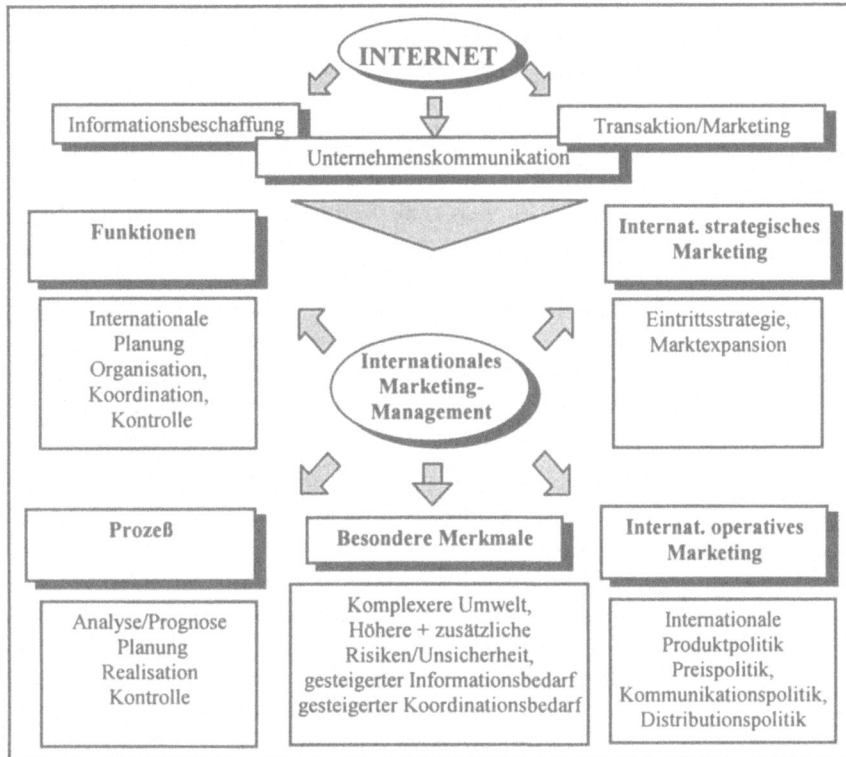

5.1 Besonderheiten des internationalen Marketing

Komplexitätsgrad

Internationales Marketing-Management unterscheidet sich vom nationalen Marketing besonders durch den höheren Komplexitätsgrad [9]. Dadurch werden auch die unternehmerischen Aufgaben komplexer und die Koordinationsfunktion gewinnt stark an Bedeutung [10]. Die Anzahl der externen Faktoren und Variablen, wie z.B. Marktentwicklungen oder politische Rahmenbedingungen, die bei internationalen Marketingentscheidungen berücksichtigt werden müssen, multiplizieren sich mit der Anzahl der bearbeiteten Märkte bzw. Länder.

Managementaufgabe

Die Variablen entwickeln sich in vielen Fällen in den einzelnen Regionen unterschiedlich. Als ein Resultat wird die Managementaufgabe schwieriger und die Anforderungen an Mitarbeiter und Management steigen. Unsicherheit und höhere sowie zusätzliche

Risiken, z.B. durch Wechselkursschwankungen, müssen bewältigt werden. Insgesamt nimmt der Informationsbedarf zur Fundierung internationaler Entscheidungen zu. Letztendlich müssen die Einzelaktivitäten des Unternehmens bzw. seiner operativen Teileinheiten koordiniert werden, um Ressourcen zu schonen, Synergien zu nutzen und damit effektiv zu arbeiten [11].

Gesteigerter Informationsbedarf

Besonders der gesteigerte Informationsbedarf wie auch die Notwendigkeit internationaler Koordination sind die Ausgangspunkte für den unternehmerischen Einsatz des Internet im internationalen Marketing. Die Vorteile der Informationsbeschaffung im Internet, wie z.B. der schnelle, kostengünstige, integrierte Zugang zu global verteilter Information [12] können hier nützlich sein. Dies gilt speziell vor dem Hintergrund des zunehmenden globalen Kosten- und Zeitwettbewerbs. Der schelle Zugang zu Informationen aus fast allen Ländern dieser Welt und zu fast jedem Themengebiet hilft auch, die Unsicherheit zu reduzieren.

Risikotransparenz und Multiperspektivität

Durch die Verbreiterung der informatorischen Entscheidungsbasis können Risiken transparenter werden. Dazu tragen sowohl die formellen als auch die informellen Quellen des Internet bei. Ein bedeutender Aspekt ist hier bei die im Internet anzutreffende Meinungsvielfalt bzw. Multiperspektivität. Neben den offiziellen Stellen können häufig auch die Meinungen und Kommentare inoffizieller Stellen gefunden werden. Besonders die Newsgroups sind eine Quelle für aktuelle Informationen. Ereignisse werden hier oft nur Minuten nach ihrem Eintritt veröffentlicht.

Zugang Vollständigkeit Wahrheitsgehalt Aktualität

Trotz dieser Vorteile muß angemerkt werden, daß das Internet nicht über einen alles umfassenden hierarchischen Zugang zu Informationen verfügt und auch die Vollständigkeit, der Wahrheitsgehalt und die Aktualität in Abhängigkeit von der Quelle jeweils Fallweise zu beurteilen sind (vgl. auch den Beitrag von Vandré in diesem Buch). In diesem Sinne fehlt es an der zentralen Kontrollinstanz, deren Abwesenheit andererseits gerade die Vorteile (z.B. Schnelligkeit und Multiperspektivität) begründet.

Gesteigerter Koordinationsbedarf

Der gesteigerte Koordinationsbedarf im Kontext des internationalen Marketing-Management [13], etwa um Strategien, Budgets oder Instrumente weltweit zwischen dem Stammhaus und den Niederlassung und im Sinne eines Netzwerkes auch untereinander aufeinander abzustimmen, führt zu einem gesteigerten Bedarf an schneller, weltweiter Kommunikation. Das Informationsmanagement globaler Unternehmungen kann für den internationalen Erfolg von kritischer Bedeutung sein.

Informations-managementpolitik	Durch die Nutzung des Internet hat ein Unternehmen nicht nur Zugang zu einem schnellen und kostengünstigen Kommunikationskanal; es ermöglicht auch substantielle Veränderungen des unternehmensinternen Informationsmanagement. Unternehmensweite Informationstransparenz, etwa durch die Realisierung globaler Data-Warehouse-Konzepte, ermöglicht u.a. Geschäftsprozeßoptimierungen und trägt zur Erhöhung der Mitarbeiterzufriedenheit bei. In Form eines auf dem TCP/IP basierendem Intranet können Mitarbeiter weltweit die Möglichkeit erhalten, schnell und einfach direkt auf die für sie relevanten Daten zuzugreifen.
Aspekt der Personalführung	Neben der Technik und den heute beherrschbaren Sicherheitsrisiken ist auch die Personalführung zu beachten. Information ist auch ein Führungsinstrument. Die Informationstransparenz kann u.a. den Informationsvorsprung, den Vorgesetzte genießen, beabsichtigt oder unbeabsichtigt schrumpfen lassen.
Anwendungen der Multimedia-technologie	Der wichtigste Faktor bei der Erhöhung der Effizienz der Unternehmenskommunikation ist die Multimediatechnologie bzw. das WWW. Interne WWW-Server erlauben es, Nachrichten und Informationen in Form von Dokumenten, Graphiken, Bildern, Video- und Tondokumenten zu übertragen. Neben Business TV wird zukünftig auch die „Videokonferenz" besonders in größeren, verteilten Unternehmen seinen Platz unter den Kommunikationsmedien finden. Jede Information erreicht den Empfänger in einem digitalen Format und kann daher gespeichert und weiterbearbeitet werden.
Intranet	Der Aufwand der Implementierung eines Intranet ist, verglichen mit traditionellen Unternehmensnetzwerken relativ niedrig, da vielfach auf bestehende Komponenten (LANs) zurückgegriffen werden kann. Das Internet-Protokoll TCP/IP erlaubt die Kommunikation unterschiedlichster Hardware und Betriebssysteme miteinander. Allein die relativ einfache und günstige Integration alter und neuer Hard- und Software stellt für viele Unternehmen schon große Vorteile dar. Dabei ist es oftmals nicht notwendig, teure unternehmensspezifische Software entwickeln und erstellen zu lassen. Da z.B. bestehende Datenbanken durch modifizierbare Schnittstellenapplikationen an das Intranet angebunden werden können. Entsprechende Standardsoftware ist günstig im Internet erhältlich. Darüber hinaus fungieren die WWW-Browser als universelle Benutzerschnittstelle.
Kommunikations-kosten	Zusammenfassend kann man festhalten, daß sich die gerade im internationalen Bereich durch das Internet die Kommunikationskosten erheblich reduzieren lassen. Dieses sowie die multime-

dialen Möglichkeiten des internen WWW-Einsatzes ermöglichen Firmen, eine intensivierte globale Kommunikation neuer Qualität.

5.2 Funktionen des internationalen Marketing-Management

Teilaufgaben

Die Funktionen des internationalen Marketing-Management sind: die Planung, die Organisation, die Koordination und die Kontrolle der internationalen Marketing-Aktivitäten einer Unternehmung. Diese Teilaufgaben werden hinsichtlich möglicher Auswirkungen des Internet-Einsatzes untersucht. Tabelle 3 gibt einen Überblick.

Tab. 3: Unterstützung der Managementfunktionen

Funktionen des Internationalen Marketing-Management	*Internet-Funktionen und Anwendungen*		
	Informationsbeschaffung	*Unternehmenskommunikation*	*Transaktion/ Marketing*
Planung	Beschaffung weltweit verteilter, aktueller Informationen zu Produkten, Märkten und Ländern, etc.	weltweites internes Informationsmanagement	
Organisation		internat. Telearbeit, Aufbau und Management virtueller internationaler Teams, virtuelle Unternehmen	virtuelle Verkaufsniederlassungen
Koordination		Management internationaler Kooperationen, virtuelle Besprechung/ Videokonferenz	
Kontrolle	Online-Frühaufklärung	Intranet-basiertes internationales Berichtssystem	

5.2.1 Planung

Internationale Marketing Planung

Nach Kreikebaum umfaßt die internationale Planung [14] alle Planungsaktivitäten von Unternehmen, die international tätig sind. Die internationale Marketing Planung wird, im Gegensatz zur nationalen Marketingplanung, mit einer signifikant höheren Anzahl von Planungsvariablen konfrontiert. Diese Variablen entwickeln sich unterschiedlich und beinhalten einen gewissen Anteil an Unsicherheit. Das Resultat ist erneut ein gesteigerter Bedarf an Informationen, womit der Einsatz des Internet als die Planung unterstützendes Informationsbeschaffungsinstrument umrissen wäre.

Operative und strategische Planung

Je operativer die internationale Planung ist, desto eher wird sie von den lokalen ausländischen [15] Niederlassungen durchgeführt, während die strategische Planung zumeist von der Zentrale vorgegeben wird. Auf beiden Planungsebenen werden interne und externe Informationen benötigt, die entweder das Internet (extern) oder das Intranet (intern) liefert.

Kommunikationskanal

Das Internet bzw. Intranet kann als Kommunikationskanal zwischen Stammhaus und Niederlassung fungieren. Dies erleichtert besonders die interne Informationsbeschaffung für den Planer. Daneben stellt es einen Zugang zu den erwähnten internationalen Umfelddaten wie ökonomischen Indikatoren oder auch Branchendaten dar.

Planintegration

Das Resultat des internationalen Planungsprozesses ist eine konsistenter integrierter Plan, der die Pläne der organisatorischen Teileinheiten zusammenfaßt. Dabei stellt besonders die Integration der Pläne die Planungsabteilungen vor Probleme. Nach Kreutzer behindern räumliche und zeitliche ebenso wie sprachliche und kulturelle Barrieren die Integration der Pläne [16]. Gerade in solchen Fällen kann ein über das Internet realisiertes Intranet helfen, Barrieren zu überwinden. Es ermöglicht mittels E-Mail und Newsgroups sowohl formalisierte als auch informelle und eben auch multimediale Kommunikation.

Persönliche Kontakte

Gegenseitiges Verständnis und Vertrauen erfordert im Rahmen des internationalen Marketing häufig persönliche Kontakte. Diese werden sich durch das Internet nicht ersetzten lassen. Dennoch ist das Netz bzw. die elektronische Kommunikation eine effektive Bereicherung traditioneller Kommunikationskanäle.

Automatisierte Übersetzung

Während E-Mail bislang Raum- und Zeitbarrieren hinter sich läßt, wird zukünftig die automatisierte Übersetzung des geschriebenen und gesprochenen Wortes auch die Sprachbarrieren überwinden.

5.2.2 Organisation

Organisationsstrukturen internationaler Aktivitäten

Die Aufgabe der internationalen Marketingorganisation [17] ist es, optimale Organisationsstrukturen für die internationalen Aktivitäten von Unternehmungen zu finden. Die Marketingorganisation kann dabei zentralisierten oder dezentralen Strukturen folgen.

[18] Die geographische Verteilung dieser Aktivitäten bedeutet dabei u.a. schwierigere, teuere und langsamere Kommunikation. Auch für die Organisationsfunktion spielt daher die schnelle, effiziente und kostengünstige Kommunikation eine Rolle.

Virtuelle Unternehmung

Das Internet unterstützt dezentralisierte Organisationsformen bzw. es erlaubt die verstärkte Dezentralisierung von Funktionen, da die entsprechenden Kommunikationskosten niedrig gehalten werden können. Auf diese Weise werden Telearbeit und virtuelle, global verteilte Teams realisierbar. In der extremsten Variante, der virtuellen Unternehmung, sind alle bzw. die große Mehrheit der Mitglieder einer Unternehmung geographisch verteilt, und es existiert keine Zentrale im herkömmlichen Sinne.

Online-Stores

Darüber hinaus ermöglicht das Internet Herstellern wie auch dem Handel die Errichtung virtueller internationaler Niederlassungen in Form von Unternehmens-Web-Sites bzw. Online-Stores (mit Bestell- bzw. Einkaufsmöglichkeit). Die geographisch ungebundene virtuelle Niederlassung spricht entweder verschiedene nationale Teilmärkte an (z.B. über landessprachliche Server in verschiedenen Ländern) oder sie wendet sich an die gesamte Netzgemeinde als ein eigenständiger großer Teilmarkt.

5.2.3 Koordination

Räumliche, zeitliche und inhaltliche Koordination

Die Koordinationsfunktion des internationalen Marketing-Management [19] resultiert aus den unterschiedlichen Kulturen, Zielen, Haltungen und persönlichen Motiven; die in den verschiedenen internationalen Geschäftseinheiten und bei ihren Managern und Mitarbeitern anzutreffen sind. Sowohl internationale Marketingstrategien als auch operative Maßnahmen profitieren von ihrer räumlichen, zeitlichen und inhaltlichen bzw. sachlichen Koordination. [20] Dabei müssen nicht nur unterschiedliche Niederlassungen, sondern oft auch die funktionalen Abteilungen internationaler Unternehmen, wie F&E, Beschaffung, Produktion, Logistik, Personal, Finanzen, etc. miteinander koordiniert werden.

Koordinationsprozeß

Koordination erfordert Kommunikation zwischen Menschen in unterschiedlichen Teilen der Welt mit unterschiedlichen Hintergründen. Wie schon bei der Planung behindern räumliche, zeitliche, sprachliche und kulturelle Distanzen den Koordinationsprozeß. Kommunikation via Intranet bzw. Internet kann notwendige Diskussions- und Abstimmungsprozesse beschleunigen. Per E-Mail, Videokonferenz oder in geschützten Diskussionsforen können die entsprechenden Mitarbeiter unabhängig von der

Tages- oder Nachtzeit bzw. der geographischen Entfernung Fragen und Probleme erörtern. Die Implementierung bestehender Koordinationskonzepte in das elektronische Medium erspart häufig bürokratischen Aufwand.

5.2.4 Kontrolle

Überprüfung aller Marketingaktivitäten

Die Aufgabe der internationalen Marketingkontrolle ist die systematische Überprüfung aller Marketingaktivitäten und -strategien der internationalen Unternehmung. [21] Die Bedeutung der Kontrolle liegt in der Möglichkeit, aus den Fehlern oder Erfolgen zu lernen und falsche Entscheidungen frühzeitig zu korrigieren. Die Kontrolle ermöglicht es dem Entscheidungsträger außerdem, Synergiepotentiale zu erkennen. So kann ein Unternehmen eine erfolgreiche Strategie möglicherweise adaptieren und an anderer Stelle bzw. bei einer anderen ausländischen Niederlassung implementieren.

Einheitliches, strukturiertes internationales Berichtssystem

Das Internet/Intranet kann genutzt werden, um ein schnelles, einheitliches, strukturiertes internationales Berichtssystem z.B. auf Basis von WWW-Formularen zu implementieren. Rohdaten und Berichte bzw. Auswertungen können automatisch gesammelt und teilweise automatisiert ausgewertet werden. Der Controller kann die Ergebnisse der Analyse und entsprechende Kommentare umgehend an die verantwortlichen Manager leiten. Die Kommentare und Anpassungs- bzw. Änderungsvorschläge der Verantwortlichen ihrerseits können umgehend dem Controller zugeleitet werden. Ebenso können online Diskussionen (in internen, paßwortgeschützten Chaträumen oder Newsgroups) geführt werden.

Zeit und Kosten

Insgesamt können, verglichen etwa mit dem Versenden von Daten auf Disketten, sowohl Zeit als auch Kosten eingespart werden. Dies gilt vor allem bei größeren Datenmengen. Abhängig von der Vertraulichkeit der Daten sind Telefaxe hierbei nur z.T. einsetzbar.

5.3 Der internationale Marketing-Managementprozeß

Informationsversorgung

Der internationale Marketing-Managementprozeß ist ein idealisierendes Phasenmodell. [22] Er systematisiert logisch und chronologisch die verschiedenen Teilschritte und Entscheidungstatbestände. In diesem Zusammenhang die große Bedeutung der Informationsversorgung für jede Phase des Prozesses zu betonen.

Kapitel 7: Einflüsse des Internet auf das internationale Marketing-Management

Inputseite
Die Informationsversorgung erfordert die Auswahl, Beschaffung und Verteilung von Information. Mit seinen Möglichkeiten der weltweiten Informationsbeschaffung läßt sich das Internet dabei auf der Inputseite der einzelnen Phasen einsetzen. Besonderen Stellenwert nimmt hier die Marktforschung im Internet ein (siehe dazu auch die Beiträge von Frost und Vandré in diesem Buch). Marktforschung ist nichts anderes als Informationsbeschaffung zu speziellen Themenfeldern.

Outputseite
Auf der Outputseite des Managementprozesses erzeugt jede Stufe Informationen in Form von Nachrichten, die zum einen als Informationsinput die Grundlage für nachfolgende Phasen und Entscheidungen bilden und zum anderen zur Aufgabenerfüllung von bestimmten Unternehmensteilen bzw. Funktionen benötigt werden. Abbildung 3 gibt einen Überblick.

Abb. 3: Marketing-Managementprozeß

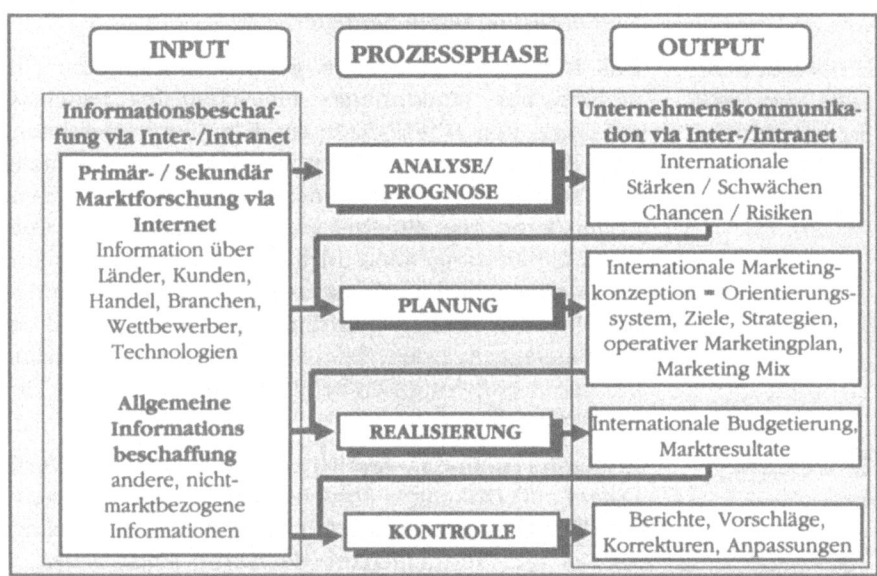

Prozeßphasen
Die Prozeßphasen sind im einzelnen: Analyse und Prognose der spezifischen Situation und ihrer Variablen, Planung des Orientierungssystems, der Ziele, Strategien und operativen Pläne, die Realisierung der Pläne und Maßnahmen und die Kontrolle der Pläne und der Ergebnisse.

Planungsdurchläufe und Reaktionszeiten
Die Ergebnisse müssen in aller Regel intern kommuniziert werden, d.h. mit unterschiedlichen Stellen im Unternehmen abgeglichen werden. Abhängig vom Planungsverfahren sind etwa beim Gegenstromverfahren Vorschläge und Ergebnisse z.T. mehrmals

an über- und untergeordnete Stellen zu leiten, zu kommentieren, etc. Beschleunigte Kommunikation führt in diesen Fällen zu schnelleren Planungsdurchläufen und Reaktionszeiten.

Strategisches internationales Marketing-Management

Unter dem Begriff des strategischen internationalen Marketing-Management wird meist eine Reihe von Teilaufgaben aufgelistet [23]. Die Vielzahl dieser Aktivitäten läßt sich nach Wißmeier in sechs strategische Entscheidungsfelder gliedern: internationales Wachstum, internationaler Wettbewerb, internationale Innovation/Technologie, internationale Marktabdeckung, internationale Marktdurchdringung und Einsatz internationaler Marketinginstrumente [24]. Da sich alle Aktivitäten und Entscheidungen dieser Felder im Rahmen des internationalen Marketing-Managementprozesses behandeln lassen, können diese ebenfalls von den unterstützenden Funktionen des Internet profitieren.

6 Schlußfolgerungen

Basisfunktionen und Anwendungen

Die Basisfunktionen des Internet sind Speicherung und Transport von Information. Auf diesen Funktionen bauen Anwendungen auf, die Unternehmen die Informationsbeschaffung, Kommunikation und Transaktionen ermöglichen. Auch wenn das Internet nur vordergründig global ist, können diese Funktionen im internationalen Marketing-Management an verschiedenen Stellen eingesetzt werden.

Aufgaben- und Prozeßunterstützung

Besonders auf dem Internet basierende Intranets aber auch das Internet selbst, unterstützen verschiedene Aspekte und Aufgaben des internationalen Marketing-Management, wie Planung, Organisation, Koordination und Kontrolle. Information und Kommunikation unterstützen ebenfalls die Phasen des internationalen Managementprozesses.

Beschränkungen

Beschränkungen des Internet liegen nicht nur in der regional unterschiedlich dichten Verbreitung, sondern auch in der Qualität und Strukturiertheit der Informationen. Vorteile sind die Multiperspektivität und thematische Vielfalt der Informationen.

Markt vs. Medium

Anstatt das Internet nur als einen neuen Markt zu betrachten, sollten internationale Unternehmen die Möglichkeiten des Netzes vor allem in den Bereichen Informationsmanagement und Kommunikation ausschöpfen.

langfristige Konsequenzen

In seiner gegenwärtigen Form stellt das Internet den Beginn einer technologischen Entwicklung dar, die langfristige Konsequenzen für das internationale Marketing-Management haben wird, wie sie das Telefon oder das Telefax hatten. Virtuelle internationale Unternehmen werden organisatorische Veränderungen in vielen Bereichen mitsichbringen. Insgesamt stellen die Online-Technologien große Chancen für internationale Unternehmen dar. Sinnvoll wären daher auch Studien über den Einfluß dieser Technologie auf die Erfolgsfaktoren internationaler Unternehmen und zu den Risiken und Konsequenzen, etwa virtueller internationaler Unternehmen.

Anmerkungen

[1] Wißmeier 1997, p. 191
[2] Oenicke 1996, p. 112
[3] Williams 1994, p. 149
[4] Gateways are computers connecting networks other wise incompatible by translating the different communication protocols used by different Networks.
[5] Cronin 1994, 60f
[6] Alpar 1996a, p. 121
[7] Hermanns/Flegel, 1992 p. 10
[8] Hermanns, 1995, p. 25, Wißmeier 1992
[9] Meffert/Bolz 1994, p. 23, Wißmeier 1992, p. 47
[10] Hermanns 1995, p. 36; Backhaus/Büschgen/Voeth 1998
[11] Berekoven 1985, p. 20f, Wißmeier 1992, p. 47ff, Hermanns 1995
[12] Jaros-Stuhrhahn/Löffler 1995, Kaiser 1995, Sieber 1995, Lampe 1996
[13] Backhaus/Büschgen/Voeth 1998
[14] Kreikebaum 1989, Sp. 1650ff; Hermanns 1995, p. 28ff
[15] Kreikebaum 1989, Sp. 1652, Welge 1989, Sp. 1214
[16] Kreutzer 1989, p. 85
[17] Hermanns 1995, p. 34ff, Macharzina 1992
[18] Berekoven 1985, p. 208
[19] Hermanns 1995, p. 34ff
[20] Meffert 1986, p. 35
[21] Berekoven 1985, p. 218; Meffert/Bolz 1994, p. 268f
[22] Wißmeier 1992, p. 55ff, Meffert/Bolz 1994, p. Hermanns 1995, p. 46
[23] Cavusgil/Nevin 1981, p. 197f, Jeannet/Heannesey 1992, p. 253, Czinkota/Ronkainen 1993, p. 21
[25] Wißmeier 1992, p. 106

Literatur

Alpar, P.: Die kommerzielle Nutzung des Internet, 1996.
Backhaus, Klaus; Büschgen, Joachim; Voeth; Markus: Internationales Marketing, 2. Aufl. Stuttgart 1997
Berekoven, Ludwig: Internationales Marketing, 2. Aufl., Herne/Berlin 1985.
Bobr, D.: Deutsche Unternehmen im Internet: Eine empirische Untersuchung, Arbeitsbericht Nr. 71, Institut für Wirtschaftsinformatik Universität Bern, Bern 1996.
Cavusgil, S.T.; Nevin, J.R.: State-Of-The-Art In International Marketing: An Assessment, in: Enis, B.M./Röhring, K.J. (eds.): Review of Marketing, Chicago 1981, pp. 195-126.
Cronin, M.: Doing More Business on the Internet, 2nd ed., New York, 1995.
Czinkota, M. R.; Ronkainen, I. A.: International Marketing, 3rd ed. Fort Worth 1993.
December, J.; Randall, N.: The World Wide Web Unleashed, Indianapolis 1994.
Fantapié-Altobelli, C.; Hoffmann, S.: Werbung im Internet, München 1996.
Gattiker, Urs E.; Kelley, Hellen; Janz, Linda: Today's Information Highway and Tomorrow's Organisation: Managing Privacy, Marketing and Strategic Issues Sucessfully, in: Berndt, Ralf (ed.): Global Management, Berlin, 1996, pp. 417-453.
Griese, J.; Sieber, P.: Internet: Nutzung für Unternehmungen, Bern 1996.
Grubb, Kanellakis, Lübbeke: Profit im Internet, München 1995.

Hagel, John III; Armstrong, Arthur G.: Net Gain: Expanding Through virtual Communities, in: The McKinsey Quarterly, 1997, No. 1, pp. 141-153.

Hermmanns, Arnold: Aufgaben des internationalen Marketing-Managements, in: Hermanns, Arnold, Wißmeier, Urban K. (Hrsg.): Internationales Marketing-Management, München 1995, S. 23-68.

Hoffmann, D. L., Novak, T. P.: A New Paradigm for Electronic Commerce, 1996.

Hoffmann, D. L., Novak, T. P.: Marketing in Hypermedia Computer-Mediated Environments: Conceptual Foundations, July 11, 1995.

IDC, Gens, F.: What Are the Fortune 500 Doing on the Web? http://www.idcresearch.com/f/El/gens4.html , 1996.

Jaros-Sturhahn, A.; Löffler, P.: Das Internet als Werkzeug zur Deckung des betrieblichen Informationsbedarfs, in: IM Information Management, Heft 1, 1995, pp. 6-13.

Jeannet, J.-P.; Hennessey, H. D.: Global Marketing Strategies, 2nd ed., Boston 1992.

Kaiser, A.: Möglichkeiten der Integration von Internet in das betriebliche Informationsmanagement, in: Journal für Betriebswirtschaft, Heft 2, 1995, pp. 95-104.

Kreikebaum, Hartmut: Internationale Planung, in: Macharzina, Klaus; Welge, Martin, K. (Hrsg.): Handwörterbuch Export und internationale Unternehmung, Stuttgart 1989, Sp. 1650-1658.

Krol, E.: The Whole Internet: Handbook and Users Guide, 2nd ed., New York 1994.

Lampe, F.: Unternehmenserfolg im Internet, 2. Aufl., Wiesbaden 1998.

Macharzina, Klaus: Internationalisierung und Organisation, in: ZfO. Nr. 1 1992, S. 4-11.

Maier, Gunther; Wildberger, Andreas: In 8 Sekunden um die Welt, 4. Aufl. Bonn 1995.

Meffert, H.; Bolz, J.: Internationales Marketing-Management, 1994.

Porter, M. E.: Wettbewerbsvorteile, Frankfurt 1986.

Oenicke, Jens: Online Marketing, Stutgart 1996.

Quack, H.: Internationales Marketing, München 1995.

Quelch, J. A.; Klein, L. R.: The Internet and International Marketing, in: Sloan Management Review, Spring 1996, pp. 60-75.

Scheller, M.; Boden, K. P., Geenen, A.: Internet Werkzeuge und Dienste, Berlin 1994.

Sieber, P.: Kommerzielle Internet-Nutzung, Arbeitsbericht Nr. 63, Bern 1995.

Sieber, P.: Die Internet-Unterstützung virtueller Unternehmen, Arbeitsbericht Nr. 81, Bern 1996.

Stern, J: World Wide Web Marketing - Integrating the Internet into Your Marketing Strategy, Toronto 1995.

Welge, Martin K.: Planung in Multinationalen Unternehmen, in: Szyperski, Norbert; Winand, Udo (Hrsg.): Handwörterbuch Planung, Stuttgart 1989, Sp. 1206-1220.

Wigand, Rolf T.; Benjamin, Robert I.: Electronic Commerce: Effects on Markets, in: Journal of Computermediated Communication, Vol. 1, No. 3, 1996. (http://www.usc.edu/dept/annenberg/vol1/issues3/wigand.html)

Wißmeier, U. K.: Strategien im internationalen Marketing, Wiesbaden 1992.

Wißmeier, U. K.: Strategisches Internationales Marketing Management, in: Hermanns, A.; Wißmeier, U.K. (Hrsg.): Internationales Marketing Management, München 1995, pp. 101-137.

Wißmeier, U. K.: Internationales Marketing im Internet, in: Jahrbuch der Absatz- und Verbrauchsforschung, No. 2, 1997, pp. 189-213.

8 Internationale Produktpolitik mit dem Internet

Torsten Kliesch

1 Einleitung 160
2 Internationale Produktadaption mit dem Internet 160
   2.1 Ermittlung von initialen Produktanpassungsnotwendigkeiten. 161
      2.1.1 Internationale Sekundärforschung 161
      2.1.2 Internationale Primärforschung 161
   2.2 Adaption von Produkten für ausländische Märkte 162
   2.3 Adaption von Produkten für deren internationale Präsentation und internationalen Vertrieb über das Internet 163
3 Internationale Produktinnovation mit dem Internet 167
   3.1 Internationale Neuproduktentwicklung mit dem Internet 167
      3.1.1 Gewinnung von Informationen 167
      3.1.2 Unterstützung international verteilter Arbeitsgruppen ... 170
   3.2 Internationale Neuprodukteinführung mit dem Internet 172
      3.2.1 Marktwahlentscheidungen bei der Neuprodukt einführung 173
      3.2.2 Sprinklerstrategien bei internationaler Neuprodukteinführung 175
4 Internationale Produktvariation mit dem Internet 180
   4.1 Gewinnung von Informationen für Produktvariationen 180
   4.2 Neue Variationen international angebotener Produkte 181
5 Internationale Produktelimination mit dem Internet 183
6 Internationale Kundendienstpolitik mit dem Internet 185
   6.1 Internationaler Pre- und After-Sale-Service 186
   6.2 Internationale Fernwartung und -diagnose 189
7 Zusammenfassung 191
Anmerkungen 192
Literatur 192

1 Einleitung

Probelmstellung

Der Einsatz des Internet wird in der bisher erschienen betriebswirtschaftlichen Literatur nur allzu oft auf die Bereiche der Kommunikations- und Distributionspolitik beschränkt, ohne die vielfältigen Möglichkeiten der Verwendung dieses Mediums für die Produkt- und Kontrahierungspolitik zu berücksichtigen. Auch wird oftmals zwar erwähnt, daß das Internet aufgrund seiner weltweiten Verbreitung und der internationalen Abrufbarkeit seiner Inhalte geeignet ist, ausländische Zielgruppen viel leichter und kostengünstiger mit Hilfe der traditionellen Medien anzusprechen, gleichwohl wird auf die Besonderheiten, Schwierigkeiten und Grenzen einer solchen Ansprache über das Internet nicht oder nur am Rande eingegangen. Mit dem vorliegenden Beitrag soll diese Lücke geschlossen werden.

Definitionen internationaler Produktpolitik

Internationale Produktpolitik mit dem Internet beinhaltet in Anlehnung an die verschiedenen Definitionen internationaler Produktpolitik die Gestaltung der für die internationalen bzw. ausländischen Märkte gedachten Unternehmensprodukte mit Hilfe des Internet. Das Internet kann zum einen eingesetzt werden, um wettbewerbsfähige Produkte für die traditionellen Auslandsmärkte zu gestalten. Nach Wißmeier ist es zudem selber als Markt und aufgrund seiner beinahe weltweiten Verbreitung auch als internationaler Markt zu begreifen. Internationale Produktpolitik mit dem Internet kann sich somit zum anderen auch auf die Gestaltung von Unternehmensprodukten für ausländische bzw. internationale Marktsegmente im Internet beziehen.

Vorgehen

Beide Einsatzfelder werden im folgenden im Rahmen der Behandlung der der internationalen Produktpolitik zuzurechnenden Teilbereiche internationale Produktadaption, -innovation, -variation und -elimination sowie der Kundendienstpolitik Berücksichtigung finden.

2 Internationale Produktadaption mit dem Internet

Anpassung an Umweltbedingungen

Oftmals ist es im internationalen Geschäft notwendig, Unternehmensprodukte für ihr Angebot auf einem Auslandsmarkt an dessen spezifische Umweltbedingungen und die besonderen Bedürfnisse seiner Nachfrager anzupassen (zu adaptieren). Es handelt sich dabei im Gegensatz zur - an späterer Stelle beschriebenen - internationalen Produktvariation um Anpassungen aufgrund des erstmaligen Angebotes eines Produktes auf dem Auslandsmarkt. Hier läßt sich das Internet

1. als Informationsquelle einsetzen, über die Anpassungsnotwendigkeiten ermittelt werden,
2. lassen sich spezielle Anpassungen in begrenztem Maße auch mit dem bzw. im Internet selber vornehmen und
3. kann das Internet darüber hinaus selber ein relevanter virtueller Auslandsmarkt sein, an dessen spezifische Bedingungen die Produkte der Unternehmung gegebenenfalls angepaßt werden müssen, sollen sie auf ihm erstmals und erfolgreich vertrieben werden.

2.1 Ermittlung von initialen Produktanpassungsnotwendigkeiten

Internationale Marketingforschung

Informationen über eventuell notwendige Anpassungen können über das Internet auf verschiedene Weise gewonnen werden. Sowohl die internationale Sekundär- als auch die internationale Primärforschung können durch das Internet unterstützt werden bzw. im Internet erfolgen.

2.1.1 Internationale Sekundärforschung

Sekundärstatistische Informationsquellen

Im Internet kann auf verschiedene externe Informationsquellen über eine Vielzahl von Auslandsmärkten zugegriffen werden. Besonders im World Wide Web bieten sich hier sehr umfangreiche Informationsmöglichkeiten und -quellen. Vgl. hierzu auch den Beitrag von Vandré in diesem Buch

2.1.2 Internationale Primärforschung

Befragungen der ausländischen Zielgruppe

Internationale Primärforschung mit dem Internet kann z.B. in Form von E-Mail-Befragungen der anvisierten ausländischen Zielgruppe oder auch über an diese gerichtete Fragebögen auf der eigenen Web-Site erfolgen. Auf diesem Weg können spezielle Präferenzen und Abneigungen ermittelt werden. Vgl. auch den Beitrag von Frost in diesem Buch. Für den Erfolg der internationalen Primärforschung im Internet wird es sehr darauf ankommen, bestimmte nationale Internet-Nutzer gezielt auf für sie entwickelte nationale Seiten zu leiten und Internet-Nutzer anderer Nationalität von diesen fern zu halten. In der Praxis wird dies über die Verwendung von Sprachen (siehe z.B. http://www.sun.com/ bzw. weiterführend http://www.sun.com/worldwide/), Flaggen (siehe z.B. http://www.killen.com/ oder auch http://www.sun.com/sunsite/europe.html) und nationalen Symbolen (wie etwa dem Eifelturm für Frankreich als Hinweis für französische Internet-Nutzer auf der Site des US-Unternehmens Cisco) bereits versucht.

Ansatzpunkte ermitteln

Das Internet bietet trotz zahlreicher Schwierigkeiten die Möglichkeit, erste Ansatzpunkte für internationale Produktanpassungsnotwendigkeiten aufgrund unterschiedlicher Einstellungen der Nachfrager mit Hilfe der Primärforschung zu ermitteln. Neben dem Einsatz von WWW-Fragebögen und E-Mail-Befragungen werden hierfür von zahlreichen Unternehmen bereits ausländische Newsgroups oder Mailing-Lists mitverfolgt oder sogar als Form der virtuellen Gruppendiskussion für die Gewinnung von Informationen für Adaptionsentscheidungen bewußt initiiert. Quelch und Klein weisen beispielsweise daraufhin, daß vor allem viele kleine Unternehmen ohne weitreichende internationale Kontakte zur Vermeidung kultureller Fallstricke Diskussionsgruppen im Internet nutzen, um sich über lokale Gewohnheiten, Trends und Gesetze zu informieren. [1] Internet-Unternehmen wie Coollist helfen anderen Firmen indirekt bei diesem Vorhaben, indem sie ihnen die Möglichkeit bieten, kostenlos eigene Mailing-Listen zu erstellen ohne sich das hierfür notwendige technische Know-how aneignen zu müssen (siehe hierzu http://www.coollist.com). Es darf jedoch wieder nicht vergessen werden, daß solche Diskussionsgruppen im Internet mit Fehlerquellen und Problemen behaftet sind.

2.2 Adaption von Produkten für ausländische Märkte

Adaption über den internationalen Datenhighway

Eine weitere Möglichkeit das Internet im Rahmen der internationalen Produktadaption einzusetzen, besteht darin, daß im bzw. mit Hilfe des Internet auf die Notwendigkeit der Anpassung einzelner Produktmerkmale an die Bedingungen und Bedürfnisse auf dem Auslandsmarkt reagiert werden und diese Adaption über den internationalen Datenhighway vorgenommen werden kann. Dies wird im Rahmen der Zusatzleistungen deutlich. So werden auf ausländischen Märkten oftmals im Vergleich zum heimischen Markt unterschiedliche Zusatzleistungen erwünscht bzw. (z.B. vom lokalen Gesetzgeber) gefordert. Nicht selten beeinflußt die Integration dieser Zusatzleistung(en) in das Produkt die Kaufentscheidung oder gar die Zulassung des Produktes auf dem Auslandsmarkt in hohem Maße. Im Internet können Produkten virtuelle Zusatzleistungen als neue Produktkomponenten hinzugefügt werden, die von den ausländischen Kunden vom Unternehmens-Server abrufbar sind. Diese virtuellen Zusatzleistungen können unterschiedlicher Art sein und werden an anderer Stelle dieses Kapitels eingehender behandelt. Sie reichen von der spezifischen, auf den Kundencomputer überspielbaren Schulungssoftware über die Entgegennahme von Reklamationen im Internet bis zur Fernwartung von Maschinen. Mit ihnen kann nicht nur auf die bereits angesprochenen besonderen Wünsche ausländischer Kunden oder Forderungen fremder Gesetzgeber eingegangen, sondern z.B. auch auf spezifische Konkurrenzsituationen auf dem Auslandsmarkt reagiert werden, die das Angebot von interessanten Zusatzleistungen notwendig werden lassen, um den Wettbewerb auf dem Auslandsmarkt aufnehmen und den dortigen Konkurrenten trotzen zu können.

2.3 Adaption von Produkten für die internationale Präsentation und den Vertrieb im Internet

Ausländische Zielgruppe

Soll ein Produkt erstmals und gegebenenfalls ausschließlich einer ausländischen Zielgruppe auf dem virtuellen Auslandsmarkt und damit im Internet präsentiert und angeboten werden, sind wie vor einer initialen Einführung eines Produktes auf einem realen Auslandsmarkt gegebenenfalls Anpassungen am Produkt vorzunehmen. Neben den real wirksamen Anpassungsnotwendigkeiten (wie etwa einer anderen Stromspannung oder anderen Steckergrößen im Ausland), die selbstverständlich nicht außer Acht gelassen werden dürfen, werden also eventuell internetspezifische Anpassungen erforderlich.

Zeitungen und Zeitschriften

So muß z.B. bei der Übertragung von in der realen Welt international vertriebenen Zeitungen und Zeitschriften in das Internet weitestgehend auf bildliche Bestandteile verzichtet werden bzw. sollten den ausländischen Netizens diese nur auf Wunsch und in komprimierter Form zum Abruf bereitgestellt werden. Gerade Internet-Nutzer aus Ländern mit hohen Telekommunikations- bzw. Internetgebühren und nur langsamer Anbindung an den internationalen Datenhighway werden lange und für sie damit zugleich teure Ladezeiten im Internet nicht hinnehmen und so möglicherweise das gesamte Unternehmensprodukt im Netz nicht abrufen bzw. ihren Browser von vornherein so konfigurieren, daß er keine Bilder lädt.

Zusatzleistungen

Anpassungen des Internetangebotes eines Produktes werden gegebenenfalls auch im Bereich der Zusatzleistungen dieses Produktes nötig. Die Internet-Nutzer erwarten bereits spezielle Zusatzleistungen auf den Produkt- oder Unternehmenshomepages. Sicherlich ist die Ausgestaltung eines im Internet angebotenen Produktes mit virtuellen Zusatzleistungen abhängig von der Produktart, jedoch ist sie in vielen Fällen bereits Standard und notwendig, um nicht von den potentiellen Kunden verschmäht zu werden.

Umtauschrechte gewähren	Unabhängig von oben bereits angedeuteten etwaigen rechtlichen Vorschriften des Ziellandes kann es auch aus Marketingsicht sinnvoll oder notwendig sein, den potentiellen ausländischen Kunden im Internet besondere Umtauschrechte zu gewähren. Gerade bei Produkten, die nur über das Internet auf dem Auslandsmarkt vertrieben werden und von den potentiellen Kunden somit vor dem Kauf nicht "real" ausprobiert oder angefaßt bzw. getestet werden können, können spezifische Umtauschrechte (wie etwa im Versandhandel aus ähnlichem Grund mit dem freiwilligen Umtauschrecht üblich) neben einer Vielzahl von detaillierten Produktinformationen möglicherweise dazu beitragen, die Hemmschwelle des potentiellen ausländischen Internet-Kunden in bezug auf den Kauf über das Netz zu reduzieren und so zu einem größeren Erfolg des Produktes auf dem Auslandsmarkt verhelfen.
Rücksendungskosten	Den Erfolg einer solchen Maßnahme könnten jedoch von vornherein und insbesondere bei internationalen Geschäften bekannte hohe Rücksendungskosten, die auf Seiten der Kunden anfallen, verhindern. Hier müssen Unternehmen sicherlich über Lösungsmöglichkeiten nachdenken. Denkbar sind zum Beispiel nationale Auslieferungslager, die Rücknahmen annehmen und über die dem Kunden somit geringe Rücksendungskosten ermöglicht werden.
Konkurrenzbedingungen	Mit Produktanpassungen muß auch auf die spezifischen Konkurrenzbedingungen auf den virtuellen Auslandsmärkten reagiert werden. Könnten die Qualitätsmerkmale des eigenen Produktes auf dem realen Auslandsmarkt aufgrund geringer dortiger Konkurrenz für einen Markterfolg noch ausreichen, so kann der ausländische Internet-Nutzer im Internet gegebenenfalls aus einer Fülle von Anbietern mit möglicherweise qualitativ höherwertigeren Produkten auswählen, die den Schritt auf seinen realen Markt bislang u.a. wegen fehlender finanzieller Ressourcen nicht vollziehen konnten, statt dessen aber in eine internationale Internet-Präsenz investiert haben.
Intelligente Agenten	Der potentielle ausländische Kunde kann nicht zuletzt mit Hilfe von intelligenten Agenten eine Fülle von ähnlichen Produkten im Internet aufstöbern und diese auf ihre Qualität hin vergleichen. So kann bei der Produktsuche und dem Produktvergleich mit intelligenten Agenten für einzelne Produkteigenschaften eine Präferenzliste vorgegeben und für verschiedene Ausprägungen bestimmter Merkmalskombinationen eine Preisobergrenze definiert werden. Dies wird dafür sorgen, daß Unternehmen ihre

Produkte noch wettbewerbsfähiger gestalten müssen, wollen sie auf dem in Zukunft wohl hart umkämpften Internet-Markt und gegenüber der gleichwohl in Zukunft größeren Konkurrenz in der realen Welt bestehen können.

Kulturelle Besonderheiten

Abschließend kann zu diesem Abschnitt festgestellt werden, daß die Aussage einzelner Autoren, Unternehmen müßten im Internet nicht auf nationale Grenzen achten, als sehr problematisch einzustufen ist. Dies ist nicht nur aus den genannten Gründen zu bemerken, sondern auch weil das Internet nicht oder nur bedingt von der Beachtung ausländischer Rechtsvorschriften, Zölle, Bedürfnisse und Marktbedingungen entbindet. Den ist Unternehmen mittlerweile deutlich geworden, daß sie bei der Gestaltung von Web-Sites auf kulturelle Besonderheiten Rücksicht nehmen müssen oder sollten. So hat Yahoo Inc. bei seinen inzwischen zahlreichen länderspezifischen Suchseiten z.B. auf unterschiedlich gestaltete virtuelle "Knöpfe" zurückgegriffen. Sind diese für englische und irische Internet-Nutzer bunt und pepig, werden den deutschen und französischen Netizens schlichtere und eher nüchternere Knopfvarianten und Suchseiten mit seriösen Grafiken präsentiert. Der Manager eines Webdesign und -beratungshauses aus den USA berichtet:

"We had a networking company client that showed as a graphic a bunch of bananas. The slogan was ' We' re the top banana.' In South America, bananas have a sexual connotation, so they had to get rid of the banana theme."

X

Auf derartige interkulturelle Aspekte, die im internationalen Marketing in der realen Welt längst bekannt sind, werden zunehmend mehr Anbieter im Netz aufmerksam. Nur wer glaubt, das Netz mache alle Menschen der Welt über Nacht gleich, wird z.B. erwarten, daß allen seinen Site-Besuchern gleichermaßen verständlich ist, daß das X das Symbol zum Auswählen aus einer Produktliste ist, ohne zu wissen, daß beispielsweise in der Schweiz oder Korea das X anzeigt, daß das so gekennzeichnete Feld (oder im hier genannten Fall das Produkt) nicht gewünscht wird.

Sprachliche Gestaltung

Auch bei der sprachlichen Gestaltung gehen zahlreiche Anbieter vermehrt dazu über ihre Angebote in fremden Sprachen ins Netz zu stellen. So richten viele US-Unternehmen trotz der nach wie vor zu registrierenden deutlichen Übermacht der englischsprachigen Nutzer unter der weltweiten Nutzerschaft des Internet, nicht mehr nur englischsprachige Sites, sondern zunehmend landesbezogene fremdsprachliche Seiten ein (Cisco beispielsweise hat im März 1997 eine Site veröffentlicht, auf der ihre Besucher die top-level-Menüs in 14 Sprachen abrufen konnten). Ein solches Angebot kann, wie das Beispiel einer US-amerikanischen Universität zeigt sogar rechtlich notwendig werden. So wurde deren Niederlassung in Frankreich verklagt, weil sie im Internet an Franzosen gerichtete englischsprachige Informationen verbreitet hat. Grundlage der Klage war, daß das französische 'Loi Toubon' vorschreibt, daß in Frankreich angebotene Waren und Dienstleistungen immer auch auf Französisch angeboten werden müssen [2].

Sprachen der Zielgruppe

Aber auch ohne rechtlichen Zwang kann die Informationswiedergabe in den Sprachen der Zielgruppe, wie bereits angedeutet, sinnvoll sein. Dies gilt z.B. bei komplizierten Informationen über technische bzw. komplexe Produkte. Bei einer ausschließlich englischsprachigen Web-Site würden hier auf Seiten der Netizens zum Verständnis in der Regel sehr gute (fachspezifische) Englischkenntnisse erforderlich sein. Sind diese nicht vorhanden, sind die Web-Site-Besucher aus nicht englischsprachigen Ländern schnell frustriert und klicken zur nächsten Site und damit möglicherweise zum etwas clevereren Konkurrenten, der die Informationen über seine Produkte in verschiedenen Sprachen anbietet.

Englischsprachige Site

Trotz dieser Ausführungen muß jedoch darauf hingewiesen werden, daß es z.B. einem deutschen Anbieter im Internet anzuraten ist neben der deutschen Site wenigstens eine englischsprachige Site einzurichten, will er im Ausland über das Internet tätig sein. Noch wird damit wie erwähnt ein großer Prozentsatz der Internet-Nutzerschaft erreicht und es ist bei den gegenwärtigen zumeist noch überwiegend sehr gut gebildeten Nutzergruppen in den meisten Ländern davon auszugehen, daß auch in nicht englischsprachigen Ländern ein großer Teil der Internet-Nutzer zumindest auf einem bestimmten Niveau angesprochen werden kann. So geben z.B. 62 Prozent der brasilianischen Netizens an, Englisch zu sprechen, ein Wert, der ansonsten für Südamerika eher ungewöhnlich und keineswegs repräsentativ für die dortige Bevölkerung ist. Zu berücksichtigen ist bei solchen Umfrageergebnissen jedoch, daß Selbsteinschätzung und tatsächliche Beherrschung der englischen Sprache, wie einzelne Untersuchungen gezeigt haben, bisweilen deutlich voneinander abweichen.

Sprachliche Anpassung von Unternehmensprodukten

Problematisch ist sicherlich, um die sprachliche Anpassung von Unternehmensprodukten für das Internet (wie etwa von Browsern oder Zeitschriften) abzuschließen, daß die Übersetzung in fremde Sprachen nicht immer ohne Schwierigkeiten möglich ist. Neben den herkömmlichen Schwierigkeiten weisen z.B. Quelch und Klein auf die vielfältigen Hindernisse hin, die der Übersetzung und Übertragung bestimmter Sprachen wie z.B. Chinesisch oder Japanisch auf den Computer entgegenstehen, da u.a. die Intonation eine große Rolle spielt. [3] Vielen Unternehmen werden selbstverständlich auch die bisweilen immensen und zusätzlichen Kosten für Übersetzungen Probleme bereiten, wenngleich im Internet wiederum zumeist günstigere Übersetzungsdienste weltweit zu erreichen sind, die .

3 Internationale Produktinnovation mit dem Internet

Fülle der Aspekte

Die internationale Produktinnovation bezieht sich auf verschiedene Aspekte. So kann ein Produkt z.B. neu für das Unternehmen, nicht jedoch neu für einen Markt sein. Gleichwohl kann es für den Markt neu, vom Unternehmen jedoch schon seit langem hergestellt und auf anderen Märkten vertrieben werden. Ebenso können nur einzelne Bestandteile des Produktes neu sein. Im folgenden werden ausschließlich die internationale Neuproduktentwicklung (d.h. die Entwicklung eines für internationale Märkte bestimmten völlig neuen Produktes) sowie die internationale Neuprodukteinführung (d.h. die Einführung eines Produktes auf einem Auslandsmarkt) mit dem Internet behandelt.

3.1 Internationale Neuproduktentwicklung mit dem Internet

Das Internet läßt sich auf zwei verschiedene Arten für die Entwicklung gänzlich neuer Produkte für das internationale Geschäft einsetzen:

1. als Informationsmedium zur Gewinnung wichtiger Informationen im Neuproduktentwicklungsprozeß und
2. als Medium zur Unterstützung international verteilter Arbeitsgruppen zur Neuproduktentwicklung.

3.1.1 Gewinnung von Informationen

Neuprodukt planungsprozeß

Für die Gewinnung von Informationen kann das Internet unter Berücksichtigung der bereits beschriebenen Problematiken der Marketingforschung im Internet in allen Phasen des Neuproduktplanungsprozesses Verwendung finden. Insbesondere lassen sich z.B. Konzept-, Produkt- oder auch Markttests im Internet durchführen. Über das Internet kann zudem eine intensive Konkurrenzbeobachtung stattfinden, über die Ideen der Wettbewerber aufgezeichnet werden. Vor allem aber könnten auch unternehmensinterne bzw. -externe, internationale Newsgroups oder

Mailinglisten eingerichtet werden, in denen sich etwaige Produktideen der weltweit verstreuten Mitarbeiter bzw. der Netizens sammeln ließen.

Nutzen für Unternehmen

Der Nutzen für die Unternehmen könnte nicht nur in möglicherweise neuen, schneller gewonnenen und die Bedürfnisse der potentiellen Kunden besser widerspiegelnden Ideen und letztlich auch Produkten, sondern vielmehr auch darin liegen, daß die ausländischen Internet-Nutzer durch ihr eigenes Involvement im Produktentwicklungsprozeß möglicherweise eher zu Kunden des Unternehmens werden und eine stärkere Bindung zu ihm sowie den mitentwickelten Produkten aufbauen.

Herausforderung und Chance

Die große Herausforderung und Chance der Unternehmen liegt nach Aussage einzelner Autoren darin, mit Hilfe der Informationstechnik wie dem Internet Hunderttausenden von Kunden z.B. auch im Ausland das Involvement im Entwicklungsprozeß zu ermöglichen und damit ihre größere Bindung an das Unternehmen bzw. die Produkte zu fördern. Wesentlichste Voraussetzung für den Erfolg dieser neuen Strategie ist jedoch, daß Unternehmen bzw. deren Manager überhaupt bereit sind, (potentiellen) Kunden mehr Zugang zum Unternehmen zu gewähren. Die Gefahr wird oftmals darin gesehen, daß auch die Konkurrenz an der Ideenfindung über das Internet teilnehmen und diesen Prozeß aufzeichnen oder gar sabotieren könnte.

Auswirkungen

Die genannte Möglichkeit, Informationen für den Neuproduktentwicklungsprozeß über das Internet schneller gewinnen zu können als auf herkömmlichem Wege, hat zwei Auswirkungen:

- Erstens wird der internationale Neuproduktentwicklungsprozeß beschleunigt und
- zweitens läßt er sich flexibler gestalten.

Flexiblere Gestaltung des Neuproduktentwicklungsprozesses bedeutet, daß seine einzelnen Phasen nicht mehr wie im traditionellen Neuproduktentwicklungsprozeß sequentiell durchlaufen werden müssen, sondern sich überlappen können (Abbildung 1).

Abb. 1:
Traditioneller und flexibler Produktentwicklungsprozeß

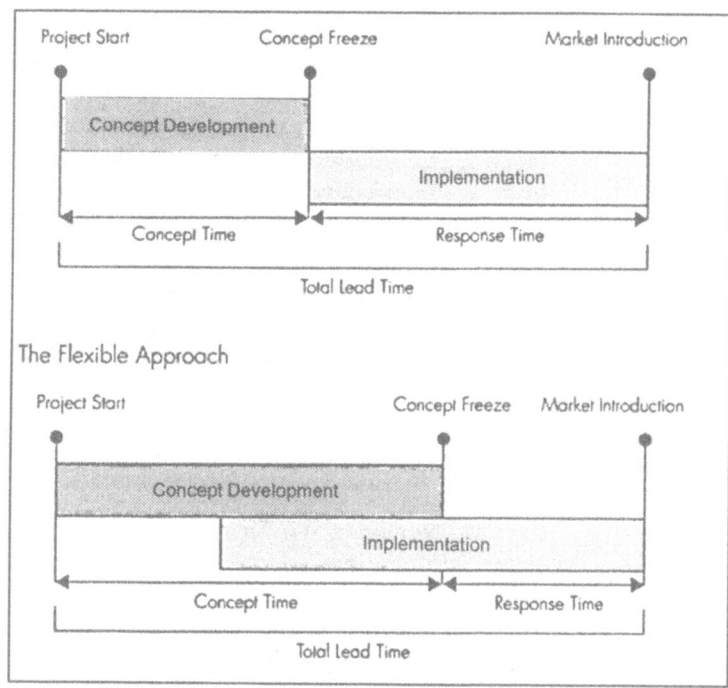

Quelle: Iansiti, M./MacCormack, A. (1997), S. 110

Produkt konzeptionierung

So läßt sich insbesondere die Phase der Produktkonzeptionierung bis auf den spätmöglichsten Zeitpunkt vor der Markteinführung des Produktes ausdehnen und mit der Implementierungsphase, d.h. der Phase, in der das Konzept in das tatsächliche auf dem Markt zu präsentierende Produkt umgesetzt wird, überschneiden. Genau während dieser Überschneidung können fortlaufend und somit bis zu einem sehr späten Zeitpunkt der Produktentwicklung über das Internet noch kurzfristige Änderungen der Bedürfnisse der (potentiellen) ausländischen Kunden, der gesetzlichen Bestimmungen auf den Zielmärkten sowie der aktuellen Konkurrenzgegebenheiten erfaßt und in das Produktkonzept bzw. letztlich das Produkt integriert werden. Dadurch läßt sich gegebenenfalls verhindern, daß Produkte auf den Markt gebracht werden, die zwar zum Zeitpunkt des Abschlusses der Konzeptentwicklung den Bedürfnissen und Bedingungen auf dem Auslandsmarkt entsprachen, zum Zeitpunkt der Markteinführung jedoch bereits z.B. durch inzwischen auf dem Markt eingeführte, innovativere Konkurrenzprodukte oder veränderte Kundenbedürfnisse wieder veraltet sind.

3.1.2 Unterstützung international verteilter Arbeitsgruppen

Medium internationaler strategischer Allianzen

Das Internet bietet sich im internationalen Marketing auch als Medium an, über das auf verschiedene Länder verstreute Produktentwicklungsgruppen (z.B. im internationalen Unternehmen oder auch in internationalen strategischen Allianzen) virtuell miteinander verbunden werden und über das sie besser, schneller und kosteneffektiver miteinander kommunizieren und somit auch zusammenarbeiten können als über die bisher verwendeten Medien bzw. Netzwerke. Gerade für internationale Unternehmen eignet sich hier das Internet, da sie oftmals sehr heterogene Computersysteme betreiben und das Internet mit seiner Plattformunabhängigkeit die Möglichkeit bietet, ein durchgängiges, einheitliches Netzwerk zu betreiben.

Unterschiedliche Zeitzonen

Unterschiedliche Zeitzonen und große Distanzen zwischen Entwicklungsteams werden durch die Verwendung des Internet nahezu belanglos. Virtuelle internationale Teams arbeiten rund um die Uhr. Verlassen die Mitarbeiter in Tokio abends ihre Arbeitsstätte, nehmen ihre europäischen Kollegen die aus Tokio per E-Mail übermittelten letzten Entwicklungen auf und arbeiten an ihnen weiter. Besondere Möglichkeiten der internationalen virtuellen Entwicklungszusammenarbeit ergeben sich nicht zuletzt durch die auf dem Internet aufsetzenden Application-Sharing-Programme wie etwa Microsoft NetMeeting 2.0, das internationalen Teams erlaubt, andere Programme wie etwa Excel virtuell zu teilen und in ihnen gleichzeitig an demselben Objekt zu arbeiten.

Verbesserte und kostengünstigere Kommunikation

Im Idealfall können durch die mit Hilfe des Internet verbesserte und kostengünstigere Kommunikation der Mitarbeiter international verstreuter Entwicklungsteams auch die Anzahl der Meetings zwischen den jeweiligen Teams verringert werden. So könnten Reisekosten sowie der Zeitverlust im Entwicklungsprozeß durch die langen Reisen gesenkt werden. Problematisch ist bei diesem Ansinnen jedoch, daß die Teammitarbeiter in der Regel fürchten, gerade diesen direkten, persönlichen Kontakt zueinander zu verlieren. Der direkte Kontakt kann von großer Bedeutung für den Erfolg internationaler, virtueller Teams sein, zeigen doch bereits Untersuchungen und Managereinschätzungen, daß offenbar nur über den direkten Kontakt das Vertrauen aufgebaut werden kann, das für die reibungslose virtuelle Zusammenarbeit notwendig ist. Einen tatsächlich reibungslosen Einsatz internationaler virtueller Teams können bislang jedoch die wenigsten Unter-

3 Internationale Produktinnovation mit dem Internet

nehmen garantieren, nicht zuletzt auch weil sie diesbezüglich bislang erst wenig Erfahrung sammeln konnten.

Probleme der Zusammenarbeit

Vergessen werden darf jedoch nicht, daß über das Internet zwar schnell, kostengünstig und flexibel auf das Know-how und Marktwissen ausländischer Mitarbeiter zugegriffen und dieses verbessert in die Produktentwicklung einbezogen werden kann, die Zusammenarbeit von Mitarbeitern aus möglicherweise gänzlich anderen Kulturkreisen, mit anderen Arbeitsgewohnheiten, Fremdsprachenkenntnissen, Verhaltensweisen, Ansichten und unterschiedlichem Wissenstand sowie Know-how eventuell jedoch zahlreiche Probleme aufwirft. Ferner muß darauf hingewiesen werden, daß die Möglichkeiten des internationalen unternehmensinternen Datenaustausches über das Internet und damit die Potentiale der Zusammenarbeit mit Entwicklungsteams von Landesgesellschaften in solchen Ländern mit geringer Übertragungsbandbreite und instabilem Telekommunikationssystem oftmals noch eingeschränkt sind. So behindern gerade im internationalen Einsatz des Internet oftmals noch geringe Bandbreiten z.B. den Einsatz von Videokonferenzen über das Internet und somit eine etwas persönlichere bzw. visuellere internationale virtuelle Entwicklungszusammenarbeit.

Einsparungen

Langfristig aber ist wohl mit der Überwindung dieser Hindernisse zu rechnen. Dann kann die Verwendung des Internet zu Einsparungen bei den Telekommunikations- und Reisekosten sowie zu einer Zeitersparnis im internationalen Neuproduktentwicklungsprozeß führen. So ist zu vermuten, daß sich aufgrund des Internet und seiner zunehmend weltweiten Nutzung, Produktlebenszyklen durch immer schnellere Nachahmungen von erfolgreichen Produkten seitens der Konkurrenz sowie durch rasant wechselnde Bedürfnisse der Nachfrager verkürzen und deshalb in immer kürzeren Abständen Produkte variiert und neu entwickelt werden müssen, ohne dabei durch zu hohe Kosten im nationalen und internationalen Umfeld an Wettbewerbsfähigkeit zu verlieren [4]. Kosten- und Zeitersparnis bzw. Schnelligkeit und auch Flexibilität werden somit zu zunehmend bedeutenderen Wettbewerbsfaktoren nicht nur international agierender Unternehmen. Kann sich ein Unternehmen nicht schnell genug an die sich verändernden Marktbedingungen bzw. sich verkürzenden Produktlebenszyklen anpassen, drohen Gewinnverluste.

Gänzlich neue Produkte

Abschließend muß zur internationalen Neuproduktentwicklung mit dem Internet noch darauf hingewiesen werden, daß das Internet nicht nur auf dem beschriebenen Wege die Entwicklung

171

neuer Produkte vereinfachen und beschleunigen kann, sondern es auch ein internationaler Markt ist, für den sich gänzlich neue Produkte entwickeln lassen. Hierzu zählen z.B. die Search Engines wie Yahoo! oder die WWW-Browser von Microsoft und Netscape, HTML-Editoren, Web Casting-Software oder auch die Programmiersprache Java.

3.2 Internationale Neuprodukteinführung mit dem Internet

Die internationale Neuprodukteinführung ist ein weiterer Bereich innerhalb der internationalen Produktinnovation, für den das Internet große Bedeutung gewinnen kann.

Tab. 1: Aufweichung von Internationalisierungsbarrieren für kleine und mittlere Unternehmen durch das Internet

Main experienced barriers to SME internationalization	*Internet applications/advantages*
Psychological: ethnocentric rather than geocentric orientation; short-term perspective; lack of commitment to exporting; exporting seen as „not for us" or „too much trouble" or „too risky"; fear	Increase in international awareness, confidence and commitment through access to global information sources; participation in global network communities; enquiries and feedback to WWW site from potential global customers
Operational: export documentation and management of export operations; language problems; delays in receiving payment and financial risk	Simplified export documentation through electronic data transfers; electronic payments; online export assistance
Organizational: limited resources, both financial and managerial; lack of knowledge of foreign markets; lack of internationally experienced personnel; lack of formal education/training in export marketing; sources of competitive advantage abroad; problems in finding suitable overseas representation (agents/distributors)	Access to low cost export market research resources; improved knowledge of international markets and culture; reduced dependence on traditional agents and distributors through direct marketing; establishment of virtual network of partners
Product/market: products may not be suitable for foreign markets; foreign market differences; need for costly product adaptation; problems in identifying and selecting the most appropriate foreign markets (limited resources for country screening and export market research); tariff and non-tariff barriers to trade; profitability of exporting	Country/market selection decision made easier by online export market research; consumer/market orientation through customer, agent, etc. feedback and comment; costs savings improving the profitability of exporting; adoption of global niche rather than country centred strategies

Quelle: in Anlehnung an Hamill, J. (1997), S. 311 und 312

Probleme der Internationalisierung

Die Ausdehnung des Angebotes eines auf dem heimischen Markt erfolgreichen Produktes auf Auslandsmärkte ist in der realen Welt der häufigste Grund für eine Internationalisierung der Geschäftstätigkeit von Unternehmen. Diese Internationalisierung aber fällt Unternehmen und hier insbesondere kleinen und mittleren Firmen oftmals schwer. Das Internet jedoch kann den Schritt auf fremde Märkte auf verschiedene Weise vereinfachen. Bei Hamill findet sich diesbezüglich eine Auflistung der Barrieren der Internationalisierung für kleine und mittlere Unternehmen, aber auch der Wirkungen, die der Internet-Einsatz gegen diese Barrieren erbringt (Tabelle 1).

3.2.1 Marktwahlentscheidungen bei der Neuprodukteinführung

Welche und wieviele Märkte

Bisher stellt sich für Unternehmen bei einer beabsichtigten Ausweitung des Angebotes eines Produktes auf ausländische Märkte die Frage, auf welche und wieviele Märkte gleichzeitig diese Ausweitung erfolgen soll. Es muß also eine Marktwahlentscheidung und eine Entscheidung bezüglich der Strategie der internationalen Neuprodukteinführung getroffen werden.

Automatisch globaler Einstieg?

Bei einem Produktangebot im Internet stellt sich nun die Frage, ob überhaupt noch eine Marktwahl getroffen werden muß. Einzelne Autoren wie Bennett und Wißmeier sprechen von einem automatisch globalen Einstieg. Dies ist zwar tatsächlich möglich und theoretisch auch richtig, da im Prinzip sämtliche Internet-Nutzer aus allen an den Datenhighway angeschlossenen Ländern auf das Internet-Angebot eines ausländischen Unternehmens zugreifen können, das einzelne Unternehmen kann jedoch auch versuchen, gezielt nur einzelne Ländersegmente des Internet anzusprechen und zu bedienen.

Praxis

In der Praxis kann dies zum Beispiel dadurch erfolgen, daß vor allem in den traditionellen Medien des Zielmarktes auf das Unternehmensangebot im Internet aufmerksam gemacht wird. Auch eine spezielle japanischsprachige Web-Site wird kaum einen globalen, sondern sehr lokalen Markteintritt bedeuten. In der Praxis finden sich im Internet z.B. auch zahlreiche Unternehmen, die ihre Produkte nur Bewohnern bestimmter Länder zusenden (so wird z.B. auf der Seite http://plaza.msn.com/msnlink/help.asp, auf der eine Übersicht über ausgewählte Online-Stores gegeben wird, darauf hingewiesen, daß einzelne der angegebenen Stores ihre Waren nicht international über das Internet verkaufen). Dies kann bisweilen auch aus rein rechtlichen Überlegungen notwendig sein. So z.B. dann wenn die vom Unternehmen auf seinen Web-Sites angebotenen Produkte in einzelnen mit dem Internet verbundenen Staaten verboten sind und die entsprechenden nationalen Behörden, Verbraucherschutzverbände etc. Klage gegen das Unternehmen erheben könnten, wie dies bereits teilweise geschehen ist (so hat z.B. die Staatsanwaltschaft des US-Bundesstaats Florida gegen einen Anbieter von Glücksspielen aus der Karibik geklagt, weil dessen Angebot über das weltweite Datennetz auch US-Bürgern zugänglich war).

Penthouse Beispiel

In der Praxis der Internetnutzung seitens der Unternehmen finden sich deshalb auch bereits Beispiele wie das des US-Magazins Penthouse, das versucht sich gegen etwaige Schwierigkeiten mit ausländischen Gesetzeshütern zu schützen, indem es auf seiner international erreichbaren Web-Site die potentiellen internationalen Nutzer seines Erotik-Angebotes zunächst auf folgendes hinweist:

„Please note that Penthouse Internet contains sexually oriented material intended for individuals 21 years of age or older. If you're not yet 21, if adult material offends you, or if you are accessing Penthous Internet from any country or locale where adult material is specifically prohibited by law, go no further. Otherwise, click on the button below to enter Penthouse Internet." [5]

Liste von Ländern

Klickt der virtuelle Besucher den unterlegten Hyper-Link an, erscheint eine Liste von Ländern, in denen die Betrachtung derartigen erotischen Inhaltes verboten ist. Penthouse macht damit deutlich, daß ihr Angebot nur an Nutzer bestimmter Länder gerichtet ist.

Lieferschwierigkeiten

Es wird bisweilen auch aus anderen Motiven notwendig zu vermeiden, daß bestimmte ausländische Internet-Nutzer das nicht an sie gerichtete Unternehmensangebote ausfindig machen. So ist durchaus denkbar, daß ein Unternehmen z.B. aufgrund mangelnder Ressourcen oder erst anfänglicher internationaler Tätigkeit nicht in alle Länder liefern kann oder bei getroffener Marktwahl nicht liefern will. Durch ein international abrufbares Internet-Angebot jedoch könnten auch in anderen als den ausgewählten Zielmärkten Kaufwünsche entstehen, die gegebenenfalls negative Einstellungen gegenüber dem Unternehmen aufwerfen, sollten sie nicht befriedigt werden. Den Unternehmen muß also bisweilen daran gelegen sein, Ländermärkte auszuwählen und im Internet auch nur bestimmte Ländermärkte anzusprechen, die ausländischen Netizens zudem auf die ihnen zugedachten speziellen Seiten zu lenken. Was soll es nutzen, wenn der ausländische virtuelle VW-Besucher sich ärgert, weil er eine nicht für ihn bestimmte internationale Web-Seite des Unternehmens aufruft, nur um dort einige Modelle vorzufinden, die nicht für den Verkauf außerhalb Deutschlands bestimmt sind.

3 Internationale Produktinnovation mit dem Internet

Lenkung der ausländischen Kunden

Die Lenkung der ausländischen Kunden auf die ihnen zugedachten Web-Sites wird also in Zukunft eine große Rolle spielen. Neben den bereits genannten, hierfür eingesetzten Flaggen und landesspezifischen Symbolen wird zunehmend auch Spezialsoftware verwendet, die anhand des Domain des Kunden dessen Herkunftsland erkennt und ihm automatisch beim Aufruf der internationalen Site des Unternehmens spezielle nationale Werbeseiten übermittelt. Federal Express beispielsweise plant die Installation von Software, die dem Kunden je nach seinem Herkunftsland und auch nach der Übertragungsbandbreite spezielle Werbung bzw. spezielle Information im Netz präsentiert. Die Erkennung des Herkunftslandes an der Domain ist jedoch sehr problematisch, da z.B. auch von einem Brasilianer in dem südamerikanischen Land ein deutsches oder französisches, argentinisches oder sonstiges Länderdomain beantragt werden kann [6].

3.2.2 Sprinklerstrategien bei internationaler Neuprodukteinführung

zeitgleiche globale Neuprodukteinführung

Wie bereits erwähnt, bietet das Internet aber zumindest theoretisch die Möglichkeit, einen globalen Markteintritt und damit eine zeitgleiche globale Neuprodukteinführung zu realisieren. Voraussetzung ist jedoch unter anderem, daß das internetweit bzw. über das Internet in zahlreichen Ländern gleichzeitig neu angebotene Produkt den jeweiligen Bedingungen der virtuellen Auslandsmärkte sowie den Bedürfnissen der ausländischen Zielgruppen entspricht und das Unternehmen tatsächlich nahezu weltweit liefern kann bzw. rechtlich darf. Einzelne Produkte bedürfen eines Servicesystems im Ausland. Voraussetzung des internetweiten Produktangebotes ist also u.a. auch, daß das Unternehmen in der Lage ist, diesen etwaigen Service weltweit zu erbringen. Gerade vielen kleineren Unternehmen werden hierfür jedoch die finanziellen und personellen Ressourcen fehlen.

Erleichterung für kleine und mittlere Unternehmen

Das Internet wird es (auch bzw. gerade kleinen und mittleren) Unternehmen langfristig aber dennoch erleichtern, zunehmend mehr Märkte mit ihren Produkten bearbeiten und vor allem neue Produkte auf vielen Auslandsmärkten gleichzeitig einführen und damit eine internationale Sprinklerstrategie realisieren zu können. Und zwar nicht nur im Internet, sondern aufgrund der Auswirkungen des Internet gleichzeitig auch in der realen Welt, in der die schnelle und simultane Einführung neuer Produkte auf vielen Märkten in der Vergangenheit auch zunehmend mehr Bedeutung erlangt hat.[7]

Auslandserfahrung	Bislang ist die gleichzeitige Einführung eines neuen Produktes auf allen bzw. vielen für das jeweilige Unternehmen relevanten Schlüsselmärkten vor allem von Unternehmen, die eine hohe Auslandserfahrung aufweisen, realisierbar, oder wenn ein „vergleichbarer Entwicklungsstand in den Auslandsmärkten" vorliegt und „geringe Diffusionszeiten in den Auslandsmärkten" zu registrieren sind.[8]

3.2.2.1 Erhöhung des Wissenstandes über ausländische Märkte

Größere Wissensstand über ausländische Märkte	Die notwendige Auslandserfahrung werden in Zukunft zunehmend mehr Unternehmen durch das Internet bzw. im Internet gewinnen. So wird das Internet nach Hamill u.a. kleineren Unternehmen zu einem größeren Wissensstand über ausländische Märkte, ihre Besonderheiten und die Herangehensweise an Auslandsmärkte verhelfen. Gleichzeitig werden langfristig durch die u.a. durch das Internet bedingte zunehmende Konkurrenz ausländischer Firmen auf dem heimischen Markt auch mehr und mehr Unternehmen ihre Geschäftätigkeit auf fremde Märkte ausdehnen müssen und so Auslandserfahrung sammeln.

3.2.2.2 Angleichung des Entwicklungsstandes der Volkswirtschaften

Verringerung der Bedeutung nationaler Standorte	Ebenfalls langfristig könnte das Internet, so lauten zumindest die Prophezeiungen Al Gore's, wohl zu einer weiteren Angleichung des Entwicklungsstandes der nationalen Volkswirtschaften weltweit führen.[9] Vermutlich werden nationale Standorte in Zukunft durch die Ortlosigkeit des Internet und der schnellen Kommunikationsbeziehungen im Netz der Netze eine geringere Rolle spielen als bislang. Hierdurch könnte die Welt tatsächlich weiter zusammenwachsen und zu dem in der Literatur beschriebenen globalen Dorf werden. Wirtschaftlich schlechter gestellte Länder könnten vermehrt für ausländische Investoren interessant werden. So beabsichtigt z.B. Telebuch Deutschland seinen gesamten Support für deutsche Kunden mittelfristig mit Hilfe des Internet nach Namibia auszulagern. Via Internet (zu dem die Verbindung aufgrund der schlechten terrestrischen Anbindung Namibias über einen Sateliten-Uplink aufgenommen wird) werden von dort zu niedrigeren Löhnen arbeitende deutschsprachige Namibier in Zukunft die Service-Anfragen deutscher Unternehmenskunden beantworten.
Wirtschaftliche Entwicklung	Langfristig ist dies eventuell eine Möglichkeit für zahlreiche Staaten, Probleme wie Arbeitslosigkeit und geringe wirtschaftliche Entwicklung zu bekämpfen und den Anschluß an die Welt-

3 Internationale Produktinnovation mit dem Internet

wirtschaft zu finden. Dafür bedarf es jedoch einer intensiv ausgebauten Anbindung an den internationalen Datenhighway, die fortan möglicherweise in entscheidendem Maße die Attraktivität eines Standortes ausdrückt. Nicht zuletzt deshalb fördern viele Regierungen z.B. in Südost-Asien den Ausbau der Internet-Infrastruktur in ihrem Einflußbereich, bisweilen trotz der für sie daraus erwachsenden politischen Risiken. Vielen Staaten (insbesondere Afrikas) fehlt es jedoch an finanziellen Mitteln, um ihre marode Telekommunikationsinfrastruktur zu modernisieren. Und so besteht gegenwärtig eher die Gefahr, daß einzelne Länder ohne die notwendige Telekommunikationsinfrastruktur den Anschluß an und die Möglichkeiten auf dem internationalen Datenhighway verpassen und somit technologisch und wirtschaftlich nicht aufholen, sondern vielmehr ein weiteres Stück zurückfallen. Es ist also durchaus möglich, daß anders als von Al Gore vorhergesagt, die Unterschiede im Entwicklungsstand der einzelnen Länder eher größer als kleiner werden. Eine Chance bietet sich den sogenannten "Schwellen- und Entwicklungsländern" jedoch durch die Implementierung und Nutzung von Mobiltelefonnetzen. Bereits heute ist in vielen Staaten Lateinamerikas die Verbreitung und Nutzung von Mobiltelefonen höher als z.B. in den USA.

Internationaler Produktlebenszyklus

Nach dem Konzept des internationalen Produktlebenszyklus sind unterschiedliche Entwicklungsstände internationaler Volkswirtschaften Anlaß, neue Produkte auf den einzelnen Märkten zu unterschiedlichen Zeitpunkten einzuführen. Praktisch ist es jedoch kaum möglich, den Konsumenten eines Marktes ein Produkt vorzuenthalten, weil ihr Markt noch nicht weit genug entwickelt sei. Ein solches Unterfangen wird durch das Internet weiter erschwert, da sich die Nutzer nicht berücksichtigter Märkte im Internet verstärkt über das Angebot auf anderen Märkten informieren und gegenüber den Internet-Nutzern bzw. Konsumenten anderer Länder diskriminiert fühlen könnten. Nach Meffert/Bolz gleichen sich unterschiedliche landesspezifische Produktlebenszyklen zudem durch bessere Informationsmöglichkeiten der Konsumenten zunehmend an.[10] Zu diesen verbesserten Informationsmöglichkeiten trägt das Internet ohne Zweifel erheblich bei.

3.2.2.3 Verringerung von Diffusionszeiten auf Auslandsmärkten

Individueller Adoptionsprozeß

Die Verwendung des Internet seitens der Unternehmen und Nachfrager kann vermutlich auch zu einer Verringerung von

Diffusionszeiten auf Auslandsmärkten führen. Vor allem der in der Literatur beschriebene individuelle Adoptionsprozeß, der einen möglichen Einfluß auf die Diffusion bzw. Diffusionsgeschwindigkeit besitzt, könnte gegebenenfalls mit Hilfe des Internet in seinen verschiedenen Phasen beeinflußt werden.

Wahrnehmungs-phase	So wird die sogenannte Wahrnehmungsphase zu Beginn des individuellen Adoptionsprozesses eventuell durch die verbesserten Möglichkeiten der Zielgruppenansprache im Internet verkürzt (insbesondere die oben erwähnte mögliche Einbeziehung der Internet-Nutzer in den Produktentwicklungsprozeß kann zu einer breiten, früheren Produktwahrnehmung führen und gegebenenfalls sogar „das Interesse für ein Produkt stimulieren, noch ehe es am Markt erscheint"[11]. Die Individuen könnten also schneller auf das neue Produkt aufmerksam werden bzw. aufmerksam gemacht werden.
Suche nach Informationen in der Interest-Phase	Die zeitaufwendige Suche nach Informationen über das wahrgenommene neue Produkt in der Interest-Phase kann den potentiellen Kunden durch eine Vielzahl von schnell abrufbaren und detaillierten Informationen im Netz erleichtert und so verkürzt werden. Gerade im Bereich der Informationsbereitstellung zur Unterstützung der Kaufentscheidung bietet das Internet große Potentiale.
Test-Phase	In der Trial-Phase können den potentiellen Kunden insbesondere digitalisierbare Produkte im Internet zum Testen angeboten werden. Hier ist bereits auf die Vielzahl der im Internet zu Testzwecken zu beziehenden Softwareprogramme (Shareware) hinzuweisen. Zudem kann der ausländische Kunde das Produkt im Internet erstmalig und auch wiederholt kaufen, sollte das Internet vom Unternehmen zum internationalen Vertrieb eingesetzt werden. Der gesamte Adoptionsprozeß von der Produktwahrnehmung bis zur wiederholten Übernahme (Adoption) kann also ohne Medienbrüche und somit auch ohne etwaige Zeitverluste im Internet erfolgen bzw. mit dem Internet unterstützt werden.
Innovations-bereitschaft	Adoption und somit in gewisser Hinsicht letztlich wohl auch Diffusion hängt jedoch auch von der Innovationsbereitschaft der Individuen ab. Diese ist bei den sogenannten Innovatoren und Frühadoptern am größten.
Innovatoren	Innovatoren lassen sich als risikofreudige, informationssuchende, moderne, besserverdienende und jüngere, potentielle Kunden mit höherer Bildung charakterisieren, die den Adoptionsprozeß eher beginnen und schneller durchleben als Nachzügler. Letztere

gelten als eher traditionsbewußt, konservativ, zurückhaltender, vorsichtiger und schlechter informiert. Werden diese Charakterisierungen mit den in zahlreichen Untersuchungen und Veröffentlichungen zur internationalen Nutzerschaft des Internet aufgeführten Merkmalen der Netizens verglichen, wird deutlich, daß die Internet-Nutzer vieler Länder zumindest gegenwärtig noch vor allem als Innovatoren und Frühadopter (oder auch Information Seekers) betrachtet werden können.[12]

Diffusionszeiten und Meinungsführer

Die Diffusionszeiten lassen sich zusätzlich noch dadurch verkürzen, daß im Internet besonders viele Meinungsführer (die auch als Diffusionsagenten bezeichnet werden, weil sie die Neuheiten an andere, langsamere Adoptergruppen und hier insbesondere eventuell an Adoptergruppen außerhalb des Internet weitertragen) erreichbar sind und sich zudem im Rahmen einer mehrstufigen Kommunikation im Internet zielgruppenspezifisch ansprechen lassen.

Virtuelle Auslandsmärkte

Die virtuellen Auslandsmärkte werden sich demgemäß bislang möglicherweise durch schnelle Diffusionszeiten auszeichnen. Einschränkend ist hier jedoch darauf hinzuweisen, daß der Diffusionsgrad im Marketing an den Absatzmengen gemessen wird, und gerade diese im Internet bislang u.a. aufgrund der noch zu überwindenden Sicherheitsproblematiken im Netz oftmals noch nicht besonders hoch sind. Es kommt also möglicherweise nur zu einem hohen Nachrichtendiffusionsgrad in bezug auf das neue Produkt, nicht jedoch einem tatsächlichen Gegenstandsdiffusionsgrad im Internet, der durch den Kauf des Produktes gekennzeichnet ist. Wird das neue Produkt ausschließlich im Internet nicht jedoch über "reale" Vertriebswege angeboten, kann es bei der gegenwärtig oftmals noch zu beobachtenden Kaufzurückhaltung im Netz also sogar zu einer eher geringeren (Gegenstands-)Diffusion des Produktes im Ausland kommen, als wenn das Produkt auf dem realen Markt angeboten würde.

Modell des Diffusions- und Adoptionsprozeß

Bei den Ausführungen über eine Verkürzung der Diffusionszeiten auf Auslandsmärkten aufgrund der Existenz und Verwendung des Internet darf nicht vergessen werden, daß es sich bei dem beschriebenen Diffusions- und Adoptionsprozeß nur um ein Modell handelt, daß zudem umstritten ist. So gelten in Ländern anderer Kulturkreise möglicherweise andere Adoptionsphasen und verläuft der Diffusionsprozeß in ihren Grenzen zeitlich und inhaltlich differenziert.

4 Internationale Produktvariation mit dem Internet

Veränderung eines auf fremden Märkten angebotenen Produktes

Unter internationaler Produktvariation mit dem Internet kann die mit Hilfe des Internet vorgenommene Veränderung eines auf fremden Märkten angebotenen Produktes im Zeitablauf aufgrund sich allmählich oder plötzlich ändernder Umweltbedingungen auf dem Auslandsmarkt verstanden werden. Neben den im folgenden u.a. kurz beschriebenen Möglichkeiten der Informationsgewinnung über das Internet für internationale Produktvariationsentscheidungen, ist darauf zu verweisen, daß die bereits für den Neuproduktentwicklungsprozeß vorgestellte verbesserte Zusammenarbeit weltweit verstreuter Produktentwicklungsgruppen mit Hilfe des Internet selbstverständlich auch dem Entwicklungsprozeß neuer Produktvarianten zugute kommt.

4.1 Gewinnung von Informationen für Produktvariationen

innovative Einsatzmöglichkeiten

Ebenso wie im Rahmen der Produktinnovation kann das Internet zunächst für die Gewinnung von ersten Informationen für Produktvariationsentscheidungen verwendet werden. Aus der Praxis sind bereits eine Reihe innovativer Einsatzmöglichkeiten des Internet zur Informationsgewinnung für die Variation auf Auslandsmärkten angebotener Produkte bekannt.

Beispiel Fiat

So hat z.B. der Automobilhersteller Fiat die Besucher seiner Web-Site gebeten, einen Fragebogen über ihre Vorlieben in bezug auf das Design von Pkw auszufüllen. Im Rahmen dieser Umfrage hatten die Teilnehmer die Möglichkeit, mit der auf der Web-Seite verfügbaren Software ihr gewünschtes Auto über auswählbare Styling-Optionen (z.B. verschiedene Rücklichtformen) selber zu gestalten. Insgesamt bekam Fiat bei Gesamtkosten von nur 35.000 US$ für die Befragung innerhalb von drei Monaten 3000 ausgefüllte Fragebögen von Personen zurückgesandt, die die Manager des Unternehmens im Schnitt als trendsetzende, kaufkräftige Individuen bezeichneten und deren Informationen sie als genau die Benötigten betrachteten. Benötigt wurden diese Informationen für die Entscheidungen bezüglich des Design der neuen Produktvariation des Fiat Punto. [13]

Auswertung von Produktservicedaten

Neben derartigen Umfragen unter Internet-Nutzern können auch aus dem Kundendienst im Internet gewonnene Daten analysiert und für internationale Produktvariationsentscheidungen genutzt werden. Die ist auch außerhalb des Internet ein bekanntes Verfahren, um spezifische und sich möglicherweise ändernde Kundenbedürfnisse zu registrieren.

4.2 Neue Varianten international angebotener Produkte

Neue Anwendungen und Varianten

Die Existenz des Internet ermöglicht nicht nur, - wie im Rahmen der internationalen Produktinnovation beschrieben - gänzlich neue Produkte (für das Internet selber) zu entwickeln, sondern auch bereits auf den herkömmlichen Auslandsmärkten bestehenden Produkten neue Anwendungen und Varianten hinzuzufügen. So sind verschiedene herkömmliche Produkte in jüngster Zeit um solche Produktbestandteile ergänzt bzw. variiert worden, die es ihren Nutzern ermöglichen, sie für eine spezifische internetbezogene Problemstellung zu verwenden. Hier ist u.a. das Textverarbeitungsprogramm Word von Microsoft zu nennen, daß in seinen jüngsten Versionen um Internet-Funktionen erweitert wurde, die es dem Nutzer ermöglichen, in Word erstellte WWW-Seiten vor ihrer Veröffentlichung zu betrachten.

Zusatzleistungen Tracking

Darüber hinaus sind zahlreiche Produkte um Zusatzleistungen im Internet und somit gegebenenfalls um einen Wettbewerbsvorteil ergänzt worden. So etwa die international angebotene Dienstleistung des Logistikunternehmens Federal Express, der eine virtuelle Tracking Information hinzugefügt wurde. Mit dieser ist es dem Kunden möglich, den aktuellen Aufenthaltsort seiner Sendung zu ermitteln.

Home-Banking

Als Produktvariation durch die Integration des Internet und seiner Möglichkeiten in das Produkt sind auch die Formen des Home-Banking zu nennen, die dem Kunden die virtuelle Führung des herkömmlichen Bankkontos per Internet vom heimischen Schreibtisch sowie von jedem mit dem Internet verbundenen Rechner auf der ganzen Welt rund um die Uhr gestatten.

Online-Varianten

Im Bereich der Printmedien sind für das Internet entwickelte Online-Varianten der herkömmlichen und gegebenenfalls international angebotenen Printprodukte wie Zeitschriften und Zeitungen zu nennen, die zum einen aktueller als ihre physischen Pendants sein können, und mit denen sich den Lesern zudem eine größere Möglichkeit der Interaktivität einräumen läßt.

Individuellere Lösungen

In der Vergangenheit sind Produktvariationen auf zahlreichen Märkten vermehrt u.a. deshalb notwendig geworden, weil Kunden zunehmend nach individuelleren Lösungen verlangen, d.h. sie nicht mehr die Lösung eines Standardproblems präsentiert bekommen wollen, sondern die Lösung ihres eigenen Problems. Unternehmen haben hierauf oftmals reagiert, die Automobilhersteller weltweit z.B. mit der Entwicklung von Baukastenprodukten, der amerikanische Bekleidungshersteller Levis mit der Anfertigung seiner traditionellen Jeans nach den jeweils individuellen Maßen der Kunden. Den eigentlichen Massenprodukten wurde so die den Kunden immer wichtiger werdende individuellere Bedürfnisbefriedigung und der Kundendialog hinzugefügt. Letzterer könnte in Zukunft zu einem wesentlichen Markenzeichen werden.

Kundendialog über lange Entfernungen

Im Internet kann durch die Interaktivität des Mediums dieser Dialog mit den Kunden im Rahmen einer One-to-One-Kommunikation intensiviert werden. Das größte Potential liegt dabei im Kundendialog über lange Entfernungen, der ohne das Internet kaum oder nur zu hohen Kosten und z.B. nur unter Berücksichtigung von Zeitzonen möglich ist. Im Internet lassen sich ausländischen Kunden Möglichkeiten der interaktiven, individuellen Produktgestaltung offerieren. Beispielhaft zu nennen ist hier z.B. der Internet-Einsatz beim Unternehmen rose + krieger, das seinen potentiellen Kunden im Internet durch Spezialsoftware ermöglicht, aus seinem Baukastensystem das individuell gewünschte Produkt zu konfigurieren.[14]

Personalisierte Bücher

Ein weiteres Beispiel für eine innovative Form der individuellen Produktvariation mit dem Internet bietet auch die bayerische Druckerei Oldenbourg ihren Kunden mit ihrem Dienst „Ihr persönliches Buch" im Netz. Die Besucher der Web-Site des süddeutschen Unternehmens können sich auf der Web-Seite „Ihr persönliches Buch" einen Buchtitel auswählen und in diesem anschließend einen bestimmten Namen (z.B. Old Shatterhand) in einen Wunschnamen (etwa den eigenen oder den eines Freundes) im ganzen Buch ändern lassen. Der Rechner nimmt die Änderungen und Neuberechnung des Textes vor und sendet die Textdatei anschließend an die Druckmaschine. Der Kunde erhält so wenige Tage später sein etwas persönlicheres Buch (Vgl. Http://www.oldenbourg.de.)

Internetfähigkeit

Neben den Möglichkeiten, die das Internet den Unternehmen zur Variation ihrer international angebotenen Produkte bietet, muß auch darauf hingewiesen werden, daß es diese Variationen bisweilen auch erzwingt. So wurde die Software Lotus Notes 4.0 im Vergleich zu den Vorgängerversionen internetfähig gemacht, um weltweit wieder die Kunden zurückzugewinnen, die zwischenzeitlich gänzlich für ihre Gruppenarbeit auf das billigere und leichter zu nutzende WWW im Internet umgestiegen sind.[15]

Imageschäden

Variationen fordert das Internet in einer Reihe von Branchen, denen das Internet zugleich neue Möglichkeiten für Produktvariationen bietet. So kann bereits heute angenommen werden, daß eine Zeitung, die nicht auch in einer Online-Version erscheint, Imageschäden fürchten muß.

Nachfrage nach Produktzusatzleistungen

Ebenso ist zu vermuten, daß die zunehmende Internet-Nutzung von immer mehr Menschen in immer mehr Ländern sowie das bereits bestehende Angebot von produktbezogenen Serviceleistungen einzelner Hersteller im Internet in Zukunft voraussichtlich zu einer größeren Nachfrage der (potentiellen) Kunden nach Produktzusatzleistungen im Internet und somit Produktvariationen führen wird.

5 Internationale Produktelimination mit dem Internet

Begrenzte Einsatzmöglichkeiten

Im Rahmen der internationalen Produktelimination bietet das Internet nur begrenzte Einsatzmöglichkeiten. Zunächst können im Internet Informationen für Eliminierungsentscheidungen gewonnen werden. Hierzu gehören z.B. Informationen über die ökonomische Entwicklung oder über gesetzliche Änderungen auf dem Auslandsmarkt. Auch können - mit den bereits genannten Einschränkungen - Befragungen im Internet durchgeführt werden, mit denen herausgefunden werden soll, ob ein bestimmtes Produkt bei der ausländischen Zielgruppe ein negatives Bild vom eigenen Unternehmen hervorruft und somit gegebenenfalls eliminiert werden sollte. Ein Produkt kann das Firmenimage z.B. durch hohe Reparaturanfälligkeit beeinträchtigen. Hierüber können gegebenenfalls außerordentlich hohe Serviceanfragen und Beschwerden ausländischer Kunden über das Internet Aufschluß geben.

Umgehung von Import- bzw. Exportverboten

Neu beschlossene Importzölle oder Verbote des Imports bzw. des Vertriebs eines Produktes auf dem Auslandsmarkt können Gründe für die erzwungene Eliminierung von Produkten auf Auslandsmärkten sein. Hier stellt sich die Frage, ob es das Internet möglich werden läßt, derartige Verbote und Restriktionen zu umgehen. Denkbar und bis zu einem gewissen Grad realistisch ist bislang die Möglichkeit, Importzölle und Import- bzw. Exportverbote zu umgehen, wenn das zu exportierende Produkt digitalisierbar und über das Internet transferierbar ist. Der Grund hierfür liegt darin, daß internationale Transaktionen derartiger Güter über das Netz kaum nachgewiesen werden können, da selbst aus den Daten des Servers bzw. der Domain des Kunden oftmals nicht eindeutig hervorgeht, aus welchem Land heraus der Kunde den Produktkauf im Internet getätigt hat. Einzelne Staaten wie China aber zeigen, daß auch Importverbote digitalisierbarer Produkte umgesetzt werden können. So verhindern die Machthaber des kommunistischen Staates den Import von digitalisierbaren Produkten wie z.B. des Playboy schon heute, indem sie die Web-Site des anbietenden Unternehmens auf einen Index setzen und die regionalen Internet-Provider in die Pflicht nehmen, den Aufruf dieser Sites unmöglich zu machen. Ähnliches ist aus Deutschland zu berichten. So wurde im November 1995 von der Staatsanwaltschaft München gegen den Online-Dienst Compuserve Deutschland Klage eingereicht, weil seine Nutzer über ihn auf Internet-Dienste zugreifen konnten, die kinderpornografisches Material verbreiten. Kurz darauf hat Compuserve als Reaktion auf die juristische Konfrontation mit der Eliminierung des Zuganges zu rund 200 verdächtigen Newsgroups reagiert. [16]

Produkteliminierungen kommunizieren

Als Medium kann das Internet dazu dienen, Produkteliminierungen auf einzelnen Märkten zu kommunizieren. Erfolgt die Produkteliminierung langsam und schrittweise, ist zudem denkbar, daß das Internet für die von der Eliminierung betroffene ausländische Zielgruppe als letzter Markt des Produktes eingesetzt wird. Der Hinweis, das Produkt nur noch über das Internet erstehen zu können, könnte weitere Mitglieder der ausländischen Zielgruppe in das Internet bringen und die vielfältigen Möglichkeiten für das Unternehmen im Internet so langfristig verstärken.

Eliminierung traditioneller Produkte

Fraglich ist, ob das Internet zur Eliminierung traditioneller Produkte führen wird. Dies ist u.a. für Printprodukte (Zeitungen, Zeitschriften, Bücher) vermutet worden, hat sich bislang jedoch nur vereinzelt bewahrheitet. So werden seit dem Gang ins Internet z.B. weltweit kaum noch gedruckte Exemplare der Encykolpaedia Britannica verkauft.

Kürzere Produktlebenszyklen

Langfristig werden vermutlich u.a. aus der wachsenden internationalen Konkurrenz im und über das multinationale Internet immer kürzere Produktlebenszyklen und somit auch schnellere Produkteliminierungen resultieren. Dies liegt neben dem steigenden internationalen Wettbewerb im bzw. aufgrund des Internet nicht zuletzt auch daran, daß erfolgreiche Produkte - wie auch bereits an anderer Stelle erwähnt - im Internet in Zukunft schneller von der Konkurrenz aufgespürt und nachgeahmt werden, als dies bisher auf traditionellen Märkten möglich war.

Neue Nachfrage

Demgegenüber muß darauf hingewiesen werden, daß das Internet gegebenenfalls dazu beitragen kann, die internationale Elimination von Produkten zu verzögern. So könnte sich z.B. die Präsenz eines Unternehmens im Internet positiv auf die Sichtweise seiner möglicherweise veralteten Produkte auswirken. Für viele Kunden steht eine Internet-Präsenz bislang für Beherrschung der Technik oder auch Innovativität bzw. Innovationsorientierung des Unternehmens sowie für Modernität, wenngleich die Imagewirkung des Internet nicht überschätzt werden sollte.

Kostengünstige, kommunikative Maßnahmen

Darüber hinaus ist es aber gegebenenfalls möglich, über verhältnismäßig kostengünstige kommunikative Maßnahmen im Internet den Absatz des Produktes auf einzelnen Auslandsmärkten noch einmal anzukurbeln statt es zu eliminieren. Auch einzelne der im vorherigen Abschnitt beschriebenen Produktvariationen mit dem Internet können zur Verlängerung des individuellen Produktlebenszyklusses und damit zumindest zu einer Verzögerung der Produktelimination beitragen. Hierzu zählen z.B. die erwähnten Produktvariationen durch die Integration von virtuellen Zusatzleistungen in das Produkt.

6 Internationale Kundendienstpolitik mit dem Internet

Bedürfnisse der ausländischen Zielgruppe

Der internationale Kundendienst mit dem Internet kann helfen, die Bedürfnisse der ausländischen Zielgruppe sowie Forderungen ausländischer Gesetzgeber nach bestimmten Zusatzleistungen zu befriedigen sowie die Gewinnung von Wettbewerbsvorteilen gegenüber der Konkurrenz bewirken.

Angebot von Kundendienstleistungen im Internet

Internationaler Kundendienst mit dem Internet bezieht sich vor allem auf das Angebot von Kundendienstleistungen im Internet und kann verschiedene Formen annehmen bzw. Funktionen erfüllen. Er kann von jeder Branche und unabhängig davon, ob es sich bei den mit ihm angesprochenen ausländischen Kunden um Endkonsumenten oder Business-to-Business-Kunden handelt, angeboten werden. Insbesondere aber für Soft- und Hardwarehersteller ist er schon von großer Bedeutung, da die ausländische Zielgruppe und Kundschaft der Unternehmen dieser Branche oftmals bereits in hohem Maße das Internet nutzt.

Pre- oder After-Sales-Service.

Zurechnen läßt sich der internationale Kundendienst im Internet unter anderem dem Pre- oder After-Sales-Service. Eine weitere Kategorisierung ist nur bedingt möglich, da im Internet neue Kundendienstmöglichkeiten im internationalen Geschäft hinzugekommen sind, die sich nicht immer den bekannten Kategorien wie etwa Beratungs-, Wartungs- oder Schulungsleistungen zuordnen lassen.

Kapitel 8: Internationale Produktpolitik mit dem Internet

6.1 Internationaler Pre- und After-Sale-Service

Kostenvoranschläge oder Finanzierungsmodelle

Im Bereich des Pre-Sale-Service lassen sich u.a. Kostenvoranschläge oder Finanzierungsmodelle im Internet mit Hilfe von spezieller Software berechnen und den ausländischen Kunden übermitteln. Aufgrund der speziellen Dialog- und Interaktionsmöglichkeiten im Internet kann bisweilen (je nach Produktart) der gesamte Informationsprozeß (der im weitesten Sinne und je nach Definition auch dem Pre-Sales-Service zugerechnet werden kann) vor dem potentiellen Geschäftsabschluß im internationalen Geschäft mit Hilfe des Internet unterstützt werden. Besonders gilt dies für den Bereich der Investitionsgüterindustrie, in denen sich das internationale Marketing durch intensive Kontakte zu den Kunden auszeichnet. Diese Kontakte können durch die verschiedenen Interaktions- und Kommunikationsmöglichkeiten im Internet gepflegt und ausgebaut werden.

Relationship-Management Beispiel Kodak

Auch der internationale After-Sales-Service, der nicht zuletzt einem internationalen Relationship-Management dienlich sein bzw. für eine verstärkte Kundentreue sorgen kann (siehe auch Frosts Beitrag in diesem Buch), läßt sich auf unterschiedlichste und bisweilen sehr innovative Art im Internet realisieren. So bietet z.B. das US-Unternehmen Kodak seinen weltweiten Privatkunden das „Kodak Picture Network" als einen virtuellen Dienst an, in dem Kunden ihre bei einem herkömmlichen Fotoladen zur Entwicklung eingereichten Bilder zunächst auf einer Web-Seite des Unternehmens über Paßwortzugang betrachten und so auswählen können, welche Bilder letztlich in ihrem Fotoladen auf Papier oder gar Postkarte ausgedruckt werden sollen (Vgl. http://www.kodakpicturenetwork.com/).

E-Mail-Servicecenter oder Online-Kundenclubs

Weiterhin sind z.B. E-Mail-Servicecenter oder Online-Kundenclubs bereits realisiert. Auch lassen sich Newsgroups oder Mailinglisten zu Produkten einrichten (z.B. http://www.corel.com/support/ oder http://www.oracle.com/support/html/index.html.) Interessant sind hier u.a. Online-Foren zu Büchern, in denen die Leser erstmals die Möglichkeit haben, per Paßwortzugang mit dem Autor und anderen Lesern weltweit zu kommunizieren sowie zusätzliche und aktuelle Informationen abzurufen. Empfehlenswert sind oftmals vor allem aber solche Foren, in denen Kunden Produktanwendungsprobleme untereinander und mit Kundendienstmitarbeitern des Unternehmens diskutieren und auf diese Weise besser betreut werden können. Dies wird auch zur größeren Zufriedenheit der Kunden führen (das kann von großer Bedeutung sein, da zufriedene Kunden leicht zu

Datenbank der Kundenprobleme

Beispiel Tandem Computers

Mitarbeiter in isolierten Büros

Stammkunden werden, die hohe Gewinnbeiträge leisten und deren Pflege günstiger ist als die Gewinnung von Neukunden).

Die im Internet einmal diskutierten Kundenprobleme und ihre Lösungen könnten anschließend in einer Datenbank in aufbereiteter Form gespeichert und den möglicherweise weltweit verstreuten Kundendienstteams sowie den ausländischen Kunden zum Abruf bereitgestellt werden.

Welche Bedeutung dies und somit das Internet für die internationalen Kundendienstmitarbeiter haben kann, zeigt eine bei der kalifornischen Firma Tandem Computers durchgeführte Untersuchung. Den weltweiten Außenbüros des Unternehmens wurde über ein Computer- und Kommunikationsnetz der Zugang zu Firmendateien ermöglicht. Anschließend wurde aufgezeichnet, „wie oft jedes Büros innerhalb eines Jahrs eine Datei (mit Fragen und Antworten von Angestellten zu Produkten und Dienstleistungen der Firma) aufgerufen hat".[17] Die Größe der Kreise in Abbildung 2 demonstriert die jeweilige diesbezügliche Häufigkeit.

Die Untersuchung zeigte, daß vor allem die Mitarbeiter in isolierten Büros mit eingeschränktem Zugang zu Fachwissen Gebrauch von dem Netz machten, es also vor allem Mitarbeitern an entlegenen Standorten zugute kommt. Einem Computer- und Kommunikationsnetz wie dem Internet kann auf diese Weise also gerade auch für die Unterstützung ausländischer Kundendienstmitarbeiter große Bedeutung zugemessen werden.

Abb. 2.:
Untersuchung zur Nutzung elektronischer Verbindungen im internationalen Unternehmen

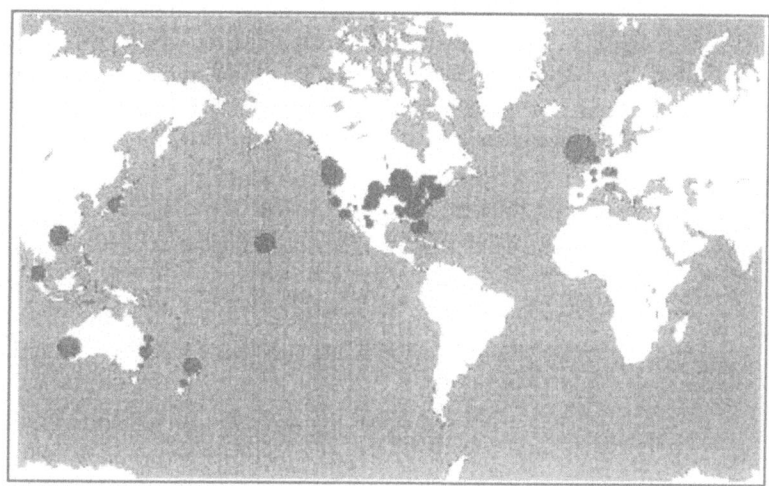

Quelle: Sproull, L./Kiesler, S. (o.J.), S. 59.

Öffentliche Newsgroups	Die öffentlichen Newsgroups, aus deren Beiträgen die Dateien für Kundendienstmitarbeiter gespeist werden könnten, sind jedoch als problematisch einzustufen. So können dort vorgetragene Beschwerden der Kunden von vielen Diskussionsteilnehmern gelesen werden und sich so Nachrichten über schlechte Produkteigenschaften in bislang ungekanntem Ausmaß und mit hoher Geschwindigkeit international ausbreiten (die notwendige Konsequenz könnte und müßte hier deshalb die Einrichtung eines internationalen Kriesenmanagements im Unternehmen sein). Nicht zuletzt deshalb müssen derart online agierende Unternehmen auch weitaus verantwortungsbewußter sein als Unternehmen in der realen Welt.
Faktor Entfernung	Kundendienst im Internet grenzt den Faktor Entfernung weitestgehend aus. Kunden und Unternehmen können weltweit zu den Telefonkosten bis zu ihrem Einwahlknoten per Internet miteinander kommunizieren, obwohl sie möglicherweise jeweils am anderen Ende der Erdkugel auf die Kundendienstantwort warten bzw. diese formulieren. Kosten für internationale Telefonverbindungen entfallen im grenzüberschreitenden Kundendienst über das Internet. Zudem können die Anfragen unabhängig von unterschiedlichen Zeitzonen und zudem nach den individuellen Zeitplänen der Kunden erfolgen.
Inanspruchnahme bestimmter Servicemaßnahmen	Unternehmen und Kunden müssen zur Durchführung bzw. Inanspruchnahme bestimmter Servicemaßnahmen wie etwa einer Schulung durch die Nutzung der Telekommunikation und des Internet eventuell auch nicht mehr wie bisher am selben Ort zusammenkommen. So kann im Internet Schulungssoftware bereitgehalten werden, die dem sie anbietenden Unternehmen möglicherweise Kosten für Schulungsveranstaltungen und insbesondere ausländischen Kunden hohe Reisekosten zu diesen Veranstaltungen erspart.
Beispiel für internationale Schulungen	Ein Beispiel für internationale Schulungen über das Internet bietet die deutsche SAP AG, die kürzlich dem amerikanischen Unternehmen Hewlett Packard den Internet-Zugriff auf ihr Informations-Tool „Info-DB" und damit die Nutzung der aktuellen Aus- und Weiterbildungsprogramme sowie Unterrichtsmaterialien über das Netz der Netze erlaubt hat. „Die R/3-Schulungsprogramme, Updates sowie Kursunterlagen sind künftig über HP's weltweites Intranet erhältlich und stehen den Schulungszentren einheitlich zur Verfügung."[18]
Verwendung von Autorespondern	Kosteneinsparungs- und auch Rationalisierungspotentiale können auf Seiten des Unternehmens auch durch den Einsatz von auto-

matisierter Kundendienst-Software im Netz wie etwa der Verwendung von Autorespondern realisiert werden. Kostensenkend wirkt sich auch die Einstellung von abrufbaren Antworten auf sogenannte Frequently Asked Questions (FAQ) ins Internet aus.

Kosteneinsparungen Beispiel Sun

Die Kosteneinsparungen durch den internationalen Online-Kundendienst nehmen bisweilen beachtliche Ausmaße an. So konnte z.B. Sun Microsystems seine Kundendienstausgaben allein im Januar 1995 durch die Verwendung des Internet für den weltweiten Service um 1.3 Millionen US$ senken. Einer der Hauptgründe hierfür war der Wegfall von Porto- und Transportkosten für an Kunden verschickte Softwarehilfen.[19] Gerade im internationalen Kundendienst sind diese Kosten besonders hoch.

Personalaufwand zusätzliche bzw. hohe Kosten

An dieser Stelle muß jedoch darauf hingewiesen werden, daß internationaler Kundendienst im Internet auch zusätzliche bzw. hohe Kosten verursachen kann. Insbesondere die individuelle Beantwortung von Kundenanfragen per E-Mail wird bei der Masse der möglicherweise eingehenden Anfragen nur von einer Fülle von Personal und einem hohen Arbeitsaufwand beantwortet werden könnten. Dies gilt besonders, weil die internationalen Kunden im Internet eine schnelle Beantwortung (in der Regel innerhalb von 24 Stunden) ihrer Service-Anfragen erwarten.

6.2 Internationale Fernwartung und -diagnose

Tele-Operations bzw. Maschinenfernsteuerung

Das größte Potential, das das Internet für einen internationalen Kundendienst bietet, wird bei den Möglichkeiten der Tele-Operations bzw. Maschinenfernsteuerung sowie der Fernwartung und Ferndiagnose von Maschinen und Hardware über das Netz deutlich. Diese Kundendienstmöglichkeiten im Internet können insbesondere kleinen und mittelständischen Investitionsgüterherstellern zugute kommen, die im Ausland meist weniger wettbewerbsfähig sind, weil sie nicht über die notwendige Ressourcenausstattung verfügen, um die intensiven, flächendeckenden Kundendienstleistungen auf den ausländischen Märkten anzubieten, die gerade im Maschinen- und Anlagenbaugeschäft wesentlich zur Akquirierung und Bindung von Kunden beitragen.

Betreibermodelle der Maschinenhersteller

Immer mehr Maschinenhersteller gehen z.B. dazu über, ihren internationalen Kunden, die die gelieferte Maschine oftmals ausschließlich als Mittel zum Zweck (zur Produktion ihrer Güter) betrachten, komplette Betreibermodelle anzubieten, bei denen der Hersteller die Instandhaltung der gelieferten Maschinen und mit ihnen die Produktion der Produkte des Kunden übernimmt. Ein solches Betreibermodell kann die Maschinenfernsteuerung über das Internet sein, die technisch durchführbar ist, jedoch u.a. aus Sicherheitsbedenken und der bislang oftmals ungeklärten Frage der Haftung bei fehlerhaften Maschinenoperationen erst wenig Akzeptanz findet.

Fernwartung

Eine weniger umfangreiche aber ähnliche Kundendienstform stellt die Fernwartung über das Internet dar. Fernwartung selber ist nichts Neues, sondern wird schon seit einiger Zeit bei Großrechnern z.B. über das Telefon oder proprietäre Netze praktiziert. Das Internet stellt lediglich eine kostengünstige, alternative Plattform für die Fernwartung dar. Fernwartung mit dem Internet heißt, daß der Maschinenhersteller über das Internet auf das Steuerungssystem der beim ausländischen Kunden installierten Maschine zugreift (hieran wird jedoch deutlich, daß nur solche Produkte für eine umfassende Fernwartung bzw. -Reparatur in Frage kommen, die auch über die hierfür notwendige Mikroelektronik verfügen bzw. verfügen können). Auf diesem Wege übermittelt er ihre aktuellen Daten auf den eigenen Rechner, aus denen sich Fehler der Maschine bzw. deren Wartungsbedarf erkennen und anschließend gegebenenfalls einzelne Steuerungs-Parameter zur Fehlerkorrektur über das Internet verändern lassen. Zur Ferndiagnose können von zusätzlich installierter Hardware zudem visuelle und Audiodaten der Maschine per Netz transferiert werden, z.B. zur Ersatzteilidentifizierung. Hierdurch können nicht zuletzt die bei der herkömmlichen Ersatzteilbestellung seitens der ausländischen Kunden oftmals üblichen Sprachprobleme abgemildert werden, die in der Praxis oftmals zur Lieferung des falschen Ersatzteils führen.

Beispiel Herborn + Breitenbach

Beim Chemnitzer Drahtmaschinenhersteller Herborn + Breitenbach, der bereits Kunden in der Türkei, Taiwan oder auch Rumänien per Fernwartung über das Internet betreut, sind die Vorteile klar identifiziert. So müssen die wenigen Spezialisten des Unternehmens nicht mehr so oft kostspielige Flugreisen zu den ausländischen Kunden unternehmen, um dort nicht selten nur banale Fehler zu beheben, die jedoch Produktionsausfälle bescheren und so das Image der eigenen Maschinen verschlechtern. Die Fernwartung via Internet erbringt dem ostdeutschen Unternehmen nicht nur Kosteneinsparungen und eine Erhöhung der Servicequalität, sondern die Mitarbeiter können sich auch wieder besser auf ihre wesentlichen Aufgaben konzentrieren, die u.a. in der Entwicklung neuer Maschinen liegen. Darüber hinaus führt der technische Leiter des Unternehmens aus: „Als Maschinenbauer mit einem Exportanteil von 75 bis 80 Prozent können wir mit einem solchen System auch weitere Ingenieurdienstleistungen im Ausland anbieten und so zusätzliches Geld verdienen."[20]

Vorteile der Fernwartung

Vorteile der Fernwartung über das Netz liegen weiterhin darin, eventuell wichtige Maschinendaten zu erhalten, die Aufschluß über die Leistungsfähigkeit, Zuverlässigkeit und Anfälligkeit der Maschinen geben und in zukünftigen Entwicklungsprozessen verwendet werden können. Hierfür dienlich könnte auch sein, daß der Maschinenhersteller Einblick in die Betriebsumgebung der Maschine erhält und eben diese zukünftig besser bei der Konzipierung von speziellen Lösungen für einzelne Kunden berücksichtigen kann. Darüber hinaus geben die Daten gegebenenfalls Aufschluß über den Lebensabschnitt der Maschine, der Anlaß für verschiedene Marketingmaßnahmen im Hinblick auf den jeweiligen Kunden sein könnte.

Hindernisse

Bislang stehen viele Unternehmen der Fernwartung, die in Zukunft im übrigen nicht nur auf industrielle Maschinen oder Computer beschränkt bleiben soll (Mercedes beispielsweise plant, Privatwagen während der Fahrt auf einer Autobahn fernwarten zu können) jedoch noch kritisch gegenüber. Grund ist nicht selten die Angst, ausspioniert zu werden. Dies gilt insbesondere bei der Fernwartung von unternehmensinternen Computersystemen. Der Fernwartungskunde kann sich jedoch mit sogenannten Trace-Programmen schützen, die die Wartungsarbeiten und insbesondere Datenübertragungen aufzeichnen. Derartige Software sollte dem Kundenunternehmen vom wartenden Unternehmen zum Vertrauensaufbau grundsätzlich bereitgestellt werden.

7 Zusammenfassung

Vielfältige neue Möglichkeiten

Das Internet bietet, wie die obigen Ausführungen demonstriert haben, einer Reihe von Instrumenten und Bereichen der internationalen Produktpolitik vielfältige neue Möglichkeiten. So können internationale Produktentwicklungsteams über das Internet besser und schneller zusammenarbeiten, lassen sich über das Internet Produktanpassungen vornehmen und Anpassungsnotwendigkeiten ermitteln. Gleichzeitig aber fordert das Internet in Zukunft vermutlich auch schnellere Produktentwicklungen und bewirkt kürzere Produktlebenszyklen. Unternehmen, die diese Entwicklungen nicht erkennen, drohen der zunehmenden internationalen Konkurrenz durch das Internet zu erliegen.

Anmerkungen

[1] Quelch, J.A./Klein, L.R. (1996), S. 72.
[2] Strömer, T.H. (1997), S. 213
[3] Vgl. hierzu Quelch, J.A./Klein, L.R. (1996), S. 72.
[4] Birkhofer, H./Büttner, K./Reinemuth, J./Schott, H. (1995), S. 255.
[5] http://www.penthouse.com. Vgl. auch Stern, J (1995), S. 266.
[6] Vgl. Quelch, J.A./Klein, L.R. (1996), S. 72.
[7] Vgl. Kreutzer, R. (1989), S. 242ff.
[8] Vgl. Meffert, H./Bolz, J. (1994), S. 157.
[9] Vgl. Gore, A. (1996), S. 96ff.
[10] Vgl. Meffert, H./Bolz, J. (1994), S. 160.
[11] McKenna, R. (1996), S. 14f.
[12] Vgl. Pispers, R./Riehl, S. (1997), S. 214.
[13] Vgl. Iansiti, M./MacCormack, A. (1997), S. 114.
[14] Vgl. http://www.muk.maschinenbau.thdarmstadt.de/kataloge/roseÜkrieger.
[15] Vgl. Alpar, P. (1996), S. 247.
[16] Vgl. Strömer, T.H. (1997), S. 31.
[17] Sproull, L./Kiesler, S. (o.J.), S. 59
[18] O.V. (1997), S. 58.
[19] Vgl. Sterne, J. (1995), S. 64.
[20] Zitiert nach Müller, W.E. (1998), S. 19.

Literatur

Alpar, P.: Kommerzielle Nutzung des Internet, Berlin, 1996.

Birkhofer, H./Büttner, K./Reinemuth, J./Schott, H.: Netzwerkbasiertes Informationsmanagement für die Entwicklung und Konstruktion, in: Konstruktion, Nr. 47, 1995, S. 255-262.

Gore, A.: A Global Information Infrastructure Can Benefit the World, in: Cozic, C.P. (Hrsg.): The Information Highway, San Diego 1996, S. 95-98.

Hamill, J.: The Internet and international marketing, in: International Marketing Review, September 1997, S. 300-323.

Iansiti, M./MacCormack, A.: Developing Products on Internet Time, in: Harvard Business Review, September-October 1997, S. 108-117.

Kreutzer, R.: Global Marketing, Wiesbaden 1989.

McKenna, R.: Marketing in Echtzeit, in: Harvard Business Manager, Nr. 2, 1996, S. 9-18.

Meffert, H./Bolz, J.: Internationales Marketing-Management, 2., völlig überarb. Aufl., Stuttgart 1994.

Müller, W.E.: So fern und doch so nah. Internet-basierte Wartung und Diagnose, in: Business Online, Nr. 2, 1998, S. 18-25.

o.V. : Kooperation vereinbart. HP erhält Online-Zugriff auf SAP-Kursprogramme, in: Computerwoche, Nr. 25, 1997, S. 58.

Pispers, R./Riehl, S.: Digital Marketing : Funktionsweisen, Einsatzmöglichkeiten und Erfolgsfaktoren multimedialer Systeme, Bonn 1997.

Quelch, J.A./Klein, L. R.: The Internet and International Marketing, in: Sloan Management Review, Spring, 1996, S. 60-75.

Sproull, L./Kiesler, S: Vernetzung und Arbeitsorganisation, in: Spektrum der Wissenschaft, - Dossier: Datenautobahn, o.J., S. 52-60.

Sterne, J.: World Wide Web Marketing, New York 1995.

Strömer, T.H.: Online-Recht - Rechtsfragen im Internet und in Mailboxnetzen, Heidelberg 1997.

9 Internationale Kontrahierungspolitik mit dem Internet

Torsten Kliesch

1 Einleitung 194
2 Internationale Preispolitik mit dem Internet 194
   2.1 Flexible internationale Preispolitik 194
   2.2 Nachfragerorientierte internationale Preisbestimmung 195
   2.3 Kostenorientierte internationale Preisbestimmung 197
   2.4 Konkurrenzorientierte internationale Preisbestimmung ... 204
   2.5 Möglichkeiten und Grenzen von Preisdifferenzierungen
       im internationalen Marketing 205
3 Internationale Konditionenpolitik mit dem Internet 208
   3.1 Die internationale Rabatt- und Absatzkreditgewährung ... 208
   3.2 Die Liefer- und Zahlungsbedingungen internationaler
       Geschäfte 208
       3.3.1 Zahlungsformen für internationale Geschäfte 210
       3.3.2 Rechnungswährung und Vertragsgestaltung 213
4. Zusammenfassung 216
Anmerkungen 217
Literatur 217

1 Einleitung

Preispolitik und Konditionenpolitik

Internationale Kontrahierungspolitik mit dem Internet beinhaltet die internationale Preispolitik und Konditionenpolitik mit dem Internet, deren Möglichkeiten aber auch Grenzen im folgenden getrennt aufgezeigt werden. In diesem Rahmen wird u.a. dargestellt, wie sich die Verwendung des Internet auf die Höhe der Preise auf ausländischen Märkten auswirkt bzw. auswirken könnte, wie es sich für die internationale Preisbestimmung und -gestaltung nutzen läßt und wie die Preise, Zahlungsmodalitäten und Lieferbedingungen für internationale Geschäfte über das Internet ausgestaltet werden könnten bzw. müssen.

2 Internationale Preispolitik mit dem Internet

Flexibilisierung und Preisbestimmung

Das Internet kann in der internationalen Preispolitik auf verschiedene Weise eingesetzt werden. So bietet es sich als Hilfsmittel für flexibler gestaltete Preise an. Ebenso kann es Verwendung in der nachfrage-, kosten- und konkurrenzorientierten internationalen Preisbestimmung finden. Zudem werden sich aufgrund der Existenz dieses Mediums und seiner weltweiten kommerziellen Nutzung neue Voraussetzungen für diese aufgeführten Bereiche der internationalen Preispolitik ergeben.

2.1 Flexible internationale Preispolitik

Medium zur Gewinnung von Informationen

Die Ausgestaltung der Preise auf ausländischen Märkten hängt nicht selten von einer Vielzahl von Faktoren (z.B. staatlichen Preisvorschriften, dem Lohnniveau, der Konkurrenzsituation, etc.) ab, die das internationale Preismanagement gelegentlich so stark einschränken, daß eine aktive Preispolitik des Unternehmens nahezu unmöglich wird. Das Internet bietet sich als Medium zur Gewinnung von Informationen über einzelne dieser Faktoren und somit zur Datengenerierung für die Preisentscheidung bzw. -bestimmung an. So können im Internet z.B. oftmals Preise der Konkurrenz ermittelt, Informationen über Wechselkurse und Wechselkursschwankungen, die Kaufkraft, mögliche Produktionskosten, Inflationsraten, staatliche Preisvorschriften und über Einfuhrzölle auf dem Auslandsmarkt sowie über dessen Marktform oder auch Hinweise auf die anfallenden Kosten für Fracht und Versicherung bei Lieferungen an Kunden auf dem jeweiligen Auslandsmarkt gewonnen werden.

Schnell, kostengünstig und kontinuierlich

Weil diese Informationsgewinnung schnell, kostengünstig und kontinuierlich möglich ist und vor allem im Internet sehr aktuelle

Daten gesammelt werden können, ist das Netz besonders als Informationsmedium für die internationale Preispolitik geeignet, da diese durch oftmals kurzfristige und flexible Preisänderungen (z.B. aufgrund hoher Wechselkursschwankungen, kurzfristiger Preisänderungen der Konkurrenz, Gesetzesänderungen, etc.) gekennzeichnet ist.

Preisänderungen

(1) Eine flexible Preisgestaltung im internationalen Marketing kann durch das Internet auch deshalb unterstützt werden, weil im Internet Preisänderungen leicht vorgenommen sowie diese Änderungen ausländischen Kunden schnell und ohne große Kosten mitgeteilt werden können. So wird nicht die aufwendige sowie zeit- und kostenintensive Gestaltung und Verteilung von neuen Preislisten oder die Durchführung von kommunikativen Maßnahmen in den traditionellen Medien oder den ausländischen Verkaufsstellen des Unternehmens nötig, um veränderte Preise mitzuteilen. Im Internet bedarf es lediglich der Änderung des Preiseintrages in einer über das weltweite Netz abrufbaren Datei bzw. Datenbank. Gerade das nach Roll wirkliche operative bzw. taktische Element der internationalen Preispolitik wird somit mit dem Internet in hohem Maße unterstützt. [1]

Kundenindividuelle Preise

(2) Es muß jedoch angefügt werden, daß flexiblere Preisgestaltung nicht nur durch das Internet ermöglicht, sondern gegebenenfalls auch notwendig wird. Oft wird darauf verweisen, daß beim Marketing im Internet verstärkt die Wünsche des Kunden berücksichtigt werden müssen, will ein Unternehmen in der Vielfalt des kommerziellen Angebotes und der Konkurrenzprodukte im Netz bestehen. Nach Stil und Zimmerman könnte es nicht zuletzt deshalb in Zukunft in zunehmendem Maße eben auch nötig werden, mit Kunden individuelle Preise im Internet zu verhandeln.[2]

2.2 Nachfragerorientierte internationale Preisbestimmung

Preisober- und Untergrenzen

Die Preisobergrenze auf einem Auslandsmarkt wird in der Regel von der Nachfrage bzw. der Kaufkraft der Zielgruppe auf dem Auslandsmarkt bestimmt. Die Ermittlung der Preisobergrenze und generell der nachfragerorientierten Preise ist nur schwer möglich. So lassen sich die hierfür notwendigen landesspezifischen Preisabsatzfunktionen oder Preiselastizitäten oftmals kaum gewinnen. Im Internet könnten hierfür z.B. Preistests (und unter ihnen insbesondere Preisbereitschaftstests) für neue Produkte durchgeführt werden. Mit ihnen lassen sich erste, wenn auch für die Bearbeitung des „realen" Auslandsmarktes nur bedingt repräsentative Hinweise für die nachfrageorientierte Preisbestimmung gewinnen. Klein und Quelch machen auch bereits darauf aufmerksam, daß z.B. größere internationale Unternehmen das Internet für die Ermittlung von Preiselastizitäten in einzelnen Marktsegmenten nutzen könnten, „by temporarily offering prices to specific market segments without risking large-scale cannibalization of their own sales or provoking their long-standing distributors"[3].

E-Mail-"Kummerkästen"

Zudem könnten bei bereits auf den Auslandsmärkten eingeführten Produkten, Internet-Nutzer der entsprechenden Länder zu den Preisen dieser Güter befragt und etwaige Hinweise auf zu hohe Preise in E-Mail-"Kummerkästen" bis zu einem gewissen Grad für die nachfrageorientierte Preisbestimmung ausgewertet werden.

Preisobergrenze

Die Möglichkeiten der Netizens, im Internet auf verschiedene ausländische Web-Sites des Unternehmens zugreifen zu können und dort (bzw. u.a. auch über die Kommunikation im Internet) gegebenenfalls unterschiedliche Preise des Unternehmens auf einzelnen Ländermärkten für das gleiche Produkt zu ermitteln, wirft die Frage auf, ob die Preisobergrenze für ein Produkt auf einem bestimmten Auslandsmarkt in Zukunft grundsätzlich nahezu gleich dem international niedrigsten Preis für dasselbe auf anderen Ländermärkten angebotene Gut sein wird bzw. sein muß. Dies wäre z.B. deshalb denkbar, weil die Netizens aus den Ländern, in denen das Produkt zu einem vergleichsweise höheren Preis angeboten wird, möglicherweise gar nicht mehr bereit sein könnten, diesen zu bezahlen, sondern statt dessen auf günstige Reimporte zurückgreifen, die für sie im Netz leichter als bislang ausfindig zu machen sind. Diese Fragestellung wird im Rahmen der Darstellung der Möglichkeiten bzw. Einschränkungen der internationalen Preisdifferenzierung im Internet bzw. durch die Existenz des Internet vertieft behandelt.

Nachfrageorientierte Preise

Eine Möglichkeit nachfrageorientierte Preise zu ermitteln, umzusetzen und gleichzeitig die Preise zu optimieren, bietet sich durch die Durchführung von Versteigerungen im Internet, bei denen sich die internationalen Interessenten gegenseitig überbieten. Es entsteht also ein direkter Käuferwettbewerb. Diese Form des Verkaufs findet sich bereits des öfteren im Internet und einzelne Auktionshäuser verzeichnen auch schon sehr hohe Umsätze. Nichtsdestotrotz wird die Versteigerung selbstverständlich für viele Unternehmen nur ein gelegentlich durchführbares Event im Internet sein, mit dem potentielle Kunden auf die Unternehmens-Web-Site gelockt werden sollen. Eine solche Strategie verfolgt z.B. die Deutsche Lufthansa AG. Gleichwohl können bei einem solchen Event jedoch Hinweise für die weitere Preispolitik gewonnen werden.

2.3 Kostenorientierte internationale Preisbestimmung

Zuschlagskalkulationen

Von besonderer Bedeutung in der kostenorientierten internationalen Preisbestimmung ist es, „die über die im nationalen Markt hinaus beim Auslandsgeschäft anfallenden Kosten genau zu erfassen, um auf der Basis von Divisions-, Äquivalenzziffern- oder Zuschlagskalkulationen den Kostenpreis zu berechnen"[4]. Zu diesen im internationalen Geschäft zusätzlich anfallenden Kosten zählen auslandsmarktspezifische Herstellkosten, Exportgemeinkosten (Kosten für die Exportabteilung), landesspezifische Marktbearbeitungskosten (Marktforschungskosten, Werbekosten) sowie Exportsonderkosten (Transport, Zölle etc.).

Reduzierung von Kosten

Das Internet kann neben der Ermittlung von internationalen Transportkosten für den Gütertransport vom Hersteller zum ausländischen Kunden in der „realen" Welt helfen, niedrigere Preise durch die Reduzierung einer Reihe der im internationalen Unternehmen sowie speziell auch der im Auslandsgeschäft zusätzlich anfallenden Kosten zu realisieren. So betrachtet auch die Mehrheit der von Bennett in einer Studie befragten englischen Unternehmen die Verringerung der Kosten eines internationalen Marketing als Erfolgspotential des Internet-Einsatzes.[5]

Internationaler Wettbewerb

Kostenreduktionen, die mit Hilfe des Internet möglich werden, spielen gerade im internationalen Marketing bzw. in der internationalen Preispolitik eine große Rolle, da die Realisierung von niedrigeren Preisen auf ausländischen Märkten oftmals dringend notwendig ist, um überhaupt am dortigen Wettbewerb teilnehmen zu können.

Herstellkosten digitalisierbarer Produkte

Reduzieren lassen sich mit Hilfe des Internet u.a. die Materialkosten und damit letztlich auch die Herstellkosten digitalisierbarer Produkte. So müssen z.B. unmittelbar über das Netz zum ausländischen Kunden transportierbare Softwareprogramme nicht mehr vor der Auslieferung auf Datenträger geschrieben werden. Gleiches ist in Zukunft für Produkte der Musikbranche denkbar, die keine CD's mehr bespielen müßte, sondern es ihren Kunden ermöglichen könnte, ihre Produkte in digitaler Form über das Internet auf den heimischen Rechner und von dort z.B. per CD-Brenner auf die bespielbare CD zu übertragen.

Kapitel 9: Internationale Kontrahierungspolitik mit dem Internet

Verlagswesen	Im Verlagswesen wiederum können dem internationalen Kunden im Internet Bücher und Zeitungen bzw. Zeitschriften in digitaler Form verkauft und übermittelt werden, für die sich die herkömmlichen Kosten für Druck und das benötigte Papier einsparen lassen. Realisiert wird dies bereits in der Softwareindustrie, die ihre im herkömmlichen Vertrieb als Printversion mitgelieferten Programmdokumentationen beim physischen Vertrieb ihrer Produkte über das Internet als ausdruckbare Dateien zusammen mit der Software auf den heimischen Rechner des ausländischen Kunden transferiert.
Kosten beim Kunden	Bisweilen problematisch an dieser Vorgehensweise und den auf diesem Wege realisierten Kostenreduktionen ist jedoch, daß die eingesparten Kosten zwar nicht mehr beim Hersteller, dafür aber fortan beim Kunden anfallen. So muß dieser die Kosten für das Ausdrucken des Buches/der Zeitung oder das Brennen der CD tragen und dabei gegebenenfalls auch noch eine schlechtere Qualität des Endproduktes in Kauf nehmen. Dies gilt zur Zeit z.B. insbesondere dann, wenn der Ausdruck Bilder oder Grafiken beinhaltet.
Produktqualität	Die eventuelle Verminderung der Produktqualität und die Entstehung von Kosten auf Seiten der Kunden sollte sich in einem niedrigeren Verkaufspreis des Produktes im Internet im Vergleich zu jenem auf dem „realen" Auslandsmarkt niederschlagen. Gegebenenfalls berücksichtigt werden muß auch, daß dem ausländischen Kunden bisweilen beachtliche Kosten für die Produktrecherche und die physische Distribution im Internet entstehen. So fallen bei ihm anteilige Provider-Gebühren sowie Telefonkosten an (es ist jedoch darauf hinzuweisen, daß ausländischen Internet-Nutzern nicht selten gar keine Kosten für die Navigation und den Kauf im Netz entstehen; für viele US-Bürger z.B. fallen keine mengenabhängigen Telefongebühren für Ortsgespräche und damit die Einwahl beim Provider sowie bei einzelnen Providern (AOL) keine nutzungsmengenabhängigen Providergebühren für die private Internet-Nutzung an. Auch gibt es in Kanada und den USA ebenso wie bereits in Deutschland Kommunen, die ihren Bürgern kostenlosen Zugang - das sogenannte „freenet" - zum Internet gewähren).
Bestimmung der Kosten	Problematisch für die Unternehmen in bezug auf die Berücksichtigung von eventuell beim Internet-Kunden anfallenden Kosten ist zudem, daß sich diese Kosten in ihrer Höhe nicht genau bestimmen lassen und selbst in ein und demselben Land von Kunde zu Kunde unterschiedlich sein werden. Berücksichtigt

2 Internationale Preispolitik mit dem Internet

werden sollten die beim Kunden anfallenden Kosten in jedem Fall aber in der Form, daß dem Kunden die Navigation auf der Unternehmens-Site so einfach wie möglich gemacht wird und die Informationen über die Unternehmensprodukte auf ihr leicht und schnell abrufbar sind. (Nicht selten wird hier auch bereits von Firmen Spezialsoftware zur schnelleren Leitung des Kunden auf die für ihn relevanten Seiten eingesetzt. So verwendet das Unternehmen Software.net im Internet eine Serversoftware, die erkennt, mit welchem Computertyp der Besucher die Web-Site des Unternehmens angesteuert hat, und ihm davon abhängig bestimmte Web-Seiten übermittelt. D.h. „Macintosh users see Macintosh offers, while PC users see Windows software"[6]

Alternative Kosten

Im Rahmen der Diskussion um die beim Kunden eventuell anfallenden Kosten des Internetkaufs muß zudem berücksichtigt werden, daß es für den Kunden immer noch günstiger und weniger mühsam ist, z.B. die neuste Mode aus Kalifornien im Internet zu suchen und zu kaufen, als hierfür die Flugreise nach Kalifornien oder die lange Suche im lokalen Handel nach Kleidungsstücken aus dem amerikanischen Sonnenstaat anzutreten.

Vorteile für den Kunden

Auch Roll macht darauf aufmerksam, daß dem Kunden Fahrtwege zu den Geschäften und Telefongespräche für die Produktrecherche entfallen und der Kunde im Internet „in der gleichen Zeit und mit dem gleichen Kostenaufwand mehr Informationen einholen" kann „als über die herkömmlichen Wege"[7].

Geringe Transport- sowie Produktauswahlkosten

Insbesondere aber bei Produkten, die den potentiellen Kunden auf ihrem „realen" Markt nicht angeboten werden (wie z.B. die hier erwähnten Kleidungsstücke aus Kalifornien oder auch ausländische Spezialsoftware), die für sie jedoch von großem Interesse sind, werden die zumeist ohnehin vergleichsweise geringen Transport- sowie Produktauswahlkosten im Internet vermutlich kaum eine Rolle bei der Kaufentscheidung spielen.

Internen internationale Kommunikation

Auf Seiten der im Ausland tätigen Unternehmen lassen sich mit Hilfe des Internet nicht nur im Bereich der Produktherstellung, sondern vor allem auch im Rahmen der internen internationalen Kommunikation Kosteneinsparungen realisieren. So haben z.B. die europäischen Vertretungen des US-Amerikanischen High-Tech-Unternehmens Mentor Graphics, die im ständigen Kontakt mit der Muttergesellschaft in Oregon stehen, ihre Telekommunikationskosten durch die Verwendung des Internet bereits im ersten Jahr seiner Nutzung um mehr als 50 Prozent reduziert.[8]

Kapitel 9: Internationale Kontrahierungspolitik mit dem Internet

Intranet

Vor allem der Einsatz des auf der Internet-Technologie aufbauendem Intranet läßt im Rahmen der internen internationalen Kommunikation beachtliche Summen (z.B. auch bzw. gerade gegenüber der Verwendung des EDI) einsparen (wenngleich auf die hohen Kosten für die Installation und Instandhaltung von Intranets hingewiesen werden muß).

Exportgemeinkosten

Auch auf der Ebene der Exportgemeinkosten lassen sich verschiedene Kosten mit Hilfe des Internet reduzieren. So z.B. jene für die herkömmliche Kommunikation mit potentiellen ausländischen Kunden. Statt z.B. teure internationale Telefongespräche zu führen, ließe sich mit ausländischen Kunden weitaus günstiger über E-Mail kommunizieren, wenngleich die Kommunikation über E-Mail nicht in jeder Situation und nicht mit jedem Kunden möglich ist. So muß dieser nicht nur an das Internet angebunden, sondern zudem bereit sein, geschäftliche Angelegenheiten auf diesem Wege abzuwickeln.

Kosten für internationale Telefaxe

Nutzen läßt sich das Internet aber in jedem Fall zur Senkung der Kosten für internationale Telefaxe an ausländische Kunden. So können Auslandsfaxe über das Internet zum Ortstarif übermittelt werden. Beispielhaft sind in Abb. 1 die Einsparungsmöglichkeiten pro durchschnittliches 3-Minuten-Fax gegenüber einem herkömmlich übermittelten Fax ins Ausland dargestellt. Dabei fällt auf, daß die Einsparungen beim internationalen Internet-Fax gegenüber einem herkömmlich übermittelten Fax ins Ausland um so größer werden, je weiter entfernt der Adressat ist. Dies ist ein wichtiger Aspekt, da sich u.a. daran zeigt, daß das Internet gerade im internationalen Einsatz und insbesondere im Vergleich zum rein nationalen Einsatz große Potentiale bietet.

Tab. 1: Gebührenersparnis bei internationalen Faxen über das Internet

Ein Fax nach...	*kostet im Internet...*	*und per Normalfax...*	*Gebührenersparnis*
Dänemark	1,00 DM	3,00 DM	66,0 %
Irland	1,16 DM	3,00 DM	61,3 %
Schweiz	0,71 DM	3,00 DM	76,3 %
Ägypten	1,46 DM	3,85 DM	62,1 %
Türkei	1,31 DM	3,85 DM	65,9 %
USA/Kanada	0,42 DM	4,32 DM	90,3 %
Australien	0,57 DM	7,20 DM	92,1 %
Hong Kong	0,86 DM	7,20 DM	88,1 %
Südafrika	1,16 DM	8,40 DM	86,2 %

Quelle: Pott, O. (1997), S. 34.

Telefonieren zum Ortstarif	Ähnliche Einsparungen lassen sich auch bereits durch das nahezu weltweite Telefonieren über das Internet zum Ortstarif realisieren.
Auslandsmarktbearbeitung	Auch im Bereich der Auslandsmarktbearbeitung lassen sich eventuell Kosten senken. Bereits beschrieben wurden in diesem Zusammenhang z.B. die Kostensenkungspotentiale durch die Bereitstellung des internationalen Kundendienstes im Internet. Dieses Kostensenkungspotential läßt sich insbesondere dann ausschöpfen, wenn die ausländische Zielgruppe vollständig oder weitestgehend im Internet vertreten ist. In diesem bislang allerdings kaum zutreffenden Fall können z.B. auch wichtige und repräsentative Marktforschungsdaten kostengünstiger über das Internet gewonnen und Werbemaßnahmen im Internet billiger als über die traditionellen Medien durchgeführt werden (vgl. auch den Beitrag von Frost in diesem Buch). Ist die ausländische Zielgruppe jedoch nicht oder nur teilweise im Internet vertreten, müssen auch Werbemaßnahmen und weitere Aktivitäten der Auslandsmarktbearbeitung über andere Medien erfolgen. Die Maßnahmen im Internet sorgen als Ergänzung zur herkömmlichen Marktbearbeitung dann sogar eher für weitere Kosten, anstatt für eine Kostenersparnis. Aufgrund dieser Kostenerhöhung sollte bisweilen überlegt werden, ob sich ein internationales Marketing im Internet überhaupt lohnt. Schließlich kann eine gezielte und aktive Vermarktung eines Produktes im Ausland auch über das eigentlich kostengünstige Internet große (zusätzliche) Kosten generieren.
Exportsonderkosten	Große Einsparungspotentiale durch die Verwendung des Internet können sich im Bereich der Exportsonderkosten realisieren lassen. Wie hoch diese ausfallen, hängt davon ab, ob das Produkt über das Internet international absetzbar und transportierbar ist. Ist letzteres gegeben, lassen sich neben den Herstellkosten für das Produkt vor allem Transport- sowie zudem Verpackungskosten einsparen, die im internationalen Geschäft in besonderer Höhe anfallen. Die Auswirkungen können bisweilen beeindruckend sein. So kann z.B. das deutsche Unternehmen Akademische Software Kooperation (ASK) die Produkte seines Sortiments unter anderem aufgrund fehlender Kosten für Verpackungsmaterial und Transport zu Preisen im Internet anbieten, die bis zu 70 Prozent unter den für sie üblichen Preisempfehlungen liegen.[9] Die Möglichkeit, Transport- und Verpackungskosten beim internationalen Vertrieb über das Netz zu senken, gilt jedoch ausschließlich für digitalisierbare Güter.

Kosten für herkömmliche Distributionsorgane	Durch den internationalen Vertrieb digitaler und nicht-digitaler Güter im Internet lassen sich in gewissen Grenzen auch Kosten für die herkömmlichen Distributionsorgane auf den „realen" Auslandsmärkten einsparen. Dies gilt vor allem, wenn der internationale Direktabsatz über das Internet realisiert werden kann. Der Diebold-Experte Dr. Axel Glanz sagt hierzu: „Der Direktabsatz übers Netz erspart Aufbau und Pflege teurer Distributionskanäle. Damit läßt sich leicht ein Betrag in Höhe von 50 Prozent der Handelsspanne einsparen."[10]
Rationalisierungspotential	Weiteres Kosteneinsparungs- sowie zudem Rationalisierungspotential ergibt sich dadurch, daß ausländische Bestellungen über das Internet elektronisch eingehen. Elektronische Bestellungen führen nicht zuletzt deshalb zu sinkenden Kosten, weil die Auftragserfassung durch den Kunden erfolgt und die Bestellungen automatisch in digitaler Form in das Warenwirtschaftssystem des Unternehmens übernommen werden können. Gerade durch diese direkte Übernahme läßt sich die Lagerhaltung des Unternehmens optimieren, wodurch weitere Kosten eingespart werden können. Das US-Unternehmen American Computer Group hat z.B. „gegenüber schriftlichen oder telefonischen Bestellvorgängen für elektronische Bestellungen eine Reduzierung der Auftragsbearbeitungskosten von bislang ca. US$ 15,- auf US$ 4,- pro Auftrag errechnet"[11]. Hamill weist zudem auf die Verringerung des üblicherweise hohen Exportdokumentationsaufwandes durch elektronische Transfers über das Internet hin.[12]
Kostensenkungsmöglichkeiten in der realen Welt	Die beschriebenen Kostensenkungsmöglichkeiten mit Hilfe des Internet könnten zu den anvisierten niedrigeren Preisen im Internet und ebenso auch der realen Welt führen. Niedrigere Preise im Internet als Form der Preisdifferenzierung könnten die Nutzung der Unternehmens-Web-Site und den Absatz über das Internet weiter vorantreiben und somit für eine bessere Ausschöpfung der oben beschriebenen Kostensenkungspotentiale sorgen.
Temporäre Preisangebote	Sinnvoll ist es in diesem Zusammenhang, der ausländischen Zielgruppe im Internet temporäre Preisangebote im Internet zu unterbreiten, um sie immer wieder auf die eigene Web-Site zu locken.
Günstigere Preise als Voraussetzung	Zu analysieren ist, ob günstigere Preise im Internet als im „realen" Vertrieb sogar Voraussetzung dafür sind, daß die ausländischen Internet-Nutzer überhaupt zu Kunden im Netz werden. Ein solches Konsumentenverhalten ist z.B. beim Teleshopping zu beobachten, dessen spezielle Vertriebsform die Verbrau-

cher nur dann annehmen, „wenn die Produkte erkennbare Preisvorteile gegenüber den Angeboten des stationären Handels bieten"[13]. Der Übertragung dieser Situation im Teleshopping auf den internationalen Vertrieb über das Internet steht jedoch die Aussage Andersons entgegen, nach dem es eine Faustregel sei,

„that online consumers are interested in making better-informed purchases more quickly, rather than necessarily getting the lowest price"[14]. Und an anderer Stelle heißt es bei ihm: *„better information about products, particularly in the form of other customers' views, can be a greater draw than deep discounts"[15].*

Preis spielt untergeordnete Rolle

Gerade im internationalen Marketing mit dem Internet wird der Preis eines Gutes für viele ausländische Kunden zudem dann eine untergeordnete Rolle spielen, wenn es ihnen über das Internet erstmalig überhaupt möglich ist, das gewünschte ausländische Produkt zu erstehen oder sie es über das Netz schneller erhalten können als über den lokalen Handel.

Akquisition ausländischer Kunden

Für das Unternehmen lohnen sich niedrigere Preise zur Akquisition ausländischer Kunden im Internet vor allem dann, wenn das Internet als internationaler Distributionskanal gegenüber den herkömmlichen Distributionskanälen zumindest langfristig kostengünstiger ist bzw. in anderer Hinsicht Vorteile erbringt (z.B. die bessere Kontrolle über die die eigenen Produkte betreffenden Werbemaßnahmen als bei der Distribution über die traditionellen Absatzmittler).

Verärgerung internationaler Distributionsorgane

Nichts desto trotz ist oftmals jedoch vor der Einstellung von reduzierten Preisen ins Internet zu klären, ob mit ihnen für Verärgerung und Absatzminderung bei den gleichwohl für den internationalen Absatz eingesetzten Distributionsorganen im Ausland gesorgt werden würde. Sofern diese weiterhin einen wesentlichen Anteil an den Umsätzen auf dem Auslandsmarkt haben und unter Umständen z.B. für Servicedienstleistungen von Bedeutung für das Unternehmen sind, ist eine Konfrontation mit ihnen möglichst zu vermeiden. Ein Kannibalismus sollte hier also nicht gefördert bzw. initiiert werden.

Verärgerung bei Kunden der „realen" Auslandsmärkte

Denkbar ist auch, daß der günstigere Absatz im Internet für Verärgerung bei den Kunden der „realen" Auslandsmärkte sorgen könnte. So könnten diese von den niedrigeren Preisen im Internet erfahren und sich gegenüber den Internet-Nutzern benachteiligt bzw. ausgegrenzt fühlen, sofern sie selber nicht über einen Internet-Zugang verfügen.

Höhere Preise	Es muß auch - um einmal von der Sinnhaftigkeit bzw. Problematik niedriger Preise zu abstrahieren - darauf hingewiesen werden, daß sich im Internet durchaus auch höhere Preise durchsetzen lassen könnten als in der "realen" Welt. Dies gilt dann, wenn die internationalen Kunden die Möglichkeit der Online-Bestellung sowie die weiteren Leistungen über die Web-Site als zusätzlichen Service begreifen.
Zuschußgeschäft	Abschließend bleibt zur kostenorientierten Preisbestimmung mit dem Internet festzuhalten, daß mit Hilfe des Internet-Einsatzes im operativen internationalen Marketing bzw. im Unternehmen langfristig aber auch kurzfristig Kosten eingespart und Preise reduziert werden können. Der Auftritt im Internet und der internationale Vertrieb im Netz dagegen sind bislang jedoch für zahlreiche Unternehmen weltweit eher als Zuschußgeschäft zu betrachten, das somit momentan Kosten erhöht anstatt einzusparen hilft.

2.4 Konkurrenzorientierte internationale Preisbestimmung

Informationsmedium	Im Rahmen der konkurrenzorientierten Preisbildung läßt sich das Internet vor allem als Medium für die Gewinnung von Informationen über die Preise der Wettbewerber auf Auslandsmärkten nutzen. Durch die Möglichkeit, sich im Internet schnell über die aktuellen Preise und Konditionen der internationalen Konkurrenz informieren zu können, wird das Internet die Reaktionszeit auf Preisänderungen der Konkurrenz auf den „realen" und „virtuellen" Auslandsmärkten verringern helfen. Eingeschränkt wird dies momentan noch durch die Internet-Abwesenheit zahlreicher traditioneller Konkurrenten sowie durch den Versuch einzelner Wettbewerber, die z.B. mittels intelligenter Agenten durchgeführte „Preisspionage" anderer Unternehmen zu verhindern. Eine Überwachung der Preise der wichtigsten internationalen Konkurrenten durch fingierte Kundenanfragen z.B. per E-Mail wird aber selbst dann möglich sein, wenn auf der Web-Site des Konkurrenten keine Preise angegeben sind.
Größere Zahl von Konkurrenten auf Auslandsmärkten	Für die Zukunft ist zu erwarten, daß das Internet voraussichtlich zu einer größeren Zahl von Konkurrenten auf den Auslandsmärkten führen wird. Insbesondere kleinere und mittlere Unternehmen, „für die sich internationale Marketing- und Vertriebsstrukturen bislang nicht auszahlten, sammeln jetzt weltweite Marktanteile durch das World Wide Web"[16] Unter anderem durch die kostengünstige und erleichterte Internationalisierung mit dem Internet schaffen sie nun vermehrt auch den Sprung auf

2 Internationale Preispolitik mit dem Internet

die internationale Bühne und treten dort als neue Konkurrenten für zahlreiche heimische und bereits international agierende Unternehmen auf. Zudem erfahren im Internet zunehmend mehr Menschen und Unternehmen von neuen Ideen auf anderen Märkten, zu denen sie bislang kaum oder gar keinen Zugang hatten, und treten auf ihnen immer öfter als Imitatoren auf.

Größerer Preiswettbewerb

Eine steigende Wettbewerbsintensität aber führt in der Regel zu einem größeren Preiswettbewerb. Zu letzterem wird es im Internet noch verstärkt durch die höhere Markttransparenz auf dem „virtuellen" Markt kommen, die u.a. durch intelligente Agenten und abrufbare Preisvergleiche erzeugt wird (ein Beispiel bietet u.a. der Server http://www.euro-wagen.de, der internationale Preisvergleiche im Pkw-Bereich ermöglicht). So wird die erhöhte Markttransparenz nach Roll zu einer stärkeren „Rationalisierung der Kaufentscheidung"[17] führen. „Je homogener die Produktart, desto wahrscheinlicher erscheint eine Verschiebung zu den Anbietern, die in der Lage sind, das Produkt am günstigsten anzubieten"[18].

Finanzielle Ressourcen und Realisierung von Kostenvorteilen

Will ein Unternehmen in diesem Preiswettbewerb solange, bis es nach Roll zu einer Angleichung der Preise gekommen ist, mithalten bzw. selber eine aggressive Preispolitik gegenüber den Konkurrenten realisieren, bedarf es neben finanziellen Ressourcen auch der Realisierung von Kostenvorteilen gegenüber der Konkurrenz. In der gegenwärtigen Situation und aufgrund des Wachstumspotentials des Internet lassen sich diese Kostenvorteile gegebenenfalls durch die Verwendung des Internet in den oben beschriebenen Formen gewinnen bzw. können etwaige Kosten- und somit Wettbewerbsnachteile gegenüber der Konkurrenz verringert werden.

2.5 Möglichkeiten und Grenzen von Preisdifferenzierungen im internationalen Marketing

Internationale Preisdifferenzierung

Ein wesentliches Instrument in der internationalen Preispolitik ist die internationale Preisdifferenzierung. Zum Teil wird es mit ihr ermöglicht, besonders hohe Kaufkräfte auf einzelnen Märkten abzuschöpfen und gleichwohl wird sie nötig um staatlichen Preisvorschriften, niedrigen Kaufkräften oder einer geringen Nachfrage sowie einer starken Konkurrenz gerecht zu werden. Gleiche Preise auf allen Auslandsmärkten sind eine Illusion und betriebswirtschaftlich in der Regel weder gewollt noch realisierbar. Das Internet aber wird die Preisdifferenzierung schwieriger durchsetzbar werden lassen. Der Grund wurde bereits genannt.

So können sich die internationalen Internet-Nutzer internationaler Preisvergleiche im Netz oder der Suche nach günstigsten Preisen mit Hilfe von intelligenten Agenten bedienen. Oder aber sie können sich selber auf die Suche begeben und z.B. die verschiedenen nationalen Web-Seiten eines Unternehmens nach Preisen für ein und dasselbe Produkt durchforsten. Stern beschreibt die besondere Problematik für die Situation im Internet aus der Sicht der Unternehmen wie folgt:

„A Web page in Bangor is seen in Bangkok. That means prices for your products in Salt Lake will be seen in Sri Lanka. Fortunes have been made by matching the proper pricing to specific territories. Now specific territories hold no meaning."[19]

Kommunikation der Konsumenten

Internet-Nutzer können zudem mit Konsumenten aus anderen Ländern über Preise via Internet kommunizieren. Für die Unternehmen ist dies eine Schreckensvision, weil die Kunden meist mit Verärgerung und Unverständnis reagieren, wenn sie erfahren, daß das nachgefragte Produkt im anderen Land weit billiger zu erstehen ist. Dies hat bisweilen weitreichende Auswirkungen. So z.B. auf Maßnahmen wie die Produktpositionierung, die ebenso wie die Preisgestaltung international durchaus unterschiedlich erfolgt. Wenn ein Produktimage bzw. die Produktpositionierung international auch über den Preis differenziert wird, kann diese Differenzierung oder unterschiedliche Positionierung aufgrund der für die Kunden beschriebenen neuen Informationsmöglichkeiten im Internet erschwert werden. Roll schreibt hierzu: „Wenn ein Mittelklasseauto heute ca. 40.000 DM kostet, so scheint dieser Preis mehr oder weniger angemessen und gibt uns das Gefühl, einen guten Kauf getätigt zu haben. Ist jedoch beim Kauf bekannt, daß das Auto in den USA für etwa den halben Preis erhältlich ist, muß der deutsche Käufer das Gefühl bekommen, er habe zuviel bezahlt."[20]

Reimporteure

Neben der üblichen Verwirrung und Wut beim Konsumenten werden dann nicht selten die bereits erwähnten Reimporteure eingeschaltet, die im Internet schneller den je aufspürbar sind.

Standardisierung der Preise

Quelch und Klein nennen als Konsequenz dieser Zusammenhänge, daß die annähernde Standardisierung der Preise auf verschiedenen Ländermärkten wohl unausweichlich sein wird.[21] Auch nach Wißmeier bietet sich insbesondere „bei dem internationalen Verkauf im Internet die Vereinheitlichung der Preise an"[22]. Wichtig ist jedoch zu betonen, daß die Möglichkeiten der Kunden, im Internet z.B. auf international differenzierte Preise oder Produkteigenschaften aufmerksam zu werden, nicht nur

Konsequenzen in bezug auf eine etwaige Standardisierung im Internet hat, sondern auch für das Marketing in der „realen" Welt.

Koordination von Internet-Auftritten

Wie bereits genannt ist eine gänzliche internationale Standardisierung von Preisen nicht immer möglich. Betriebswirtschaftlich ist sie zudem höchst problematisch. Für die international agierenden und das Internet nutzenden Unternehmen wird es demnach nicht nur darauf ankommen, bessere Wege zu finden, ihre potentiellen Kunden aus einzelnen Ländermärkten noch gezielter nur auf für sie bereitgestellte „nationale" Web-Seiten zu leiten, sondern vor allem auch ihnen gegebenenfalls mit kommunikativen Maßnahmen die Notwendigkeit internationaler Differenzierungen des Preises aber übrigens auch der Produkteigenschaften oder der Kommunikationsmaßnahmen plausibel zu machen. Zudem müssen Internet-Auftritte internationaler Unternehmen (d.h. mit verschiedenen Sites für die einzelnen Tochtergesellschaften) intensiv koordiniert werden.

Auslassung von Preisnennungen

Maßnahmen wie etwa die von einzelnen Autoren empfohlene Auslassung von Preisnennungen auf den internationalen Sites zur Realisierung von internationalen Preisdifferenzierungen im Internet müssen dagegen als sehr problematisch bewertet werden, da unterschiedliche Preise von den Kunden auf diese Weise zwar nicht mehr direkt auf den weltweiten Web-Sites des Unternehmens, dafür aber z.B. weiterhin über die genannten abrufbaren internationalen Preisvergleiche bemerkt werden und untereinander kommuniziert werden können. Die Nennung von Preisen wird sich zudem dann nicht umgehen lassen, wenn das Produkt direkt international im Internet verkauft werden soll. Denkbar ist hier jedoch, daß die Preise erst auf Anfrage im Netz genannt bzw. wie bei der Digital Equipment Corp. nach Eingabe spezifischer Informationen für den Kunden individuell von einer Software berechnet werden.[23] Dies könnte in verschiedenen Sprachen geschehen, so daß die Möglichkeiten der Konsumenten, sich Preise des gewünschten Produktes in anderen Ländern ausrechnen zu lassen – abhängig von den jeweiligen Fremdsprachenkenntnissen – eher gering sind. Derartige Preisberechnungssoftware im Internet könnte zudem dazu führen, daß die Preise anders als bereits beschrieben noch individueller differenziert und damit für die Kunden eher noch intransparenter werden und sich damit sehr wohl weiterhin international differenzieren lassen.

3 Internationale Konditionenpolitik mit dem Internet

Bestandteile

Internationale Konditionenpolitik beinhaltet die Gewährung von Rabatten und Absatzkrediten sowie die Vereinbarung der Liefer- und Zahlungsbedingungen.

3.1 Die internationale Rabatt- und Absatzkreditgewährung

Kaum neue Möglichkeiten

Im Rahmen der Rabatt- und Absatzkreditgewährung bieten sich durch den Einsatz des Internet kaum neue Möglichkeiten. Denkbar wäre es jedoch, den ausländischen Kunden Rabatte und generell attraktive Konditionen anstatt der (bzw. zusätzlich zu den) oben beschriebenen Preissenkungen im Internet zur Stärkung des eigenen Absatzes auf den „virtuellen" Auslandsmärkten anzubieten.

Internet als Serviceinstrument

Im Rahmen der Kreditgewährung kann das Internet u.a. als Serviceinstrument genutzt werden. So ist es vorstellbar, daß sich der potentielle ausländische Kunde mittels einer im Internet vom WWW-Server des Unternehmens abrufbaren Kalkulationssoftware das für ihn attraktivste Finanzierungsmodel erstellen bzw. verschiedene Finanzierungsvarianten aufzeigen lassen kann. Derartige Finanzierungsrechnungen sind bereits im Netz und auch auf CD-ROM von einzelnen Herstellern erhältlich

3.2 Die Liefer- und Zahlungsbedingungen internationaler Geschäfte

Hinweise notwendig

Vor dem Abschluß internationaler Geschäfte im Internet müssen den (potentiellen) Kunden unbedingt und unmißverständlich die verschiedenen Konditionen und hier insbesondere der Liefer- und Zahlungsbedingungen mitgeteilt bzw. präsentiert werden. Dies ist nicht zuletzt deshalb nötig, weil viele der potentiellen ausländischen Internet-Kunden bislang unerfahren in bezug auf die Abwicklung internationaler Geschäfte sein werden und sich nicht unbedingt der Kosten bewußt sind, die mit ihnen in Verbindung stehen. Hierzu zählen z.B. etwaige anfallende Zölle, die bisweilen den Preisvorteil eines internationalen Kaufs über das Internet aufzehren können (allein durch den Transport können - vom Kunden nur schwer abzuschätzende - Kosten in Höhe von 20 bis 30 Prozent des Warenwertes entstehen).

Lieferbedingungen

Lieferbedingungen beinhalten u.a. Umtauschrechte sowie Regelungen bezüglich des Transportmittels, der Transportversicherung und Versicherungskosten, der zu zahlenden Konventionalstrafen bei verspäteter Lieferung sowie die Bestimmung des

3 Internationale Konditionenpolitik mit dem Internet

Zeitpunktes und Ortes des Gefahrenüberganges vom Verkäufer auf den ausländischen Käufer.

INCOTERMS

Für Waren, deren Verkauf bzw. Kauf im Internet abgewickelt wird und die dem ausländischen Kunden mit herkömmlichen Transportmitteln überbracht werden, lassen sich auch bei Verträgen im Internet die im grenzüberschreitenden Warenverkehr üblichen INCOTERMS vereinbaren.

ECOTERMS

Anders jedoch bei Waren, deren Verkauf auf dem internationalen Markt Internet abgeschlossen und die direkt über das Medium Internet zum ausländischen Kunden transferiert werden (digitalisierbare Güter). Hier sind die INCOTERMS nicht anwendbar. Mit ihnen vergleichbare Liefer- bzw. auch Gefahrenübergangsklauseln für den Datentransport im Internet existieren bislang nicht, sind jedoch dringend erforderlich, weshalb auch bereits eine Arbeitsgruppe der Internationalen Handelskammer in Paris (ICC) für die Aufstellung sogenannter Electronic Commerce Terms (ECOTERMS) für den internationalen Internethandel, die in Zukunft auf einem Server der ICC abrufbar sein sollen, gebildet wurde.

Datenverluste

Die benötigten Regelungen sind offensichtlich. So treten beim internationalen Datentransport im Internet immer wieder Datenverluste auf, wenn z.B. (in vielen Ländern oftmals) instabile Telekommunikationsverbindungen während der Übertragung des digitalen Gutes zusammenbrechen. Doch wer trägt dieses Risiko, wer ist verantwortlich, wenn eine Übertragung im Netz verloren geht oder fehlerhaft erfolgt und wer trägt die Kosten der Übertragung?

Kosten der Übertragung

Bisher wurde davon ausgegangen, daß der Kunde automatisch für die Kosten der Übertragung via Internet aufkommt, doch stellt sich die Frage, ob dies so sein muß. Bei den beschriebenen Unwegsamkeiten der Ermittlung der tatsächlichen Kosten, die dem Kunden für die Übertragung entstehen, erscheint die Übernahme der Kosten für den Datentransfer durch den Kunden jedoch zumindest gegenwärtig als die einzige logische Konsequenz. So existiert beim internationalen Datentransfer nicht wie beim grenzüberschreitenden Gütertransport in der „realen" Welt ein Im- oder/und Exporteur, der dem exportierenden Unternehmen eine genaue Kostenaufstellung für den Transportvorgang vorlegen kann. Im Internet können die für den internationalen Datentransfer beim Kunden anfallenden Kosten vom liefernden Unternehmen kaum genau ermittelt bzw. nachgeprüft werden.

Grenzüberschreitende Liefervorgang	Problematisch für den grenzüberschreitenden Liefervorgang über das Internet sind neben den bislang fehlenden international akzeptierten Regelungen bzw. Klauseln zur Risiko-, Versicherungs- und Kostenübernahme vor allem noch eine Reihe weiterer ungeklärter Fragestellungen:
Umtausch- bzw. Rückgaberechte	• Wie könnten Umtausch- bzw. Rückgaberechte bei digitalen und über das Internet international transferierten Gütern ausgestaltet sein und wie ließe sich eine etwaige Wandlung realisieren? (Eine erste beispielhafte Lösung für die Rückgabe digitaler Produkte innerhalb einer bestimmten Frist bietet der US-Cybermediär NetSales seinen Software-Kunden im Netz unter http://www.netsales.net/pkwcgi/shareshop/returns an.)
Nachweis	• Wie kann nachgewiesen werden, daß eine über das Internet erfolgte grenzüberschreitende „Lieferung" digitaler Güter fristgerecht, fehlerlos bzw. überhaupt erfolgt ist, sollte ein ausländischer Kunde das Gegenteil behaupten und die Zahlung verweigern?
Erfüllungsort	• Wo ist der Erfüllungsort einer grenzüberschreitenden „Lieferung" digitaler Waren über das Internet (denkbar ist z.B. entweder der Server des Providers, über den der Kunde seinen Internetzugang erhält oder aber der Rechner bzw. der Datenträger im Rechner des Kunden selbst)?

3.3.1 Zahlungsformen für internationale Geschäfte

Schwierigkeiten traditioneller Methoden

Für die internationale Kontrahierungs- bzw. Konditionenpolitik und insbesondere die Abwicklung von Zahlungen gelten bei internationalen Geschäften mit dem Internet besondere Bedingungen. Zwar sind hier eine Reihe von verschiedenen Zahlungsweisen (z.B. Kreditkartenzahlung, Zahlung vom Bankkonto per Überweisung, Lieferung gegen Vorkasse oder Nachnahme, Zahlung mit elektronischem Geld) denkbar, doch sind mit ihnen gerade im internationalen Geschäft über das Internet in der Regel eine Reihe von Schwierigkeiten verbunden. Siehe zu diesen Fragen auch den Beitrag von Bhaumick, der sich eingehend damit beschäftigt.

3.3.1.1 Die Kreditkartenzahlung und internationale Überweisung

Weltweit verbreitet

Die Kreditkartenzahlung ist weltweit verbreitet und deshalb auch für internationale Geschäfte im Internet prinzipiell von großem Interesse. Ihre Nutzung im Internet ist jedoch für den ausländischen Kunden mit einem Risiko verbunden. So muß dieser die

Kreditkarteninformation über das Internet an das ausländische Unternehmen übermitteln. Diese Übertragung aber kann theoretisch von Dritten mitverfolgt werden, die so in Besitz der geheimen Informationen gelangen und mit ihnen Mißbrauch treiben können. Horrormeldungen hierüber in der Presse lassen viele potentielle Kunden vor dem Kauf im Netz zurückschrecken. So gaben im Rahmen einer Internet-Umfrage des Lehrstuhls für Marketing der Universität Leipzig z.B. 69 Prozent der Untersuchungsteilnehmer an, daß sie nicht bereit wären, ihre Kreditkartennummer über das Internet mitzuteilen.[24] Und das, obwohl das Sicherheitsrisiko bei der Übertragung von Kreditkarteninformationen im Netz in Realität eher geringer einzuschätzen ist als bei herkömmlicher Verwendung von Kreditkarten.

Risiko

In jedem Fall aber sollten sich Unternehmen der Sorge der potentiellen Kunden und auch dem Risiko, das mit der Kreditkartenzahlung für sie verbunden ist, bewußt sein und die Kreditkartenzahlung deshalb so sicher wie möglich gestalten. So existieren bereits eine Reihe wirksamer Verschlüsselungstechniken bzw. neuerer Sicherheitsstandards, die hierfür Einsatz finden können. Zu letzteren ist z.B. das „Secure Electronic Transaction" Protokoll (SET) zu zählen.

Nachteile für Unternehmen

Auch für die Unternehmen kann die Kreditkartenzahlung deutliche Nachteile aufweisen. Ein solcher liegt nach Heise z.B. „in der hohen Prozentrate, die der Anbieter bei jedem Kundenkauf an die Kreditkartenfirmen abführen muß"[25]. Gerade bei den oftmals kleinen Beträgen, zu denen im Internet noch immer zumeist eingekauft wird, kann die Zahlung über Kreditkarte somit für die Unternehmen leicht unrentabel werden.

Kosten auf den Kunden abwälzen

Sollte das Unternehmen diese Kosten auf den Kunden abwälzen, könnte dieses für ihn eventuell eine Erhöhung des Produktpreises bedeuten, der für ihn ohnehin bei internationalen Geschäften im Internet schon um die Gebühr für den Auslandseinsatz seiner Kreditkarte gesteigert wird.

Hohe Gebühren bei Überweisung

Hohe Gebühren lassen auch die Überweisung vom Bankkonto des Kunden in der Regel keine empfehlenswerte Zahlungsform für internationale Geschäfte im Internet sein. Gerade im internationalen Zahlungsverkehr können hier „schnell Bankgebühren entstehen, die den Wert der gekauften Ware übersteigen"[26].

3.3.1.2 Die internationale Lieferung gegen Vorkasse oder Nachnahme

Für internationalen Zahlungsverkehr zu aufwendig

Als weitere Zahlungsformen für internationale Geschäfte im Internet sind die Lieferung gegen Vorkasse oder Nachnahme zu diskutieren. Nach Roll sind beide Zahlungsweisen gerade für den internationalen Zahlungsverkehr zu aufwendig.[27] Eine nähere Betrachtung zeigt weitere Schwierigkeiten, aber auch Vorteile dieser beiden Varianten.

Medienbruch behindert Spontankäufe

Die Lieferung gegen Vorkasse verhindert aufgrund des erfolgenden Medienbruches Spontankäufe, ist langwierig und aufgrund der anfallenden Gebühren bei kleineren Beträgen nicht rentabel. Hinzu kommt eine Problematik, die auch für die bereits behandelte Kreditkartenzahlung zu berücksichtigen ist. So wird der Kunde vor allem im Internet und bei internationalen Geschäften in vielen Fällen nicht bereit sein, vor Erhalt der Ware die Zahlung zu leisten (z.B. seine Kreditkartennummer zu übermitteln). Dies liegt daran, daß er die tatsächliche Existenz und Redlichkeit des ausländischen Unternehmens oftmals nur schwer überprüfen kann. Gerade ausländische Anbieter im Internet sind dem Kunden nicht selten unbekannt, weil sie z.B. auf seinem „realen" heimischen Markt nicht präsent sind. Auch und gerade die Angst, keine (bzw. nur sehr kostspielige) rechtlichen Schritte gegen etwaige windige ausländische Geschäftemacher im Internet einleiten zu können, wird den Kunden nicht selten davon abhalten, Geld oder Kreditkarteninformationen ohne unmittelbar erfolgende Gegenleistung einem ausländischen Unternehmen im Internet im voraus zu übermitteln. Auch Alpar weist deshalb daraufhin, daß die Vorauszahlung „nur für ‚glaubwürdige' Anbieter in Frage"[28] kommt. Diese Glaubwürdigkeit aber, so Alpar weiter, „nimmt meistens mit der geopolitischen Distanz ab"[29].

Vertrauensbeweis

Die Lieferung gegen Vorkasse ist auch deshalb nicht zu favorisieren, weil sie nicht gerade einen Vertrauensbeweis für den ausländischen Kunden darstellt. Andererseits kann sie insbesondere im Internet und im dortigen internationalen Geschäft mit Kunden aus wirtschaftlich und finanziell schlechter gestellten Ländern für Unternehmen eine größere Sicherheit darstellen, da diese wiederum ihrerseits Sorgen bezüglich der Vertrauenswürdigkeit des ausländischen Kunden im Internet haben. So sind bislang z.B. 70 Prozent der den deutschen Handel auf elektronischem Wege erreichenden Bestellungen nicht ernst gemeint oder stellen einen Verstoß gegen das Strafgesetzbuch dar. „Man läßt z.B. Waren an andere liefern, um diese dadurch zu irritieren, oder zu ärgern, kann oder will nicht, was man bestellt, bezahlen oder verweigert die Annahme von Sendungen."[30] Den Unternehmen sind in solchen Fällen, gerade wenn der Geschäftsabschluß ausschließlich im Internet erfolgt ist, oftmals die Hände gebunden. Ist die Lieferung ins Ausland ohne vorherige Zahlung erfolgt, ist die Problematik besonders groß, da den Unternehmen die gesetzlichen Bestimmungen und Möglichkeiten oftmals unklar sind und die Transportkosten ebenso wie die Rücktransportkosten vom Unternehmen selber übernommen werden müssen. Gerade bei erstmaligen Geschäften mit ausländischen Kunden kann die Lieferung gegen Vorkasse daher für die Unternehmen also durchaus auch von Interesse und großer Bedeutung sein.

Lieferung gegen Nachnahme

Auch die Lieferung gegen Nachnahme, bei der zwar ebenso wie bei der Lieferung gegen Vorkasse ein Medienbruch erfolgt, hohe Gebühren und eine langwierige Abwicklung üblich sind, und das Risiko besteht, daß der Kunde wie oben beschrieben die Annahme verweigert und dem Unternehmen so gerade im internationalen Geschäft hohe Transport- und Rücktransportkosten entstehen, kann nach Meinung des Autors dieser Arbeit entgegen der Aussage Rolls im Einzelfall eine interessante Alternative zu den bisher genannten Zahlungsformen für internationale Geschäfte im Internet darstellen. Dies ist damit zu begründen, daß sich mit ihr beim ausländischen Kunden das im internationalen Geschäft im Internet oftmals fehlende Vertrauen aufbauen läßt.

Vertrauensaufbau

Die Lieferung gegen Nachnahme kann insbesondere internationalen Kunden zum Vertrauensaufbau als Alternative zu möglichen anderen Zahlungsformen angeboten werden. Dies gilt insbesondere, wenn das Unternehmen - wie noch beschrieben wird - das Geschäft mit den Kunden bestmöglich vertraglich absichert. Die Einschränkung für die Verwendung der Lieferung gegen Nachnahme resultiert hier jedoch daraus, daß diese Zahlungsweise nicht über alle internationalen Grenzen hinweg funktioniert.

Anwesenheit bei Lieferung

Der oftmals angeführte Nachteil, daß der Kunde auch tatsächlich zu Hause sein muß, wenn die Lieferung erfolgt, und für ihn der Vorteil der schnellen Lieferung beim Kauf über das Internet verloren geht, wenn die Ware erst beim Paketamt abgeholt werden muß, gilt dagegen auch dann, wenn eine Lieferung per Kreditkarte im Netz bezahlt wurde.

3.3.2 Rechnungswährung und Vertragsgestaltung

US-Dollar als Rechnungswährung

Durchgesetzt hat sich im Rahmen der Zahlungsbedingungen zumindest für eine Vielzahl von Waren offenbar der US-Dollar als

Rechnungswährung im Internet, wenngleich dies mit dem noch sehr hohen Anteil US-amerikanischer Angebote im Internet zu tun haben mag. Insbesondere im Geschäft mit Kunden aus Ländern mit sehr instabiler Währung und hoher Inflation kann sich diese Selbstverständlichkeit der Verwendung des US-Dollar im Internet auszahlen. Ob der US-Dollar als Rechnungswährung eine Selbstverständlichkeit sein sollte, bleibt jedoch fraglich. Einzelne Autoren verweisen in diesem Zusammenhang z.B. darauf, daß Unternehmen, um im Internet bestehen zu können, vielmehr sogenannte „multi-currency payment mechanisms"[31] in ihr Internet-Konzept integrieren müssen. In jedem Fall empfiehlt es sich, dem ausländischen Kunden einen Hyper-Link zu einer fremden Site anzubieten, auf der die aktuellen Dollar-Umtauschkurse für verschiedene Landeswährungen abrufbar sind. Gleichwohl könnte eine spezielle Software in die Web-Site des Unternehmens eingebunden werden, die diese aktuellen Kurse berücksichtigt und dem Kunden den jeweils momentanen Preis für das von ihm gewünschte Produkt in seiner Landeswährung berechnet und ausgibt.

Kaufvertrag

Die Rechnungswährung und die weiteren Konditionen des internationalen Geschäftes im Netz sind in einem Kaufvertrag festzuschreiben. Dieser könnte sowohl in der „realen" als auch der „virtuellen" Welt abgeschlossen werden. Virtuelle Kontrakte sind jedoch mit Problemen behaftet. Kopfzerbrechen bereitet vor allem die Frage, ob ein virtueller Vertrag im Zweifelsfall vor Gericht überhaupt als wirksam anerkannt wird. Wie z.B. können die für die Gültigkeit von Verträgen üblicherweise notwendigen Unterschriften im Internet geleistet werden bzw. welches Äquivalent kann es für sie geben? Welche Beweiskraft kommt einer Bestellung per E-Mail zu? Und wenn ihr Beweiskraft zukommt, wie kann nachgewiesen werden, daß sie tatsächlich vom vermeintlichen Absender abgeschickt wurde?

Beweiskraft elektronischer Dokumente

Unter anderem diese Fragestellungen werden gegenwärtig von einer Vielzahl von nationalen Gesetzgebern weltweit diskutiert. In einzelnen Bundesstaaten der USA z.B. ist die E-Mail bereits beweiskräftig, in England soll ihr zumindest ein höherer Stellenwert als bisher zugewiesen werden. Für die Beweiskraft elektronischer Datenmitteilungen spricht sich auch die United Nations Commission on International Trade Law (UNICTRAL) aus, die das United Nations Model Law on Electronic Commerce erarbeitet hat[32], das den Weg für eine (international ähnliche) Gesetzgebung auf diesem Gebiet ebnen soll. Bislang jedoch fehlen in vielen Staaten diesbezügliche Regelungen.

Allgemeinen Geschäftsbedingungen

Festzustellen bleibt deshalb, daß aufgrund der vielfach noch ungewissen Rechtslage gerade bei internationalen Geschäften, die verschiedene Rechtsordnungen berühren, Verträge (insbesondere bei Erstaufträgen) nicht ausschließlich im Internet abgeschlossen werden sollten. Dies gilt vor allem bei Gütern, die einen hohen Wert besitzen. Das Internet sollte hier gegenwärtig vor allem als Medium betrachtet werden, über das der Vertragsabschluß vorbereitet und der Vertrag wie auch die Allgemeinen Geschäftsbedingungen (AGB) kommuniziert werden können.

Schriftlich Bestätigen

Auch wenn zusätzliche Kosten entstehen und der Geschwindigkeitsvorteil des Einkaufs über das Internet aufgezehrt wird, sollte das anbietende Unternehmen das im Internet abgegebene Kaufangebot eines ausländischen Kunden gegenwärtig (zumindest ab einer bestimmter Höhe eines solchen) mindestens noch schriftlich per Post bestätigen. Besser ist es jedoch, den Vertrag mit ausländischen Kunden zumindest bei größeren Beträgen und erwarteter Vorleistung des verkaufenden Unternehmens grundsätzlich außerhalb des Internet abzuschließen, diesen also z.B. auf dem Postweg zu übersenden und mit der Auslieferung der bestellten Ware bis zu seiner Rückkehr zu warten. Es ist jedoch zu befürchten, daß eine solche Vorgehensweise einzelne internationale Geschäfte im Internet verhindern wird, so daß Unternehmen alternative Abwicklungsweisen entwickeln müssen.

E-Mails als Eingangsbestätigung

Oftmals werden von den Unternehmen gegenwärtig E-Mails als Eingangsbestätigung des Kaufwunsches eines Kunden an diesen verschickt und dem Kunden hierin ein Widerspruchsrecht innerhalb einer bestimmten Zeitspanne eingeräumt. Bei einem solchen Vorgehen können jedoch im Zweifelsfall erneut Beweisschwierigkeiten vor Gericht auftreten. Nicht nur, weil E-Mails selber oftmals in einigen Ländern kaum Beweiskraft haben, sondern es ist z.B. auch zu fragen, wann eine E-Mail als zugestellt und vom Kunden empfangen gilt: Bei Eingang auf dem Server seines Providers oder bei Speicherung auf dem Kundenrechner? Internationale Entscheidungen fehlen hierzu bislang. Im Streitfall kann diese Frage aber entscheidend sein.

Nationalität der angesprochenen Zielgruppe

Das Schreiben an den ausländischen Internet-Kunden bzw. der mit ihm zu schließende Vertrag kann bzw. muß gegebenenfalls auch die vom Unternehmen aufgestellten und für internationale Geschäfte im Internet gültigen Allgemeinen Geschäftsbedingungen (AGB) enthalten, die gänzlich oder teilweise Gegenstand des

Vertrages sein können. Mitteilen lassen sie sich gegebenenfalls auch über die Web-Site des Unternehmens. Dabei müssen die AGB im Internet jedoch je nach der Nationalität der angesprochenen Zielgruppe im Internet differenziert werden. Um rechtswirksam werden zu können, müssen sie vom ausländischen Kunden in der Regel zur Kenntnis genommen und verstanden werden können. Gerade weil juristische Texte wie die AGB oftmals selbst in der eigenen Landessprache, geschweige denn in einer fremden Sprache, nur schwer verständlich sind, ist ihr Vorliegen im Internet in der jeweiligen Landessprache also unabdingbar.

4. Zusammenfassung

Ermittlung der Preise der Konkurrenz oder zur Ermöglichung flexiblerer Preise

Die Ausführungen haben gezeigt, daß sich das Internet auf vielfältige Weise für die internationale Konditionenpolitik einsetzen läßt. Sei es zur Ermittlung der Preise der Konkurrenz oder zur Ermöglichung flexiblerer Preise. Gleichwohl fordert der internationale Handel über das Internet eigene Zahlungs- und Lieferbedingungen und gelten spezielle Anforderungen an die Preisbestimmung.

Internationale Konsumgütergeschäfte

Abschließend ist im Rahmen der internationalen Kontrahierungspolitik mit dem Internet darauf hinzuweisen, daß bislang vor allem bei internationalen Konsumgütergeschäften Preise und Konditionen über das Internet vereinbart und mitgeteilt werden. Überwiegend bei ihnen erfolgt bisher auch tatsächlich die Zahlung über das Internet. Zahlungen und Preisgestaltung für grenzüberschreitende Investitionsgüterlieferungen erfolgen noch kaum im Internet. Eine Ausnahme bei den Investitionsgüterherstellern stellen im Internet selbstverständlich zahlreiche Soft- und Hardwareunternehmen dar, die bereits vielfach über das Internet auch international verkaufen und z.B. die Zahlungsabwicklung über das Internet anbieten.

Anmerkungen

[1] Vgl. Roll, O. (1996), S. 65.
[2] Vgl. http://home.pi.net/~rjzimmer/chap9.html.
[3] Klein, L.R./Quelch, J.A. (1997), S. 359.
[4] Meffert, H./Bolz, J. (1994), S. 220f.
[5] Vgl. Bennett, R. (1997), S. 335.
[6] Quelch, J.A./Klein, L.R. (1996), S. 72.
[7] Roll, O. (1996), S. 63.
[8] Vgl. Cronin, M.J. (1995), S. 111.
[9] Vgl. Berres, A. (1997), S. 137.
[10] Zitiert nach Buchner, M./Eckert, O./Prochnow, E./Schneider, M. (1997), S. 25f.
[11] Lampe, F. (1998), S. 144.
[12] Vgl. Hamill, J. (1997), S. 312.
[13] Geppert, D./Greipl, E. (1997), S. 194.
[14] Anderson, C. (1997), S. 9.
[15] Anderson, C. (1997), S. 4.
[16] Scheer, A.W. zitiert nach Buchner, M./Eckert, O./Prochnow, E./Schneider, M. (1997), S. 22.
[17] Roll, O. (1996), S. 63.
[18] Roll, O. (1996), S. 63.
[19] Stern, J. (1995), S. 257.
[20] Roll, O. (1996), S. 63f.
[21] Vgl. Quelch, J.A./Klein, L.R. (1996), S. 66.
[22] Wißmeier, U.K. (1997), S. 202.
[23] Vgl. Cronin, M.J. (1995), S. 196.
[24] Vgl. http://www.marketing.uni-leipzig.de/Market_internet2.htm.
[25] Heise, G. (1996), S. 143.
[26] Lampe, F. (1998), S. 204.
[27] Vgl. Roll, O. (1996), S. 57.
[28] Alpar, P. (1996), S. 203.
[29] Alpar, P. (1996), S. 203.
[30] Marktforschung & Management; Zeitschrift für marktorientierte Unternehmenspolitik 5/97, S. 190.
[31] http://home.pi.net/~rjzimmer/chap9.html.
[32] Vgl. Chapter II Art. 5 und 6 sowie Chapter II Art 9 Abs. 2; der Text des United Nations Model Law on Electronic Commerce findet sich bei Ford, W./Baum, M.S. (1997), S. 447ff.

Literatur

Alpar, P.: Kommerzielle Nutzung des Internet : Unterstützung von Marketing, Produktion, Logisik und Querschnittsfunktionen durch das Internet und kommerzielle Online-Dienste, Berlin 1996.

Anderson, C.: Electronic Commerce. In search of the perfect market, in: The Economist, Nr. 8016, 1997, S. 1-26.

Bennet, R.: Export marketing and the Internet: experiences of Web site use and perceptions of export barriers among UK businesses, in: International Marketing Review, September 1997, S. 324-344.

Berres, A.: Marketing und Vertrieb mit dem Internet, Berlin 1997.

Buchner, M./Eckert, O./Prochnow, E./Schneider, M. (1997): Firmen testen das Internet. Gratis, in: Impulse, Nr. 2, 1997, S. 22-26.

Cronin, M.J.: Doing more business on the Internet - How the Electronic Highway is transforming american companies. New York 1995.

Geppert, D./Greipl, E.: Teleshopping im Urteil der Verbraucher, in: Marktforschung & Management - Zeitschrift für marktorientierte Unternehmenspolitik, Nr. 5, 1997, S. 191-195.

Ford, W./Baum, M.S.: Secure Electronic Commerce : Building the Infrastructure for Digital Signatures and Encryption, New Jersey 1997.

Heise, G.: Online-Distribution, in: Hünerberg, R./Heise, G./Mann, A. (Hrsg.): Handbuch Online Marketing : Wettbewerbsvorteile durch weltweite Datennetze, Landsberg/Lech, 1996 S. 131-156.

Klein, L.R./Quelch, J.A.: Business-to-business market making on the Internet, in: International Marketing Review, September, 1997, S. 345-361.

Lampe, F.: Unternehmenserfolg im Internet, 2. Aufl., Wiesbaden 1998.

Meffert, H./Bolz, J.: Internationales Marketing-Management, 2., völlig überarb. Aufl., Stuttgart 1994.

Pott, O.: Faxen übers Internet. „Papier" im Internet: Mit Netfax Gebühren sparen, in: Netinvestor, Nr. 8, 1997, S. 34-35.

Quelch, J.A./Klein, L. R.: The Internet and International Marketing, in: Sloan Management Review, Spring, 1996, S. 60-75.

Roll, O.: Marketing im Internet, München 1996.

Sterne, J.: World Wide Web Marketing: Integrating the Internet into Your Marketing Strategy, New York 1995.

Wißmeier, U.K.: Internationales Marketing im Internet, in: Jahrbuch der Absatz- und Verbrauchsforschung, Nr. 2, 1997, S. 189-213.

10 Internationale Distributionspolitik mit dem Internet

Torsten Kliesch

1 Einleitung 220
2 Produkte für die internationale Distribution mit dem Internet 220
3 Internationale akquisitorische Distribution mit dem Internet. 226
   3.1 Gestaltung eines internationalen Distributionssystems 226
   3.2 Unterstützung der bestehenden Vertriebskanäle und
       -organe 227
   3.3 Das Internet als internationaler Distributionsweg 230
       3.3.1 Das Internet als Medium für den direkten
           internationalen Vertrieb 230
           3.3.1.1 Erfolgsvoraussetzungen für den direkten
                internationalen Vertrieb 230
           3.3.1.2 Vor- und Nachteile für den direkten
                internationalen Vertrieb 233
       3.3.2 Medium für den indirekten internationalen
           Vertrieb 236
       3.3.3 Alleiniger oder zusätzlicher internationaler
           Vertriebsweg 239
4 Internationale physische Distribution mit dem Internet 242
   4.1 Gewinnung von Informationen und Informations-
       koordination 242
   4.2 Internationaler physischer Transport von Produkten 243
5 Zusammenfassung 247
Anmerkungen 248
Literatur 248

1 Einleitung

Ausgezeichnete Nutzungsmöglichkeiten

Aufgrund seiner Interaktivität und nahezu weltweiten Verbreitung bietet das Internet in einigen Branchen und für zahlreiche Produkte ausgezeichnete Nutzungsmöglichkeiten als internationales Distributionsmedium. Vertrieb über bzw. mit Hilfe des Internet wird in der einschlägigen Fachliteratur auch bereits umfassend behandelt. Nicht immer jedoch werden auch die Besonderheiten des internationalen Vertriebs über das Netz angesprochen, obwohl dies das größtes Potential für die Unternehmen darstellt.

akquisitorische und physische Distribution

Internationale Distributionspolitik mit dem Internet kann in Anlehnung an die Literatur zum internationalen Marketing in akquisitorische und physische Distribution mit dem Internet unterschieden werden. Für diese beiden Bereiche lassen sich eine Reihe von im folgenden zu beantwortenden Fragestellungen identifizieren. Übergreifend ist jedoch zunächst zu analysieren, ob und für welche Produkte das Internet als internationaler Distributionskanal eingesetzt werden kann. Im Rahmen der internationalen akquisitorischen Distribution ist anschließend zu hinterfragen wie das Internet als internationaler Absatzkanal bzw. Distributionsorgan eingesetzt werden kann, welche Hilfe es für die Gestaltung des internationalen Distributionssystems und dessen Pflege bietet und welche Auswirkungen das Internet und seine Verwendung als Absatzkanal auf die Beziehung zu den traditionellen Absatzmittlern des international agierenden Unternehmens hat.

Vorgehen

Innerhalb der Betrachtung der internationalen physischen Distribution mit dem Internet wiederum wird vor allem zu klären sein, für welche Produkte und wie das Internet für den direkten Transport der Waren vom Hersteller zum ausländischen Kunden eingesetzt werden kann.

2 Produkte für die internationale Distribution mit dem Internet

Direkt vom Hersteller oder indirekt über Absatzmittler

Für die Beantwortung der Frage, welche Produkte überhaupt für den grenzüberschreitenden Vertrieb über das Netz in Frage kommen, ist zunächst zu unterscheiden, ob der Vertrieb eines Produktes mit Hilfe des Internet entweder direkt vom Hersteller bzw. indirekt über seine Absatzmittler an den ausländischen Endabnehmer erfolgen, oder ob das Internet vielmehr den Vertrieb bestimmter Produkte vom Hersteller zu den Absatzmittlern unterstützen soll.

2 Produkte für die internationale Distribution mit dem Internet

Einbindung internationalen Distributionsweg

Der letztgenannte Fall ist für alle Produkte denkbar. So könnte dem inländischen Exporteur, den ausländischen Importeuren oder Absatzmittlern die Möglichkeit offeriert werden, Produkt(nach)bestellungen über das Internet an das produzierende Unternehmen zu richten. Das Internet würde so in den traditionellen internationalen Distributionsweg eingebunden werden. Hierauf wird an späterer Stelle noch einmal näher eingegangen.

Nicht für alle Güter geeignet

Als virtueller Distributionsweg vom Hersteller bzw. Absatzmittler zum ausländischen Endkunden dagegen eignet sich das Internet zum gegenwärtigen Zeitpunkt zwar für eine Vielzahl von Produkten, jedoch bei weitem nicht für alle und nicht für alle Güter in gleichem Maße.

Verkaufsvorgang im Internet

Technisch möglich bzw. technisch durchführbar ist der Verkauf jedes Produktes an den ausländischen Endabnehmer im Internet. Ob Blumen oder industrielle Anlagen: durch die Interaktivität des Internet läßt sich der internationale Verkauf der verschiedensten Güter im Internet realisieren. Bisweilen kann der gesamte Verkaufsvorgang (vgl. auch den Beitrag von Fischerfeier in diesem Buch) im Internet erfolgen. So kann ein potentieller ausländischer Kunde im Netz Informationen über ein gewünschtes Produkt (z.B. Blumen oder industrielle Anlagen) einholen, die Bedingungen des Geschäftes vereinbaren, die Ware direkt im Internet über ein elektronisches Bestellsystem anfordern und bezahlen sowie sie (allerdings nur bei bestimmten Produkten) sogar unmittelbar über den internationalen Datenhighway nach Hause geliefert bekommen.

Entscheidungskriterien

Ob ein Produkt über das Internet jedoch tatsächlich international vertrieben werden sollte oder darf bzw. ob der Vertrieb des Produktes über das Internet von den potentiellen ausländischen Kunden angenommen wird, hängt von einer Reihe von Kriterien ab und ist unabhängig von der rein technischen Möglichkeit seiner Distribution über den internationalen Datenhighway. Am bedeutendsten sind die produktbezogenen Kriterien. Gleichwohl können jedoch nicht monokausal nur produktbezogene Faktoren für die Beantwortung der Frage herangezogen werden, ob ein Produkt für den (erfolgreichen) internationalen Verkauf im Internet geeignet ist oder nicht. Vielmehr entscheiden nicht selten z.B. auch die vom Unternehmen gewählten Zahlungsmodalitäten ebenso wie auch die den Internet-Kunden angebotene Bestellform (per Anruf oder per Bestellformular im WWW) und die geographische Herkunft des Unternehmens sowie dessen Größe das Netz. Dennoch sollen im folgenden einige der produktbezogenen Kriterien angesprochen werden.

Voraussetzung Zunächst ist Voraussetzung dafür, daß ein Produkt über das Internet an Endkunden vertrieben werden kann, daß keine Exportverbote (wie z.B. für bestimmte Kryptografieverfahren der USA) oder Importrestriktionen im Ausland für das Produkt existieren. Roll macht hier darauf aufmerksam, daß es immer noch illegal sei, „Alkohol nach Schweden zu exportieren, da dort ein staatliches Monopol für Alkohol besteht. Eine Bestellung, die über das Internet eingetroffen ist, ändert daran nichts"[1].

NetSales Aufgrund dieser Problematik macht der US-Cybermediär NetSales seine internationalen Kunden im Internet z.B. auch auf folgendes aufmerksam (Abbildung 1)

Preis Ein wesentliches Kriterium dafür, ob ein Produkt erfolgreich international über das Internet vertrieben werden kann, ist sein Preis. So nimmt in der Regel mit steigendem Preis eines Produktes der Bedarf der potentiellen Kunden nach persönlicher Beratung zu, und damit die Möglichkeit, das Produkt über das Internet zu distribuieren, ab. Zudem hat der ausländische Kunde über das Internet kaum die Möglichkeit sich über die tatsächliche Vertrauenswürdigkeit des ausländischen Anbieters zu informieren und wird - noch gefördert durch die Vielzahl windiger Geschäftemacher im Internet - selten bereit sein hohe Geldsummen für ein Produkt ins Ausland zu überweisen, dessen Hersteller ihm kaum bekannt ist. Nicht zuletzt auch die rechtliche Unsicherheit der Kunden beim Kauf über Ländergrenzen hinweg erschwert den internationalen Vertrieb teurer Güter.

Immobilien Ausnahmen bestimmen hier jedoch die Regel. So werden im Internet bereits Immobilien international angeboten und verkauft. Beispielsweise kann der Internet-Nutzer in der Datenbank des Hamburger Unternehmens Estate Net unter http://www.estate.de aus über 23.000 Angeboten aus 51 Ländern das für ihn interessanteste aussuchen. International in durchaus beachtlichem Maße verkauft werden auch bereits teure Gebrauchtmaschinen wie Baufahrzeuge oder gar Produktionsanlagen (z.B unter http://maschinen.de oder auch unter http://buyused.hsix.com). Als Begründung ist anzufügen, daß über das Internet eine Vielzahl von Informationen für derart komplexe, beratungsintensive Güter bereitgestellt werden kann. Dem potentiellen Kunden können unzählige Informationsseiten und Datenbanken präsentiert werden, auf bzw. in denen er sich ohne einen Verkäufer in Anspruch nehmen zu müssen, selbst nach seinen Wünschen informieren kann.

Abb. 1:
Exportverbote im Internet

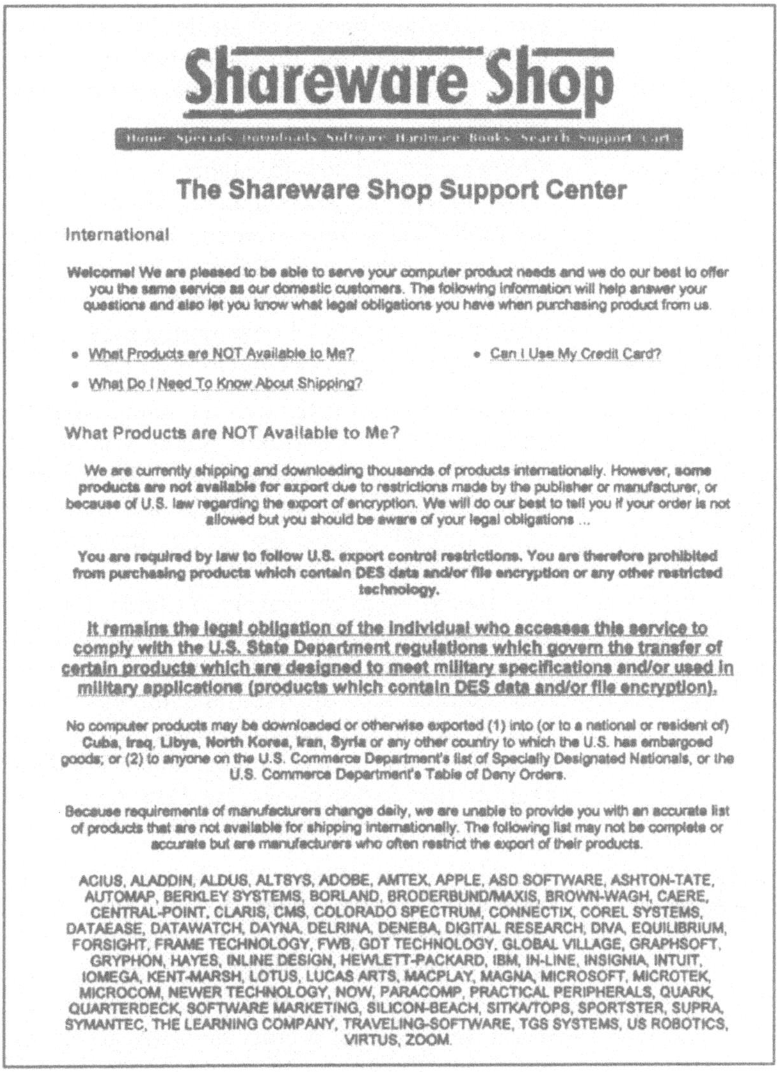

Quelle: http://www.netsales.net/pk.wcgi/shareshop/international

Bekanntheit

Nach den gegenwärtigen Erfahrungen lassen sich besonders solche Produkte relativ problemlos international vertreiben, die im Ausland bzw. weltweit bekannt sind und bei denen das Haptische kaum eine Rolle spielt. Produkte also, bei denen für den Kunden das Geruchsempfinden unerheblich ist und es auch keine Rolle spielt, wie sie sich anfühlen. Hierzu zählen vor allem Computer und Computerkomponenten, CD's, Bücher oder auch Videos. Für den internationalen Vertrieb sind sie zudem deshalb besonders geeignet, weil sie leicht und relativ kostengünstig zu versenden sind und ihr internationaler Versand somit keine hohen Transportkosten beim Unternehmen bzw. beim Endkunden verursacht.

Dienstleistungen

Gleiches gilt für verschiedene Dienstleistungen, über deren Erwerb oftmals nur kostengünstig mit der Post zustellbare Bescheinigungen ausgestellt werden. Hierzu zählen z.B. Reisen, Eintrittskarten oder auch Bahntickets. Im internationalen Vertrieb können z.B. Hotels potentiellen ausländischen Gästen die direkte Buchung von Übernachtungen per Internet anbieten (siehe hierzu z.B. http://www.hotelres.com/).

Im Ausland nicht erhältliche Güter

Eine große Chance für den internationalen Vertrieb über das Internet bietet sich darüber hinaus vor allem für Güter, die im Ausland nicht oder nur schwer (z.B. mit zeitlichen Verzögerungen) erhältlich sind und für die auf dem fremden Markt jedoch ein prinzipielles oder gar großes Interesse besteht. Hier ist z.B. spezielle ausländische Mode zu nennen. Ganz besondere Chancen bieten sich in diesem Rahmen für den Absatz von nur schwer erstehbaren Produkten in zahlreichen Schwellen- oder Entwicklungsländern. Roll schreibt hierzu: „Bei uns konkurriert das Internet mit den traditionellen Verkaufsformen und hat daher Probleme, sich durchzusetzen. In Schwellenländern dagegen sind viele der höherwertigen Güter überhaupt nicht erhältlich. Das Internet bietet diesen Ländern zum ersten Mal die Möglichkeit, diese Güter gezielt aus Industrieländern zu bestellen"[2].

fremdländische Spezialitäten

Aus einem ähnlichen Grund bieten sich Produkte für den internationalen Vertrieb über das Internet an, die im Ausland als fremdländische Spezialitäten betrachtet werden. Für diese Produkte ist zudem der ausländische Absatzmarkt zumeist zu klein, um ein (intensiveres) Vertriebssystem auf dem realen Auslandsmarkt aufzubauen. Werner/Stephan führen hier das Beispiel der deutschen Kuckucksuhren an, für die es gewiß eine Nachfrage in Japan gibt und die über das Netz vermutlich besser bedient werden könnte „als durch die wenigen Modelle, die das japanische Warenhaus Mitsukoshi führt"[3].

Lebensmittelspezialitäten

Genannt werden hier oftmals auch Lebensmittelspezialitäten. Dies muß jedoch nicht nur wegen der oftmals vorliegenden Importverbote für Lebensmittel, sondern vor allem auch wegen der unverhältnismäßigen Transportkosten bei ihrem Export bezweifelt werden. So weist Roll darauf hin, daß vor allem solche Produkte für den Vertrieb im Internet geeignet sind, „bei denen die Versandkosten in einem angemessenen Verhältnis zu dem Preis des Produktes stehen"[4]. Dieses Verhältnis wird gerade bei grenzüberschreitenden Sendungen billiger Produkte (wie Lebensmittel) sehr ungünstig. Nicht zuletzt deshalb haben auch bei einer Umfrage unter US-amerikanischen Internet-Nutzern nur rund 22 Prozent der Befragten angegeben, sie könnten sich vorstellen, in den nächsten sechs Monaten wahrscheinlich oder möglicherweise Produkte über die vier in der Umfrage berücksichtigten ausländischen Lebensmittelspezialitäten-Web-Sites (bei denen es sich um jene eines deutschen Schokoladenherstellers, eines isländischen Meeresfrüchtelieferanten, eines italienischen Olivenölherstellers und eines Schweizer Gourmet-Geschenkkorb-Verkäufers handelte) zu bestellen.[5]

Mangelnde Übertragungsbandbreiten

Unzweifelhaft bietet sich der internationale Vertrieb an Endkunden über das Internet für digitalisierbare Produkte, wie z.B. Musikstücke, Videos (wenngleich gerade der Übermittlung von Videos noch die geringen Übertragungsbandbreiten im Netz entgegenstehen), Softwareprogramme, Informationsprodukte, Lehrmittel, Bilder und Fotos an. Sie können im Internet auch physisch transferiert werden, wodurch bei ihrem internationalen Verkauf im Netz kaum Transportkosten anfallen. Gleichwohl sind gerade viele dieser Produkte international standardisiert.

Ausländische Zielgruppe in Netz

Unabhängig von den bisherigen Ausführungen lassen sich Produkte jedoch selbstverständlich nur dann über das Internet international vertreiben, wenn die ausländische Zielgruppe das Internet nutzt bzw. eine ausländische Internet-Zielgruppe für das Produkt identifiziert werden kann. Roll schreibt hierzu: „Wer zum heutigen Zeitpunkt versucht, gedächtnisfördernde Mittel über das Internet zu verkaufen, ist unweigerlich zum Scheitern verurteilt, da die große Masse der Zielgruppe - in diesem Fall ältere Menschen - noch nicht über einen Internet-Zugang verfügt"[6]. Demgemäß resultiert z.B. aus der international unterschiedlichen Nutzung des Internet durch Frauen, daß in den USA (wo der Anteil der weiblichen Internet-Nutzer bereits hohe Ausmaße angenommen hat) über das Internet bestimmt schon ein speziell auf jüngere Frauen zugeschnittenes Produkt verkauft werden könnte, im moslemischen Malaysia dagegen selbst dann eher nicht, wenn dieses Produkt über den traditionellen Vertrieb auf dem Markt des südostasiatischen Landes überwiegend an Frauen abgesetzt wird.

3 Internationale akquisitorische Distribution mit dem Internet

Dreifacher Einsatz

Im Rahmen der internationalen akquisitorischen Distribution kann das Internet auf drei verschiedene Weisen Bedeutung erlangen:

1. als Instrument zur Unterstützung des Aufbaus bzw. der Gestaltung eines internationalen Vertriebssystems,
2. als Instrument zur Unterstützung der bisherigen internationalen Vertriebskanäle und
3. als weiterer, alternativer Distributionsweg für das Auslandsgeschäft.

3.1 Gestaltung eines internationalen Distributionssystems

Aufbaus eines Vertriebssystems

Das Internet kann zur Unterstützung des Aufbaus eines Vertriebssystems auf einem ausländischen Markt vor allem in den Prozeß der Auswahl von Distributionspartnern eingebunden werden. Dieser läßt sich in die Phase der Grobauswahl und jene der Feinauswahl aufspalten. Während der Grobauswahl wird im Rahmen einer internationalen Marketingforschung nach in Frage kommenden Partnern gesucht und es erfolgt eine Selektion der potentiellen Distributionspartner anhand eines groben Anforderungsprofiles. Gerade für diese Suche nach ausländischen Absatzmittlern, aber auch z.B. inländischen Exporteuren können über das Internet verschiedenen Datenbanken und Wirtschaftsinformationsseiten einzelner Länder bzw. Regionen eingesehen werden. Hier ist z.B. darauf hinzuweisen, daß im „Asia Business Directory" im WWW unter http://sashimi.wwa.com:80/ mögliche Partner für Unternehmen ausfindig gemacht werden können, die neue Märkte in Fernost erschließen wollen. Geschäftspartner wie Importgesellschaften und Händler in Hongkong aber auch in China lassen sich beispielsweise über das online Handelsinformationssystem TDC-Link-Internet des Hongkong Trade Development Council im WWW suchen.

Nur ergänzender Einsatz

Das Internet kann hier bislang oftmals jedoch nur ergänzend eingesetzt werden, da eine Vielzahl von Datenbanken noch nicht über das Netz zugänglich sind und darüber hinaus oftmals auch eine Recherche im jeweiligen Ausland vor Ort nötig ist. Zudem sind eine Reihe der für die Auswahl von Vertriebspartnern benötigten Informationen im Internet nicht unbedingt auf dem neusten Stand und auch nicht immer im Internet erhältlich. So läßt sich z.B. die Qualität potentieller ausländischer Absatzmittler (wie etwa ihre Beratungsqualität) sowie bei technischen

3 Internationale akquisitorische Distribution mit dem Internet

Phase der Feinauswahl

Produkten die Eignung zur Serviceabwicklung oftmals nur durch eine Recherche vor Ort feststellen.

In der Phase der Feinauswahl werden die nach der Grobauswahl verbliebenen Zwischenhändler auf ein detailliertes Anforderungsprofil hin überprüft und es erfolgt die erste Kontaktaufnahme z.B. für die Anforderung von Detailinformationen. Diese erste Kontaktaufnahme könnte, sofern der potentielle Distributionspartner mit dem Netz verbunden ist, über das Internet erfolgen. Intensive Gespräche über die mögliche zukünftige Zusammenarbeit jedoch müssen in der Regel immer noch persönlich erfolgen.

Auswahl der Cybermediäre

Am besten kann das Internet in den beschriebenen Prozeß eingebunden werden, wenn die Auswahl sogenannter Cybermediäre als dem virtuellen Pendant zu realen Intermediären erfolgen soll. Diese werden vermutlich nicht zurückhaltend in bezug auf erste Kontakte über das Internet sein, stellt die Kommunikation über dieses Medium für sie doch bereits einen vertrauten Geschäftsprozeß dar. So bietet der international vertreibende Cybermediär NetSales auf seiner Web-Site unter http://www.netsales.net/pk.wcgi/shareshop/selling Unternehmen, die ihre Produkte in sein Sortiment aufgenommen wissen möchten, an, mit ihm über E-Mail in Kontakt zu treten. NetSales ist jedoch ein besonders progressiver Vertreter seiner Zunft. Es darf nicht vergessen werden, daß zahlreiche Cybermediäre virtuelle Ableger realer Intermediäre sind, und als solche gerade erst noch ihre ersten Gehversuche im Internet unternehmen. Mit der Kommunikation und neuen Geschäftsprozessen in diesem Medium sind sie also möglicherweise noch nicht unbedingt vollends vertraut.

3.2 Unterstützung der bestehenden Vertriebskanäle und -organe

Unterstützung traditioneller internationaler Vertriebskanäle

Das Internet kann auch zur gezielten Unterstützung der bisherigen, traditionellen internationalen Vertriebskanäle des Unternehmens eingesetzt werden. Dies ist in verschiedener Hinsicht möglich. Vor allem kann das Bestellwesen zwischen dem Hersteller und den Absatzorganen auf dem traditionellen internationalen Vertriebsweg mit Hilfe des Internet verbessert, d.h. z.B. effektiver oder für Händler wie Hersteller kostengünstiger bzw. auch zeitsparender gestaltet werden. So könnte ausländischen Händlern z.B. ermöglicht werden, über die Web-Site des Herstellers per Login mit einem Paßwort Warenbestellungen aufzugeben. Beispielhaft wird dies bei Compaq angewendet. Der

Kapitel 10: Internationale Distributionspolitik mit dem Internet

Computerhersteller wickelt bereits sämtliche PC-Bestellungen seiner Händler weltweit über das Internet ab.

Bisherige Praxis

Bisher sind Bestellungen der ausländischen Absatzmittler zahlreicher Unternehmen über EDI oder in der Regel per Fax, Telefon bzw. auf dem Postweg erfolgt. Gerade kleinere ausländische Absatzmittler waren bzw. sind oftmals jedoch nicht in der Lage, die hohen Kosten für EDI und das Know-how für den Aufbau und die Pflege dieses komplexen Systems aufzubringen. Das Internet dagegen läßt auch sie zu vergleichsweise geringeren Kosten am elektronischen Bestellwesen teilhaben und bietet ihnen eine bessere Möglichkeit, interaktiv elektronisch mit dem Hersteller in Kontakt zu treten.

Probleme

Die Euphorie muß jedoch etwas gebremst werden. Auch bei der Verwendung des Internet treten ebenso wie beim EDI Probleme auf. Zu nennen sind hier vor allem die vergleichsweise großen Sicherheitsrisiken beim Einsatz des internationalen Daten highway. In Zukunft werden wohl vor allem Softwareanwendungen eine große Rolle spielen, die EDI-Transaktionen über das Internet ermöglichen. So wurde auch bereits eine Arbeitsgruppe der Internet Engineering Task Force, die EDIINT, gegründet, um die Entwicklungen im Bereich des "EDI via Internet" voranzutreiben.

Vorteile

Vorteile bietet das Internet generell für die Kommunikation zwischen dem Hersteller und seinen traditionellen ausländischen Absatzmittlern. So könnten die Absatzmittler dem Hersteller beispielsweise kontinuierlich statistische Daten zum Absatz (z.B. Umsatzkennziffern für bestimmte Kundensegmente oder auch aktuelle Lagerbestandszahlen) per Internet übermitteln. Diese Daten können verwendet werden, um nicht zuletzt die Koordination und Effizienz des internationalen Vertriebssystems zu verbessern. Selbstverständlich wird sich eine derartige Zusammenarbeit nur bei guten Beziehungen zwischen Hersteller und Absatzmittlern bzw. bei großem Einfluß des Herstellers auf die Absatzmittler (etwa bei eigenen Absatzmittlern im Ausland) realisieren lassen.

Schnelle, kostengünstige, raum- und zeitunabhängige, verläßliche Übermittlung

Der Vorteil des Internet gegenüber der Verwendung herkömmlicher Kommunikationsmedien für die Koordination des internationalen Vertriebssystems liegt darin, daß über den internationalen Datenhighway sehr umfangreiche Dateien schnell, kostengünstig, raum- und zeitunabhängig und verläßlich übermittelt werden können.

3 Internationale akquisitorische Distribution mit dem Internet

Schnell und effektiv können über das Netz auch (Produkt-) Informationen vom Hersteller an seine Absatzmittler übermittelt werden, die sich positiv auf deren Überzeugungskraft im Verkaufsgespräch auswirken können. Berres schreibt hierzu: „Denken Sie nur an die Situation, daß ihre Vertriebsleute in einem wichtigen Projekt vor der Auftragserteilung ein Zusatzplus an Informationen haben wie z.B. kundenspezifische Anforderungen, die nur durch ihre Produkte abgedeckt werden oder top-aktuelle Marktdaten, die gezielt zu diesem Kundenkreis ausgewertet werden. Damit erreichen Sie eine kundenindividuelle Argumentation, die u. U. den Ausschlag geben kann für den Zuschlag zu einem Auftrag"[7].

Motivation der ausländischen Distributionsorgane

Die Möglichkeiten der Kommunikation mit dem Internet können auch für die Förderung der Motivation der ausländischen Distributionsorgane eingesetzt werden. So ist die Möglichkeit der Motivation von Absatzmittlern, nach Aussage einzelner Autoren, eng mit dem Aufbau einer Loyalität der Absatzmittler verknüpft. Diese Loyalität läßt sich am besten dann erreichen, wenn dem Absatzmittler das Gefühl gegeben wird, zum Unternehmen in bestimmter Form zuzugehören. Ein solches Gefühl wiederum läßt sich vor allem durch intensive kommunikative Beziehungen und die Existenz effektiver Kommunikationskanäle zwischen dem Hersteller und den Absatzmittlern schaffen. Einen solchen Kommunikationskanal kann das Internet darstellen. Dem Absatzmittler kann z.B. über ein Paßwort der exklusive Zugang zu Unternehmensinformationen und generell dem Unternehmensnetzwerk ermöglicht und damit das Gefühl der Zugehörigkeit vermittelt werden. Ferner könnte z.B. ein Online-Company Newsletter eingesetzt werden. Auch ließe sich im Netz ein Forum für die weltweiten Händler einrichten, in dem sie untereinander Probleme und Anregungen austauschen könnten.

Hinweis auf Standorte und Adressen der traditionellen Absatzmittler

Eine weitere noch zu nennende Form der Unterstützung der traditionellen internationalen Distributionswege mit Hilfe des Internet liegt darin, im internationalen Datenhighway auf die Standorte und Adressen der traditionellen Absatzmittler im Ausland hinzuweisen (im weitesten Sinne ist hier z.B. auf die Web-Site von VISA hinzuweisen, auf der unter http://www.visa.com/atms/ der virtuelle Besucher die Standorte von „Visa-friendly automated teller machines in 87 countries" erfahren kann).

3.3 Das Internet als internationaler Distributionsweg

Einsatzformen

Neben den bereits beschriebenen Einsatzmöglichkeiten des Internet im Rahmen der akquisitorischen Distribution kann das Internet bereits heute für eine Reihe von bereits genannten Produkten eine große Bedeutung als potentieller Vertriebsweg neben bzw. alternativ zu den traditionellen Vertriebswegen im Auslandsgeschäft besitzen. Das Internet kann dabei:

1) als Medium für den direkten internationalen Vertrieb,
2) als Medium für den indirekten internationalen Vertrieb und
3) als alleiniger oder zusätzlicher internationaler Vertriebsweg

für ein grenzüberschreitend agierendes Unternehmen in Frage kommen.

3.3.1 Das Internet als Medium für den direkten internationalen Vertrieb

Möglichkeit der Bestellung

Die Interaktivität des Mediums Internet ermöglicht den Vertrieb von Produkten über das Netz. Speziell der direkte internationale Vertrieb vom Hersteller zum ausländischen Endabnehmer kann vor allem über die Web-Site des Unternehmens, aber auch über E-Mail erfolgen. Auf der eigenen Web-Site kann dem potentiellen ausländischen Kunden die Möglichkeit zur Information über die Unternehmensprodukte sowie die Möglichkeit der Bestellung der Produkte über das Netz etwa über ein Formular (bzw. im Zweifelsfall auch nur eine Offline-Bestellmöglichkeit) offeriert werden. Auch die Abwicklung des Geschäfts (d.h. die physische Distribution sowie die Zahlung) kann eventuell Online durchgeführt werden. Dies ist jedoch abhängig von der Produktart bzw. der Vereinbarung der Vertragsparteien.

3.3.1.1 Erfolgsvoraussetzungen für den direkten internationalen Vertrieb

Site-Promotion

Bei der Vielfalt des Angebotes und der Web-Sites im Netz hängt der Erfolg des direkten internationalen Vertriebs über die eigene Web-Site u.a. von der Site-Promotion bei der ausländischen Zielgruppe sowie davon ab, ob die Unternehmens-Web-Site in ein attraktives Umfeld im Netz integriert ist, oder nicht (im letztgenannten Fall kann von einem eigenständigen Inselangebot gesprochen werden). Ein solches attraktives Umfeld können sogenannte Electronic Malls bieten, in die sich die Web-Site des Unternehmens einbinden läßt. Electronic Malls bringen Ordnung ins Netz, bündeln Angebote für Shoppinginteressierte Internet-Nutzer und helfen den in ihnen vertretenen Unternehmen, Kunden zu akquirieren. Andererseits stehen die einzelnen Anbieter einer Mall jedoch auch wegen der höheren Markttransparenz in einem stärkeren Wettbewerb zueinander.

Auswahl der Malls

Bei der Fülle der bereits existierenden Malls, den Kosten für das virtuelle Schaufenster in einer Mall sowie der Zielsetzung, über sie Kunden auf einem spezifischen virtuellen Auslandsmarkt zu akquirieren, wird einer gründlichen Auswahl der Malls Bedeutung zukommen. Faktoren sind hier die von den Mall-Betreibern anvisierten Zielgruppen sowie die von der jeweiligen Mall tatsächlich erreichte Kundschaft. Von besonderem Interesse für das internationale Internet-Marketing ist, daß einige Electronic Malls eine geographische Fokussierung aufweisen und auf eine spezielle regionale, nationale oder internationale Zielgruppe ausgerichtet sind.

Auswahlfaktoren

Weitere Faktoren für die Auswahl geeigneter Internet-Malls sind das Serviceangebot, die grafische Gestaltung, die Kosten für ein virtuelles Schaufenster, die vornehmlich in der Mall vertretenen Branchen und Produkte sowie die von ihrem Betreiber im Internet oder auch in den traditionellen Medien auf dem realen Auslandsmarkt betriebene Promotion. All dies gilt es nicht zuletzt auch in Gesprächen mit den Mall-Betreibern zu ergründen.

Voraussetzung für den Erfolg

Wichtigste Voraussetzung für den Erfolg des direkten internationalen Vertriebs ist neben der Auffindbarkeit der Vertriebs-Site, daß die angestammte ausländische Zielgruppe das Internet nutzt bzw. Mitglieder der Internet-Nutzerschaft des Ziellandes als neue Zielgruppe in Frage kommen und diese den Vertrieb der Unternehmensprodukte über das Netz annehmen. Dies wird wie bereits dargestellt u.a. von den Produkten des Unternehmens abhängen. Außerdem bedarf es einer gut funktionierenden grenzüberschreitenden Logistik bzw. eines guten internationalen Liefer- und eventuell lokale Kundenservice.

Benutzerfreundlichkeit

Weiterhin wird es sehr darauf ankommen, wie benutzerfreundlich der direkte internationale Vertrieb über das Netz vom Unternehmen gestaltet ist. Ist z.B. das Bestellsystem über die Web-Site umständlich und kompliziert, ist dem Kunden unklar, ob das Unternehmen überhaupt in sein Land liefert, lassen sich die Produktpräsentationen sowie Kaufkonditionen nicht in der jeweiligen Landessprache abrufen, fehlen Angaben über internationale Lieferzeiten, ist die Navigation durch die mögliche Vielzahl der auf der Unternehmensseite angebotenen Produkte und zugehörigen Informationsseiten unübersichtlich und existieren kaum oder gar keine Suchmechanismen, dann besteht die Gefahr, daß der Kunde mit einem Mausklick beim Konkurrenten ist. Ein sehr gutes Beispiel dafür, wie und welche Informationen gerade dem ausländischen Kunden über den internationalen Vertrieb auf der Web-Site präsentiert werden sollten, bietet der Software-Händler NetSales unter `http://www.netsales.net/pk.wcgi/shareshop/international`.

Banal erscheinende Aspekte

Beachtet werden sollten auch einige banal erscheinende Aspekte bei der Offerierung einer direkten Bestellmöglichkeit im Internet. Oftmals haben Kunden Fragen zum Bestellvorgang oder zum -formular. Dann hilft es den ausländischen Kunden kaum, ausschließlich eine deutsche Hotline-Nummer vorzufinden, sondern es müssen Telefonnummern von Partnern oder Vertretungen im Ausland mit aufgeführt bzw. Vorwahlen nach Deutschland bekannt gegeben werden. Ist die vielleicht mehrsprachige in Deutschland ansässige Hotline von morgens um 8:00 bis abends um 19:00 Uhr besetzt, sollte dies für US- und englische Kunden auch in der Form "From 8 AM to 7 PM" angegeben werden, da den Internet-Nutzern aus diesen aber auch anderen Staaten 19:00 CET Uhr vielleicht kein Begriff ist. Auch Zeitverschiebungen aufzuführen kann ratsam sein. Alles, was es dem ausländischen Kunden erleichtert, den Bestellvorgang zu verstehen bzw. sich nach ihm zu erkundigen, ist wünschenswert, erzeugt auf Anbieterseite kaum mehr Aufwand und Platz ist im Internet ausreichend vorhanden.

Berührungsängste

Um den Erfolg des internationalen Vertriebsweges Internet zu erhöhen, müssen zudem den noch vielen Erstkunden im Internet ihre Berührungsängste mit dem Kauf im Netz genommen und muß gerade im grenzüberschreitenden Geschäft über den internationalen Datenhighway Vertrauen aufgebaut werden. Denkbar ist hier z.B. die Einrichtung von Hyper-Links zu etwaigen Testberichten über die eigenen Produkte in im Internet erscheinenden Zeitschriften. Auch könnten Diskussionsforen für die (potentiellen) ausländischen Internet-Kunden eingerichtet werden, in denen sich Interessierte zunächst einen Überblick über die Meinung und Erfahrungen anderer Netizens zu den Produkten des Unternehmens und dessen Lieferservice verschaffen können.

Sicherheitsrisiken im Netz

Wichtig für die Akzeptanz und den Erfolg des direkten internationalen Vertriebs über das Internet ist zudem, daß das Unternehmen bei den gegenwärtigen Sicherheitsrisiken im Netz die größtmöglichen Sicherheitsvorkehrungen für die Vereinbarung und die gegebenenfalls vollständige Abwicklung des internationalen Geschäfts im Internet trifft. Nur so können Vertraulichkeit und Integrität der Informationsflüsse zwischen Unternehmen und

Kunden weitestgehend gewährleistet und dem Kunden die etwaigen Ängste vor Sicherheitsrisiken beim Kauf über das Netz genommen werden. Unternehmensübergreifend müssen zudem Rahmenbedingungen im Netz geschaffen werden, die die Authentizität und Vertraulichkeit der gerade im Rahmen des Electronic Commerce im Internet übermittelten Informationen und deren Verbindlichkeit sicherstellen (vgl. auch den Beitrag von Bhaumick in diesem Buch). Hier sind technische Verbesserungen (wie etwa eine von der Uni Regensburg in Kooperation mit der TH München entwickelte Software zur Überprüfung der Authentizität im Netz, die den Netzen an seinem Tippverhalten bzw. Schreibrhythmus beim Abtippen eines auf der Anbieterseite vorgegebenen Textes identifiziert) und im Hinblick auf die Verbindlichkeit von Informationen vor allem auch die Schaffung internationaler Richtlinien und Vereinbarungen unter Einbeziehung von Soft- und Hardwarelösungen nötig.

3.3.1.2 Vor- und Nachteile für den direkten internationalen Vertrieb

Vorteile

Der direkte Vertrieb an ausländische Endabnehmer über das Internet bietet sowohl Unternehmen als auch den Kunden Vorteile. Vor allem lassen sich im internationalen direkten Vertrieb im Vergleich zum traditionellen, indirekten internationalen Vertrieb Kosten reduzieren. So fallen beim internationalen direkten Vertrieb im Internet anders als beim indirekten internationalen Vertrieb in der realen Welt keine Handelsspannen der Absatzmittler an, wodurch sich gegebenenfalls geringere Preise realisieren lassen.

Geringe Kapitalbindungskosten

Auch entstehen beim internationalen direkten Vertrieb im Internet keine Kosten für etwaiges Inventar, in dem sonst bei eigenen realen Absatzmittlern auf dem Auslandsmarkt „working capital" gebunden ist. Es fallen jedoch Ausgaben für den Server, die Internet-Anbindung, für etwaiges landessprachliches Personal für die Betreuung der ausländischen Internet-Kunden, sowie die Erstellung und Wartung der virtuellen Verkaufsstelle des Unternehmens an. Diese Kosten sind jedoch geringer als die Eröffnung und der Unterhalt von betriebseigenen Verkaufsniederlassungen im Ausland. Auf diese Weise kann das Internet den Unternehmen ermöglichen, das Absatzgebiet mit geringerem finanziellen Ressourceneinsatz auf neue Ländermärkte auszudehnen. Vor allem aber können mit relativ niedrigem finanziellen Aufwand Ländermärkte gezielt bedient werden, in denen der Aufbau eines stationären Vertriebssystems z.B. aufgrund eines eher ungewissen Geschäfts- bzw. Marktpotentials mit einem großen finanziellen Risiko verbunden wäre. Nach Pispers/Riehl ergeben sich für die Unternehmen durch den direkten internationalen Distributionsweg Internet deshalb auch „zusätzliche Alternativen bei der Konzeption von Marktarealstrategien"[8].

Direkter Kundenkontakt

Für das Unternehmen ist der direkte internationale Vertrieb über das Internet auch deshalb von großem Vorteil, weil er den direkten Kundenkontakt beinhaltet, der positiv für die anderen Bereiche eines internationalen Marketing wie etwa die Produktentwicklung genutzt werden kann. Beim internationalen Vertrieb über stationäre, betriebsfremde Absatzorgane (wie etwa über inländische Exporthäuser) entgehen den Unternehmen dagegen in der Regel wichtige Kontakte zur Kundschaft und so Daten für das Marketing. Im Vergleich zum traditionellen, direkten internationalen Vertrieb sowie dem indirekten internationalen Vertrieb über betriebseigene Absatzmittler im In- und Ausland bietet das Internet dagegen jedoch geringere Möglichkeiten des Kundenkontaktes. Zwar kann mit dem ausländischen Kunden im Netz vor, während und nach dem Produktkauf interaktiv kommuniziert werden, doch ist es nach Roll „eine Utopie zu glauben, daß diese Form des Austausches die gleichen Resultate bringt wie das persönliche Gespräch mit den Kunden"[9].

Unabhängigkeit von Absatzpolitik der Absatzmittlers

Ein deutlicher, mit dem direkten internationalen Vertrieb über das Internet verbundener Vorteil für die Unternehmen aber ist, daß sie im Internet unabhängig von der Absatzpolitik des möglicherweise andere Interessen verfolgenden betriebsfremden Absatzmittlers sind, und im Netz ihr eigenes übliches Marketing-Instrumentarium um den Internet-Vertrieb herum einsetzen können. Unabhängig ist das Unternehmen beim direkten internationalen Vertrieb im Internet zudem auch vom Know-how bzw. auch der Qualität der Beratungs- und Serviceleistung etwaiger stationärer Absatzmittler.

Vertrieb in weniger entwickelten Auslandsmärkten

Quelch und Klein machen zudem darauf aufmerksam, daß dem Internet als Distributionskanal spezielle Bedeutung für den Vertrieb in weniger entwickelten Auslandsmärkten zukommt, da auf diesen die „distribution channels tend to be less developed, less direct, or less efficient (...) than in the United States"[10].

Weniger Fehler in Bestellvorgängen

Ein weiterer Vorteil des direkten Vertriebs über das Netz für das Unternehmen ist, daß die Bestellvorgänge vom Kunden und nicht vom eigenen Personal vorgenommen werden und, daß die Bestellungen automatisch digital vorliegen und unmittelbar in das Warenwirtschaftssystem des Unternehmens übernommen

3 Internationale akquisitorische Distribution mit dem Internet

werden können. Die Vorteile liegen hier in Kostenersparnissen und Rationalisierungspotentialen sowie in der direkten Realisation von Einnahmen. Auch läßt sich so (insbesondere beim Einsatz bestimmter zusätzlicher Software) eventuell die übliche Fehlerquote bei traditionellen internationalen Bestellvorgängen verringern. So hat z.B. das US-Unternehmen Cisco Systems Inc. dadurch, daß es den Großteil seines Vertriebs auf das Netz verlegt und in die Bestellseite seiner Web-Site eine Bestellkonfigurationssoftware integriert hat, dafür gesorgt, daß dem eigenen Personal weniger Arbeit durch fehlerhafte Bestellungen entsteht. 10 bis 15 Prozent der bei Cisco eingegangenen Bestellungen per Fax mußten bislang vom entgegennehmendem Personal korrigiert werden. Im Internet dagegen sind 100 Prozent der eingehenden Bestellungen auf Anhieb korrekt ausgefüllt.[11]

Bequemlichkeit

Dem ausländischen Kunden wird beim direkten internationalen Vertrieb über das Netz die Möglichkeit geboten, rund um die Uhr und jeden Tag zumeist preiswerter und gut informiert die Produkte des Unternehmens vom eigenen Schreibtisch aus bestellen zu können, und das somit ohne Parkplatzsuche und -kosten, langen Anfahrtswegen, übereifriges Verkaufspersonal oder Schlange stehen an etwaigen Ladenkassen.

Aktuellste Produktversionen

Ein weiterer Vorteil für den Kunden ist, daß über das Internet direkt beim Hersteller oftmals die aktuellsten Produktversionen erstanden werden können. Im lokalen, stationären Handel dagegen können z.B. hohe Lagerbestände des alten Produktes dazu veranlassen, erst diese abzuverkaufen bevor das neue Produkt vertrieben wird.

Fehlen sozialer Kontakte und Erlebnisse

Auf der anderen Seite fehlen dem Kunden jedoch das Erlebnis und die sozialen Kontakte beim Kauf im Netz. Durch den Aufbau einer „Community", z.B. über Chat-rooms, wird jedoch nicht selten versucht, eben diese sozialen Erlebnisse zu erzeugen. Günstigere Grundpreise werden gerade im internationalen Einkauf nicht selten durch Versandkosten, Telefon- und Providergebühren und Zoll schnell wieder aufgezehrt. Wichtig ist, daß dem Kunden in jedem Fall mehr als nur die reine Bestellmöglichkeit auf der Unternehmens-Web-Site geboten werden muß bzw. sollte (hier sind neben ausführlichen Produktinformationen z.B. Spiele, virtuelle Kundenzeitschriften etc. zu nennen, wenngleich dies abhängig von der Art des Geschäftes im Netz bzw. des angebotenen Produktes ist).

3.3.2 Medium für den indirekten internationalen Vertrieb

Cybermediäre

Neben dem direkten internationalen Vertrieb über das Netz ist auch der indirekte internationale Vertrieb über das Internet möglich. Dieser erfolgt über und damit über die virtuellen Pendants der Intermediäre der realen Welt. Für einzelne Autoren deckt der Begriff des Cybermediärs ein sehr breites Spektrum von Dienstleistern bzw. Dienstleistungen im Internet ab. So finden sich Definitionen des Cybermediärs, die die verschiedenen Directories der Suchmaschinen, die Search Engines selber, virtuelle Malls, intelligente Agenten, virtuelle Wiederverkäufer sowie virtuelle Publikationen wie etwa das Wired Magazine einbeziehen.

Abgrenzung

Für die Darstellung des internationalen indirekten Vertriebs über das Internet in diesem Beitrag interessieren jedoch nur die Cybermediäre, die tatsächlich den potentiellen Kunden weitreichend über die Produkte des Herstellers informieren und diese letztlich auch an ihn verkaufen (da die Produkte der in einer Electronic Mall inserierenden Unternehmen in der Regel nicht vom Mall-Betreiber, sondern weiterhin über die Web-Sites der Unternehmen verkauft werden, wurde die Electronic Mall auch nicht als Cybermediär, sondern in dieser Arbeit vielmehr als Podium für den direkten internationalen Vertrieb über das Netz betrachtet).

Traditionelle Absatzmittler in virtueller Form

Es existieren nahezu alle Formen traditioneller Absatzmittler auch in virtueller Form im Internet. Bei ihnen kann es sich durchaus um die bereits aus der realen Welt bekannten Absatzmittler handeln, die jetzt zudem im Netz virtuell agieren (z.B. http://www.mediamarkt.de/). Im Internet haben sich jedoch auch eine Reihe von Cybermediären etabliert, die zu den Internet-Startup-Unternehmen zu zählen sind. Deren Geschäftstätigkeit ist zumeist ausschließlich auf die virtuelle Welt begrenzt, in der sie die Produkte ihres Sortiments bisweilen an eine Vielzahl von ausländischen Internet-Zielgruppen vertreiben.

Ausschaltung von Absatzmittlern

Im internationalen Vertrieb über das Internet kann es trotz der Möglichkeit direkt und damit selber unter Ausschaltung von Absatzmittlern international im internationalen Datenhighway verkaufen zu können durchaus sinnvoll sein, Kontakt mit Cybermediären aufzunehmen und sie für den grenzüberschreitenden Verkauf der eigenen Produkte einzusetzen. Der Grund ist hier ebenso wie bei der Einstellung der Web-Site des Unternehmens in eine Electronic Mall in der Akquirierung von Kunden zu sehen. Wie in der realen Welt ein realer Fachhändler, so ist auch

3 Internationale akquisitorische Distribution mit dem Internet

ein virtueller Fachhändler im Internet mit einem großen Sortiment für die Kunden eventuell attraktiver als die Web-Site des Unternehmens, auf der ihnen nur wenige Produkte und zudem nur solche eines einzigen Herstellers präsentiert werden, die Auswahl also gering ist. Cybermediäre bieten den Kunden die Markttransparenz, die sie suchen und die das Internet auszeichnet (und die für die Unternehmen nicht immer von Vorteil ist).

Sortimentswirkung

Auch im Internet kann zudem wie in der realen Welt gelten, daß einzelne Produkte nur dann verkäuflich sind, wenn sie in ein Sortiment eingebracht werden. In diesem Fall ist der Einsatz eines Cybermediärs also gar notwendig.

Fülle von Produktalternativen

Der Internet-Nutzer sieht sich weiterhin im Netz nicht selten einer Fülle von Produktalternativen gegenüber, die er jedoch kaum alle auf ihre Eignung für die Befriedigung seines Bedürfnisses hin überprüfen kann. Die Vorauswahl durch die Cybermediäre dagegen suggeriert dem Kunden die Evaluation der Produkte durch den Händler. Er bekommt von den Produkten also dadurch, daß sie im Sortiment des Cybermediärs aufgenommen sind, von vornherein den Eindruck einer bestimmten Qualität vermittelt. Die Vorauswahl des Cybermediärs erleichtert dem ausländischen Kunden somit die Produktsuche und -evaluation. Der potentielle Kunden spart hierdurch somit u.a. Zeit in der Such- und Informationsphase. Das ist ein bedeutender Vorteil, da beide Phasen im Internet nicht selten durch die langsamen Verbindungen und die bisweilen chaotisch anmutende Struktur des Mediums sehr lange dauern und beim Kunden erhebliche Kosten verursachen können.

Belieferung nationaler Zielgruppen

Als gegebenenfalls problematisch einzustufen ist, daß eine Reihe von Internet-Händlern nicht nur eine bestimmte nationale Zielgruppe beliefern, sondern oftmals internetweit vertreiben, die eigenen Produkte aber nicht unbedingt hierfür geeignet bzw. nur auf bestimmte Ländermärkte ausgelegt sind, oder das Unternehmen seine Produkte möglicherweise nicht an potentielle Kunden in bestimmten Ländern absetzen möchte. Hier wird es deshalb sehr auf die richtige Auswahl der Cybermediäre sowie die marketingpolitische Abstimmung mit ihnen ankommen.

Faktoren der Auswahl von Cybermediären

Für die Auswahl gelten wie auch schon bei der Selektion der Electronic Malls eine Reihe von Faktoren. Hierzu zählen u.a. die Zielgruppe sowie die tatsächliche Kundschaft des Cybermediärs oder auch sein Image sowie die Übernahme bestimmter Funktionen wie des physischen Transports des Produktes zum Auslandskunden. Wichtig ist auch zu analysieren, ob die relevante

Konkurrenz das jeweilige virtuelle Absatzorgan nutzt. Dies kann zum einen dazu führen, ebenfalls an den Cybermediär heranzutreten, oder aber alternative virtuelle Absatzorgane zu suchen. Gerade in der Vielfalt des Internet wird es vielfach noch die Möglichkeit geben, alternative Distributionsorgane ausfindig zu machen, die von der Konkurrenz bislang nicht genutzt werden.

Kontrolle über die Marketingaktivitäten der Absatzmittler

Auch im internationalen indirekten Vertrieb über betriebsfremde Absatzmittler im Internet gilt die Problematik, daß der Produkthersteller kaum Kontrolle über die Marketingaktivitäten der Absatzmittler haben wird (wenngleich hier darauf hingewiesen werden muß, daß sich die Marketingaktivitäten der Absatzmittler im Netz deutlich besser verfolgen lassen, als jene der Absatzmittler in der realen Welt). Er kann die Cybermediäre jedoch mit verschiedenen Maßnahmen im Rahmen eines auf sie ausgerichteten vertikalen Marketing unterstützten und so ihre Marketingmaßnahmen bezüglich der eigenen Produkte beeinflussen. So könnten den Cybermediären z.B. einzelne produktbezogene Seiten vom Unternehmen gestaltet, Informationen bereitgestellt oder auch Werbekostenzuschüsse gezahlt werden. Denkbar ist z.B. auch, daß den (potentiellen) Kunden des Cybermediärs ermöglicht wird, per Hyper-Link auf eine Informationsdatenbank auf der Site des Herstellers zuzugreifen (wichtig ist dabei jedoch, daß innovative Wege gefunden werden, wie der Händler am Umsatz beteiligt werden kann, wenn der Netzen nach Nutzung dieser Datenbank eventuell direkt über die Web-Site des Herstellers und nicht beim Cybermediär bestellt; hier könnten vielleicht z.B. mit Hilfe von Cookies Abrechnungsverfahren entwickelt werden, die den Händler am von ihm initiierten Verkauf des Produktes beteiligen).

Handelsspannen

Neben dem geringen Einfluß auf die Marketingmaßnahmen des betriebsfremden Cybermediärs ist als weiterer Nachteil des indirekten internationalen Vertriebs über das Netz zu erwähnen, daß hier wie auch beim indirekten grenzüberschreitenden Vertrieb in der realen Welt Handelsspannen anfallen und der direkte Kundenkontakt beim Kauf verloren geht. Unter anderem durch die oben beschriebenen Möglichkeiten, den potentiellen Kunden auf die Web-Site des Unternehmens z.B. zur Information über das nachgefragte Produkt umzuleiten, läßt sich dieser direkte Kundenkontakt jedoch weitaus eher generieren als beim indirekten internationalen Absatz über betriebsfremde Mittler in der realen Welt. In jedem Fall muß jede Möglichkeit genutzt werden, den Kunden vor, während oder nach dem Kauf zum direkten Kontakt mit dem Produkthersteller zu animieren. So sollte z.B. auf der Produktverpackung auf die Unternehmens-Web-Site und deren Vorteile für den Kunden (wie etwa spezielle After-Sales-Services) hingewiesen werden. In jedem Fall ist zu vermuten, daß indirekter Vertrieb über Cybermediäre auch - so paradox es klingen mag - direkten Kundenkontakt generiert. So werden mit Sicherheit zahlreiche potentielle Kunden vor dem Kauf eines Produktes beim Cybermediär erst einmal die Homepage des möglicherweise bis dahin für den potentiellen Kunden unbekannten Produktherstellers im Internet suchen und aufrufen. Schließlich ist die Möglichkeit des schnellen Surfens um die Welt und des Entdeckens von Neuem eines der wesentlichen Vorteile des Internet für die Internet-Nutzer.

Rechtliche und Koordinationsfragen

Ungeklärt sind eine Reihe rechtlicher und koordinationsbezogener Fragen des indirekten internationalen Vertriebs im Internet. Wie z.B. ist die räumliche Konkurrenz einzelner Cybermediäre des internationalen Vertriebssystems untereinander zu verhindern. Und wie deren Konkurrenz zum etwaigen Direktvertrieb des Herstellers im Internet und zu den Absatzmittlern der realen Welt? Wie kann der Hersteller z.B. gewährleisten, daß etwaige in der realen Welt bestehende Alleinvertretungsverträge mit ausländischen Importeuren für den Auslandsmarkt nicht durch die Einsetzung von nahezu weltweit ausliefernden Cybermediären verletzt werden?

Voraussetzungen

Die Lösung dieser Fragen kann als Voraussetzung für die Zusammenarbeit mit Cybermediären und damit den indirekten internationalen Vertrieb über das Internet betrachtet werden. Ebenso wie das Vorhandensein geeigneter Cybermediäre. Auch muß der (indirekte) Vertrieb im Netz den ausländischen Kunden entgegenkommen, das Produkt für den grenzüberschreitenden Vertrieb über das Netz geeignet sein und gegebenenfalls die angestammte ausländische Zielgruppe im Internet vertreten sein bzw. eine neue Zielgruppe im Netz in Frage kommen.

3.3.3 Alleiniger oder zusätzlicher internationaler Vertriebsweg

Notwendigkeit realer Absatzmittler

Das Internet könnte für ein Unternehmen sowohl im Rahmen eines mehrgleisigen internationalen Vertriebs ein weiterer internationaler Distributionsweg als auch theoretisch im Zuge eines eingleisigen internationalen Vertriebs der alleinige internationale Distributionsweg sein. Die letztgenannte Variante kommt u.a. deshalb jedoch nicht immer in Frage, weil für eine Vielzahl von internationalen Geschäften reale Absatzmittler benötigt werden.

Dies ist zunächst einmal dann der Fall, wenn die ausländische Zielgruppe des Unternehmens im wesentlichen nicht zur Internet-Nutzerschaft des jeweiligen Landes gehört, sie aber dennoch bedient werden soll.

Kundendienstleistungen

Absatzmittler in der realen Welt werden aber auch dann notwendig, wenn für das Produkt auf dem Auslandsmarkt Kundendienstleistungen wie z.B. Wartungs- und Reparaturarbeiten erwartet werden bzw. anfallen und sich diese nicht ausschließlich über das Internet erbringen lassen.

Schnelligkeit durch physische Nähe

Traditionelle Absatzmittler werden auf dem Auslandsmarkt bislang auch benötigt, weil oftmals nur sie dem Kunden durch ihre physische Nähe ermöglichen, ein Produkt schnell zu erhalten. So kann es für den Kunden attraktiver sein, drei Stunden Shopping in der nahegelegenen Innenstadt oder Mall zu investieren, wenn er auf diesem Weg das gewünschte Produkt unverzüglich bekommen kann, als bei Bestellung im Internet zwei oder drei Tage auf die Lieferung warten zu müssen.

Länder mit großen ländlichen Regionen

Auf der anderen Seite bietet das Internet hier gerade für Länder mit großen ländlichen Regionen eine interessante Alternative zum Absatz über traditionelle Mittler, da die Auswahl in ländlichen Regionen oftmals klein und das nächste Zentrum mit größerer Auswahl weit entfernt liegt. Hier bietet der Kauf über das Internet wieder einen Vorteil, da Unternehmen durch Logistikdienstleister wie Federal Express oder UPS in der Lage sind, selbst ausländische Internet-Kunden in kürzester Zeit und zu zumeist sehr akzeptablen Konditionen zu beliefern und ihnen so die Fahrt ins weit entfernte Zentrum abzunehmen.

Intensiver Kundenkontakt und große Marktnähe

Ein weiterer Grund aber dafür, daß traditionelle Absatzmittler im Ausland von Bedeutung sein können, liegt darin, daß über sie (zumindest bei betriebseigenen Absatzmittlern) wie bereits erwähnt ein intensiver Kundenkontakt und eine große Marktnähe ermöglicht wird, die oftmals von großer Wichtigkeit für den Erfolg des internationalen Marketing ist. Darüber hinaus ist darauf zu verweisen, daß gerade im Auslandsgeschäft auch aus rechtlichen Motiven nicht immer auf den Einsatz traditioneller Absatzmittler verzichtet werden kann, da auf etlichen Auslandsmärkten und für bestimmte Produkte der Vertrieb überhaupt nur über bestimmte traditionelle Händler erfolgen darf.

Geringere Abhängigkeit

Dennoch ist zu berichten, daß das Internet insbesondere in Zukunft wohl einer Vielzahl von Unternehmen zu einer geringeren Abhängigkeit von (traditionellen) Absatzmittlern im internatio-

3 Internationale akquisitorische Distribution mit dem Internet

nalen Vertriebssystem verhelfen wird (so konnte z.B. Encyclopedia Britannica in Folge des Vertriebs über das Netz auf seine gesamte Absatzmittlerschaft auf dem nordamerikanischen Markt verzichten). Ein Vorteil ist dies insbesondere für kleinere und mittlere Unternehmen, für die die Abhängigkeit von Absatzmittlern im internationalen Vertrieb bislang oftmals eine Internationalisierungsbarriere darstellt.

Geringerer finanzieller Aufwand

Ein großer Vorteil des ausschließlichen internationalen Vertriebs (direkt oder/und indirekt) über das Internet ist, daß dem Unternehmen ein geringerer finanzieller Aufwand und ein geringeres Risiko (z.B. der Enteignung oder Plünderung im Krisenfall) als z.B. bei der Einrichtung von Verkaufsniederlassungen im Ausland entsteht. In vielen Ländern kann dieses Risiko noch immer ein wesentliches Argument gegen die Einrichtung von eigenen Vertriebsstellen auf dem entsprechenden Ländermarkt sein.

Nichtvorhandensein traditioneller Vertriebswege

Lohnen wird sich der allein über das Internet erfolgende internationale Vertrieb (direkt oder indirekt) z.B. dann, wenn auf dem Auslandsmarkt keine geeigneten traditionellen Vertriebswege verfügbar sind, sich der Aufbau eines eigenen Vertriebssystems in dem betreffenden Land nicht lohnt oder mit zu vielen Risiken verbunden, die physische Distribution der Produkte zu den ausländischen Käufern zu akzeptablen Bedingungen oder gar im Internet durchführbar und wenn die Zielgruppe des Auslandsmarktes nahezu komplett im Internet vertreten ist bzw. ausschließlich ausländische Internet-Zielgruppen für die eigenen Produkte in Frage kommen. Ausschließlich über das Netz und international vertreibt bislang z.B. der Buchhändler Amazon seine Produkte. Ebenso bieten einzelne Banken und Versicherungen (wie etwa die Bank 24 und die Europa Direkt Versicherung) ihre Produkte bzw. Dienstleistungen ausschließlich einer Internet-Kundschaft an.

Verknüpfungen zwischen den traditionellen und dem virtuellen Vertriebsweg

Ist das Internet ein zusätzlicher internationaler Distributionsweg für das Unternehmen, kann es zu einer Reihe von Verknüpfungen zwischen den traditionellen und dem virtuellen Vertriebsweg kommen. So könnte z.B. die Information und Bestellung der Ware im Internet, die Auslieferung und Zahlung der georderten Produkte jedoch über die realen Absatzmittler erfolgen. Durch eine solche Beteiligung der ausländischen traditionellen Absatzmittler am Vertrieb über das Netz ließe sich eine Gefährdung der Beziehungen mit den traditionellen ausländischen Absatzmittlern durch den Vertrieb über das Internet möglicherweise vermeiden und somit die Weiterführung der von ihnen übernommenen und für den Vertrieb auf dem Auslandsmarkt wichtigen Kundendienstleistungen gewährleisten. Ein solches Vorgehen wird z.B. von den Grossisten Koch, Neff & Oetinger und Koehler & Volckmar im Rahmen ihres Buchhandels praktiziert.

Mehrstufiger Vertrieb

Eine weitere Verknüpfung von traditionellem und virtuellem internationalen Vertriebsweg ist denkbar, wenn etwaigen Cybermediären auf einer Zwischenstufe ein inländischer bzw. ein ausländischer Importeur vorgelagert ist, von denen die Cybermediäre ihre Ware beziehen. Für die Hersteller könnte es hier selbstverständlich zum Problem werden, wenn der Exporteur ohne Wissen des Unternehmens dessen Produkte an einen ausländischen Cybermediär vertreibt, der die Produkte des Unternehmens wiederum möglicherweise weltweit und damit auch an die heimischen Kunden über das Netz verkauft. Um derartige Reimporte aber auch die Gefahr, daß durch den ungewollten indirekten Absatz im Internet etwaige Marketingmaßnahmen (z.B. Preismaßnahmen) auf verschiedenen Auslandsmärkten des Unternehmens von einem Cybermediär unterwandert werden, zu verhindern, ist möglicherweise eine größere Einflußnahme auf die vom Unternehmen gewählten internationalen Absatzmittler (wie z.B. Exporteure) nötig.

4 Internationale physische Distribution mit dem Internet

4.1 Gewinnung von Informationen und Informationskoordination

Internationale Sekundärforschung

Im Rahmen der internationalen physischen Distribution läßt sich das Internet zunächst für die Gewinnung von für Informationen für in ihrem Rahmen zu fällende Entscheidungen einsetzen. So können im Internet Erkenntnisse über ausländische Verkehrssysteme und international agierende Logistik- oder Speditionsunternehmen gewonnen sowie deren Tarife aber auch Informationen über die Lieferservicewünsche der potentiellen ausländischen Kunden sowie das Lieferserviceniveau der auf dem Auslandsmarkt agierenden Konkurrenten gesammelt werden.

Interne internationale Kommunikation

Für die internationale physische Distribution läßt sich das Internet auch wegen der Möglichkeiten, die es für die interne internationale Kommunikation bietet, einsetzen. Beispielsweise könnte mit Hilfe des Internet eine zentralisierte Exportkontrolle im internationalen Unternehmen erleichtert werden. So ließen sich bei den internationalen Tochtergesellschaften eingegangene Produktbestellungen sofort per Internet an dasjenige Unternehmen im Gesamtunternehmensverbund weiterleiten, das die weltweiten Exporte koordiniert (bei über das Internet erfolgten Bestellungen könnte dies gegebenenfalls sogar automatisch erfolgen). Zudem können dem koordinierenden Unternehmen von den Tochtergesellschaften per Internet fortlaufend die aktuellen Produktionskapazitäten bzw. -auslastungen mitgeteilt werden, so daß sich hier genau bestimmen und koordinieren ließe, an welche Tochtergesellschaft welche Kundenaufträge zur Produktion weitergereicht werden und welche Tochtergesellschaft den Export ausführt.

Koordination internationaler Lagerhaltung

Gleichwohl kann über das Internet die internationale Lagerhaltung koordiniert werden. Der verbesserte Zugriff auf internationale Lagerbestandsdaten über das Netz könnte nicht zuletzt dafür sorgen, daß eine hohe Lieferzuverlässigkeit des internationalen Unternehmens auf den Auslandsmärkten gewährleistet ist.

Praktische Anwendungen

Die mit Hilfe des Internet ermöglichte Koordination der internationalen physischen Distribution kann verschiedene weitere praktische Formen annehmen. So verweist Cole auf eine weitere Form der Koordination der internationalen (physischen) Distribution mit Hilfe des Internet: „Ein Grafikbüro entwirft Keramikmuster für große Porzellanhersteller in aller Welt. Dabei kommt es immer wieder vor, daß zwei Handelsvertreter das gleiche Muster als Unikat an verschiedene Kunden in verschiedenen Erdteilen verkauften. Jetzt loggt sich der Außendienstmitarbeiter vom Kunden aus per Notebook und öffentlichem Internet in das Unternehmensnetz ein und läßt das entsprechende Muster im Zentralrechner sofort sperren."[12]

Einschränkungen

Eingeschränkt werden die Möglichkeiten der Koordination der internationalen physischen Distribution mit dem Internet vor allem durch die verschiedenen Sicherheitsrisiken, die sich aus der Nutzung des Internet insbesondere für die Übermittlung firmeninterner Daten ergeben. Diese Sicherheitsrisiken sind auch mit der physischen Distribution von Produkten über das Netz verbunden.

4.2 Internationaler physischer Transport von Produkten

Digitalisierbare Produkte

Das Internet ermöglicht, digitalisierbare Produkte über das Netz direkt vom Hersteller auf den Rechner des ausländischen Kunden zu transferieren. Es ist damit sowohl Medium für den internationalen Verkauf von Produkten als auch Transportmedium für die abgesetzten digitalen Produkte.

Bei einem solchen Transaktionsvorgang (Abbildung 2) über das Netz fallen nur vergleichsweise geringe Kosten an und werden nur sehr kurze Lieferzeiten benötigt. Gerade im Exportgeschäft, in dem Transportkosten und Lieferzeiten oftmals ein besonderes Ausmaß im Vergleich zur rein nationalen Distribution annehmen, ist dies ein großer Vorteil.

Abb. 2:
Der physische Vertrieb digitaler Güter über das Internet

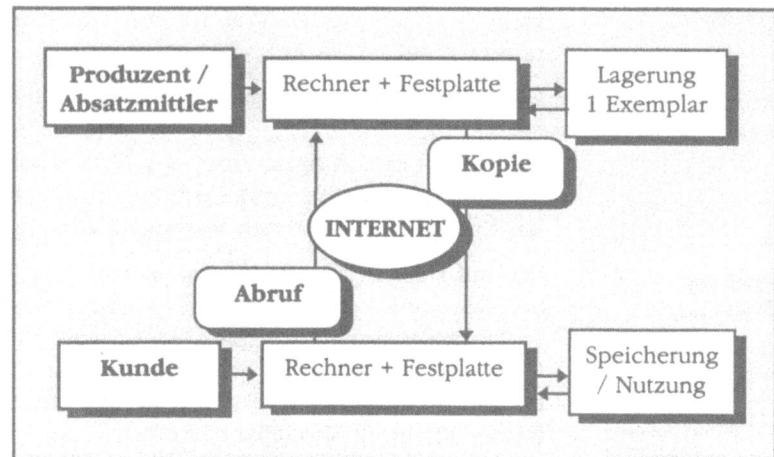

Quelle: Lampe, F. (1998), S. 267

Keine Kosten für Verpackung und Lagerung

Bei über das Netz physisch absetzbaren Produkten fallen zudem keine bzw. kaum Kosten für die Verpackung und die Lagerung der Produkte an. Ein digitales Produkt, das ein einziges Mal auf einem Server abgelegt ist, kann von unendlich vielen Kunden aus aller Welt abgerufen und auf ihren heimischen Rechner übertragen werden (als Lagerungskosten fallen somit maximal die Kosten für den vom Produkt benötigten Serverplatz an. Diese können sich aus anteiligen Kosten des eigenen Servers aber auch aus Kosten für Platz auf einem fremden Server zusammensetzen).

Kosten für Übertragung und Zugriff

Die Übertragung und der Zugriff auf das Produkt verursachen jedoch Kosten auf Seiten der Kunden. Dies gilt aufgrund geringer Bandbreiten insbesondere, wenn der Kunde auf eine aus seiner Sicht ausländische Site zum Transferieren des Produktes zugreifen muß. Taiwanesen beispielsweise haben dadurch, daß das Land nur über eine T1-Verbindung mit dem weltweiten Internet verbunden ist, schon Schwierigkeiten überhaupt auf ausländische Web-Sites zuzugreifen. Da fällt es leicht sich vorzustellen, wie lange es dauern und damit wie kostspielig es für einen taiwanesischen Kunden sein muß, eine umfassende Produktdatei aus dem Ausland auf den eigenen Computer zu transferieren. Es ist bei beabsichtigtem internationalen Geschäft über das Internet anzuraten, auf Servern im relevanten Ausland sogenannte Mirror-Sites einzurichten, die eigene Server-Site (zum Download des Produktes) also auf einen im Ausland stehenden Server zu spiegeln d.h. sie dort abzulegen. Für die Kunden kann dies schnellere Übertragungsraten und vor allem auch eine größere Zugriffsgeschwindigkeit auf das „downloadbare" Produkt ermöglichen. So ist auch bereits üblich, daß ausländische Kunden auf den für sie eingerichteten Web-Sites auf FTP-Server für bestimmte Regionen bzw. Länder aufmerksam gemacht werden und per Hyper-Link die Verbindung mit ihnen aufnehmen können. Beispielhaft wird dies von dem Unternehmen F-Risk Software International durchgeführt, daß internationale Kunden auf seiner Seite http://www.complex.is/f-prot/mirrors.html für den Download seiner F-Prot-Anti-Virus-Software auf zahlreiche ausländische Mirror-Sites verweist.

Verringerte Lagerkosten für nicht-digitalisierbare Produkte

Für die Nutzung derartige Server können dem Unternehmen selbstverständlich Kosten entstehen, die jedoch in keinem Verhältnis zu herkömmlichen Lagerkosten stehen werden. Nicht nur für digitalisierbare Produkte reduziert das Internet die Lagerhaltung deutlich, auch für nicht-digitalisierbare Produkte kann die internationale Lagerhaltung durch die Verwendung des Internet verringert werden. Bislang werden von den Unternehmen oftmals internationale Absatzzahlen prognostiziert und aufgrund dieser Daten anschließend Produkte in bestimmter Menge produziert. Nicht selten aber stimmen prognostizierte und tatsächliche Verkaufszahlen nicht überein und kommt es deshalb zu hohen Lagerbeständen. Der Absatz über das Netz dagegen ermöglicht die Produktion auf die Kundenbestellung hin. Ein solches Built-to-Order-System mit Hilfe des Internet, bei dem sich die Lagerhaltung reduzieren läßt, ist gegenwärtig u.a. bei Compaq im Aufbau [13] und beim Computerversender Dell im Betrieb. Um eventuelle Engpässe zu vermeiden, wird jedoch auch bei erfolgreicher Implementierung derartiger internetunterstützter Systeme weiterhin zumindest ein bestimmter, aber verringerter Lagerbestand notwendig sein.

Internationale Logistikunternehmen

Die aus der Produktion kommenden Produkte können, sofern für sie eine direkte Bestellung über das Netz vorliegt, unmittelbar unter Umgehung längerer Lagerung und traditioneller Absatzmittler mit Hilfe wie z.B. UPS oder DHL zum Kunden transferiert werden. Dies ist jedoch vom Produkt abhängig, so werden komplexe Maschinen oder Maschinenteile wohl auch weiterhin erst zum ausländischen Absatzmittler versendet, um von ihm aufgestellt bzw. eingebaut werden zu können. Die Logistikunternehmen wiederum bieten den Kunden des herstellenden Unternehmens auf ihrer Web-Site oftmals den Service, den Transportprozeß mitverfolgen zu können. Somit wird indirekt auch der Lieferservice des Herstellers verbessert.

Lieferserviceniveau

Das Lieferserviceniveau wird auch allein durch die Realisierung kürzerer Lieferzeiten mit Hilfe des Internet durch die angesprochene Nutzung von Logistikunternehmen angehoben. Gerade diese Verkürzung von Lieferzeiten wiederum macht den Kauf über das Netz für viele Kunden besonders attraktiv. Im internationalen bzw. im Exportgeschäft wird dies verstärkt gelten, da Lieferzeiten hier üblicherweise besonders lang sind. So sollte die Lieferung eines vom Autor dieser Arbeit bestellten speziellen englischsprachigen Buchtitels aus den USA über den lokalen Buchhandel 3-4 Wochen betragen. Der US-Buchhändler im Internet Amazon dagegen liefert das selbe Buch per Eillieferung mit UPS in 1-4 Tagen.

Beispiel PC-Bestellung

Es finden sich bereits zahlreiche Beispiele zur Realisierung schneller internationaler Lieferzeiten mit Hilfe des Internet-Einsatzes. Zu nennen ist hier z.B. der bei Peters angeführte Fall des Mitarbeiters eines australischen Unternehmens mit Sitz in Belgien, der einen auf seine Bedürfnisse zugeschnittenen Computer im Internet-Angebot eines US-Herstellers fand und ihn dort per E-Mail bestellte:

„*Der amerikanische PC-Anbieter überprüfte per Datenautobahn die Kreditkarte des Kunden in Europa und beauftrage per Mausklick DHL mit der Lieferung, die von der Niederlassung Singapur elektronisch gesteuert wurde. Um 20 Uhr holte DHL die Ware in den USA ab, am nächsten Morgen um neun Uhr Ortszeit traf sie beim Besteller in Australien ein.*"[14]

Zeit- und bedarfsgerechte Lieferung für Geschäftskunden

Gerade Geschäftskunden wollen auch in verstärktem Maße zeit- und bedarfsgerecht beliefert werden. Nach Schneider müssen hierfür informationstechnische Voraussetzungen auf Seiten der liefernden Betriebe erfüllt sein, so daß die „Bestellungsübermittlung durch elektronische Datenübertragung"[15] erfolgen kann. Diese Voraussetzung läßt sich ohne Zweifel mit dem Internet erfüllen.

Just-in-Time-Delivery

Mit ihm lassen sich zudem Konzepte wie die Just-in-Time-Lieferung, die wiederum die Lagerungskosten drastisch reduzieren, auch im internationalen Geschäft ermöglichen. Diese Annahme wurde u.a. von der Unternehmensberatung Anderson Consulting im Pilotprojekt „Da Vinci" aufgestellt, in dem mit global operierenden Partnern des US-Unternehmens die weltweite Vernetzung von Firmen simuliert wurde.[16]

Verbesserte und erleichterte Auftragsabwicklung

Beschleunigen lassen wird sich die internationale physische Distribution auch durch die verbesserte und erleichterte Auftragsabwicklung über das Netz. Bereits erwähnt wurden die Möglichkeiten, per Internet eingehende Aufträge von Kunden oder Absatzmittlern sofort in das Warenwirtschaftssystem des Unternehmens zu übernehmen sowie mit Hilfe des spezieller Software Fehler der Kunden bei der Bestellung zu vermeiden. Das US-Unternehmen Cisco z.B. kann die georderten Produkte durch diese Fehlervermeidung und damit den Wegfall der Nachbearbeitung der Kundenaufträge zwei bis drei Tage früher als bisher ausliefern.[17]

Bedeutung der Kommunikation für die physische internationale Distribution

Die übergreifende Bedeutung des Internet für die physische internationale Distribution ergibt sich - wie schon angedeutet - aus den Möglichkeiten, die es für die Kommunikation mit Kunden und intern im eigenen Unternehmen eröffnet. Die Bedeutung der Kommunikation für die physische internationale Distribution wird auch bei Terpstra/Sarathy hervorgehoben: „*Communications is as much a part of logistics as the movement of goods. They are interdependent, of course.*'[18] Gerade die Möglichkeiten der weltweiten Kommunikation sind das Aushängeschild des Internet. Lieferzeit, Lieferserviceniveau, Auftragsabwicklung, Bestellverfahren und weitere Aspekte der internationalen Marketinglogistik lassen sich durch den Einsatz moderner Kommunikationssysteme wie dem Internet verbessern.

5 Zusammenfassung

Möglichkeiten von Produktart und Rahmenbedingungen abhängig

Die Darstellungen haben verdeutlicht, daß das Internet sowohl im Rahmen der akquisitorischen als auch der physischen internationalen Distribution auf vielfältige Weise eingesetzt werden kann. Die Möglichkeiten sind jedoch von der Art des Produktes und einer Reihe weiterer Rahmenbedingungen abhängig. Insbesondere die grenzüberschreitende Distribution digitalisierbarer Produkte direkt über das Internet bietet aufgrund der daraus resultierenden Kosten- und Zeiteinsparungsmöglichkeiten sicherlich eines der größten Potentiale des Interneteinsatzes im internationalen Marketing.

Anmerkungen

[1] Roll, O. (1996), S. 49.
[2] Roll, O. (1996), S. 54.
[3] Werner, A./Stephan, R. (1997), S. 86.
[4] Roll, O. (1996), S. 48.
[5] Vgl. White, G. K. (1997), S. 376.
[6] Roll, O. (1996), S. 48.
[7] Berres, A. (1997), S. 134.
[8] Pispers, R./Riehl, S. (1997), S. 215.
[9] Roll, O. (1996), S. 55.
[10] Quelch, J.A./Klein, L.R. (1996), S. 62.
[11] Vgl. Bartholomew, D. (1997), S. 70.
[12] Cole, T. (1996), S. 299.
[13] Vgl. Herrmann, W. (1997), S. 7.
[14] Peters, R.-H. (1997), S. 55.
[15] Schneider, D.J.G. (1995), S. 277.
[16] Siehe hierzu Müller-Scholz, W. (1996), S. 278ff.
[17] Vgl. Bartholomew, D. (1997), S. 70.
[18] Terpstra, V./Sarathy, R. (1991), S. 437.

Literatur

Bartholomew, D.: Trawling for $1 Billion, in: Industry Week, 21. April, 1997, S. 69-71.

Berres, A. : Marketing und Vertrieb mit dem Internet, Berlin 1997.

Cole, T.: Der Kunde wird entdeckt, in: Capital, Nr. 10, 1996, S. 291-294.

Herrmann, W.: Niedrigere Vertriebskosten durch Built-to-order-Konzept. Das Internet soll Compaq an die Spitze helfen, in: Computerwoche, Nr. 16, 1997, S. 7.

Lampe, F.: Unternehmenserfolgs im Internet, 2. überarb. und erw. Aufl., Wiesbaden 1998.

Müller-Scholz, W. : Neues Denken, in: Capital, Nr. 10, 1996, S. 278-286.

Peters, R.-H.: Bissiges Raubtier. Vernetzung erzeugt neue ökonomische Regeln. Wer sie nicht beachtet, geht unter, in: Wirtschaftswoche, Nr. 29, 1997, S. 54-57.

Pispers, R./Riehl, S.: Digital Marketing : Funktionsweisen, Einsatzmöglichkeiten und Erfolgsfaktoren multimedialer Systeme, Bonn 1997.

Quelch, J.A./Klein, L. R.: The Internet and International Marketing, in: Sloan Management Review, Spring, 1996, S. 60-75.

Roll, O.: Marketing im Internet, München 1996.

Schneider, D.J.G.: Internationale Distributionspolitik, in: Hermanns, A./Wißmeier, U.K. (Hrsg.): Internationales Marketing-Management : Grundlagen, Strategien, Instrumente, Kontrolle und Organisation, München 1995, S. 256-280.

Terpstra, V./Sarathy, R.: International marketing, 5th edition, Orlando 1991.

Werner, A./Stephan, R.: Marketing Instrument-Internet, 1. Aufl., Heidelberg 1997.

White, G.K.: International online marketing of foods to US consumers, in: International Marketing Review, September 1997, S. 376-384.

11 Zahlungsformen im Internet

Jasper Bhaumick

1 Einleitung 250
2 Online oder offline zahlen 250
3 Transaktionskosten des Bargelds 251
4 Aspekte des Zahlungsverkehrs im Internet 251
    4.1 Bestätigungen 252
    4.2 Personen-Authentifizierung 254
    4.3 Geheimhaltung und Anonymität 254
    4.4 Nicht Zurückweisung von Leistungen 255
    4.5 Nachrichten Unversehrtheit 256
    4.6 Besondere Aspekte des Cybermoney 256
5 Sicherheitsmechanismen im Zahlungsverkehr 258
6 Methoden 259
    6.1 Offline Zahlungsmethoden 259
    6.2 Kreditkartenzahlungen 261
    6.3 Cybermoney 262
    6.4 Micropayments 263
    6.5 SmartCards 264
7 Komfort und Sicherheit kombinieren 264
    Literatur 265

Kapitel 11: Zahlungsformen im Internet

1 Einleitung

Vom Tummelplatz für Computerfreaks zum Handelszentrum

Das Internet hat sich von einem Tummelplatz für Computerfreaks zu einem allgemein anerkannten Kommunikationsmittel entwickelt. Dabei hat sich auch und ganz besonders die Nutzung des Internet durch Händler gewandelt. Während zu Beginn der kommerziellen Nutzung die Datenübertragung zwischen verschiedenen, zueinander bereits in Geschäftsbeziehung stehenden Gesellschaften im Vordergrund stand, entstehen nun auch Kontakte zwischen noch unbekannten Geschäftspartnern und zu Endverbrauchern. Der Unterschied besteht weitgehend in zwei Punkten: Bei bestehenden Geschäftsbeziehungen sind die Zahlungsmodalitäten bereits vor dem Kontakt über das Internet gegeben. Im anderen Fall werden die Zahlungsmodalitäten erst online, d.h. während der Kommunikation im Internet verabredet. Zudem sind Authentifizierungen mit längst vereinbarten Passwörtern und Zugangscodes erheblich sicherer. Heute ist das Internet ein weltweiter zentraler Handelsplatz und somit wohl der einzige Ort, dem man diese zwei Attribute zuordnen kann, die gegensätzlicher nicht sein könnten.

2 Online oder offline zahlen

Traditionelle Zahlungsformen für konservative Internet-Nutzer

Bei den Zahlungsweisen im Internet vereinbarter Geschäfte kann man zwischen Online- und Offline-Zahlungen unterscheiden. Offline-Zahlungen sind dabei alle Zahlungsformen, bei der keine Finanzdaten, wie Kreditkartennummern, oder gar finanzielle Transaktionen durch das Internet übermittelt werden. Dieses sind die traditionellen Zahlungsmethoden, die beispielsweise auch bei Bestellungen aus dem Katalog möglich sind. Diese Zahlungsmethoden sind besonders für einen Abbau von Hemmungen der konservativen Kunden aber auch Anbieter von Bedeutung.

Zahlungsformen für das Medium Internet

Im Gegensatz dazu werden bei Online-Zahlungen dem Verkäufer bei der Bestellung die notwendigen Daten für eine direkte Bezahlung vom Käufer übermittelt. Dies können eine Kreditkartennummer oder Einheiten einer Internet-Währung sein. Obwohl auch hier traditionelle Zahlungsmethoden für den Online-Verkehr nutzbar gemacht wurden, werden parallel neue dem Medium angepaßte Formen der Zahlungsarten entwickelt.

Transaktionskosten gibt es für jede Zahlungsform

Grundsätzlich gilt für jede Zahlungsform, daß sie mit Transaktionskosten verbunden ist. Diese begründen sich durch notwendige Dienstleistungen, die mit dem jeweiligen Zahlungsmittel verbunden sind. Diese Transaktionskosten haben selbstverständlich Auswirkungen auf den Preis der Waren im Internet.

3 Transaktionskosten des Bargelds

Transaktionskosten als Eigenschaft der Barzahlung

Um den Vergleich der Zahlungsmethoden im Internet mit Bargeldzahlungen vornehmen zu können, soll hier kurz auf die Transaktionskosten des Bargelds eingegangen werden. Weitere Eigenschaften des Bargelds werden später noch angesprochen, doch diese sind offensichtlicher und bedürfen deshalb keiner vorherigen Betrachtung.

Bei Barzahlungen scheint es auf den ersten Blick keine Transaktionskosten zu geben. Es gibt davon jedoch eine ganze Reihe, die auf den zweiten Blick sehr deutlich werden.

Transaktionskosten bei der Ausgabe von Bargeld

Die verschiedenen Staaten übernehmen die Produktion, d.h. den Druck der Scheine und das prägen der Münzen. Diese Kosten werden aus Steuergeldern finanziert, sind jedoch den Transaktionskosten des Bargelds zuzuordnen. Die Ausgabe der Scheine erfolgt über Banken. Sie erhalten ein gewisses Entgelt für diese Dienstleistung, die Gebühren für Kontoführung und einzelne Kontobewegungen. Weitere Kosten entstehen durch den Transport von Bargeld von der Zentralbank zu den Verteilerstellen und wiederum deren Verteilern.

Transaktionskosten bei der Verwendung von Bargeld

Kaufhäuser hingegen müssen ihre Einnahmen zu ihrem Geldinstitut bringen. Aber auch selbstverständliche Dinge wie eine Kasse oder Sicherheitspersonal sind für Bargeldgeschäfte notwendig, wodurch sich die Transaktionskosten für diesen Fall ebenfalls erhöhen. Solche Kosten könnten auch dem direkten Handel zugeordnet werden, wie Miete für Verkaufsräume oder Personal. Diese Kosten gelten jedoch ganz spezifisch für Bargeld. Auch Kaufhäuser haben die Möglichkeit auf andere Zahlungsformen mit andersartigen Kosten auszuweichen. Beispiele hierfür sind EC-Karten und Kreditkarten.

4 Aspekte des Zahlungsverkehrs im Internet

Geringe Relevanz der Transaktionskosten im Electronic Commerce

Die Transaktionskosten sind nur ein Aspekt des Electronic Commerce. Da diese unbestreitbar nicht spezifisch für das Internet sind, ist ihre Bedeutung auch nicht allzusehr in den Vordergrund zu stellen. Die Transaktionskosten werden den Erfolg des Internet nicht entscheidend beeinflussen, nicht weil sie gänzlich unerheblich sind, sondern weil die Lösungsansätze zur Verringerung bereits sehr weit fortgeschritten sind. Die folgenden spezifi-

Kapitel 11: Zahlungsformen im Internet

schen Aspekte des Zahlungsverkehrs sind es, die darüber entscheiden werden, wieweit und wie verbreitet der Endverbraucher das Internet als globales und größtes Shopping Center annehmen wird. Aber auch für die Anbieter werden sie die entscheidenden Kriterien für die Erweiterung ihrer Aktivitäten in diesem Medium sein.

4.1 Bestätigungen (Order confirmations)

Bestätigungen als Beweisgrundlage

Der Einkaufsvorgang besteht aus vier Schritten: Angebot im Internet durch den Verkäufer, die Annahme des Angebots durch den Käufer, die Zahlung der Ware durch den Käufer und die Lieferung durch den Verkäufer. Jeder dieser Schritte muß bestätigt werden, um Beweisgrundlagen für eventuelle Unstimmigkeiten zu schaffen. Schritt 3 und 4 in Abbildung 1 können auch in umgekehrter Reihenfolge durchgeführt werden.

Abb. 1:
Die vier Schritte des Einkaufsvorgangs

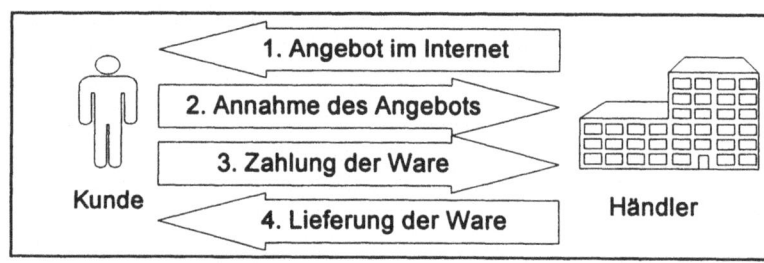

Auslagen und Preise beinhalten keine Lieferverpflichtung

Hierzu muß noch erwähnt werden, daß eine Ware mit Preisschild in einem Kaufhaus nach deutschem Recht kein Angebot darstellt. Es ist nur die Aufforderung zu einem Angebot des Käufers. Der Verkäufer hat dann die Möglichkeit das Angebot anzunehmen. Praktisch schützt das den Verkäufer für den Fall, daß mehr Käufer als Waren vorhanden sind. Insofern müßten die vier genannten Schritte um einen fünften erweitert werden. Bei Geschäften von Angesicht zu Angesicht ist dies kein Problem, der Verkäufer macht einfach klar, daß er leider die gewünschte Ware nicht mehr liefern kann.

Abb. 2:
Die rechtliche Erweiterung des Einkaufsvorgangs

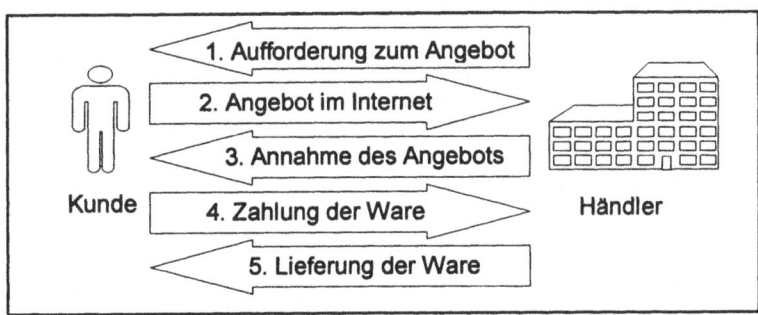

Lieferverpflichtung durch Zahlung mit Cybercoins

Im Internet-Handel sieht es etwas anders aus. Je nach technischer Verknüpfung der Bestands- und Lieferdaten des Verkäufers mit seiner Angebotssoftware kann es sein, daß Waren nicht geliefert werden können, obwohl die Bezahlung schon erfolgt ist. Hier muß sorgsam unterschieden werden. Die Angabe der Kreditkartennummer bedeutet noch nicht, daß auch gezahlt wurde. Erst durch die Bestätigung des Auftrags tritt die Lieferverpflichtung ein. Wenn jedoch sogenannte Cybercoins übertragen wurden, ist somit auch die Zahlung durchgeführt. Da der Verkäufer diesen Vorgang durch seine Software unterstützt, geht er eine Lieferverpflichtung ein, da er durch seine aktive Unterstützung des Zahlungsvorgangs indirekt dem Kaufvertrag zustimmt.

Technische Absicherung des Vorgangs

Von dem Zeitpunkt, an dem die Zahlung eingeleitet wird, muß das System gegen Rechner- oder Übertragungsausfälle gesichert sein und jeder weitere Schritt muß bestätigt werden. Um Aufträge nicht doppelt zu erteilen, muß der Käufer genau wissen, ab welchem Schritt der Auftrag als eingegangen gilt. Dies kann nur durch eine obligatorische schriftliche Bestätigung der Fall sein. Dies gilt besonders für die Sicherheit der Zahlung. Die Gefahren bei konventionellen Zahlungsarten sind gering. Gegen zweifache Abbuchungen bei Kreditkarten kann man Widerspruch einlegen und Überweisungen oder Abbuchungsaufträge kann der Käufer selbst kontrollieren.

Gefahren nur bei Cybercoins

Die Gefahr besteht wieder bei Cybercoins. Dabei bedarf es technischer Lösungen zweier Fälle: Ein Rechner stürzt während der Übertragung der Cybercoins ab, so daß sie zwar gesendet, aber nicht empfangen wurden. Oder ein Rechner stürzt ab, nachdem die Cybercoins empfangen wurden, aber bevor der Verkäufer den Empfang „Quittieren" konnte. Diese Fälle müssen durch die Software der Anbieter für Cybercoins abgefangen werden, was im Allgemeinen auch der Fall ist.

Kapitel 11: Zahlungsformen im Internet

Zwei Formen der Bestätigung

Im Ergebnis bedeutet dies, daß es zum einen die Bestätigungen durch Käufer und Verkäufer geben muß, bei denen der jeweilige Vertragspartner eingreifen kann. Zum anderen muß es auch automatische Bestätigungen des Zahlungsvorgangs geben, die jeden Moment der Übertragung protokollieren. Für beide Formen sind rechtlich abgesicherte und somit beweiskräftige Verfahren notwendig.

4.2 Personen-Authentifizierung

Verträge mit seriösen Händlern

Grundsätzlich kann ein Internet-Einkauf kein Geschäft von Angesicht zu Angesicht sein. Der aus dieser Eigenschaft resultierende Unsicherheitsfaktor erhöht die Hemmschwelle des Einkaufs im Internet. Um dieses Problem zu minimieren, muß eine Identifizierung der an Transaktionen Beteiligten möglich sein. Für diesen Zweck gibt es Herausgeber von Authentifizierungszertifikaten, die in Verbindung mit Browsern eine gewisse Sicherheit bieten. Für den Kunden eines Internet-Shops bedeutet dies, daß in einem solchen Shop nicht eine Falle aufgebaut wurde, um Kreditkartendaten für illegale Zwecke zu beschaffen. Auch Garantieansprüche sind im Rahmen des üblichen als durchsetzbar zu betrachten. Bei letzterem sind natürlich die nationalen Bestimmungen bei grenzüberschreitenden Geschäften zu beachten. In jedem Fall ist davon auszugehen, daß es sich dann um seriöse Händler im Sinne der Legalität handelt. Die Authentifizierung kann natürlich in dem hier genannten Sinn nur in eine Richtung wirksam sein, wenn auch nicht aus technischen Gründen, so doch um Kunden nicht von Einkäufen abzuschrecken.

4.3 Geheimhaltung und Anonymität

Einkaufen ohne Beobachtung

Auf der einen Seite ist es dem Kunden wichtig, den Händler identifizieren zu können. Auf der anderen Seite ist es ihm ebenso wichtig, daß diese Identifizierung nur in eine Richtung durchgeführt wird. Es muß ihm überlassen werden, welche Daten er zu welchem Zeitpunkt an welchen Händler sendet, wann er also seine Anonymität von sich aus aufgibt. Gleichzeitig ist es wichtig, daß die auf Wunsch des Kunden für den Einkauf notwendigen Daten nicht von Dritten in irgendeiner Form eingesehen werden können. Niemand möchte beim Einkaufen wie in einem gläsernen Kasten beobachtet und analysiert werden, weder durch Gruppen, die diese Daten zu ihrem eigenen Vorteil ob legal oder illegal nutzen wollen, noch durch Gruppen, wie staatli-

4 Aspekte des Zahlungsverkehrs im Internet

che Institutionen, die Verhaltensweisen studieren und gegebenenfalls sogar manipulieren wollen.

Händler müssen ihrer Geheimhaltungspflicht nachkommen

Hier wird zum einen ein technischer Aspekt angesprochen, wie auch die Seriosität von Händlern auf die Probe gestellt. Wenn einzelne Einkäufe im Internet für eine Flut von Werbematerial der verschiedensten Händler und Institutionen sorgen, dann werden Kunden es sich zweimal überlegen, ob entsprechende Quellen weiterhin für Einkäufe genutzt werden sollten. Wer weiß denn, ob zusätzlich zu Adressen nicht auch Informationen bezüglich des Einkaufsverhaltens von solchen Händlern weitergegeben werden. In jedem Fall ist es w

ünschenswert, wenn solche Praktiken einzelner Händler publik werden, damit diese in der Zukunft gemieden werden können.

Gänzlich anonym durch Cybermoney

Bei einem Einkauf mit Kreditkarte oder ähnlichen Zahlungsmitteln ist der Kunde immer gezwungen zu irgendeinem Zeitpunkt seine Anonymität aufzugeben. Dies gilt ebenso beim Kauf von materiellen Gütern. Doch Cybermoney kann in Zukunft hundertprozentige Anonymität beim Kauf von Software, Daten oder sonstigen Informationen gewährleisten. Da dies ein klassisches Feld des Internets ist, wird dieser Vorteil des Cybermoney gegenüber anderen Zahlungsarten ein Zukunftsgarant dieses Zahlungsmittels sein. Es wird damit die Rolle des Bargelds im Internet einnehmen.

4.3 Nicht Zurückweisung von Leistungen

Vereinbarungen im Internet müssen Verbindlich sein

Im allgemeinen verläuft ein Einkauf bei geringwertigen Waren Zug um Zug. Das heißt hier erhält ein Partner eine Leistung, während der andere direkt dafür zahlt. Bei Geschäften im Internet muß nun gewährleistet sein, daß nach Erfolgen des einen Zuges auch der andere durchgeführt wird. Dieser Punkt hängt sehr eng mit den Bestätigungen der einzelnen Transaktionsschritte zusammen. Er geht jedoch einen Schritt weiter. Die rechtliche Bindung an eine Vereinbarung muß sichergestellt sein, wobei zu beachten ist, daß jeweils unterschiedliche nationale Rechtsräume betroffen sein können.

Händler sollten mehr als nur Pflichtgemäß informieren

Die Anonymität des Kunden kann dabei nur dann beibehalten werden, wenn er zunächst die Zahlung durchführt. Seine Rechte bleiben durch die Authentifizierung des Anbieters und die Bestätigung seiner Zahlung gewahrt. Die Einhaltung einer Vereinbarung muß aber nicht nur überprüfbar sein. Es muß bereits vor schließen eines Vertrags deutlich sein, welche Rechte und

Pflichten sich – juristisch betrachtet – für beide Seiten daraus ergeben. Seriöse Händler, die im internationalen Markt agieren wollen, sollten hier mehr leisten, als ihnen ihre nationalen Gesetze im Rahmen ihrer Informationspflicht vorschreiben. Händler, die bereitwillig Informationen bezüglich der Rechte und Pflichten offenlegen, können sich hier einen Vorteil gegenüber Konkurrenten schaffen. Zudem ist dann auch der rechtliche Aspekt der Zurückweisung einer Zahlung durch den Kunden sehr eindeutig für diesen zu erkennen. Wer mehr informiert, als nur Allgemeine Geschäftsbedingungen kleingedruckt auf einer versteckten HTML-Seite darzulegen, nimmt Kunden Vorbehalte und Hemmungen bezüglich des Einkaufs im Internet. Dies gilt insbesondere für Anbieter hochwertiger Güter, die z.B. noch nicht über Kataloge erfolgreich den Versandhandel betrieben haben und somit bereits ein gutes Renommee bzw. einen gewissen Bekanntheitsgrad hätten bekommen können.

4.4 Nachrichten Unversehrtheit

Nachrichten dürfen nicht veränderbar sein

Neben der Geheimhaltung der persönlichen Daten des Kunden muß auch die Unversehrtheit der versendeten Daten gewährleistet sein. Nachrichten dürfen keinesfalls abgefangen werden können, um sie zu manipulieren und zu anderen als dem ursprünglichen Zweck zu verwenden. Jeder hat bereits von Einbrüchen in militärische, andere staatliche oder private Rechenzentren gehört. Der einzelne möchte nicht mit dem Risiko leben, daß seine Daten bereits auf dem Weg zum gewünschten Empfänger abgefangen und verändert werden. Die Zahlungsform muß also durch entsprechende Verschlüsselungsmechanismen geschützt werden. Dies ist ein Bereich er noch näher zu betrachten ist.

4.5 Besondere Aspekte des Cybermoney

Neben den für alle Zahlungsformen im Internet gültigen Soll-Eigenschaften, gibt es für Cybermoney weiter Aspekte, die zu beachten sind.

Möglichkeit der Substitution von Internetwährungen

Für den Kunden, aber auch für das Marktpotential eines Händlers ist es von besonderer Bedeutung, daß die verschiedenen Internet-Währungen substituierbar sind. Ebenso wie es heute möglich ist, mit verschiedenen Kreditkarten zu zahlen, muß es morgen möglich sein mit Cybermoney der verschiedenen Anbieter zu zahlen. Dies ist zum einen eine Frage der Software, zum anderen aber auch eine finanztechnische Frage, wie zum

4 Aspekte des Zahlungsverkehrs im Internet

Beispiel Wechselkurse geregelt werden, oder auf Basis welcher staatlichen Währung die jeweilige Internet-Währung entstanden ist.

Seriosität der Anbieter von Cybermoney

Folgende Finanztransaktionen sind bei der Verwendung von Cybermoney notwendig. Ein Kunde kauft einen gewissen Betrag an Cybermoney eines Anbieters. Diesen gibt er bei einem Kauf im Internet an einen Händler weiter, der ihn wiederum bei dem Anbieter in eine staatliche Währung zurück tauscht. Dies ist ein klassisches Feld der Banken, mit denen die Anbieter von Cybermoney entsprechend eng zusammenarbeiten. Für die Konsumenten und die Händler ist die Seriosität der Banken-Cybermoney-Anbieter-Vereinigung von höchster Bedeutung. Schließlich ist es möglich, daß diese Vereinigung aufgrund von Fehlspekulationen in Zahlungsschwierigkeiten gerät und derjenige, der noch Cybermoney hat, dieses nicht mehr umwandeln kann.

Cybermoney und das staatliche Geldmonopol

Cybermoney wird außerdem in Zukunft auch rechtlich noch genauer analysiert werden müssen. Schließlich wird praktisch eine neue Währung entwickelt, die das staatliches Geldmonopol nicht ganz unberührt läßt. Auch in anderen Bereichen wird zu klären sein welche Gesetze für Cybermoney gelten, wie zum Beispiel die Mindestreserve, die es für Banken unmöglich macht die volle Summe einer Einzahlung eines Kunden auch als Kredit an einen anderen Kunden weiterzugeben. Die Höhe der Mindestreserve unterliegt nun den nationalen staatlichen Regelungen und es stellt sich die Frage, ob die Gesetze des Landes gelten, in dem die ausgebende Bank angesiedelt ist oder die des Cybermoney-Anbieters. Dies hängt sicherlich auch mit den Vereinbarungen innerhalb dieser Partnerschaft zusammen und muß also für den Einzelfall geprüft werden. Ob jedoch neue gesetzliche Grundlagen geschaffen werden müssen oder ob die bestehenden bereits diesen Bereich voll Abdecken wird erst mit der Weiterentwicklung und -verbreitung von Cybermoney endgültig zu klären sein.

Skalierbarkeit von Zahlungen

Die Skalierbarkeit von Zahlungen einer Internet-Währung sollte nach oben und nach unten sehr flexibel sein. Beträge von mehreren hundert Mark sollten ebensowenig ein Problem darstellen, wie die Zahlung von Pfennigbeträgen. Die Möglichkeiten werden nach oben durch die Sicherheit des Systems begrenzt. Das Risiko von manipulierten Zahlungen wird durch Limits eingeschränkt. Dies ist besonders wichtig, da digitales Falschgeld bei Cybermoney nicht mehr von echtem zu unterscheiden ist. Nach unten werden Beträge durch die Transaktionskosten beschränkt.

Deshalb können Mindestbeträge nur durch besondere Vereinbarungen vermieden werden, die später noch zu betrachten sind.

5 Sicherheitsmechanismen im Zahlungsverkehr

Zunächst einmal sind alle Daten zugänglich

Im Internet sind Millionen von privaten, staatlichen, institutionellen und geschäftlichen Computern zu einem Netz zusammengefaßt. Dabei gilt, daß jeder Rechner zunächst einmal auch von jedem anderen Rechner angesprochen werden kann. Somit sind auch alle Daten auf einem Rechner, der im Internet angemeldet ist, zugänglich. Durch sogenannte Firewalls werden Computersysteme vor Eindringlingen und dem Auslesen der Daten geschützt.

Die Datenübertragung ist der kritische Moment

Neben dem Eindringen in Computersysteme gibt es noch eine weitere Schwachstelle im Netz. Bei der Datenübertragung werden immer öffentlich zugängliche Wege genutzt. Dabei können die Daten abgefangen, verändert, gelöscht oder in sonstiger Form manipuliert werden. Wenn also online Daten bezüglich der Zahlung übertragen werden, ist genau dieser Moment kritisch. Kryptographie ist die einzige Lösung hierfür. Kryptographie ist die Verschlüsselung von Daten zu einem undurchsichtigen Gebilde. Im Internet-Handel ist es unerläßlich, daß einander unbekannte Geschäftspartner verschlüsselte Nachrichten einsetzen können. Von Bedeutung ist dies in erster Linie für die Übertragung der Daten für die Zahlung des Kunden an den Händler.

Das Privat-Key Verfahren

Für die Verschlüsselung von Daten gibt es unter anderem das Privat-Key Verfahren, bei dem eine Nachricht mit einem Schlüssel chiffriert wird und nur mit dem selben Schlüssel auch wieder dechiffriert werden kann. Hierfür ist es notwendig, daß der Schlüssel jeweils dem Sender und Empfänger bekannt sind. Wenn jedoch Informationen bezüglich des privaten Schlüssels über das Internet ausgetauscht werden, kann auch dieser abgefangen und zum entschlüsseln der Nachricht verwendet werden. Wenn sowohl die Nachricht als auch der Private-Key bei der Übertragung von Dritten ausgelesen werden, ist die Nachricht nicht mehr geschützt. Dies ist mit der unbequemen Methode, den Schlüssel außerhalb des Netzes zu übertragen, zu umgehen.

Abb. 3:
Das Private-Key Verfahren

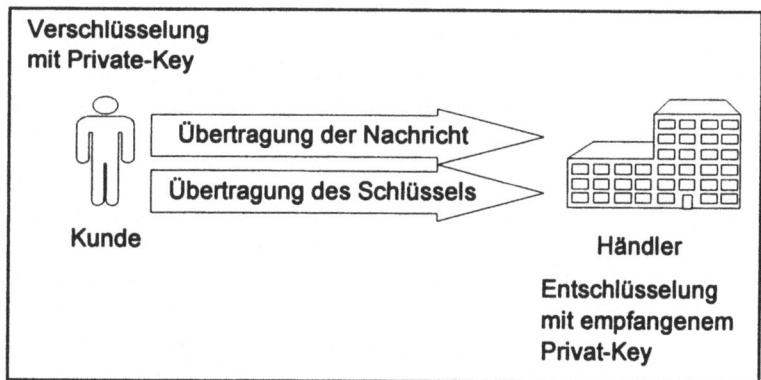

Das Public-Key Verfahren

Um die Informationen zum Private-Key zwischen den Geschäftspartnern nicht austauschen zu müssen, wurde das Public-Key Verfahren entwickelt. Dieses Verfahren arbeitet mit zwei Schlüsseln, dem öffentlichen und dem privaten Schlüssel. Der öffentliche Schlüssel ist allgemein zugänglich, d.h. er wird den Kunden zur Verfügung gestellt, um die notwendigen Daten zu verschlüsseln. Mit dem Public-Key können Daten nur chiffriert, nicht aber dechiffriert werden. Zu diesem Zweck hat der Händler beziehungsweise der Empfänger den privaten Schlüssel, mit dem sich die dazugehörigen Nachrichten entschlüsseln lassen. Es gibt also immer zueinander passende öffentliche und private Schlüssel, wobei der öffentliche zum chiffrieren und der private zum dechiffrieren genutzt wird.

6 Zahlungsmethoden

6.1 Offline-Zahlungen

Zahlen wie früher

Im Internet einzukaufen, muß nicht bedeuten, persönliche Daten für die Zahlung durch die unsicheren Leitungen des Netzes zu senden. Es ist möglich Offline-Zahlungsmethoden zu verwenden. Der Einkauf findet dann wie aus dem Katalog statt.

Zahlung per Nachnahme

Die Zahlung per Nachnahme ist dabei eine der bewährten Methoden. Ähnlich wie beim Einkauf von Angesicht zu Angesicht erfolgt hier der Kauf Zug um Zug. Es sind jedoch drei Nachteile bei der Zahlung per Nachnahme zu beachten. Erstens muß der Empfänger bei der Anlieferung der Ware anwesend sein oder die Ware selbst bei der Post abholen (was jedoch unabhängig von der Zahlungsform ist). Zweitens muß er ausreichen Bargeld oder gegebenenfalls mehrere Euroschecks zur Zahlung bereit halten.

Abbuchungsauftrag

Und drittens funktioniert diese Zahlungsmethode nur wenn es sich um ein rein nationales Geschäft handelt. Internationale Einkäufe können nicht auf diese Weise bezahlt werden. Da die Post als Inkassoagent fungiert, ist hier ein Aufschlag, die Nachnahmegebühr in die Kalkulation mit einzubeziehen.

Eine für den Verkäufer sehr sichere Zahlungsmethode ist der Abbuchungsauftrag. Dabei erhält der Verkäufer vom Käufer offline die Möglichkeit vom Konto des Käufers Geld einzuziehen. Das Risiko liegt hierbei hauptsächlich auf der Seite des Käufers, obwohl auch Widerspruchsrecht bei ergangener Abbuchung besteht. Dennoch bietet sich diese Methode nur bei seriösen Anbietern an. Es gibt zwei Formen der Einzugsermächtigung. Für einmalige Einkäufe kann die abzubuchende Summe auf dem Auftrag vermerkt werden. Bei dauerhaften Geschäftsbeziehungen wird keine Summe genannt und der Abbuchungsauftrag gilt bis auf Widerruf. In beiden Fällen sollte die Bank durch eine Kopie von dem Auftrag in Kenntnis gesetzt werden.

Vorauszahlung

Ebenso auf der Seite des Käufers liegt das Risiko bei der Vorauszahlung. Der Vorteil dieser Methode ist, daß im allgemeinen nur geringe Transaktionskosten anfallen. Da die Lieferung jedoch erst nach Erhalt der Zahlung durch den Verkäufer durchgeführt wird, ist mit einer Zeitverzögerung zu rechnen. Aufgrund der rechtlichen Ungewißheit und der unpraktischen Möglichkeiten die Leistung des Anbieters Einzuklagen, ist die Vorauszahlung kaum für internationale Geschäfte brauchbar.

Kauf auf Kredit

Im Falle bereits bestehender Geschäftsbeziehungen und guten Erfahrungen des Verkäufers mit dem Kunden, ist der Kauf auf Kredit eine weitere sichere Methode, die Zahlung vorzunehmen. Dabei sind zwei Szenarien denkbar. Beim Kauf gegen Rechnung handelt es sich um ein Kreditgeschäft mit kurzfristigem Zahlungsziel. Die Transaktionskosten sind für beide Parteien überschaubar, da sie zum täglichen Bankgeschäft gehören. Weitere Kosten insbesondere Aufschläge des Verkäufers dürfte es hier im Allgemeinen nicht geben. Die zweite Möglichkeit ist die Einräumung eines langfristigen Zahlungsziels, gegebenenfalls auch auf Ratenbasis. Eine solche Vereinbarung ist im Regelfall jedoch mit Aufschlägen in Form von Zinsen verbunden. Außerdem ist damit zu rechnen, daß der Verkäufer verschiedene Auskünfte, wie beispielsweise der Schufa, verlangt. Für den Käufer ist der Kauf auf Kredit in beiden Szenarien sehr bequem. Die Ware kann sofort geliefert werden und der Kauf beeinflußt bei einem langfristigen Zahlungsziel nicht die kurzfristige Liquidität.

6.2 Kreditkartenzahlungen

Kreditkartenzahlung offline

Obwohl im vorherigen Abschnitt die Kreditkartenzahlung nicht beachtet wurde, kann auch sie für die Offline-Zahlung genutzt werden. In diesem Fall würden die Informationen bezüglich der Kreditkarte telefonisch oder schriftlich weitergegeben werden. Der Nachteil dieser Methode ist der Medienwechsel. Außerdem bietet er sich aufgrund der Versanddauer eines Briefes oder der Kosten eines Telefongesprächs nicht für Auslandsgeschäfte an.

Unverschlüsselte Kreditkartendaten

Die Kreditkarte ist das älteste Online-Zahlungsmittel. Besonders in den USA wird sie den genannten Zahlungsmitteln vorgezogen und zwar nicht nur bei Internet-Geschäften. Selbst Steuernachzahlungen können dort per Kreditkarte getätigt werden. Zu Beginn wurden die Daten unverschlüsselt durch das Netz versandt. Auch heute gibt es noch Anbieter, die keine sichere Verbindung (z.B. mittels spezieller Protokolle) aufbauen, bevor die Daten vom Zahlenden übertragen werden. Der Käufer trägt aber dabei nicht unbedingt das Risiko, da gegen alle Zahlungen des Kreditkarteninstituts vom Kartenbesitzer Einspruch erhoben werden kann. Dann ist das Institut in der Nachweispflicht. Außerdem besteht bei Internet-Geschäften aufgrund der entsprechenden Vereinbarung mit den Händlern im Internet keine Zahlungsgarantie. Somit trägt das Risiko am Ende der Händler. Doch allein wegen der Umstände, die man sich möglicherweise selbst macht, sollten unverschlüsselte Datentransfers grundsätzlich vermieden werden.

Kreditkartenprovisionen

Kreditkartengesellschaften staffeln ihre Provisionen in Abhängigkeit von dem von ihnen ermittelten Risikofaktor. Obwohl wie bereits erwähnt die Zahlungsgarantie für den Händler entfällt, sind die Provisionen für die Kreditkartengesellschaften relativ hoch. Dies liegt an dem Umstand, daß es sich nicht um ein sogenanntes face-to-face Geschäft handelt. Dies wäre beispielsweise in einem Ladengeschäft der Fall, bei dem der Kreditkarteninhaber Angesicht zu Angesicht mit dem Händler kommuniziert. Aus verständlichen Gründen ist die relative Anzahl der betrügerischen Nutzung von Kreditkarten erheblich höher, wenn es sich nicht um ein „face-to-face"-Geschäft handelt. Was durch unverschlüsselte Datenübertragung noch unterstützt wird.

Verschlüsselte Kreditkartendaten

Grundsätzlich können zwei Methoden bei der Übermittlung von verschlüsselten Kartendaten unterschieden werden. In einem Fall kann der Händler die Daten entschlüsseln und im anderen Fall entschlüsselt ein Vermittler die Kreditkartendaten. Ein solcher Vermittler wird auch bei anderen Datentransfers verwendet und wird Trustcenter genannt. Im Kreditkartenbereich ist die Firma

Cybercash ein solches Trustcenter. Der Kunde muß hierzu zunächst einmal seine digitale Signatur beantragen. Dann kann er die chiffrierten Kreditkartendaten zusammen mit der Zahlungsvereinbarung zu einem Händler senden. Der Händler hat keine Möglichkeit die Daten zu dechiffrieren, er muß die Daten zusammen mit seinen eigenen zu Cybercash weitersenden. Cybercash übernimmt dann die Zahlung an die Händlerbank und das Clearing bei der Kreditkartengesellschaft.

Secure Electronic Transactions

Das sogenannte SET-Verfahren nutzt ein asymmetrisches Verschlüsselungsverfahren. Hierzu muß die angewandte Software aufeinander abgestimmt sein. Das SET-System wurde unter Federführung von Mastercard und Visa von verschiedenen Softwareunternehmen mit entwickelt. Basierend auf dem SET-Standard werden die verschiedenen Schlüssel für Kunden und Händler generiert. Die Kreditkartengesellschaften übernehmen dann wieder die Entschlüsselung. Aufgrund der insgesamt beteiligten Unternehmen hat das SET-System gute Chancen sich zu einem allgemeinen Standard zu entwickeln und hohe Anwendungsraten zu erreichen. Dies wird sich erst dann wieder ändern, wenn der zweite Schritt zu reinem Computergeld erfolgreich sein wird.

6.3 Cybermoney

Digitales Bargeld

Neben Kreditkarten, Einzugsverfahren, Vorauszahlung und anderen Zahlungsmethoden fehlt im Internet doch der wahre Ersatz für Bargeld. Erst mit dem digitalem Bargeld der Zukunft erhalten Käufer die Möglichkeit wirklich anonym zu bleiben, zumindest solange es sich um die Ware Information und Lizenzen beziehungsweise Daten handelt, die über das Netz gesandt werden können, so daß keine Lieferadresse angegeben werden muß.

E-cash

Die holländische Firma DigiCash hat ein System entwickelt, bei dem der Kunde anonym bleiben kann. Ein Kunde tauscht dabei bei seiner Bank den von ihm gewünschten Betrag in E-cash um. Dabei gibt er über seinen Rechner eine Zufallszahl mit, welche für die Verschlüsselung verwendet wird. Die Bank gibt ihrerseits E-cash in einer geeigneten Stückelung aus und unterschreibt jedes Stück mit einer digitalen Signatur. Beim Kunden werden die Daten bis auf die digitale Signatur wieder entschlüsselt. Der Kunde kann nun anonym bei den angeschlossenen Händlern einkaufen. DigiCash hat E-cash fälschungssicher entwickelt, so daß für den Händler eine hohe Sicherheit besteht. Außerdem können E-cash Einheiten auch zwischen Privatleuten verschickt

6 Zahlungsmethoden

werden, wodurch ein hohes Maß an Komfort erreicht wurde. Hinzu kommt die Spannbreite für Beträge von 0,10 bis 400 DM, für die E-cash geeignet ist.

CyberCoin

Mit einer Spannbreite 0,50 bis 20 DM liegt die Firma Cybercash mit ihrer Lösung, im Vergleich zu den anderen Anbietern, erheblich zurück. CyberCoins können auch nicht zwischen Privatleuten verschickt werden. Technisch unterscheidet sich das Cybercoin Verfahren vom E-cash System darin, daß die Daten auf dem Server der Bank bleiben, während bei E-cash die Daten auf der Festplatte des PC's gespeichert werden. Dadurch kann die Anonymität des Kunden im Falle einer Reklamation gegenüber dem Händler aufgehoben werden. Ein wesentlicher Vorteil von CyberCoins ist die mögliche Verknüpfung mit der erfolgreichen Übertragung von Daten. Dadurch wird das Zahlungsprinzip Zug um Zug wiederhergestellt.

Testphase

Sowohl CyberCoins als auch E-Cash sind jedoch noch in der Testphase. Der Durchbruch eines der Systeme wird wohl noch etwas Zeit dauern. Langfristig wird jedoch das digitale Bargeld enormer Bedeutung im Internet-Handel erlangen.

6.4 Micropayments

Händlerkonten bedeuten Einschränkung

In einigen Fällen ist es nötig, mit nur sehr geringen Beträgen zu zahlen. Diese sogenannten Micropayments machen es notwendig, daß nur sehr geringe Transaktionskosten pro Zahlungsvorgang entstehen. Eine Möglichkeit sind Konten des Kunden bei einzelnen Händlern, die nach und nach aufgebraucht werden. In diesem Fall ist jedoch die Flexibilität des Anbieterwechsels nicht mehr gegeben. Eine Eigenschaft, die dem üblichen Internet-User sicher nicht sehr gefällt.

MilliCent

Alternativ zu Händlerkonten hat die Digital Equipment Corporation das MilliCent-Verfahren entwickelt. Grundsätzlich läuft es ebenso ab, wie bei einem Händlerkonto. Der Unterschied besteht darin, daß das Konto bei einem dritten Partner besteht und somit für den Kunden unabhängig vom Händler genutzt werden kann, solange dieser dem Verfahren angeschlossen ist. Das MilliCent Verfahren eignet sich auch nur für kleinere Beträge, da die Sicherheitsmechanismen wegen der Performance und somit wegen der Kosten eingeschränkt wurden.

6.5 SmartCards

Die Hardwarelösung

SmartCards nehmen eine Ausnahmestellung bei den Zahlungsmethoden im Internet ein. Hierbei wird ein Chip, wie auf den moderneren EC-Karten vorhanden, verwendet. SmartCards sind also die einzige Lösung, bei der eine bestimmte Hardware, als Zahlungsmittel fungiert. Der Chip auf der Karte enthält Informationen bezüglich des Betrags. Für diesen kann dann im Internet eingekauft werden. Allerdings ist für diese Lösung mehr Hardware notwendig, als nur die Karte. Der Kunde braucht ein Lesegerät für die SmartCards. Diese Lösung birgt also die höchsten Einstiegskosten für den Kunden. Die Integration des Lesegeräts in die PC-Peripherie kann jedoch schon bald standard sein. Die Aufhebung der Anonymität des Kunden durch die SmartCard ist ein bedeutender Nachteil für diese Lösung. Vielleicht wird er jedoch dadurch aufgehoben, daß es die neue Praxis der Kreditinstitute ist, die Chips in die EC-Karte zu integrieren und wiederaufladbare Geldkarten auszugeben.

7 Resümee: Komfort und Sicherheit kombinieren

Sicheres Netz noch nicht erreicht

Bei keiner der Zahlungsmethoden ist die Sicherheit hundertprozentig gewährleistet. Eine solch hohe Sicherheitsstufe wird auch niemals erreicht werden können. Der derzeitige Stand ist allerdings weitaus niedriger, als es technisch notwendig wäre. Damit zusammen hängt auch der Zusammenschluß der führenden Unternehmen, mit der Absicht einen einheitlichen einen Standard zu entwickeln. SET verfolgt hierzu sicherlich einen der erfolgversprechendsten Ansätze.

Die Kombination entscheidend für die Zukunft

Wie schon erwähnt zählt für den Kunden vor allem auch der Komfort der Zahlungsart. Praktisch ist es die Kombination von Komfort und Sicherheit, die über die Zukunft eines Zahlungsmittels entscheidet. Lösungen werden jedoch auf diesem Sektor so schnell gefunden, wie in kaum einem anderen Bereich. Dann liegt es am Kunden, ob er lieber im Internet einkauft oder in der Stadt die Ladengeschäfte betritt.

Mißbrauch von Kundendaten unterbinden

Da die Anonymität bei der Lieferung von Ware immer aufgehoben wird, ist es überaus wichtig, daß die Kundendaten beim Händler nicht mißbraucht werden. Der Datenschutz muß von den Unternehmen ernster als bisher genommen werden. Die Politik muß noch einige Entscheidungen zu diesem Thema beschließen, auch wenn sich die Wirklichkeit heute schneller verändert, als daß eine Regierungsentscheidung oder der Gesetzgeber damit Schritt halten könnte.

Literatur

Alpar, Paul: Kommerzielle Nutzung des Internet, Berlin 1996

Birkelbach, Jörg: Cyber finance : Finanzgeschäft im Internet, Wiesbaden 1997.

Fachverband Informationstechnik im VDMA und ZVEI (Hrsg.): Electronic Commerce - Chance für den Mittelstand, Frankfurt 1998.

Frey, Bert: Banking and Financing on the Web, Vortrag anläßlich der Internet World May 1997 in Berlin.

Hitzges, Arno; Köhler, Susanne: Elektronisch Publizieren : Ein Leitfaden für den Online-Verleger, IAO Fraunhofer, Stuttgart 1997.

Hossel, Simon: Securing the Whole Transaction: Electronic Commerce from the Consumer Perspective, Vortrag anläßlich der Internet World Berlin im Mai 1997.

Kraus, Boris M.: Sicherheit im electronic Banking-Umfeld, in: Thomé, Rainer; Schinzer, Heiko: Electronic Commerce, München 1997

Leischer, Sven: Elektronische Zahlungssysteme im Internet : Formen, Bewertung, Praxisbeispiel, Erfurter Hefte zum angewandten Marketing, Heft 1, Fachhochschule Erfurt, Erfurt 1998.

Stietmann, Richard: Electronic Casch : der Zahlungsverkehr im Internet, Stuttgart 1997

Thomé, Rainer: Elektronische Zahlungsmittel, in: Thomé, Rainer; Schinzer, Heiko: Electronic Commerce 1997, S. 113-136.

Wasmeier, Michael: Web-Währungen : Online-Bezahlungsverfahren für ECommerce, in: c't, 1998, Heft 11, S. 152- 157.

Implementierung einer Webpräsenz

Carsten Deil

1 Einleitung 268
   1.1 Der Zugang zum Medium - Vorüberlegungen 268
   1.2 Motivation der Nutzung................................269
   1.3 Wachstum einplanen 269
   1.4 Aktive und passive Nutzung des Mediums 270
2 Basisbausteine zur aktiven Nutzung des Internet................270
   2.1 Der Zugang zum Netz................................271
   2.2 Webspace 271
      2.2.1 Physikalische Server................................271
      2.2.2 Virtuelle Server................................272
   2.3 Die eigene Domain als Fels in der Brandung................273
3 Einsatz von WWW und Email................................274
   3.1 Einsatz von Email................................274
   3.2 Nutzung des WWW................................275
      3.2.1 Mehrwert 275
      3.2.2 Der Weg zur Information................................275
      3.2.3 Seiten und Informationsgehalt................................276
4 Wichtige Aspekte der Nutzung................................277
   4.1 E-Commerce................................277
   4.2 Sicherheit................................278
   4.3 Die Rolle der Mitarbeiter 280
   4.4 Publikation und Außenwirkung................................281
5 Ablauf der Implementierung: 283
   5.1 Zielfindung................................283
   5.2 Konzeptionierung 284
   5.3 Umsetzung................................284
   5.4 Regeln zur Erstellung von Angeboten im WWW................285
6. Resümee: Betrachtung des Internet als Werkzeug................286
Literatur................................287
Anmerkungen................................287

Kapitel 12: Implementierung einer Webpräsenz

1 Einleitung

Verbindungskosten und komplizierte Endgeräte

Die im Vergleich zu den USA geringe Verbreitung von Internetanwendungen in Deutschland ist aus zwei Perspektiven zu betrachten. Auf der Seite der Anwender und Nutzer liegt das Hauptproblem bei den hohen Verbindungskosten im Ortsbereich sowie dem relativ komplizierten Endgerät Computer. Unternehmen hingegen fehlen häufig Bilder von Anwendungen, um Vorstellungen von den Möglichkeiten in der eigenen Struktur zu entwickeln.

Grundfragen der Implementierung

Dieser Aufsatz hat das Ziel, dem Leser die Grundfragen der Implementierung von Internettechnologien in eine Organisation darzustellen und Lösungsansätze zu vermitteln.

Wenngleich viele Punkte allgemein gültig sind, richtet sich dieser Text vorwiegend an kleine und mittelständische Unternehmen. Einiges mag banal klingen, es beruht jedoch auf drei Jahren Beratungspraxis in der Branche.[1]

1.1 Der Zugang zum Medium - Vorüberlegungen

Oberbegriff

„Internet" ist ein Oberbegriff für eine Vielzahl von Technologien und Anwendungen. Diese Tatsache ist jedoch wenigen bekannt, da die Medien lediglich besonders publikumswirksame Bereiche, wie das WWW (Internetseiten), Chatten oder Email herausstellen. Internet kann die Ergänzung der Werbung um ein zusätzliches Medium sein, aber auch die völlige Neugestaltung des Kommunikations- oder Warenwirtschaftssystems zur Folge haben. Der Prozeß der Einführung liegt, je nach Umfang, zwischen den Tätigkeitsfeldern von Werbeagenturen und Unternehmensberatungen.

Mangel an echten Fachleuten

Das geringe Alter der Internetnutzung in der Wirtschaft ist der Grund dafür, daß man vorwiegend mit reinen Technikern oder reinen Marketingspezialisten als Fachleuten konfrontiert wird. Die betriebswirtschaftliche Beurteilung des Internet als Marketing- und Kommunikationswerkzeug bleibt hier außen vor. Während auf der einen Seite Technikverliebtheit dominiert, so ist es auf der anderen Seite der Versuch, mit den Werkzeugen und Denkweisen der Printmedien zu arbeiten.

Reaktionszeiten von Organisationen

Die schnelle Übermittlungsmöglichkeit von Daten hat zur Schattenseite, daß sie von erfahrenen Nutzern des Mediums auch erwartet wird. Die Reaktionszeit einer Organisation wird auch hier zu einem Qualitätsmerkmal, allerdings mit wesentlich geringerem Spielraum als bei anderen Medien.

Umfang der Informationsübermittlung	Auch der Umfang der Informationsübermittlung ist betroffen. Während ein Fax selten länger als 15 Seiten wird, kann man bei Emails per Attachment wesentlich umfangreicheres Material versenden.
Einführungskonzept	In die Entwicklung eines Einführungskonzeptes müssen neben der technischen und kaufmännischen Leitung auch die Mitarbeiter einbezogen werden, welche letztlich mit den neuen Werkzeugen arbeiten sollen.

1.2 Motivation der Nutzung

Mediendruck	Der Anstoß, das Internet zu nutzen, kommt derzeit noch vorwiegend aus der massiven Medienpräsenz des Themas. Diese Quelle bietet allerdings keine Informationen darüber, wie der sinnvolle Einsatz in einem Unternehmen aussehen kann, da sie sich meist auf den Endabnehmer, den Konsumenten konzentriert. Unternehmen, welche im amerikanischen und asiatischen Raum tätig sind, erfahren Druck aus diesen Regionen, da hier der unternehmerische Einsatz von Email heute Normalität wie das Telefonieren ist und eine Website der Bedeutung einer Postanschrift gleichkommt.
Fehlende Gründe der Einführung	Mit der Frage nach dem „Warum" der Einführung erzeugt man regelmäßig Gesprächspausen. Viele Unternehmen machen sich dazu keine Gedanken. Soll das Internet zur Verbesserung der internen Kommunikationsstruktur genutzt werden oder auch nach außen? Sollen Materialien, wie Dokumentationen oder Nachrichten verfügbar gemacht werden? Soll der Außendienst eingebunden werden? Wie häufig müssen in meinem Markt Daten aktualisiert werden? Zur Beantwortung dieser Fragen gilt es u.a. festzustellen, wie der Markt strukturiert ist, ob man sich im Konsumenten oder Business-to-Business Sektor bewegt.

1.3 Wachstum einplanen

Skalierbarkeit	Es ist sinnvoll, den Einstieg in die aktive Nutzung immer auch strategisch zu planen. Die Lösungen sollten skalierbar sein. Der derzeitige Entwicklungsstand von E-Commerce in Deutschland bietet noch die Gelegenheit, mit dem Medium zu lernen und zu wachsen, gerade auch was die Qualifizierung des Personals betrifft.
Stufenweise Einführung	Mittelfristig ist eine stufenweise Einführung von Elementen, wie einer eigenen Site oder einem Emailsystem, welches funktioniert,

sinnvoller, als die sofortige Einrichtung eines Kaufhauses im Internet.

Großkonzerne Eine Ausnahme stellen Großkonzerne dar, bei welchen nach der Methode ganz oder gar nicht verfahren wird. Das „My-World" Projekt des Karstadt-Konzerns ist ein gutes Beispiel dafür, wie man durch Unkenntnis der Funktionsweise eines Mediums mehrere Millionen abschreiben muß. Die mangelnde Akzeptanz lag zu großen Teilen an der unübersichtlichen Struktur der Site sowie dem umständlichen Bestellverfahren.

Qualitätsmaßstäbe Die Implementierung ist mit ebenso strengen Qualitätsmaßstäben durchzuführen wie andere Projekte. Häufig werden die Anwendungen als wenig ernstzunehmendes Spielzeug bewertet. Dieser Ansatz kann sich verheerend auf das Markenimage auswirken.

Kriegskassen Das Internet ermöglicht es, die wirkliche Größe einer Firma zu verschleiern. Schon macht der Spruch von den Schnellen, welche die Langsamen fressen, die Runde. Der Satz hat einen gewissen Wahrheitsgehalt. Man sollte jedoch nicht die Bedeutung von Kapital und Kriegskassen unterschätzen.

Gerade in der IT-Branche wird fehlendes Know-how häufig durch den Aufkauf von kleinen innovativen Firmen beschafft. Die Firma 3Com (führender Hersteller von Mobilrechnern) versucht ihr Technologiedefizit im Bereich der Vernetzung ihrer Geräte mit Telefon und Internet durch die Übernahme des Produzenten Smartcode zu beseitigen.

1.4 Aktive und passive Nutzung des Mediums

Informationspool versus eigene Inhalte Bei der Nutzung des Internet ist zwischen der passiven und der aktiven Nutzung zu unterscheiden. Die passive Nutzung beschränkt sich auf die Nutzung als globaler Informationspool. Emails werden genutzt, um Anfragen zu stellen oder Angebote zu bestellen.

Bei der aktiven Nutzung stellt man eigene Inhalte in das Netz und nutzt Email als zusätzliches Kommunikationsmittel für die eigenen Geschäftsprozesse, intern wie extern.

2 Basisbausteine zur aktiven Nutzung des Internet

Die aktive Nutzung des Internet setzt drei Bausteine voraus:
- Zugang
- Webspace
- Domain

2.1 Der Zugang zum Netz

Kosten

Der Zugang zum Internet erfolgt per Wahl- oder Standleitung. Der Preis für eine Einwählverbindung besteht im Normalfall aus den Telefongebühren zum Einwahlknoten (bei großen Anbietern Ortstarif) sowie den Nutzungsgebühren des Internetzugangs. Letztere werden per Zeittakt oder als Pauschale erhoben. Im Rahmen der Öffnung des Telekommunikationsmarktes gibt es mittlerweile auch Angebote, bei welchen der Zugangstarif bereits die Telefongebühren enthält (VIAG / Arcor). Die Firma Mobilcom hat bietet einen Pauschaltarif an, mit dem man sich von 19h bis 7h ohne Zusatzkosten einwählen kann. Schon aus dem Zeitfenster ist die Zielgruppe zu erkennen.

Performance als Kriterium

Die Wahl des Zugangs per Onlinedienst oder Provider hängt von der verlangten Performance (Erreichbarkeit der Zugangsknoten, Datenübertragungsraten) sowie der Onlinezeit ab. Letztere läßt sich nur schwer kalkulieren, da sich die Geschwindigkeit, mit der das neue Medium im Unternehmen etabliert, auch davon abhängt, inwieweit Zulieferer oder Kunden es ebenfalls einsetzen.

2.2 Webspace

Speicherplatz

Webspace bezeichnet den zum Publizieren von eigenen Angeboten benötigten Speicherplatz. Hierzu gibt es zwei Möglichkeiten:
- physikalische Server
- virtuelle Server

2.2.1 Physikalische Server

Hard- und Software

Um permanent Informationen in das Internet stellen zu können, benötigt man Webspace. Dies ist Speicherplatz auf einem Rechner, welcher durch seine ständige Anbindung über Standleitungen in das Internet integriert ist. Sowohl die Hardware als auch die Software, welche das System mit der Funktionalität für diese Aufgaben ausstatten, werden als Server bezeichnet. Die Serversoftware besteht aus Modulen oder auch verschiedenen Produkten, welche z.B. für die Abwicklung der Emailfunktion (Mailserver) oder die Bereitstellung von den „klassischen" Internetseiten per World Wide Web zuständig sind (WWW-Server). Hinzu kommt Statistiksoftware zur Auswertung der Zugriffe auf die Internetangebote. Real-Audio- und Video-Software ermöglicht das Einstellen von Ton- und Bilddokumenten, welche be-

Kapitel 12: Implementierung einer Webpräsenz

reits während des Downloadvorgangs angeschaut werden können.

Administrativer Aufwand

Die Hardwareanforderungen lassen sich heutzutage, je nach Anwendung, bereits mit einem Pentiumsystem abdecken. Der größte Kostenfaktor ist die Anbindung per Standleitung. Neben einer Bereitstellungsgebühr wird nach der technisch möglichen Bandbreite und den wirklich angefallenen Datenmengen berechnet. Der administrative Aufwand wird durch die Wahl des Betriebssystems und die Frage, ob der Webserver in das Unternehmensnetzwerk integriert wird, bestimmt. Die Einbindung in das Unternehmensnetzwerk stellt sehr hohe Anforderungen an die Abschottung des LANs gegen Hacker, z.B. via Firewall. Firmen können sogenannte Tiger Teams engagieren, deren Auftrag der Einbruch in das Rechnersystem ist. In Kooperation mit den Systemadministratoren der betroffenen Unternehmen wird dann nach Lösungen gesucht. Der Kampf zwischen Administratoren und Hackern ist allerdings nie beendet.

Aufstellungsort

Die Aufstellung eines eigenen, physischen Servers kann im eigenen Haus zur Integration in das lokale Netzwerk oder als sogenanntes Serverhousing bei einem Provider in dessen Räumlichkeiten erfolgen. Serverhousing hat den Vorteil, die räumliche und fachliche Infrastruktur eines Spezialisten nutzen zu können.

2.2.2 Virtuelle Server

Gemietete Plattenspeicherkapazität

Bei einem virtuellen Server handelt es sich um einen Rechner, dessen Plattenspeicherkapazität parzelliert vermietet wird. Das Hosten mehrerer Sites auf einer Maschine bringt große Kostenvorteile mit sich, da (von Anwendungen wie Video, Audio und Datenbanken abgesehen) durchschnittliche Anwendungen nur wenige MB groß sind, und die Aufrufe des Angebotes gerade im Geschäftskundenbereich nicht quantitativ, sondern qualitativ sind.

Adressierung

Die Adressierung des Speicherplatzes erfolgt im allgemeinen über die Domain des Mieters, so daß ein Nutzer des Angebotes nicht erkennen kann, ob es sich um einen eigenständigen Rechner oder die virtuelle Variante handelt. Die Verlegung der Webpräsenz auf eine andere Maschine aufgrund gestiegener Anforderungen ist bei guten Providern jederzeit möglich. Hierbei ist allerdings eine gute Abstimmung notwendig, um Ausfallzeiten der Domain zu verhindern.

2.3 Die eigene Domain als Fels in der Brandung

Einfacher Zugang versus volle Nutzung

Zur ernsthaften aktiven, kommerziellen Nutzung des Internet ist eine eigene Domain der unumgängliche Ausgangspunkt. Die Basisfunktionen Email und Homepage lassen sich bereits mit einem Zugang via Provider (Nacamar, Uunet) oder Onlinedienst (T-Online, AOL, CompuServe) realisieren. Zugangsaccounts beinhalten fast immer eine Emailadresse und häufig auch Webspace zum Ablegen eigener Seiten. Eine eigene Domain ist die Grundlage für eine kurze, griffige, von einem Provider unabhängige „Adresse" im Internet.

Adressenwechsel

Vergleicht man die „Netzwerkadresse" mit einer Hausanschrift, so ist dieses Unterverzeichnis wie ein c/o auf der Visitenkarte. Jede Firma weiß um den Wert einer sich nicht ändernden Telefonnummer oder postalischen Anschrift bzw. um den Ärger beim Wechsel des Mobilfunknetzes. Selbst wenn die Firma umzieht und sich Telefon- und Faxnummer sowie die postalische Anschrift ändern, die Internetadresse bleibt. Auf die Wichtigkeit der Publikation der Anschrift gehe ich weiter unten genauer ein.

Produktnamen als Domain

Es ist sinnvoll, auch Produktnamen als Domain zu verwenden. Wer würde Persil bei `Henkel.de` suchen (vgl. Abbildung 1)? Wird ein Produkt gesucht, so versucht man es zunächst durch die Eingabe seines Namens als Domain zu finden.

Abb. 1:
Persil-Homepage [2]

Kapitel 12: Implementierung einer Webpräsenz

3 Einsatz von WWW und Email

Zentrale Dienste

Die zentralen Dienste des Internet sind Email und WWW. Ihr aktiver Einsatz läßt sich wie folgt gliedern:

- Nutzung von Email
- Extern mit Kunden und Interessenten
- Intern zur stärkeren Einbindung externer Standorte oder anderer Abteilungen, Außendienst
- Verfügbarmachen von Informationen im Internet per WWW
- Firmendaten / Darstellung
- Produktinformationen
- Servicedaten (Zugriffsrechte, intern /extern Kunden)
- Downloads per FTP (Programme, Texte, Audio- Videodateien)
- Dokumentationen
- Vertrieb über die Website

3.1 Einsatz von Email

Schwerpunktanwendung

Durch die Medien wird der Eindruck vermittelt, daß ein internetfähiger Rechner zwangsläufig Zugang zu Angeboten des WWW ermöglicht. Die Schwerpunktanwendung liegt für Firmen jedoch derzeit noch im Bereich der Kommunikation. Während das Telefonieren per Internet noch in der Anfangsphase steckt, ist Email in den USA bereits Normalität.

Emailprogramm anstatt Browser

Ein Internetzugang für jeden Arbeitsplatz kann sich auf einen Emailzugang beschränken. Dazu reicht es schon, keinen Browser, sondern nur ein Emailprogramm zu installieren. Wird der Emailversand über einen zentralen Server im Netz abgewickelt, kann nachvollzogen werden, wer wann an wen welche Mail versendet hat. Auch die Seitenaufrufe durch einen Browser können in einem Netzwerk dokumentiert werden. Der Einsatz von Software, welche bestimmte Angebote sperrt, ist sehr aufwendig, da die Struktur des Internet den Zugriff auf Angebote per Hyperlink über verschlungene Pfade zuläßt. Dieses Problem bereitet z.B. den Zensurbehörden Chinas massive Probleme.

Integration elektronischer Kommunikationstechnologien

Der Begriff des „papierlosen" Büros existiert bereits seit einigen Jahren und ist entsprechend strapaziert. Fakt ist jedoch, daß der Papierverbrauch seit der Einführung der EDV permanent zunimmt. Im Zusammenhang mit der Integration der elektronischen Kommunikationstechnologien macht er jedoch Sinn. Die

Einführung von Email stellt die Frage nach Optimierungspotentialen der internen und externen Kommunikation. Moderne Kontakt- und Zeitmanagementsoftware wie ACT! der Firma Symantec oder Lotus Notes / Domino ermöglichen das Bearbeiten von Email, Fax, Telefon und Briefpost aus einer Umgebung heraus. Im Extremfall kann weltweit mit ständig aktualisierten Projekt- oder Kontaktdaten gearbeitet werden, ohne Rücksprachen führen zu müssen.

Intranets

Es ist sinnvoll, zwischen den Informationsangeboten des Internet und denen des Intranet abzugrenzen. Die Verwendung von Standardprodukten wie Browsern reduziert die Schulungskosten. Mit Zunahme der privaten Internetnutzung werden Kenntnisse im Umgang mit dieser Software zum Standard gehören. Funktionen, wie die Suche noch Dokumenten, lassen sich auf der Basis der Internettechnologie kostengünstig realisieren. Beim Besuch meiner Bank hatte der Berater einige Mühe ein selten benötigtes Formular zu finden, da es im internen Informationssystem keine Suchfunktion gab.

3.2 Nutzung des WWW

WWW-Sites

Spricht man vom Internet, so werden meist sog. Sites thematisiert. Das WWW ermöglicht die Integration von Text, Bild und Ton. Unabhängig davon, ob die Webpräsenz Konsumenten oder Geschäftskunden als Zielgruppe hat, gelten einige übergreifende Gebote für den Erfolg des Angebots:

- Die Nutzung muß einen Mehrwert bieten (Inhalte!)
- Was angeboten wird, muß auch funktionieren (Weniger ist mehr)
- Die Leistungen müssen ohne großes Nachdenken intuitiv nutzbar sein.

3.2.1 Mehrwert

Gewinn des Nutzers

Diese banal klingenden Regeln haben einen großen Einfluß auf den Erfolg einer Site. Im Normalfall wird ihr Angebot aufgesucht, weil sich der Nutzer davon einen Gewinn verspricht. Er will Informationen oder gut unterhalten werden. Die Information steht jedoch meist im Vordergrund.

3.2.2 Der Weg zur Information

Navigation

Eine Website ist letztlich eine nicht standardisierte Benutzeroberfläche. Der Kunde will sich nicht mit Navigationsinnovationen beschäftigen, sondern ohne großes Nachdenken zum gewünschten Angebot vordringen. Versetzten Sie sich in die Situation, daß Sie sich zum Bezahlen von Parkgebühren erst mit der Bedienung des Automaten auseinandersetzen müssen. Es gehört zu den Zielen eines Internetauftritts, den Interessenten zum möglichst langen Verweilen in der eigenen Site zu motivieren. Lange Verweildauern sollten nicht aus einer unübersichtlichen Sitestruktur heraus entstehen.

3.2.3 Seiten und Informationsgehalt

Präsentation von Information

Die Verteilung von Informationen in einer Site folgt anderen Regeln als im Printbereich. Zeitungsartikel gliedern sich in Überschrift, Zusammenfassung und Haupttext. Im Internet sollte man dem Grundsatz, „Vom Allgemeinen zum Speziellen" folgen. In der obersten Ebene listet man die Überschriften auf (eine Seite). In der zweiten Ebene kann man eine Zusammenfassung lesen (zweite Seite), die Dritte Ebene enthält den Haupttext. Verbunden werden die Seiten durch Links. Diese Form der Staffelung führt den Nutzer schnell zum Ziel und erspart ihm Ladezeiten, da die einzelnen Seiten eine geringere Datenmenge haben.

Lange Texte

Lange Texte werden meistens ausgedruckt, da das Lesen vom Bildschirm als unangenehm empfunden wird. Dieser Tatsache kann man Rechnung tragen, indem man diese Texte als zusätzliche Datei zum Herunterladen anbietet, da die in HTML geschriebenen Seiten nicht für das Ausdrucken optimiert sind.

Pdf-Format

Das pdf-format (portabe data format) der Firma Adobe ist mittlerweile Standard für digital gelieferte Handbücher geworden. Seiten lassen sich normal layouten, so das daß das Corporate Design eingehalten werden kann. Das Programm zum Öffnen der Dateien heißt Acrobatreader und ist bei Adobe (http://www.adobe.com) kostenlos als Download erhältlich. Nach der Installation integriert es sich als sogenanntes Plug-In, Zusatzprogramm, in den Browser.

Verwendung von Plug-Ins

Die Verwendung von Plug-Ins schreckt potentielle Nutzer ab. Viele Nutzer sind schlicht mit der Installation überfordert oder nicht bereit, den Aufwand von Download und Installation auf sich zu nehmen. Als Standard Plug-Ins kann man neben dem Acrobatreader, den Realplayer bezeichnen. Er ermöglicht das Abspielen von Ton- und Videodateien. Bereits während des Herunterladens der Datei können die Bild- und Tonsequenzen betrachtet bzw. angehört werden. Boeing verwendet Realvideo-

Dateien zur Darstellung von Wartungsvorgängen. Bis vor wenigen Monaten wurden hierzu weltweit Videokassetten versandt.

Plug-Ins für „coole" Sites

Besteht die Zielgruppe aus Jugendlichen und Kindern, muß es das Hauptziel sein eine „coole" Site zu entwickeln, um akzeptiert zu werden. Deshalb ist hier der Einsatz von Plug-Ins wesentlich leichter möglich, zumal auch eine größeres Wissen im Umgang mit dem Computer vorausgesetzt werden kann. Zugleich stellen Angebot mit dieser Zielgruppe eine gute Gelegenheit dar, Software zu verbreiten. Kinder sind in Privathaushalten häufig die Systemadministratoren. Der Einfluß dieser Altersgruppe gerade auch auf Investitionsentscheidungen wie den Kauf eines Autos kann man bei der Gestaltung einer Site berücksichtigen. Wenn der Sohn seinem Vater die neuen Seite zu einem Automodell zeigt, ist das System bereits entsprechend konfiguriert.

4 Wichtige Aspekte der Nutzung

Im folgenden sollen einige, bislang noch nicht betrachtete Aspekte der Nutzung des Internet in Unternehmen thematisiert werden.

4.1 E-Commerce

Integration von Ein- und Verkauf in das Warenwirtschaftssystem

Der Begriff E-Commerce wird in den kommenden Monaten immer mehr zu einem Schlagwort werden. Die völlige Integration von Ein- und Verkauf in das Warenwirtschaftssystem stellt die weitestgehende Anwendung dar. E-Commerce beginnt jedoch schon bei der Auftragsabwicklung per Email.

Fehlendes Zahlungssystem und Mißtrauen

Dem Erfolg des Internet als vollwertiger Vertriebskanal stehen neben der bereits genannten, komplizierten Bedienung von Computern als derzeitiges Hauptendgerät das Fehlen eines einheitlichen Zahlungssystems sowie das Mißtrauen in die Sicherheit der Datenübertragung entgegen. Außerdem muß man sich fragen, welchen Anteil das Kauferlebnis bei der Beschaffung eines Produktes an der Zufriedenheit des Kunden oder sogar am Produktnutzen hat. Ein gutes Beispiel für die Realisierung einer E-Commerce-Lösung ist der Online-Auftritt des Versandhauses Otto (siehe Abbildung 2).

Business to Business versus Privatkundengeschäft

Beim E-Commerce muß zwischen den Bereichen Business-to-Business und dem Konsumentengeschäft unterschieden werden. Einige Firmen schrecken vor E-Commerce zurück, da sie glauben dann ihre internen Preise offenlegen zu müssen. Im Geschäftskundensektor steht jedoch die Fähigkeit, Email-Anfragen mög-

Kapitel 12: Implementierung einer Webpräsenz

lichst schnell mit Angeboten beantworten zu können, wichtig. Auf die Möglichkeiten der Vorabinformation über eine Site ist bereits eingegangen worden.

Abb. 2:
Otto-Homepage [3]

Bedeutung des Service steigt

Die leichte Vergleichbarkeit von Preisen für standardisierte Produkte im Internet hat zur Folge, daß die Servicefreundlichkeit eines Anbieters zum entscheidenden Kauffaktor wird. Hierzu zählt neben den beschriebenen Gestaltungsregeln für Onlineangebote auch die Zuverlässigkeit und Geschwindigkeit.

Beispiel Software-Beschaffung

Ich wickle die Beschaffung von Software beim Großhändler per Internet ab. Vor einigen Wochen wunderte ich mich über die ungewöhnlich lange Lieferzeit einer Order. Durch ein Telefonat erfuhr ich dann, daß die Bestellung niemals angekommen sei. So ein Erlebnis ist nicht repräsentativ, kommt jedoch immer wieder vor.

Auf die Bedeutung der Mundpropaganda für den Erfolg eines Angebotes wird im Rahmen dieses Beitrags noch weiter eingegangen.

4.2 Sicherheit

Technik und Personal

Der Aspekt der Sicherheit gliedert sich in eine technische und eine personalpolitische Ebene.

4 Wichtige Aspekte der Nutzung

Relative Sicherheit

Das Absichern eines offenen Systems gegen Eindringlinge ist ein ständiger Wettbewerb zwischen Systemadministratoren und Hakkern. Die erworbene Sicherheit bleibt immer nur eine relative Sicherheit, keine absolute. Auf die Funktion von Tiger Teams wurde schon eingegangen. Der Prozeß der Absicherung ist niemals beendet!

Physikalische Trennung

Als Grundregel gilt, daß nicht alles mit allem vernetzt sein muß. Die größte Sicherheit gegenüber Eindringlingen erlangt man über die physikalische Trennung. Dieser Standpunkt ist zwar derzeit nicht en vogue, aber sinnvoll. Die relative Benutzerfreundlichkeit, die Geschäftspolitik des Herstellers und die offene Architektur des PC haben Windows zum meist verbreitetsten Betriebssystem gemacht. Leider ist der Produktname Programm, was die Sicherheit betrifft. Wer weiß schon, welche Prozesse im Hintergrund auf einem Windowssystem ablaufen?

Protokolle als Ursache für Sicherheitsrisiken

Die Internet Standardprotokolle TCP / IP stammen zwar aus der militärischen Entstehungszeit des Internet, der Kreis der damals Zugriffsberechtigten war allerdings beschränkt. Dementsprechend ist es um die Sicherheit bestellt. Auf die verschiedenen Möglichkeiten, Datenpakete umzuleiten oder mit falschen Absendeadressen zu versehen, einzugehen, würde hier zu weit führen.

Firewall

Die Installation einer Firewall zur Absicherung offener Systeme ist Mindeststandard. Ein solches System muß jedoch ständig aktualisiert werden.

Politik und Kryptographie

Die politischen Entscheidungen zum Verbot oder der Einschränkung von kryptographischen Verfahren sollten gerade von den Unternehmen kritisch verfolgt werden, die am Erfolg des E-Commerce interessiert sind. Hinzu kommt die Absicherung der unternehmensinternen Kommunikation via Email. Seit dem Ende des kalten Krieges werden die Apparate und ihre frei gewordenen Kapazitäten auch für die Wirtschaftsspionage eingesetzt.

Sicherheitslücken

Sicherheit ist meistens unbequem. Sei es die Helmpflicht in Produktionsbereichen oder das Absichern einer EDV mit Zugriffsrechten und Paßwörtern. Das mangelnde Wissen um die Funktionsweise des Internet sowie fehlende medienwirksame Skandale sind der Grund, weshalb Emails hierzulande vorwiegend durch Terroristen, Hacker und Insider, nicht aber durch Firmen verschlüsselt werden. Welches Unternehmen versendet interne Daten auf Postkarten?

PGP	Die sehr effektive Verschlüsselungssoftware PGP (Pretty Good Privacy) ist kostenlos im Internet erhältlich. Über entsprechende Plug-Ins integriert sie sich nahtlos in Emailprogramme, wie Eudora oder Outlook. Das Programm ermöglicht aber auch die Verschlüsselung aller anderen Daten. So können z.B. verschlüsselte Datensicherungen erstellt werden oder direkt aus Applikationen heraus verschlüsselt abgespeichert werden.
Bedeutung der Mitarbeiter	Der technische Aufwand greift jedoch nur, wenn auch dem Personal die Bedeutung und der Sinn eines Sicherheitskonzepts dargestellt wird. Das Bewußtsein, welchen Wert die Informationen für den Betrieb darstellen, ist der Schlüssel. Die größte Sicherheit erlangt man mit einem System, welches die Arbeitsprozesse nur unwesentlich beeinflußt, weil man die späteren Anwender einbezogen hat. Die Einbindung in den Entwicklungsprozeß kann die Identifikation mit dem Unternehmen erhöhen, was die Anfälligkeit, Interna nach außen zu tragen, verringert.
Gefahren der gespeicherten Emails	Das Antitrustverfahren gegen Microsoft bezüglich der Integration des Internet Explorers in Windows 98 zeigt erstmals wie wichtig ein Konzept zum Umgang mit digitalen Dokumenten ist. In militärischen Termini wird dort über den strategischen Umgang mit der Konkurrenz geschrieben. Da Emails schnell zu schreiben sind, hat sich ein laxer Tonfall bei der unternehmensinternen Kommunikation über dieses Medium eingeschlichen. Der praktisch unbegrenzte Speicherplatz durch immer günstigere Massenspeicher nimmt den Druck, die Mails regelmäßig zu sichten und zu löschen.
Arbeitserleichterung	Die Möglichkeiten an Emails Dateien anzuhängen oder Text einfach per „Cut and Paste" in eine Email zu integrieren, sind eine große Arbeitserleichterung. Ebenso einfach ist jedoch auch der Versand an Unbefugte. Das Zuordnen von Zugriffsrechten ist eine Selbstverständlichkeit aus dem täglichen Netzwerkgeschäft.

4.3 Die Rolle der Mitarbeiter

Einführung versus Implementierung	Der Unterschied zwischen der Einführung und der Implementierung eines Systems liegt darin, daß man bei letzterer diejenigen berücksichtigt, welche letztlich damit arbeiten werden. Um wieviel Prozent ließe sich die Produktivität erhöhen, wenn nicht nur der Praktikant wüßte, welche Funktionen das Officepaket von Microsoft beinhaltet?
Bereitschaft dazuzulernen	Bei etablierten Prozessen oder Systemen ist die Bereitschaft, sich auf Neues einzulassen, gering. Wenn das neue Emailsystem be-

nutzt werden soll, reicht es nicht aus, die Bedienung des Programms in einem Crashkurs zu vermitteln. Erst das Aufzeigen der Möglichkeiten sowie der Technik, die dahinter steht, wird zu einem Verlagern der Nutzung auf das neue Medium führen. Ein Basiswissen der Funktionsweise ist schon aus Gründen der Sicherheit notwendig. Auf diesem Wissen können die unternehmensspezifischen Richtlinien zum Umgang mit dem neuen Medium erfolgreich aufsetzen.

4.4 Publikation und Außenwirkung

Regelungen

Vor der Publikation steht die Integration der neuen Werkzeuge in die Unternehmensprozesse und die Schulung des Personals. Selbst bei der schlichten Einführung einer Emailadresse ist es absolut notwendig festzulegen:

- Wer ist für deren Bearbeitung zuständig? (Vorhalten von Kräften für unerwartet großes Emailaufkommen)
- Wie lang ist die maximale Reaktionszeit bis zur Bearbeitung?
- Wie ist die Archivierung der Emails geregelt?

Es sollt nach dem Grundsatz, daß man nur einmal die Gelegenheit hat, einen ersten Eindruck zu hinterlassen, vorgegangen werden. Niemand wird zum Besuch einer Website gezwungen. Der Unterschied zwischen der Nutzung von Internetangeboten und der herkömmlichen Werbung läßt sich wie folgt verdeutlichen: Klassische Werbung ist wie ein Wasserschlauch, mit dem der Werbende potentielle Kunden beliebig naß spritzen kann. Angebote im Internet sind wie ein Schwimmbecken, bei dem jeder selber entscheidet, ob er es benutzt, und wenn ja, wie lange. Als Konsequenz muß also für die Site geworben werden.

Bekanntmachung der Site

Die möglichen Maßnahmen, die eingesetzt werden können, um die Präsenz im Internet bekannt zu machen, lassen sich in drei Gruppen einteilen:

- Jedes Schriftstück, welches die Firma verläßt, ist mit der Emailadresse und URL der Website zu versehen.
- Das Angebot muß mit durchdachten Schlüsselbegriffen in Katalogen und Suchmaschinen eingetragen werden.
- Auch wenn die Visitenkarten erst vor einem halben Jahr neu gedruckt worden sind; Emailadresse und Site URL gehören auf die Karten. Bei kleineren Briefpapier- und Prospektmengen kann man sich mit Aufklebern behelfen, wel-

	che zugleich einen aufmerksamkeitsteigernden Effekt haben.
Kein Zentralverzeichnis	Es gibt kein zentrales Verzeichnis der im Internet vorhandenen Angebote. Aus diesem Grund muß die Website in einer Vielzahl existierender Systeme eingetragen werden. Die Anzahl Suchsysteme, in welche einige Anbieter Websites eintragen, ist dahingehend zu hinterfragen, welche Reichweite diese haben. Neben Marktführern wie Yahoo und Excite, sind insbesondere landes- oder fachspezifische Angebote wie Web.de in Deutschland und medeplorer.com interessant.
Portale	Seit ca. einem Jahr sind sogenannte Portale in Mode gekommen. Dies sind Seiten, welche Nutzer als Startseite in Ihrem Browser einrichten sollen, um sie als Ausgangspunkt für alle Recherchen zu Nutzen. Die Homepages der großen Suchsysteme werden diesbezüglich ausgebaut, was die Wichtigkeit unterstreicht, gerade in diesen eingetragen zu sein.
Pressemitteilungen	Zeitschriften und Zeitungen suchen immer nach Artikeln. Eine gut formulierte Pressemitteilung hat gute Chancen, direkt abgedruckt zu werden, besonders wenn gleichzeitig eine Anzeige geschaltet wird.
Banner Ads	Der Nutzen von Bannern hängt vom jeweiligen Markt ab, in dem man sich bewegt. Grundsätzlich ist zwischen dem Privatkunden- und dem Business-to-Business-Geschäft zu unterscheiden. Die Akzeptanz von Bannern ist durchwachsen. Einerseits werden Angebote über dieselben gesponsert, andererseits verlängern sie die Ladezeiten von Seiten. Bei professionellen Angeboten mit dem Ziel schneller Informationsgewinnung stoßen Banner eher auf Ablehnung, als auf Seiten, die sich an den Freizeitnutzer wenden, der sich treiben lassen will und nur zum Spaß „surft".
Banner auf der eigenen Site	Banner auf der eigenen Site können zwar der Refinanzierung dienen, führen aber auch Kunden vom eigenen Angebot weg. Dasselbe gilt für Linksammlungen, die zwar den Kundennutzen erhöhen, ihn jedoch nicht auf der Site halten. .
Mundpropaganda	Der wichtigste Erfolgsfaktor ist die Mundpropaganda. Aufgrund der oben genannten Freiwilligkeit eine Site zu besuchen, ist das Urteil hart. Negative Eindrücke lassen sich nur mit großem Aufwand auslöschen, indem man einen Relaunch des Angebots, eine Neugestaltung in anderen Medien bekanntmacht. Diese Tatsache unterstreicht die Bedeutung, das neue Werkzeug nicht nur einzuführen, sondern auch zu implementieren. Die Mitarbeiter

auf Firmenseite müssen den Umgang mit dem Medium lernen, bevor Site und Email „scharfgeschaltet" sind.

Abschreckende Beispiele

Abschreckende Beispiele gibt es genug. Ich habe mehrfach eine Serviceanfrage an einen großen europäischen Konzern für Unterhaltungselektronik gesendet und warte seit neun Monaten auf eine Antwort. Produkte dieser Firma kaufe ich nicht mehr.

5 Ablauf der Implementierung:

Zusammenfassung und Checklisten

Da es sich in den meisten Fällen noch um eine Ersteinführung handelt, ist das Hinzuziehen einer Beratungsfirma oder eines einzelnen Consultants sinnvoll. Der Aufsatz hatte zum Ziel, Ihnen Ansatzpunkte zu eigenen Überlegungen zu bieten sowie zu verhindern, daß durch die verschleiernde Wirkung deutschenglischer Multimedia-Worthülsen Entscheidungen getroffen werden, welche sich im Extremfall negativ auf alle Bereiche der Geschäftstätigkeit auswirken können. Sei es der Zusammenbruch des Emailsystems durch Überlastung, ein Hackereinbruch oder inakzeptable Reaktionszeiten aufgrund mangelnder Prozeßmodifikation. Viele der Punkte lassen sich vollständig auf die Einführung neuer Software übertragen und sollten selbstverständlich sein.

Das Vorgehen zur Einführung und Implementierung von WWW-Seiten läßt sich wie folgt zusammenfassen:

- Zielfindung
- Konzeptionierung
- Umsetzung

5.1 Zielfindung

Ein häufig mißachteter Aspekt der Implementierung ist die vorherige Bestimmung sinnvoller und quantifizierbarer bzw. meßbarer Ziele, anhand derer sich später der Erfolg der Maßnahme überprüfen läßt. Hierfür bietet sich folgendes Vorgehen bzw. die Beantwortung folgender Fragen an:

- Ist das Ziel der Nutzung aktiv oder passiv?
- Welcher Markt bzw. welche Zielgruppe soll angesprochen werden? Business-to-Business, Konsumenten oder beide Bereiche?
- Welche räumliche Gliederung hat die Organisation?
- Welche Kommunikationskultur und IT-Struktur hat die Organisation?

- Wie ist die IT-Struktur mit den Prozessen verzahnt?
- In welcher Form nutzen Konkurrenten das Internet? (erspart nicht das Entwickeln eigener Konzepte)
- Modifikation der Kommunikationsstruktur und Prozesse im Rahmen der Neueinführung (über die Internetfunktionen hinaus).

5.2 Konzeptionierung

Für eine planvolle, sichere und effiziente Implementierung von E-Commerce-Anwendungen ist die Erstellung eines Konzeptes notwendig, in dem die wichtigsten Punkte festgelegt werden. Im einzelnen geht es um die:

1.) Entwicklung eines inhaltlich, zeitlichen Konzeptes (Welche Dienste sollen innerhalb welcher Zeiträume in welchem Umfang implementiert werden?)

2.) Entwicklung eines Sicherheitskonzeptes: Bei Einbindung in das LAN ausreichend Zeit für das Abschotten des Systems einplanen. (Vor der Freischaltung Hacker auf das System ansetzen)

5.3 Umsetzung

Checkliste

Die operative Umsetzung eines Internet-Projektes kann nach folgendem Schema erfolgen:

1. Auswahl der Dienstleister (Welche Berater, welcher Provider?)
2. Auswahl der Produkte (Hard- und Software)
3. Installation eines Bausteins (z.B. Emailsystem) in einem Teilbereich der Organisation als Test
4. Feststellen, ob Fehlbedienungen Systemabstürze bzw. Datenverlust verursachen kann
5. Gliedern sich die neuen Werkzeuge in die Arbeitsprozesse ein, oder erfordern sie zeit- und motivationsraubende Workarounds?
6. Nach der Testphase Einführung des Bausteins in der Organisation gemäß Konzept
7. Publikation des Angebots
8. Freischalten des Angebots
9. Regelmäßige Aktualisierung

5.4 Regeln zur Erstellung von Angeboten im WWW

Um erfolgreiche Internet bzw. WWW-Angebote zu konzipieren, sollten folgende Regeln bzw. Tips beachtet werden:

- Definition der Zielgruppe
- Verwendung von Produktnamen als Domain für eigenständige Sites
- Entwicklung einer übersichtlichen Sitestruktur (max. 6 Verzweigungen auf der Startseite)
- Bei der Erstellung der Struktur vom zweidimensionalen Denken der Printmedien lösen
- Auf Seiten der oberen Ebenen Zusammenfassungen bieten
- Spezialisierung und Steigerung des Informationsgehalts auf tiefer gelegenen Seiten
- Intuitive Bedienbarkeit des Angebots ermöglichen
- Einsatz exotischer Plug-Ins vermeiden
- Plan zur regelmäßigen Modifikation/Aktualisierung erstellen

Aktualisierung

Besonders die regelmäßige Aktualisierung ist mit einem gewissen Aufwand verbunden, jedoch ist sie für den Erfolg des Angebotes von zentraler Bedeutung. Ein gutes Beispiel für eine erfolgreiche Aktualisierungsstrategie ist die Starwars-Homepage. Mit immer neuen Interviews, Berichten und Informationen über die Entstehung der neuen Starwars-Filme wird zum einen Aktualität für die anlaufenden Filme geschaffen und zum anderen Merchandising betrieben (vgl. Abbildung 3).

Abb. 3:
Starwars-Homepage
[4]

6. Resümee: Betrachtung des Internet als Werkzeug

Die Infrastruktur des Internet wird in den kommenden Jahren zur Normalität wie das Telefonieren oder Fernsehen werden. Der sinnvolle Einsatz liegt derzeit im schnellen Verfügbarmachen von Informationen auf Sites oder per Email. Es ist noch die Zeit des Lernens, die es Unternehmen ermöglicht, mit dem Medium zu wachsen und es in seine Prozesse zu integrieren. Die Frage lautet nicht, ob die Technologie eingeführt werden soll, sondern wie ein betriebswirtschaftlich sinnvoller Einsatz aussieht. Hier ist weniger oft mehr. Auf die Bedeutung von Mundpropaganda und Personalschulung wurde bereits eingegangen. E-Commerce wird sich im Business-to-Business Bereich sehr schnell ausbreiten. Konsumgüter werden erst dann im großen Stil abgesetzt werden können, wenn die Bedienung der Endgeräte drastisch vereinfacht wird. Der dynamische Markt Internet muß ebenso nüchtern hinterfragt und betriebswirtschaftlich beurteilt werden, wie alle anderen Bereiche auch.

Literatur

Bergmann, Uwe: Das WWW aktiv nutzen, München 1999.

Bichler, Martin: Aufbau unternehmensweiter WWW-Informationssysteme :Multimedia Engineering, Wiesbaden 1997.

Instituts für Wirtschaftswissenschaften (Hrsg.): Akzeptanzorientierte Gestaltung von WWW-Informationsangeboten, Arbeitsberichte des Instituts für Wirtschaftswissenschaften, 00098, Technische Uni Braunschweig 1998.

Kübler, Magdalene; Struppek, Holger: Web-Design : Seitengestaltung im WWW, Heidelberg 1996.

Lampe, Frank: Geschäftserfolg im Internet, 2., überarb. und erw. Aufl., Wiesbaden 1998.

Maurer, Rainer; Paukstadt, Oliver: HTML und CGI-Programmierung : Dynamische WWW-Seiten erstellen mit Tcl, 2., überarb. u. erw. Aufl., Heidelberg 1998.

Nusser, Stefan: Sicherheitskonzepte im WWW, Berlin 1998.

Rubland, Jochen: Internet für Anbieter Strategische Planung und Umsetzung der WWW-Präsenz, Heidelberg 1997.

Schwalm, Till von; Kandlbinder, Martin; Diwischek, Werner; Greth, Michael; Knappe, Heiko :Die eigene Domain : Publizieren im Internet und professionelles Web-Hosting auf einem virtuellen Server des WWW-Services, Watter 1997.

Anmerkungen

[1] Inter Networx, Fahrenheitstr. 1, 28359 Bremen, Tel. 0421-2208-240
[2] Http://www.persil.de/
[3] Http://www.otto.de/
[4] Http://www.starwars.com/

Online-Börse im Internet

Petra Köckeritz

1 Problemstellung 290
2 Börse - Begriff und Merkmale 290
3 DTB - eine moderne Computer-Börse 293
4 Börsen im Internet 296
    4.1 Börsenpräsenz heute - Status quo - 297
    4.2 Charakteristikum einer virtuellen Börse 299
    4.3 Gibt es demnach bereits virtuelle Börsen? 300
5 Chancen und Risiken des Internet 302
    5.1 Nutzungsfelder für Börsen 303
    5.2 Risiken für die User 305
6 Internet - Zukünftiges online-sales-Medium? 309
7 Zusammenfassung und Ausblick 310
Anmerkungen 312
Literatur 313

1 Problemstellung

Durch die zunehmende Globalisierung des Handels und die fortschreitende Deregulierung der Finanzmärkte wird für Anleger die Planung, Verwaltung und Kontrolle von Kapitalanlagen ständig komplexer und der zeitliche Wissensvorsprung immer wichtiger.

Kampf um Marktanteile

Andererseits sind, aufgrund des wachsenden Konkurrenzdruckes, die Kapitaldienstleister im Kampf um Marktanteile stärker als bisher gefordert, ihr Unternehmen nachhaltig in den Köpfen der Kunden durch hervorragende Leistungen in den Bereichen Beratung, Verkauf und Service zu verankern.

Attraktives Medium

Angesichts des großen Stellenwertes des Internet als schnellem, kostengünstigen Kommunikations- und Informationsmedium, liegt der Schluß nahe, das es für Anleger und Anbieter von Kapitalanlagen, ein äußerst attraktives Medium darstellt.

„Virtuelle" oder „Online-Börsen"

Auch für Börsen, deren Handel auf schnellen Informationen und Kommunikation basiert, ist der Wettbewerb härter geworden. Im Rahmen dieses Aufsatzes steht daher die Frage im Mittelpunkt, ob bzw. in welcher Form Börsen bereits im Internet vertreten sind, und ob es sich bereits um „virtuelle oder Online-Börsen" handelt.

„Online-Börsing"

Das Ziel dieses Beitrages ist es, die Möglichkeiten, die das Internet für Börsianer derzeit erschließt, aufzuzeigen. Ist „Online-Börsing" (= von der Verf. geprägter Begriff, der zu verstehen ist als die Möglichkeit, über das Internet direkt an der Börse Handel (Kauf und Verkauf von fingiblen Handelsobjekten) zu treiben.) bereits möglich?

Vorgehen

Ausgehend von einer kurzen Beschreibung der Transformation des ehemaligen Börsenbegriffes bis in die heutige Zeit und der Erläuterung der heutigen Arbeitsweisen an Börsen am Beispiel der DTB wird der Beitrag fortgeführt mit einer Betrachtung der derzeitigen Präsentation von Börsen im Medium Internet. Hierbei wird die Frage erörtert, was unter einer virtuellen Börse zu verstehen ist und ob demnach bereits eine solche Börse im Internet existiert. Der Beitrag endet mit Bemerkungen über die Eignung des Internets als zukünftigem Online-Sales-Medium.

2 Börse - Begriff und Merkmale

Börsenmerkmale

Das Hauptmerkmal einer Börse war (und ist es), daß sie dem Verkehr von gegenseitig vertretbaren (fungiblen) Gegenständen diente. Unter vertretbaren Gegenständen versteht man solche, die:

- von gleicher Beschaffenheit sind,
- im Verkehr nach Zahl, Maß oder Gewicht bestimmt zu werden pflegen, und
- durch ein anderes Gut der gleichen Menge ersetzt werden können.

Aufgaben von Börsen

Die Hauptaufgaben von Börsen waren und sind:

- die Verbesserung der Markttransparenz sowie
- die Erleichterung des Abschlusses von Geschäften durch
- die Konzentration von Angebot und Nachfrage unter
- Ausschließung von Bonitäts- und Qualitätsrisiken und
- die ausgefeilte Organisation des Handels durch die Börsenleitung.

Ordnungsrahmen

Über die Hauptaufgaben und -merkmale von Börsen herrschte international Übereinstimmung. Unterschiedlich bewertet wurde die Notwendigkeit der Schaffung von lokalen oder nationalen Ordnungsrahmen durch die Gesetzgebung. Im weiteren wird daher exemplarisch auf das Deutsche Recht abgestellt.

Börsengesetz

Börsen haben den Charakter von ständigen Einrichtungen, die laut deutschen Börsengesetz § 1 Abs. 1 der Genehmigung der obersten Landesbehörde (Börsenaufsichtsbehörde) bedürfen. Das erste deutsche Börsengesetz trat vor über hundert Jahren am 22.06.1896 in Kraft und enthält formale Vorschriften, jedoch keine Begriffsbestimmung der Börse selbst. Es setzt nur den allgemeinen rechtlichen Rahmen.

Börsencharakteristik

Die Charakteristik einer Börse wurde in Deutschland erst durch das preußische Oberverwaltungsgericht im „Feenpalasturteil" festgestellt. „Es müssen Versammlungen einer größeren Zahl von Personen vorliegen, die an einem eindeutig festgelegten Ort und zu einer feststehenden Zeit, wenn nicht täglich, so doch in verhältnismäßig kurzen Zwischenräumen regelmäßig abgehalten werden und deren Wiederholung von vornherein beabsichtigt ist. Die Teilnehmer müssen sodann wenigstens vorwiegend Kaufleute sein, die überwiegend als Großhändler einen Handel in nicht zur Stelle gebrachten vertretbaren Waren betreiben."[1].

Moderner Börsenbegriff

Das „Merkmal der Börse gegenüber anderen Märkten ist ein besonders hoher Grad der formalen Organisation. Es ist festgelegt, wann gehandelt wird, wer handeln darf, worin gehandelt wird,

Kapitel 13: Online-Börse im Internet

Amtlicher Markt

wie der Preis zustandekommt und wie er notiert wird. Die Vertragsform wird schematisiert (Lieferung, Bezahlung, Regulierung von Streitigkeiten etc.)."[2].

Börsen werden heute verstanden als ein amtlicher Markt, auf dem täglich die Preise (Kurse) für Waren, Devisen oder Wertpapiere (Effekten) aus den vorliegenden Kauf- und Verkaufaufträgen, durch vereidigte Makler während der Börsenstunden festgestellt werden. Kursmakler = oder auch amtliche Börsenmakler Makler sind vereidigte Börsenmakler, die die Kursnotiz für die von ihnen im amtlichen Handel betreuten Wertpapieren, Waren oder Devisen auf der Grundlage der über die Banken an die Börse gelangenden Kauf- und Verkaufsaufträgen ermitteln. Sie führen Käufe und Verkäufe für fremde und eigene Rechnung aus [3].

Versammlungsort

Der Versammlungsort ist im Zeitalter des Computers und an der Schwelle zur Informationsgesellschaft in den Hintergrund getreten. „Die Versammlung braucht theoretisch nicht im Börsengebäude stattzufinden, da der Börsenvorstand berechtigt ist, Ort und Zeit der Börsenversammlung zu bestimmen."[4].

Computerbörslicher Handel

Seit der Änderung des Börsengesetzes zum 1.8.1989 ist auch der computerbörsliche Handel gesetzlich verankert, so daß als „Versammlungsort" inzwischen auch ein Computernetz dienen kann.

Einheitsbörse

Das System der deutschen Börsen läßt sich heute, aufgrund des gemeinsamen Börsengesetzes und den örtlichen, fast identischen Börsenordnungen, bezeichnen als „Einheitsbörse an verschiedenen Plätzen". [5].

Handelszeiten

In der Bundesrepublik kann von 10.30 Uhr bis 13.30 Uhr jeweils montags bis freitags (ausgenommen Feiertagen) von den berechtigten Personen unter Einschaltung der Kursmakler gehandelt werden. In anderen Staaten gelten abweichende Börsenzeiten, so daß allein in Europa durchgängig von 8.30 bis 17.00 Uhr (ohne Berücksichtigung der unterschiedlichen Sommerzeitenregelungen) an Börsen gehandelt werden kann.

24 Stunden Börse

Bezieht man in die Betrachtung sämtliche Börsenplätze der Welt mit ein, wäre es theoretisch möglich 24 Stunden am Tag Börsenaufträge (Order des Kunden an sein Kreditinstitut, für ihn Wertpapiere zu kaufen oder zu verkaufen. [6]) auszuführen.

Ausgestaltungsmöglichkeiten

Im folgenden soll nur eine Aufzählung der heutzutage möglichen, verschiedenen Ausgestaltungsmöglichkeiten von Börsen vorgenommen werden, die in der Fachliteratur detailliert unterschieden werden; auf diese soll hier für Interessierte verwiesen werden.

Im Laufe der Jahrhunderte haben sich drei Börsenarten nach der Art der gehandelten Güter herausgebildet:

Börsenarten
- Devisenbörsen
- Wertpapier- oder Effektenbörsen
- Warenbörsen

Die Organisationsformen von Börsen können seit des Einzuges von Computern in den Handel in zwei Grundformen und eine Mischform unterschieden werden in:

Börsenorganisation
- Präsenzbörsen
- Computerbörsen
- Computergestützten Parketthandel

Des Weiteren kann eine Unterteilung nach den Geschäftsformen vorgenommen werden:

Börsengeschäfte
- Kassageschäfte
- Termingeschäfte
- spezielle Termingeschäfte.

Die Handelssegmente können aufgefächert werden in:

Börsensegmente
- Amtlichen Handel oder amtliche Notierung
- Geregelten Markt
- Freiverkehr

Es wird ersichtlich, daß es vielfältige Möglichkeiten der Börsenorganisationen gibt. Beispielhaft für eine moderne Computer-Börse soll im weiteren auf die DTB Deutsche Terminbörse eingegangen werden.

3 DTB - eine moderne Computer-Börse

Der Fortschritt mündete unter anderem in der Gründung der DTB, die nach der Gesetzesänderung 1989 (wie bereits weiter oben erwähnt), als Computerbörse erschaffen wurde. An ihrem Beispiel soll ein Einblick gegeben werden, wie sich das elektronische Börsengeschehen heute abspielt.

Vollcomputerisierte Terminbörse

Die seit dem 26. Januar 1990 arbeitende DTB ist Deutschlands erste Finanztermingeschäftsbörse. Vorher wurden in Deutschland keine Finanztermingeschäfte gehandelt. Zudem ist die DTB die erste vollcomputerisierte Börse, die in Deutschland aufgebaut wurde. Sie wurde mit neuester Technik ausgestattet, so daß der Handel nicht an einem zentralen Ort, wie bei den traditionellen Parkettbörsen stattfindet, sondern über ein standortunabhängiges elektronisches Netzwerk.

Elektronisches Börsenparkett

„Ende 1996 waren über 150 Teilnehmerinstitute mit mehr als 1.550 Händlern an das elektronische Börsenparkett der DTB angeschlossen. Sie alle können über Bildschirmterminals von ihren Büros in Europa und den USA aus in sekundenschnelle Geschäfte in Optionen und Futures abschließen. Dabei ist die gleichzeitige automatische Abwicklung (Clearing) der Geschäfte vollständig in das DTB-System integriert." [7].

Platz 2 der Terminbörsen

Im Jahre 1996 wurden pro Tag durchschnittlich 300.000 Kontrakte gehandelt. Mit dieser Anzahl liegt die DTB europaweit auf Platz 2 der Terminbörsen. Im Bereich der Optionsumsätze ist sie in Europa führend und weltweit als vollcomputerisierte Terminbörse an erster Stelle.

Internationale Anbindung

Um der zunehmenden Globalisierung gerecht zu werden, versucht auch die DTB die internationale Anbindung ständig zu verbessern. Bisher betreibt die Deutsche Börse sogenannte Access Points in Amsterdam, London, Paris, Zürich und Chicago. Durch Access Points wird für die Teilnehmer der Zugang zu den Handels- und Clearingsystemen der DTB sowohl kostengünstiger als auch schneller.

Arbeitsweise

Das DTB-System besteht hardwareseitig aus drei Teilbereichen: Dem Zentralrechner (Host) in Frankfurt, den Access Points (Knotenpunkten) im Ausland und den Rechnern der Börsenteilnehmer. Der Host übernimmt die eigentlichen Handels- und Clearingfunktionen. Er erhält und verteilt Informationen über die sogenannten Kommunikationsrechner an den Knotenpunkten. Die Rechner der Börsenteilnehmer sind wiederum an die Kommunikationsrechner angeschlossen. Die gesamte Datenübertragung verläuft mit Hilfe von Festverbindungen mit garantierter Bandbreite, die von Netzwerkanbietern angemietet sind. „Die meisten DTB-Teilnehmer sind über zwei Leitungen an das System angeschlossen. DTB-intern sind alle EDV-Komponenten mindestens doppelt angelegt und sorgen so für eine hohe Ausfallsicherheit und ständige Verfügbarkeit des DTB-Systems." [8].

Deutsche Börse AG

Trägerin der DTB ist die Deutsche Börse AG; sie stellt die Funktionsfähigkeit des Börsenbetriebes sicher. Die Deutsche Börse AG ist ein Dienstleister rund um das Wertpapier, da sie sämtliche

3 DTB - eine moderne Computer-Börse

Börsendienstleistungen, vom Handel über Informationstechnologien bis hin zur Abwicklung, aus einer Hand anbieten kann.

Organisation und Struktur

Aufgrund der letzten Börsenreform im Jahre 1994 hat sich die Organisation und Struktur, bezüglich der Leitungsorgane der Börse (jetzt: Börsenrat und -geschäftsführung; vormals: Börsenvorstand) und der Marktaufsicht verändert. Die Neuordnung der Aufsicht erfolgte in: die Handelsüberwachungsstelle der Börse selbst, die Börsenaufsicht auf Landesebene und das Bundesaufsichtsamt für den Wertpapierhandel. Letztgenanntes wurde neu gegründet und ist dem Bundesministerium für Finanzen nachgeordnet. Das Ziel der Marktaufsicht ist in erster Linie der Schutz der Börsenteilnehmer und Anleger. Sie gewährleistet die ordnungsgemäße Abwicklung und Durchführung des Börsengeschäfts, z.B. durch die Dokumentation des Handelsgeschehens mit Hilfe von Computerprogrammen durch die Handelsüberwachungsstelle.

Teilnehmerzahlen

Betrachtet man die aktuellen Teilnehmerzahlen der DTB, scheint ihr das zu gelingen. Die Zahl der Teilnehmer an der DTB zeigt seit 1990 einen ständig zunehmenden Trend. Waren es damals noch 27 ausländische und 38 inländischen Teilnehmer, so wurde im Oktober 1996 festgestellt, daß inzwischen 58 inländische Teilnehmer bereits 94 ausländischen Teilnehmern gegenüberstehen. Das Interesse des Auslands, an der DTB zu handeln, hat sich in knapp sechs Jahren fast vervierfacht. Seit Beginn des Handels hat die DTB ihre Produktpalette kontinuierlich ausgebaut. Zu sechzehn verschiedenen Terminen wartete sie mit Finanzinnovationen, wie dem Ein- oder Dreimonats-Euromark-Future, auf.

Der Handel an der DTB

Der Handel an der DTB läuft über Bildschirmterminals, die mit dem Rechenzentrum der DTB über ein Telekommunikationsnetz verbunden sind. Alle beim Rechenzentrum der DTB eingehenden Aufträge und Angebote werden in einem zentralen elektronischen Orderbuch gesammelt und automatisch priorisiert. Stehen sich zwei Aufträge ausführbar gegenüber, veranlaßt das System den Geschäftsabschluß.

Hauptschnittstelle

Die zehn besten Angebots- und Nachfragepreise, die dazugehörigen Mengen und andere marktrelevante Daten können permanent über die Hauptschnittstelle von den sogenannten Backoffice-Systemen der Börsenteilnehmer abgerufen werden. Desweiteren ist es möglich in real-time das Marktgeschehen in sogenannte Frontoffice-Systeme zu übertragen, dies erleichtert die eigene Preisgestaltung von Angeboten und Aufträgen.

Die Clearingstelle

Die Erfüllung der geschlossenen Kontrakte wird durch das Clearingsystem der DTB, mit Hilfe von integrierten Kontroll- und Sicherheitsmechanismen, gewährleistet. Die Clearingstelle „... führt die Abwicklung, Besicherung sowie die geld- und stückemäßige Regulierung der an der DTB abgeschlossenen Geschäfte durch. Kommt ein Geschäftsabschluß an der DTB zustande, so stellt sich die Clearing-Stelle als Kontrahent zwischen Käufer und Verkäufer." [9].

Internationales Netzwerk

So verläuft, in kurzen Zügen dargestellt, der Handel an einer modernen elektronischen Börse wie der DTB. Die Struktur der Börsen hat sich im Laufe der Jahrhunderte stets den Markterfordernissen angepaßt und wie dargestellt, nutzt die DTB bereits ein internationales Netzwerk als Informations- und Kommunikationssystem.

Weiteres Vorgehen

Der nächste Abschnitt beschäftigt sich mit der Frage, ob und inwieweit Börsen heute das Internet, mit seinen weltweiten Verbindungen zwischen Rechnern und Online-Zugriff auf das gespeicherte, aktuelle globale Wissen, zu Ihren Gunsten nutzen. Des Weiteren wird die Frage erörtert, was unter einer virtuellen Börse zu verstehen ist und ob demnach bereits eine solche Börse im Internet existiert.

4 Börsen im Internet

Zu Beginn dieses Abschnitts, der sich mit der Verbindung von Internet und Börse befaßt, soll ein Zitat eines Zeitzeugen der Antwerpener-Börse (1531) bemüht werden, er schrieb: „Man hört dort ein verworrenes Geräusch aller Sprachen, man sah ein buntes Gemenge aller möglichen Kleidertrachten, kurz, die Antwerpener Börse schien eine kleine Welt zu sein, in der alle Teile der großen vereinigt waren." [10].

Metapher

Es könnte sich fast um eine Metapher für das Internet handeln. Übertragen auf das Internet, würde sich folgende Szenerie ergeben. Sobald sich der User, der zu Hause im Arbeitszimmer am Computer sitzend, über das Modem in das Internet eingewählt hat, stehen dem Navigator alle WWW-Server der Welt zur Verfügung. Er kann mit Hilfe der Technik virtuell in der gesamten Welt anwesend sein, kurz, das Internet scheint (virtuell) eine „kleine" Welt zu sein, in der alle Teile der großen vereinigt sind. Was liegt näher als beide „Welten" miteinander zu verbinden?

Präsenz von Börsen im Internet

Zunächst soll die derzeitige Präsenz von Börsen im Internet erläutert werden, um dann darauf aufbauend zu fragen, ob es sich hierbei bereits um virtuelle Börsen handelt, bzw. was virtuelle Börsen überhaupt sind.

4.1 Börsenpräsenz heute - Status quo -

Im Internet sind bereits diverse Börsen mit einem WWW-Server vertreten [11]. „Die renommierten Börsen kämpfen um Marktanteile. Mit der ständig größer werdenden Produktpalette und nicht zuletzt mit einer hohen Service- und Abwicklungsqualität will man die globalen Orderströme in Milliardenhöhe auf sich ziehen. Daß sich zu diesem Zwecke das Internet als global funktionierendes Kommunikationsmedium geradezu aufdrängt, haben einige Börsen erkannt und setzen es ein." [12].

Point of Information

Tabelle 1 bietet einen Überblick über die im Internet vertretenen Börsen und eine kurze Beschreibung ihrer angebotenen Dienste. Augenfällig ist, das derzeit an keiner der vertretenen klassischen Börsen im Internet sogenannter Online-Handel betrieben wird. Unter Online-Handel versteht man die Möglichkeit des direkten Kaufs oder Verkaufs von Produkten über das Internet. Bisher nutzen alle Börsen das Netz vorrangig als Point of Information. Eine Kommunikation über die E-Mail ist mit allen vertretenen Börsen möglich.

Liffe

Die Unterschiede zwischen den Angeboten sind gewaltig. Hervorzuheben ist beispielsweise die Liffe (London International Financial Futures and Options Exchange), hier ist kein Handel möglich, doch sie arbeitet mit der Firma ESI/Sharelink zusammen. ESI/Sharelink, wurde von der Computerfirma ESI und der Firma Sharelink, einem Ableger des Brokerhauses Carl Schwab, gegründet und ermöglicht Online-Handel auch für Kleinanleger. Auf diesen Online-Handel-Anbieter wird im nachfolgenden noch genauer eingegangen.

Entscheidungshilfen für den Wertpapierkauf

Im Vergleich zu vielen anderen Börsen hat die DTB als Computerbörse die besten technischen Voraussetzungen den für Ende 1998 geplanten Einstieg in den vereinfachten Online-Handel für den privaten Anleger zu verwirklichen. Über die Hausbanken können dann Privatanleger mit Hilfe von Xetra, dem elektronischen Handelssystem der Frankfurter Wertpapierbörse, das seit dem 28. November 1997 eingesetzt wird, schneller Orders an der Börse plazieren. Wie dieser Handel konkret ablaufen soll, war zu diesem Zeitpunkt an der Frankfurter Wertpapierbörse noch nichts in Erfahrung zu bringen. Die Fachpresse spricht von einem Dienstleistungskonzept „Online-Broking", das allen Mitgliedsinstituten zur direkten Weiterleitung von Börsenorders angeboten wird. Festzustellen ist „Immer mehr Börsen nutzen das Internet, um für Ihre Dienste zu werben. Aber nicht nur alleine Informationen zu Marketingzwecken werden angeboten, auch Entscheidungshilfen für den Wertpapierkauf finden sich." [13].

Tab. 1: Beispiele für im Internet vertretene Börsen

Name der Börse	Internet-Adresse	Allgemeines	Kurse	Bewertung/ Analyse/ Auswertung	Besonderheiten	Handel Ja / Nein
AMEX American Stock Exchange	http://www.amex.com	ausführliche Marktberichte	die wichtigsten: rund 800	@ Listen der Tagesgewinner und -verlierer @ Aufstellung der umsatzstärksten Titel		Nein
Australien Stock Exchange	http://www.asx.com.au	ausführliche Hintergrundberichte	Ja			Nein
Börse Beirut	http://www.lebanon.com/financial/stocks/index.html	Im Aufbau. Berichte über Ziele und Prioritäten.	Nein			Nein
CBOE Chicago Board of Options Exchange	http://www.cboe.com	ausführliche Hintergrundberichte	Ja, verzögert zwischen 10 - 30 Minuten	@ Charts @ News @ Historien	Grundlagen des Optionsgeschäfts	Nein
CBOT Chicago Board of Trade	http://www.cbot.com	ausführliche Hintergrundberichte	Ja, verzögert zwischen 10 - 30 Minuten	@ Listen der Gewinner und Verlierer @ Charts @ News @ Statistiken	Grundlagen des Termingeschäfts	Nein
CME Chicago Mercantile Exchange	http://www.cme.com	ausführliche Hintergrundberichte	Ja, verzögert zwischen 10 - 30 Minuten	@ Charts @ News	Grundlagen des Warentermingeschäfts	Nein
Hong Kong Futures Exchange	http://www.hkfe.com	ausführliche Hintergrundberichte	Ja		sehr spekulativer Markt	Nein
Kansas City Board of Trade	http://www.kcbt.com	ausführliche Hintergrundberichte	Ja	@ Wetterberichte @ Kontraktspezifikationen @ interessante Links	Umsatzstärkste Börse der Welt	Nein

4.2 Charakteristikum einer virtuellen Börse

Nachdem im vorangegangenen Abschnitt die gegenwärtige Präsenz von klassischen Börsen im Internet dargestellt wurde, stellt sich nun die Frage, ob es sich hierbei bereits um virtuelle Börsen handelt, bzw. wie sich virtuelle Börsen abgrenzen.

Virtuell

Der Begriff „Virtuell" stammt aus dem französischen und wird übersetzt mit: der Kraft oder der Möglichkeit nach vorhanden, scheinbar [14]. Da der Begriff der virtuellen Börse ein populär wissenschaftlich geprägter Begriff ist, der als Schlagwort gebraucht und in der Literatur bisher undefiniert blieb, soll mit Hilfe des Begriffs „Virtuelle Realität" eine eigene Definition abgeleitet werden.

Virtuelle Realität

Unter „Virtueller Realität" versteht man: Die „Bezeichnung für eine mittels Computer simulierte Wirklichkeit oder künstliche Welt (Cyberspace), in die Personen mit Hilfe technischer Geräte (elektronischer Brille, Lautsprecher, Datenhandschuh, Datenhelm) versetzt und interaktiv eingebunden werden. Die in die Brille auf zwei kleine Bildschirme stereoskopisch eingespielten, dreidimensional erscheinenden Bilder vermitteln dem Beobachter den Eindruck, sich selbst in der Kunstwelt (z.B. Räume, Landschaften, Fahrzeuge) zu befinden. Bewegungen der Personen werden sensorisch erfaßt und Bildausschnitt und -perspektive laufend angepaßt. Über den ebenfalls mit aufwendiger Sensortechnik ausgestatteten Datenhandschuh kann der Träger aktiv auf die modellhafte Welt einwirken (z.B. einen Gegenstand greifen), indem entsprechende Informationen vom Handschuh in das darauf reagierende Simulationssystem eingespeist werden. Die Virtual-Reality-Technik findet erste Anwendungen bei Fahr- und Flugsimulationen, ist aber auch für Raumfahrt, Medizin, Architektur, Unterhaltungselektronik und ähnliches interessant." [15].

Virtuelle Börse

In Anwendung gebracht auf den Begriff der Virtuellen Börse, wird im folgenden darunter verstanden: Eine mittels Computer und WWW simulierte Börse im Internet, die alle auch in der Wirklichkeit auftretenden Börsenszenarien abbildet und in der die Börsenbesucher, mit Hilfe technischer Geräte (Computer, Software, Netzdiensten), interaktiv eingebunden werden können. Über eine Homepage im Internet, können Service (z.B. Historien, Listen), Beratungen (E-Mail-Möglichkeit) oder Leistungen (z.B. Online-Handel) von den bisherigen Börsenteilnehmern und von privaten Anlegern in Anspruch genommen werden. Zudem ersetzt das Internet alle bestehenden Informationssysteme und bildet das alleinige Informations-, Kommunikations- und Handelsmedium. Der Online-Handel an der Börse wird mit dem Begriff „Online-Börsing" belegt, um klarzustellen, daß Börsenhandel online betrieben wird. Alle noch an Orte gebundenen Tätigkeiten, wie Datenverwaltung etc. können an unterschiedlichen Orten stattfinden, um die Kostenbasis zu reduzieren.

4.3 Gibt es demnach bereits virtuelle Börsen?

Die Frage der Überschrift kann noch mit einem klaren „Nein" beantwortet werden. Derzeit existiert keine Institution im Internet, die die oben erarbeitete Definition ausfüllt. Weder eine der klassischen, im Netz vertretenen, Börsen, noch ein sonstiges Unternehmen kann die Kriterien erfüllen.

Alternativen Handelsmöglichkeiten

Das Interesse an alternativen Handelsmöglichkeiten seitens der Anleger wächst ständig. Bisher waren dem privaten Anleger die Hände gebunden. Als Privatperson konnte er bislang aufgrund des bestehenden Börsengesetzes keine Direkt-Orderplatzierung an der Börse vornehmen, sondern war und ist gezwungen sich an seine Bank zu wenden.

Online-Medien

Durch die Verfügbarkeit von Online-Medien und die damit, zum Teil sogar real-time, zur Verfügung stehenden börsenrelevanten Informationen, hat der Privatanleger z.T. mit dem Status der institutionellen Anleger (die auf Börseninformationssysteme zugreifen können) gleichgezogen. Verständlich der Wunsch der privaten Anleger nun, aufgrund der verbesserten Informationssituation auch schneller in den Handel eingreifen bzw. auf die Kurse reagieren zu wollen.

Börsenzwang

Die Zwischenschaltung von Banken verzögert den Handel. Die Banken ihrerseits haben die „Pflicht zum Abschluß aller Geschäfte in Börsenpapieren über die Börse." [16]. In den Geschäftsbedingungen der deutschen Banken ist niedergelegt, daß alle Kundenaufträge in amtlich notierten Aktien über die Börse geleitet werden (Vermittlung durch Kursmakler oder freie Makler), es sei denn, daß der Kunde andere Weisungen gibt. „Praktisch führt diese Regelung zu Ergebnissen wie dem Börsenzwang. Der durch den Börsenzwang entstehende breitere Markt soll zu möglichst „richtigen" einheitlichen Kursen führen." [17]. Durch den Börsenzwang, sind die Banken gehalten, Kundenaufträgen nicht gegeneinander oder mit eigenen Aufträgen zu verrechnen.

Direkte Ordermöglichkeit?

Direkte Ordermöglichkeiten für private Anleger würden dem angestrebten Idealzustand nahekommen. Doch sicherheitsbewußte private Anleger werden den Vorteil der Zwischenschaltung einer seriösen Bank oder eines Brokers, bei dem sie ein Konto unterhalten, aus Sicherheitsgründen (um z.B. dem Zusammenbruch der Leitung oder der Datengefährdung vorzubeugen), nicht aufgeben. Auch die Börsen selbst überlegen, sich an der Entwicklung zu beteiligen. Dies setzt jedoch eine Änderung der Börsenstatuten auf internationaler Ebene und das „[...]Vertrauen in die Funktionsfähigkeit einer wie immer gearteten Online-Börse (voraus, die Verf.) [...]."[18]

virtuellen Aktienbörse Direktbörse

Es gibt verschiedene Berichte über den Aufbau bzw. die Gründung einer sogenannten virtuellen Aktienbörse oder Direktbörse. Es gilt zu hinterfragen, ob es sich hier tatsächlich um Virtuelle Börsen handelt.

Elektronic Share Information

„Die Computerfirma Elektronic Share Information (ESI), Cambridge, hat sich mit dem elektronischen Diskountbroker Sharelink zusammengetan, um Europas erste Aktieninformations- und Aktienhandelsservice über Internet aufzubauen" [19] wurde bereits Ende September 1995 von der Zeitung Die Welt publiziert. Ziel von Electronic Share Information Limited (ESI und Sharelink) ist es, auch privaten Investoren die gleichen Informationen zugänglich zu machen, über die professionelle Anleger bereits seit langem verfügen.

Londoner Aktienbörse

Die Londoner Aktienbörse versuchte zunächst den Wertpapierhandel zu behindern. Sie weigerte sich die aktuellen Kurse zur Verfügung zu stellen. Nachdem es zu einem öffentlichen Schlagabtausch kam, bei dem der Börse die Ausnutzung ihrer Monopolstellung vorgeworfen wurde, revidierte die London Stock Exchange ihre Meinung. Man erklärte deshalb, „... froh, an einer Entwicklung beteiligt zu sein, die die Wahlmöglichkeiten privater Investoren erweitert'." [20].

Elektronic Share Information Limited

Bei der Elektronic Share Information Limited handelt es sich eindeutig nicht um eine Virtuelle Börse. Vielmehr handelt es sich um eine Art Aktienshop als Zusammenarbeit von ESI Limited und London Stock Exchange. Surft man unter die WWW-Adresse von ESI Limited http://www.esi.co.uk/publik/brochure/. kann man sich von dieser Tatsache anhand der „User Terms And Conditions", den Presseinformationen sowie den eingestellten Zeitungsartikeln überzeugen. Hier wird eindeutig gesprochen von „The World`s first electronik UK equity option dealing service on the Internet ..." [21] und dem „Web `Share Shop`" [22] ESI Limited ermitteln weder selbst Kurse, noch führen Sie Angebot und Nachfrage zusammen.

Broker	Im Bereich des Online-Handel im Börsenumfeld ist ESI Limited bei weitem nicht der einzige potentielle Handelspartner für private Anleger. Diverse Broker betreiben ihr Geschäft bereits über das Internet. Zukünftig werden sicherlich immer mehr Börsengeschäfte über das Internet abgewickelt. Bietet doch das Internet eine täglich wachsende Zahl an Informationen, die für Anleger interessant und wertvoll sind und überwiegend noch kostenfrei zur Verfügung stehen.
DTB	Wahrscheinlich werden auch Börsen diesem Trend folgen. Nicht umsonst kündigte die DTB für den Herbst 1998 die Einführung des Online-Handels für Privatanleger via deren Hausbanken (die Mitglieder der DTB sein müssen) über das Handelssystem Xetra an. Für die erste vollcomputerisierte deutsche Börse stehen die Chancen der Realisierung gut. Die Computer- und Softwareinfrastruktur bieten ihr ideale Ausgangsvoraussetzungen.
Direkter Handel?	Auf die Frage, ob es die an der DTB in absehbarer Zeit für private Anleger die Möglichkeit des direkten Handels geben wird, äußerte sich Herr Günthner (Telefonat im April 1998) sehr skeptisch, ob jemals ein direkter Handel von Privatanlegern an der DTB ermöglicht wird bzw. möglich ist. Die Gründe sind in den technischen Anforderungen und in der Vielzahl der neuen privaten Handelspartner zu sehen. Folglich wird die erste virtuelle Börse im Internet mit großer Wahrscheinlichkeit nicht von der DTB initiiert werden.

5 Chancen und Risiken des Internet

Einfachheit	Wie schnell und in welchem Umfang Börsengeschäfte sich generell im Internet entwickeln, wird jedoch maßgeblich abhängen von der Akzeptanz auf seiten der Nutzer und dem Engagement der Anbieter. Je einfacher die gesuchten Informationen zu erhalten und die gewünschten Aktionen zu tätigen sind, desto eher wird das Internet von seinen Nutzern regelmäßig für Börsengeschäfte gebraucht werden.
Nutzungsmöglichkeiten	Welche Nutzungsmöglichkeiten das Internet den Börsen bieten kann, wird im folgenden Abschnitt erarbeitet.
Präsenzbibliothek vs. Marktplatz	Heutzutage nutzen viele das Internet hauptsächlich als riesige, ständig wachsende Informationsquelle, als weltumspannende, multimediale und hyperlink-vernetzte Präsenzbibliothek. Andere begreifen das Internet bereits als globalen Marktplatz mit direktem Draht zum Kunden, der nur darauf wartet, kommerziell erschlossen zu werden [23]. „Technisches Know-how und die ver-

glichen mit einem U-Bahn-Ticket zum nächsten Supermarkt immer noch recht hohen Kosten für Computer und Internet-Zugang sichern eine finanzstarke Kundschaft, der Marktforscher äußerst konsumfreudige Charaktereigenschaften bescheinigen" [24]. Für viele Unternehmen ist die weltweite Präsenz im Internet ein entscheidendes Mittel im Wettbewerb [25]. Auch das US-Magazin Business Week attestiert dem neuen Medium Internet „einzigartige Vorteile" gegenüber den Massenmedien, es wird sie auf lange Sicht überflügeln [26].

5.1 Nutzungsfelder für Börsen

Auch Börsen haben die Chance erkannt Wettbewerbsvorteils zu realisieren und nutzen das Internet entweder eher passiv oder aktiv für ihre Präsenz.

Passive Internetpräsenz

Betrachtet man die Situation der Börsen im Internet, dann kommt man zu dem Schluß, daß sie an einem definierten Ort (ihrer URL), ihr Angebot präsentiert und darauf angewiesen ist, daß die Kunden durch die Infrastruktur des Netz zu ihr kommen.

DAX-Kurse

Kunden können unterschieden werden in bestehende Kunden, die ein konkretes Anliegen haben (z.B. aktuelle DAX-Kurse abrufen), und daher also direkt zur Börse surfen und in potentielle Kunden, die erst mit allen geeigneten Mitteln und an allen attraktiven Orten des Internet dazu motiviert werden müssen, Zeit und Geld zu investieren, um den Internet-Service der Börse aufzusuchen. Besonders geeignet sind dazu Inhaltsverzeichnisse des Internet, Einträge bei Suchmaschinen, Links und Werbe-Banner bei Online-Zeitschriften sowie die Integration der URL in die sonstigen kommunikationspolitischen Maßnahmen [27].

Homepage

Hat sich der (bestehende oder potentielle) Kunde in den Börsenrechner eingeloggt, kann er auf der Homepage in Kundensegmente weiterverzweigen. Innerhalb der Kundensegmente können drei Leistungsformen angeboten werden:

- Beratung (z.B. ausführliche Produktinformationen),
- direkter Verkauf von Produkten und
- Service (z.B. Wirtschaftsnachrichten, Historien, Analysen, Verlierer- und Gewinnerlisten, Wetterberichte etc.) [28].

Aktive Internetpräsenz

Die Präsenz im Internet sollte nicht nur passiv genutzt werden, im Sinne von „auf den Kunden warten und ihn dann mit dem Angebot überzeugen", sondern aktiv. Daß bedeutet auch an anderen Orten im Netz tätig zu werden bzw. zu werben und selbst auf das Netz einzuwirken. Es bieten sich drei Aktionsbereiche an, in denen die Börse versuchen sollte, dem Nutzer optimale Leistungen zu bieten:

- im Internet,
- auf der Homepage und
- in den spezifischen Leistungen.

Aktivitäten im Internet

Im Internet ist die Börse gefordert den Datenreisenden dahingehend zu motivieren, daß dieser den nächsten Schritt auf die Börsen-Homepage macht. Beispielsweise durch das regelmäßiges Verkünden, wo die Börse im Netz zu finden ist, durch Preisausschreiben/Gewinnspiele oder zur Verfügungstellung von Software zum Herunterladen. Aktivitäten sind besonders wichtig, um den einmal motivierten Kunden immer wieder auf der Homepage als Gast begrüßen zu dürfen. Die Aktualität der gebotenen Informationen ist genauso wichtig, wie das richtige Mischungsverhältnis von Information und Werbung, denn der Kunde bezahlt die Sitzung im Netz. Die Kundenbindung zu intensivieren, kann auch durch Übernahme einer Providertätigkeit durch die Börse selbst erleichtert werden.

Aktivitäten auf der Homepage

Ist der Kunde in den nächsten Bereich übergewechselt, betritt er die virtuelle Börsenwelt bzw. die Börsen-Homepage. Hier sollte er mit Hilfe von entsprechender Software registriert werden. Später sind die Daten individuell oder allgemein statistisch auswertbar. Bereits ab seinem zweiten Börsen Besuch können dem potentiellen Anleger, sobald er sich einwählt, automatisch die für ihn interessanten Daten zur Verfügung gestellt werden. Es ist ebenfalls möglich durch einen geschickt aufgebauten Themenbaum einzelne Segmente für bestimmte Kunden zugänglich zu machen.

Aktivitäten bei internetspezifischen Dienstleistungen

Der dritte Bereich betrifft die speziellen Dienste. Neben den normalen Börsendienstleistungen und dem allgemeinen Informationsangebot, lassen sich weitere internetspezifische Dienstleistungen kreieren. Wie zum Beispiel ein Diskussionsclub, der nichts mit dem eigentlichen Betriebszweck zutun haben muß; oder das Angebot sich periodisch von der Börse zu bestimmten Themen über ein Mailverfahren informieren zu lassen.

Die Faktoren für den Erfolg des Internet sind aus der Abbildung 1 ersichtlich. Doch wie oben dargestellt sind fortdauernde Anstrengungen für die Erreichung des Erfolges im Internet und dessen Beibehaltung unerläßlich.

Abb. 1:
Erfolgsfaktoren des Internet [29]

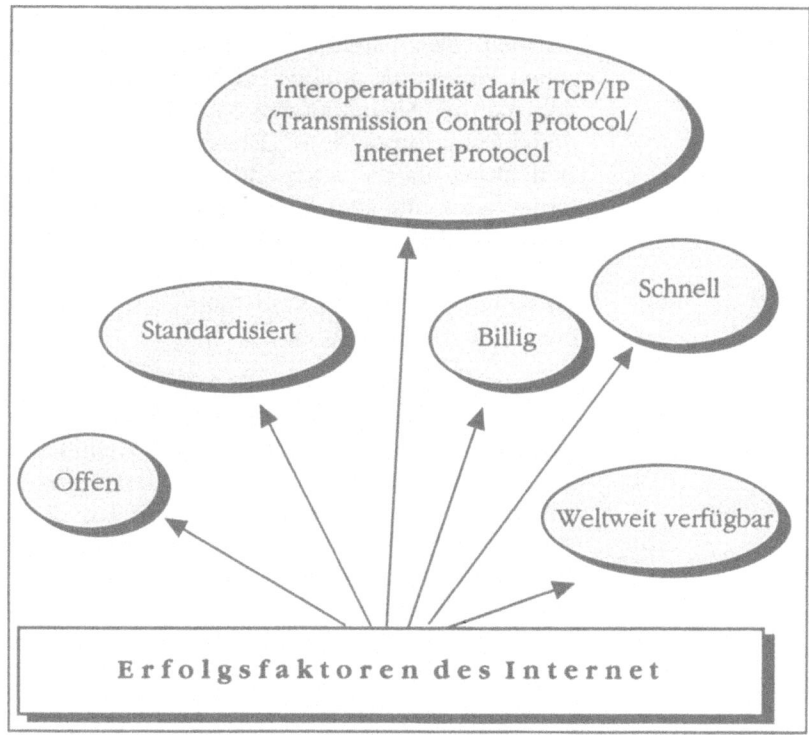

Hochgeschwindigkeitsleitungen	Die Hochgeschwindigkeitsleitungen des Internet ermöglichen einen schnellen und dabei kostengünstigen Informationsaustausch. In den USA sind 56 Kbits/s bis 45 Mbits/ im Weitverkehrsbereich üblich. Deutschlands Bandbreiten sind geringer. Höhere Geschwindigkeiten können mit der Verwendung von ATM (Asynchronous Tranfer Mode) erzielt werden [30].
Ausfallrisiken	Doppelte Leitungen reduzieren das Ausfallrisiko von Diensten. Doch nicht die Ausfallrisiken sind der Grund für die Zurückhaltung der Börsen gegenüber dem Internet. Eine wesentliche Ursache sind Zweifel an ausreichenden Sicherheitsmechanismen.

5.2 Risiken für die User

Beschäftigt man sich mit der Abwicklung von Geschäften via Internet, so ergeben sich Fragen für beide Geschäftspartner, wie z.B.:

- Wie sicher sind die Daten im Internet?
- Wie sind die rechtlichen Gegebenheiten?
- Wie vollzieht sich der Zahlungsverkehr?

Sicherheit	Die Akzeptanz der Nutzer ist eng verknüpft mit der Frage der Sicherheit. Die Datensicherheit wurde 1995 von 189 amerikanischen Firmen als größtes Hindernis für die weitere Entwicklung von Internet-Anwendungen betrachtet (Befragung durch International Data Corporation). „Dieses Thema gewinnt immer mehr an Bedeutung, da die wachsende Anzahl von Unternehmen das Internet auch für den Transfer unternehmenskritischer (vertraulicher, unternehmensinterner) Informationen nutzen möchten." [31]. Die Unternehmen brauchen Gewißheit, daß der Übergang zwischen dem öffentlichen Internet und ihrem privaten Corporate Network „sauber" ist.
Datenverlust oder Datenmanipulation	Bei der Übertragung von Finanzdaten im öffentlichen Internet sind Datenverlust oder Datenmanipulation nicht tolerierbar. Daher sind die Anforderungen an die Datenübertragung parallel zu den Anforderungen an die Datenübertragung im normalen Geschäftsverkehr mit Banken zu sehen. Für die Übertragung von Bankdaten werden derzeit Verschlüsselungscodes mit einem Schlüssel von einer Länge von 128 Bit benutzt. Einer der inländischen Anbieter einer 128 Bit-Verschlüsselungssoftware, die auf der Internet-Programmiersprache Java basiert und für das Bankengeschäft im Internet konzipiert wurde, ist die Böblinger Firma Brokat Informationssysteme GmbH [32]. Diese Software wäre für die Übertragung von Finanzdaten im Internet geeignet, obwohl nach Angaben des Chaos Computer Club e.V. jeder Code knackbar ist. Regelmäßig werden zum Erscheinen neuer Verschlüsselungssoftware, Wettbewerbe internetweit ausgeschrieben, um die neuen Schlüssel, binnen kurzer Frist zu knacken.
Kryptographische Verfahren	Die klassischen Verfahren zur Datensicherung durch Zugriffskontrolle und Berechtigungsverwaltung, reichen in vernetzten Umgebungen nicht mehr aus. Für den Schutz der Daten im Internetverkehr werden meistens die bereits genannten Verschlüsselungsverfahren benutzt, um Files und E-Mails, die über das Internet versandt werden, vor dem unberechtigten lesen durch Dritte zu schützen. Es gibt zwei Verfahren, die für Verschlüsselung der Daten sorgen: symmetrische oder asymmetrische Verfahren. Außerdem kann „Verschlüsselung [...] gleichermaßen zur Authentisierung der berechtigen Kommunikationspartner dienen. [...] Darüber hinaus wird durch Verschlüsselung ein mögliches Abhören im eigenen lokalen Netz verhindert." [33].
Firewalls	Zusätzlich zu solchen Kryptographischen Verfahren sollten weitere Sicherheitstechniken genutzt werden. „Firewalls" rangieren unter den Sicherheitstechniken an erster Stelle. Firewalls

(Brandschutzwälle) lassen ähnlich wie die Zugbrücke einer Burg nur den Zugang an einer genau definierten Stelle zu. Sie sind ein wirksamer Schutz vor Einbruchsversuchen in das LAN, da sich der Datenverkehr sehr viel leichter kontrollieren läßt.

Sicherheitsfilter

„In den USA werden auf dem freien Markt mittlerweile Sicherheitsfilter (Data Service Unit DSU) und Router mit „Firewall"-Architektur, Verschlüsselungssoftwarepakete und Virus-Scanner angeboten." [34]. Dies sind einige Möglichkeiten zur Erhöhung der Sicherheit von Daten. Keineswegs sind diese hier erschöpfend dargestellt und sie bieten auch keine 100%ige Sicherheit.

Portfolio-Management

Erst wenn die derzeitig noch bestehenden Unsicherheiten bezüglich der Datensicherheit im Internet beseitigt sind, könnten die Visionen eines Portfolio-Managements im Internet Realität werden. „Anleger können dann von jedem Platz der Erde ihre Portfolios einspielen und bewerten. Sie können ferner Szenarien konstruieren und Risikoanalysen durchführen. Und sie können ihre Entscheidungen per Mausklick in die Tat umsetzen. Szenarien dieser Art beunruhigen die Portfolio- und Fondsmanager hierzulande. Sie spüren, daß ihnen in den Datennetzen eine Konkurrenz erwächst, die schwer greifbar und daher kaum einschätzbar ist. Gewinner wird in jedem Fall der Anleger sein, denn er kann zukünftig mit verbesserten Informationen und Service sowie niedrigeren Transaktionskosten rechnen." [35].

Die Zukunft liegt in der Quantenkryptographie

Doch Softwareentwickler und Techniker arbeiten an den Herausforderungen. In der Entwicklung befindet sich derzeit ein Verfahren, daß auf der sogenannten Quantenkryptographie basiert. Mit Hilfe der Quantenmechanik wollen die Forscher des Los Alamos National Laoratory dafür sorgen, daß die Codes des Laboratorium ungeknackt bleiben. Die Phänomene der Quantenmechanik lassen sich, so hoffen die Wissenschaftler, bestens für die Nachrichtenverschlüsselung nutzen. Die Quantenkryptographie soll dann eine 100% sichere Lösung zur Verschlüsselung bieten. „So dürfte die Kommerzialisierung des Internet nur gelingen, wenn sich Aufträge oder Angebote absolut vertraulich über das Netz verschicken lassen." [36].

Kryptographische Verfahren

Mit den derzeitigen kryptographischen Verfahren ist dies nicht möglich. Die Schwachstelle ist der Code (meist eine lange Zahlenreihe), mit der die Botschaft vom Empfänger dechiffriert wird. Dieser Code wird unverschlüsselt übermittelt. Dadurch ist er, im Datennetz erkennbar und auslesbar. „Das ist bei der Quantenkryptologie anders. Beim Austausch einer geheimen Nachricht sendet der Rechner des Absenders zunächst eine Reihe von

Lichtimpulsen an den Computer des Empfängers. Diese sogenannten Photonen werden dabei durch eine Art Filter geschickt. Der läßt nur Lichtimpulse hindurch, die in einer Ebene schwingen [...]. Der Rechner des Empfängers mißt das Signal und meldet die Werte zurück. Der andere Computer vergleicht sie mit der ursprünglichen Photonensequenz und errechnet daraus eine dritte Zahlenreihe, die fortan als Code dient" [37]. Die Verbindung ist jedoch bisher nur über eine Entfernung von 22,7 Kilometern nutzbar, da sich das Quantensignal nicht beliebig oft verstärken läßt. Doch die Wissenschaftler suchen bereits nach einer Methode erdnahe Satelliten für ihre Forschung zu entwickeln, die wiederum für eine Verbindung rund um die Erde sorgen sollen. [38].

Alternative Techniken

Auf mechanische Weise hat die Sparda-Bank Hamburg das Sicherheitsrisiko ihres vollelektronischen Girokontos gelöst. Sie bietet seit dem 27.08.1996 als erste deutsche Bank diesen Servicen im Internet an. Das Sicherheitsrisiko der ungeschützten Leitungen des Internet, wird durch den Einsatz eines Chips aufgefangen. Dieser soll sowohl den Rechner des Kunden, als auch die Datenübertragung im Netz sichern [39].

Identifikationslösung

Interessant ist die Identifikationslösung „ZN-Face", denn „Dem computergesteuerten Türsteher ZN-Face macht niemand etwas vor. [...] Er erkennt ein Gesicht wieder, auch wenn es äußerlich verändert erscheint. Umgekehrt kommt an ihm nur derjenige vorbei, den er kennt. Allen anderen bleibt die Tür verschlossen." [40]. Das unbestechliche System - ein handelsüblicher Personalcomputer, eine Kamera, ein Chipkartenleser und die Software, die auf neuronalen Netzen basiert, stammt aus dem Hause ZN Zentrum für Neuroinformatik GmbH, Bochum. Die Erkennungssicherheit liegt laut Chefentwickler Kopecz bei mehr als 99,9 Prozent [41]. Für eine Bankkundenschalterhalle wäre ZN-Face ein großer Sicherheitszuwachs. In der Schalterhalle könnte ein Kunde bei seiner Hausbank z.B. seine Börsenorder selbständig vorgefertigt eingeben und die Hausbank dann via Xetra die Order bei der DTB ausführen lassen.

Zahlungsverkehr

Auch Chipkarten werden zur Identifikation genutzt [42]. Doch den bisher erfolgreichsten Einsatz verzeichnen diese immer noch in Form der Telefonkarte. In der Zwischenzeit geht der Trend zur Zahlungsmittelkarte, die stets in engen Zusammenhang mit dem Cybermoney genannt wird, das an dieser Stelle nicht behandelt werden soll. Nur so viel: Im Internet besteht bereits eine

Bank, die Mark-Twain-Bank in den USA, die Cybermoney von der Firma DigiCash annimmt.

Abwicklung des Zahlungsverkehrs

Die Abwicklung des Zahlungsverkehr im Internet ist bislang noch problematisch. Verbreitet ist in den USA die Bezahlung mit der Kreditkarte. D.h. die Daten der Kreditkarten werden verschlüsselt dem Internet anvertraut. Wie bereits oben erläutert, handelt es sich hierbei um eine unzureichende Datensicherheit. Das Netz ist für diese Abwicklungsart nicht sicher genug. Außerdem fehlen grundsätzliche gesetzliche Regelungen.

Gesetzliche Regelungen

Bisher haben laut einer Studie der wichtigsten Industriestaaten (OECD [43]), nur wenige Länder Gesetze oder Verbraucherschutzbestimmungen erlassen, die sich mit den neuen Formen des elektronischen Bezahlens im Internet beschäftigen. Die Infrastruktur für den bargeldlosen Zahlungsverkehr ist derzeit in Deutschland und den meisten anderen Ländern noch lückenhaft. Ähnlich sieht es bei Geldtransaktionen im Internet aus. Sobald jedoch die Zahl der Akzeptanzstellen zunimmt, die Risiken für die Kunden mit rechtlichen Regelungen minimiert werden und die Gebühren Konsumenten und Handel nicht mehr abschrecken, wird eine schnelle Verbreitung der neuen Zahlungsformen sehr wahrscheinlich.

Rechtliche Regelungen

Rechtliche Regelungen für das Internet sind bisher nur auf nationaler Ebene durchgeführt worden, hauptsächlich in den USA. Die Europäische Union bemüht sich die Gesetzgebungen zu vereinheitlichen, doch das Informations- und Kommunikationsdienstgesetz, kurz Multimediagesetz genannt, ist bislang ein rein nationales (deutsches) Gesetz. Es soll unter anderem Klarheit schaffen in Bezug auf die Verantwortlichkeiten für Inhalte im Internet. 80% von 8.000 EU-Bürgern waren laut einer Eurobarometer-Umfrage im Februar 1995 der Meinung, daß rechtliche Vorschriften notwendig sind, damit die Informationsgesellschaft zur Zufriedenheit aller entwickelt wird. Aufgrund der zum Großteil noch ungeklärten Rechtslagen, geht die Kommerzialisierung des Internet nur langsam voran.

6 Internet - Zukünftiges online-sales-Medium?

Internet - das größte Warendepot der Welt

Im Jahre 1996 navigierten bereits rund 30 bis 40 Millionen Menschen durch das Internet. Ein großer Kreis potentieller Kunden für alle im Internet vertretenen Informationsanbieter. Ausgehend von der Erkenntnis, daß die „Weltweite Informationsbeschaffung und [...] die Verknüpfung bzw. Analyse großer Datenmengen [...] neues Wissen und Informationsvorteile (schaffen, die Verf.), die einen (neuen) Wert darstellen." [44], wird bewußt, daß das Internet eines der größten „Warendepots" der Welt darstellt. „Information wird in einer Informationsgesellschaft zur wichtigsten Ware." [45] Daher wird das Internet in den nächsten Jahren noch an Bedeutung gewinnen und ein Engagement in diesem Medium, gerade für Börsen, ratsam.

Internet-Kultur

„Voraussetzung für ein erfolgreiches Engagement ist auf jeden Fall eine gründliche Kenntnis der Internet-Kultur, die man sich vor allem durch Internet-Erfahrungen, also aktive Teilnahme, erwirbt." [46].

Online-Broker

Online-Broker wie z.B. Lombard Institutional Brokerage Inc. aus San Francisco haben das bereits frühzeitig erkannt. So war diese eine der ersten Firmen, die Aktienkurse über das Internet bereits Anfang 1996 verbreitete. Ihre Zielgruppe geht vom aktiven Trader bis hin zum konservativen Anleger. Die Kostenvorteile liegen auf der Hand: keine hohen Kommissionsraten, keine Minimumgebühren und die Einlagen auf dem Lombardkonto verzinst. Mit diesen Interessanten Angeboten für Anleger stellen die Börsen bereits jetzt eine nicht zu ignorierende Gruppe im Internet dar. „Die American Association of Individual Investors hat ermittelt, daß die Zahl der Broker mit Online-Diensten binnen Jahresfrist von 12 auf 22 angestiegen ist." [47].

Aufteilung des Finanzmarktes

Wollen die Börsen der Welt an der Aufteilung des Finanzmarktes im Internet beteiligt werden, sind sie gefordert sich den Mitbewerbern zu stellen. International ausgerichtete Finanzdienstleister, die bereits über Erfahrungen in globalen Datennetzen verfügen, drängen auf den deutschen Markt.

7 Zusammenfassung und Ausblick

Bereits heute wird das Internet von vielen Finanzdienstleistern (Börsen, Banken, Brokern, Non- und Near-Banks) genutzt. Obwohl Börsen es bisher größtenteils nur als „Point of Information" nutzen, zeigen Projekte, wie das der Firma ESI Limited in London oder der Sparda Bank in Hamburg, daß es sich um eine Frage der Zeit handelt, wann „Online-Börsing" via Internet Realität werden kann.

Fortwährender Wandel des Netzes

Eventuell ist „Online-Börsing" heute bereits möglich, denn die Wahrheit im Internet von gestern, kann heute bereits überholt sein. Die Webseite von heute, muß morgen nicht mehr so aussehen wie gerade jetzt, oder sie ist vielleicht nicht mehr existent. Der fortwährende Wandel des Netzes ist fast mit einem hyper-

7 Zusammenfassung und Ausblick

dynamischen evolutionären Vorgang zu vergleichen. Nicht nur das Ausmaß, sondern auch die Inhalte des Netzes wachsen bzw. verändern sich ständig. Nur wer anpassungsfähig ist, überlebt und kann von den vielfältigen Möglichkeiten und Chancen die das Internet bietet, auch profitieren.

Metamorphose möglich

Voraussetzung für die Durchsetzung des Internet als Online-Sales-Medium auf breiter Basis ist die Minimierung der derzeit bestehenden Risiken sein. Noch zu vollziehende Fortschritte in den Punkten Datensicherheit, Zahlungsverkehr, internationales Recht und Netzwerkausbau, sind die Bausteine für eine weltweite Akzeptanz. Denn erst wenn das Risiko und der Nutzen in einem Verhältnis zueinander stehen, das die Mehrheit der Internet-Reisenden akzeptiert, wird das Internet auch auf globaler Ebene die Metamorphose vom Informations- und Kommunikationsmedium zum Informations-, Kommunikations- und Online-Sales-Medium vollziehen.

Aktien-Shops

In welcher Form in Zukunft Börsenaktivitäten ablaufen werden, ist derzeit noch nicht absehbar. Ob sich Aktien-Shops wie ESI Limited für Privatiers als Standard etablieren werden, oder ob der Endverbraucher zukünftig direkt an der Börse handeln kann, ob Banken weiterhin eine bedeutende Rolle spielen werden, wird sich in den nächsten Jahren zeigen.

Markttransparenz

Heute läßt sich feststellen, daß die Markttransparenz bereits zugenommen hat, daß der Handel schneller werden wird, die Transaktionskosten sinken und noch keine endgültige Aufteilung des Internet-Marktes stattgefunden hat. Derzeit haben noch alle Marktteilnehmer die Möglichkeit die Entscheidung zu ihren Gunsten zu beeinflussen.

Zu wünschen wäre, daß keine Börse aus Prestigegründen voreilig „Online-Börsing" via Internet realisiert. Sind die Risiken auf ein allgemein akzeptiertes Maß reduziert worden und die organisatorische Abwicklung optimal durchdacht, ist dem Handel im Internet eine schnelle Verbreitung vorhersagbar.

Anmerkungen

[1] Loistl, 1994, S. 35f.; vgl. auch Bitz, 1981, S.138; Büschgen, 1994, S. 125f.
[2] Albers et al., 1980, S. 57
[3] vgl. Weissenfeld, 1974, S. 61; vgl. auch Büschgen, 1994, S. 125ff.; Gabler, 1993, S. 574f.; Arndt et al., 1994, S. 25
[4] Büschgen, 1994, S. 142
[5] vgl. Albers et al., 1980, S. 57
[6] vgl. Commerzbank, 1995, S. 25f
[7] Deutsche Börse AG, 1996, S. 2
[8] Deutsche Börse AG, 1997, S. 18
[9] Deutsche Börse AG, 1997, S. 16
[10] Obst/Hintner, 1951, S. 518
[11] vgl. Birkelbach, 1996c
[12] Birkelbach, 1995d; vgl. auch Birkelbach, 1996b, S. 122f.
[13] Birkelbach, 1995d; vgl. auch Birkelbach, 1996b, S. 122f.
[14] vgl. Microsoft GmbH (1997), Unterverzeichnis Dudenverlag, Begriff „virtuell"
[15] vgl. Microsoft GmbH (1997), Unterverzeichnis Meyers Lexikonverlag.
[16] Büschgen, 1994, S. 144
[17] Büschgen, 1994, S. 144
[18] Birkelbach, 1996e, S. 426
[19] o.V., Die Welt, 29.09.1995
[20] o.V., Die Welt, 29.09.1995
[21] http://www.esi.co.uk/publik/brochure/.
[22] http://www.esi.co.uk/publik/brochure/.
[23] vgl. Kurzidim, 1997, S. 334
[24] Kurzidim, 1997, S. 334
[25] Hüskes/Ehrmann, 1997, S. 134
[26] Peters/Homeyer, 1997, S. 71
[27] vgl. Döring/Katerkamp, 1996, S. 549
[28] vgl. weiterführende in: Döring/Katerkamp, 1996, S. 549
[29] vgl. Kotschenreuter, 1994, S. 5
[30] Kotschenreuter, 1994, S. 3
[31] vgl. Hohensee, 1997, S. 102
[32] Hohensee, 1997, S. 102; vgl. auch o.V., c`t, 10/95
[33] Pohl, 1997, S. 48
[34] Kotschenreuter, 1994, S. 5
[35] Birkelbach, 1995d; vgl. auch Birkelbach, 1996b, S. 122f.
[36] Stein, 1996, S. 48
[37] Stein, 1996, S. 48;
[38] vgl. Stein, 1996, S. 48; vgl. auch Günther, 1997, S. 245ff.
[39] vgl. o.V., Die Welt, 28.08.1996
[40] Peters, 1997, S. 51
[41] vgl. Peters, 1997, S. 51
[42] vgl. Berger-Müller, 1995, S. 11
[43] laut Telefonat mit Frau Schmidt von Büro associated press, Bremen
[44] Europäische Kommission, 1996, Abschnitt „Technik muß unterschiedliche Ansprüche erfüllen"
[45] ebenda
[46] Brüggemann, 1996; vgl. auch Birkelbach, 1997, S. 18
[47] Kurzidim, 1995, S. 180

Literatur

Albers (Hrsg.), W.; Born, E.B.; Dürr, E.; Hesse, H.; Kraft, A.; Lampert, H.; Rose, K.; Rupp, H.-H.; Scherf, H.; Schmidt, K.; Wittmann, W.: Handwörterbuch der Wirtschaftswissenschaft (HdWW), Band 2, Stuttgart, New York, 1980

Arndt, F. J.; Müller, K.; Skorpel, W.; Sprenger, B.; Weber, A.: Das Bank- und Börsen-ABC, Bundesverband deutscher Banken e.V. (Hrsg.), 8. Auflage, Köln, 1994

Berger-Müller, Hilde: Chipkarten - Chi bono?, in: Diebold Management Report, Heft 5/95, S. 7-12

Birkelbach, Jörg: Internetbörsen als Konkurrenz, in: Die Welt, Hamburg, 05.10.1995, im: http//:www.welt.de/

Birkelbach, Jörg: Hausmannskost - Homebanking und virtuelle Bankgeschäfte, in: c`t, Heft 12/95a, S. 260-268

Birkelbach, Jörg: Kurs auf Hausse - Finanzgeschäfte per Internet, in: c`t, Heft 2/96, S. 118-124

Birkelbach, Jörg: URLs zum Artikel „Kurs auf Hausse - Finanzgeschäfte per Internet", in: c`t, Heft 2/96, im: http//:cyberfinance.com. und http//:www.heise.de/ct/

Birkelbach, Jörg: Virtuelle Börsenwelt, in: Die Bank, Heft 7/96, S. 424-427

Birkelbach, Jörg: Cyber Finance - Finanzgeschäfte im Internet, Wiesbaden, 1997

Bitz (Hrsg.), Michael: Bank- und Börsenwesen, Struktur und Leistungsangebote, von: Schmidt, Hartmut; Schurig, Matthias; Welcker, Johannes, München, 1981

Büschgen, Hans E.: Das kleine Börsenlexikon, 20. Auflage, Düsseldorf, 1994

Brüggemann, Gerd: Aktienhandel erobert Internet, in: Die Welt, Hamburg, 22.04.1996, im: http//:www.welt.de/

Commerzbank AG: Rund um das Geld - Stichworte zu Geld, Bank und Börse, Commerzbank AG, Frankfurt am Main, 1995

Deutsche Börse AG: DTB - Die Deutsche Terminbörse, 2. Auflage, Deutsche Börse AG, Frankfurt, 1997

Döring-Katerkamp, Uwe: Internet: Neue Wege zum Kunden, in: Die Bank, Heft 9/96, S. 548-551

Hüskes, Ralf; Ehrmann, Stephan: Großer Auftritt - Internet-Präsenz für Privatanwender und Firmen, in: c`t, Heft 3/97, S. 134 ff., im: http//:www.heise.de/ct/

Europäische Kommission: Die Informationsgesellschaft, EGKS-EG-EAG, Generaldirektion Information, Kommunikation, Kultur, Audiovisuelle Medien, Brüssel, 1996, im: http//:europa.eu.int/

Gabler Verlag: Gablers Wirtschafts-Lexikon, 13. Auflage, Wiesbaden, 1993

Günther, Andreas: Ausfuhrkontrollen der IT-Produkte in den USA - Aktuelle Entwicklungen im Exportkontrollrecht und in der Kryptopolitik, in: CR Computer und Recht, Hrsg.: Thomas Graefe, Heft 4/97, S. 245-252

Hobensee, Matthias: Konkurrenz auf der Bonanza, in: Wirtschaftswoche, Heft 17/17.4.1997, S. 102-103

Peters, Rolf-Herbert, Homeyer, Jürgen: Kriege um Augäpfel, in: Wirtschaftswoche, Heft 10/27.2.1997, S. 70-78

Kurzidim, Michael: Bare Münze - Das Internet als Verkaufs- und Marketing-Medium, in: c`t, Heft 4/95, S. 174-180

Kurzidim, Michael: Web-Kompaß - Tips für Gelegenheitssurfer und Internet-Profis, in: c`t, Heft 1/97, S. 334 ff., im: http//:www.heise.de/ct/

Kotschenreuther, Jürgen: Auf dem Weg zum „Global Village", in: Diebold Management Report, Heft 8-9/94, S. 3-7

Loistl, Otto: Kapitalmarkttheorie, 3. Auflage, München, Wien, 1994

Microsoft GmbH: CD: Microsoft LexiRom, Microsoft GmbH, Unterschleißheim, 1997

Obst, Georg; Hintner, Otto: Geld-, Bank- und Börsenwesen, 33. Auflage, Stuttgart 1951

Peters, Rolf-Herbert: Gesicht in der Chipkarte, in: Wirtschaftswoche, Heft 5/23.1.1997, S. 50-51

Pohl, Hartmut: Sicherheit in vernetzten Umgebungen, in: Online, Heft 4/97, S. 48-52

Stein, Isidor: Einfach durch die Luft, in: Wirtschaftswoche, Heft 32/1.8.1996, S. 48

Weissenfeld (Hrsg.), Horst: Bank- und Börsen-Lexikon, 5. Auflage, Freiburg (Breisgau), 1974

o.V.: Netscapes SSL-Protokoll geknackt, in: c't, Heft 10/95, im: http//:www.heise.de/ct/

o.V.: Londoner Börse mit Konkurrenz im Internet, in: Die Welt, Hamburg, 29.09.1995, im: http//:www.welt.de/

o.V.: Sparda-Bank startet ins Internet - Erstes deutsches Institut mit vollelektronischem Girokonto, in: Die Welt, Hamburg, 28.08.1996, im: http//:www.welt.de/

Pharmamarketing im Internet

Thomas Kuckartz

1 Einführung 316
2 Besonderheiten des Pharmamarketings im Internet 317
   2.1 Kommunikationspolitik 318
      2.1.1 Werbung 318
      2.1.2 Öffentlichkeitsarbeit 320
      2.1.3 Verkaufsförderungsmaßnahmen 320
      2.1.4 Wissenschaftliche Information 321
      2.1.5 Produktbegleitende Dienstleistungen 322
      2.1.6 Persönlicher Verkauf 322
      2.1.7 Anwendungsbeobachtungen 323
   2.2 Produktpolitik 323
   2.3 Preispolitik 324
   2.4 Distributionspolitik 326
3 Das Beispiel Glaxo Wellcome 327
   3.1 Das Unternehmen 327
   3.2 Die Motive 327
   3.3 Der Prozeß der Implementierung 328
   3.4 Probleme und Hindernisse 333
   3.5 Kosten und Nutzen 333
Literatur 335

1 Einführung

> *"Only some of the companies laying bets on the Internet will be winners.*
> *But companies that bet against the Internet will be losers."*
>
> (Bill Gates)

Hintergrund

So Bill Gates, einer der Vordenker der digitalen Revolution. Dieses Zitat werden, so scheint es, auch die Entscheidungsträger in pharmazeutischen Unternehmen beherzigen. Wie sonst wäre es zu erklären, daß laut einer Untersuchung der Anteil von Internetpräsenten Pharmaunternehmen bis zum nächsten Jahr von derzeit 10 % auf 89 % ansteigen soll [1].

Was versprechen sich Pharmaunternehmen von einem Online-Auftritt? Welche neuen Möglichkeiten bietet diese Technologie? Keine andere Branche ist so stark von Reglementierungen und Regulierungen betroffen, wie die für Pharmazeutika. Dieser Umstand hat auf das Pharmamarketing maßgeblichen Einfluß. Zahlreiche Gesetze und Bestimmungen schränken die Handlungsfreiheit stark ein. Hierdurch ergeben sich die, für die Pharmabranche charakteristischen Besonderheiten. Die Möglichkeiten, die das Internet pharmazeutischen Unternehmen bietet, ergeben sich als Schnittmenge aus dem traditionellen Pharmamarketing und den neuen Möglichkeiten der neuen Kommunikationstechnologie Internet.

Inhaltlicher Schwerpunkt

Ein inhaltlicher Schwerpunkt der nachfolgenden Abschnitte liegt in der Darstellung der Besonderheiten des Pharmamarketing im Internet. Dabei wird aus Gründen der Übersichtlichkeit an der klassischen Vierteilung der Marketinginstrumente festgehalten. Ein anderer inhaltlicher Schwerpunkt ist das Praxisbeispiel der deutschen Tochter des internationalen Pharmakonzerns Glaxo Wellcome. Das Unternehmen ist einer der führenden Hersteller im Markt für verschreibungspflichtige Arzneimittel. Seit Mitte 1996 ist das Unternehmen im Internet präsent. Am Beispiel Glaxo Wellcome soll gezeigt werden, welche Fragestellungen Pharmaunternehmen bei der Implementierung einer Internet-Präsenz begleiten und mit welchen Unwägbarkeiten sie sich dabei konfrontiert sehen.

2 Besonderheiten des Pharmamarketing im Internet

Marketing für Pharmazeutika weist zum Teil erhebliche sektorale Besonderheiten auf. Sowohl die Instrumente, als auch deren Einsatz unterscheiden sich deutlich vom Konsumgüter- und Investitionsgütermarketing. Dies liegt zu einem großen Teil an den Rahmenbedingungen dieser Branche.

Rahmenbedingungen

Von großem Einfluß sind staatliche Regulierungen und rechtliche Restriktionen, welche den Einsatz der Marketinginstrumente erheblich einschränken.

Kommunikationspolitik

Die Kommunikationspolitik wird beispielsweise durch das Publikumswerbeverbot (§ 10 HWG), das Werbung für verschreibungspflichtige Arzneimittel nur in Fachkreisen erlaubt, um ein wirkungsvolles Instrument beschnitten.

Kontrahierungspolitik

Einen reduzierten Handlungsspielraum findet die Kontrahierungspolitik vor. So fallen Arzneimittel, deren Patent abgelaufen ist, unter die Festbetragsregelung. Davon betroffen sind immerhin knapp 60 % des Volumens des gesamten Arzneimittelmarktes [2]. Die Preisfestsetzung bei innovativen Präparaten sieht sich mit dem Sachzwang konfrontiert, die hohen Forschungs- und Entwicklungskosten in der patentgeschützten Zeit wieder „einspielen" zu müssen.

Distributionspolitik

Noch eingeschränkter ist der marketingpolitische Handlungsspielraum in der Distributionspolitik. Absatzwege und -stufen für verschreibungspflichtige Arzneimittel sind nach dem Arzneimittelgesetz (§ 43 AMG) gesetzlich festgeschrieben. Demzufolge ist der alleinige Absatzweg die Apotheke.

Produktpolitik

Auch die Produktpolitik, als noch verbleibendes Marketinginstrument, ist stark von den branchenspezifischen Besonderheiten geprägt. Sie erfährt bezüglich des Handlungsspielraumes Einschränkungen dadurch, daß neue, therapeutisch wirksame Substanzen oftmals nicht das Ergebnis eines gezielten Produktplanungsprozesses sind, sondern häufig „zufällig" entdeckt werden, was im Rahmen der Produktinnovation einen Unsicherheitsfaktor birgt.

Marketingmöglichkeiten

Diese Beispiele geben nur einen kleinen Ausschnitt dessen, was großen Einfluß auf die Marketingaktivitäten pharmazeutischer Unternehmen hat. Dies ist jedoch nichts neues. Als neu sind allerdings die Marketingmöglichkeiten zu bezeichnen, die der Siegeszug des Kommunikationsmediums Internet mit sich bringt. Neu sind auch die Fragen, die aufgeworfen werden. Wie kann ich dieses Medium für meine Marketingtätigkeit sinnvoll nutzen?

Ergibt sich durch dieses neue Medium möglicherweise eine Erweiterung meines bisher eng umgrenzten Handlungsspielraums?

Rahmenbedingungen
Um es vorweg zu nehmen: Die Rahmenbedingungen bleiben natürlich dieselben. Staatliche Regulierungen bleiben genauso bestehen, wie gesetzliche Restriktionen. Aber es lassen sich trotzdem sinnvolle Einsatzgebiete für diese Technologie ausmachen.

Eignung
Für Marketingmaßnahmen eignen sich besonders die Dienste E-Mail und World Wide Web. Unter der Beibehaltung der klassischen Einteilung der Marketinginstrumente in Kommunikationspolitik, Produktpolitik, Kontrahierungspolitik und Distributionspolitik zeigen sich folgende Potentiale:

2.1 Kommunikationspolitik

Eine Betrachtung des Kommunikationsmediums Internet unter den Gesichtspunkten Funktionalität und Systematik legt einen primären Einsatz im Rahmen der Kommunikationspolitik nahe. Dieses Instrument kann am meisten von der Technologie profitieren.

2.1.1 Werbung

firmeneigene Internet-Seite
Dabei sind die Möglichkeiten im Rahmen der Werbung und der Öffentlichkeitsarbeit hervorzuheben. Ein potentiell weltweiter Werbeeffekt kann durch die Implementierung einer firmeneigenen Internet-Seite erreicht werden. Hierbei empfiehlt es sich, auf Grund des Heilmittelwerbegesetzes, in der Adressierung der werblichen Information für verschreibungspflichtige Arzneimittel zweigleisig zu fahren. Demzufolge wird Patienten, wie Abbildung 1 zeigt, ein Aufklärungsservice für spezifische Krankheiten geboten, in dem auf mögliche Behandlungsmethoden von Seiten eines Arztes hingewiesen wird. Gleichzeitig werden, in einem speziellen, paßwortgeschützten Dienst für Ärzte, Produkte vorgestellt und Behandlungsmethoden diskutiert (siehe Abbildung 2). Beide Zielgruppen können damit zeitgleich über ein Medium angesprochen werden. Dies war in klassischen Medien bisher in dieser Form nicht möglich.

elektronische Zeitschriften
Eine weitere Möglichkeit besteht darin, in elektronischen Zeitschriften oder Suchroutinen per „Icon" oder „Banner" zu werben. Einige Fachzeitschriften und -zeitungen, wie z. B. die „Ärzte Zeitung" oder „Deutsches Ärzteblatt", sind bereits seit geraumer

2 Besonderheiten des Pharmamarketing im Internet

Zeit im Internet vertreten und empfehlen sich für Werbung gegenüber der Zielgruppe Ärzte. Um die Potentiale des Mediums weitgehender auszuschöpfen, ist es sinnvoll, diese Werbehinweise mit der eigenen Homepage zu verknüpfen. Interessierten wird damit eine zusätzliche, schnelle und bequeme Möglichkeit gegeben, zur Unternehmens-Homepage zu gelangen.

Abb. 1:
Aufklärungsservice für die Zielgruppe Patienten

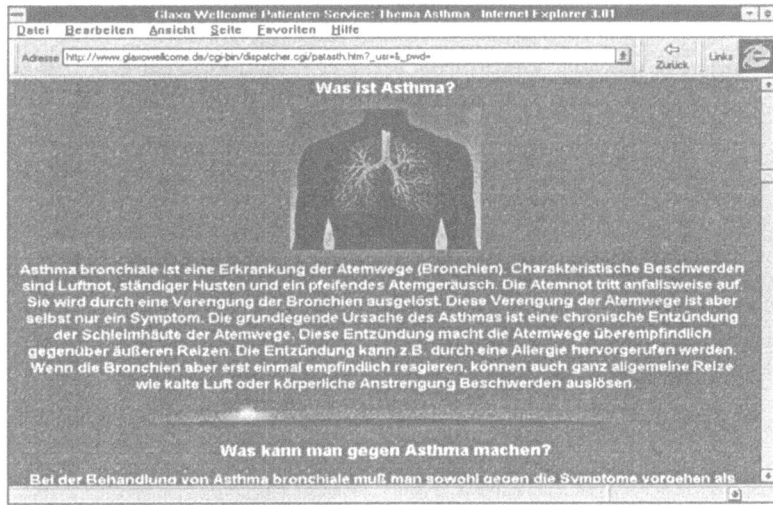

Quelle: Glaxo Wellcome (WWW); 15.04.1998

Abb. 2:
Produktwerbung gegenüber der Zielgruppe Ärzte

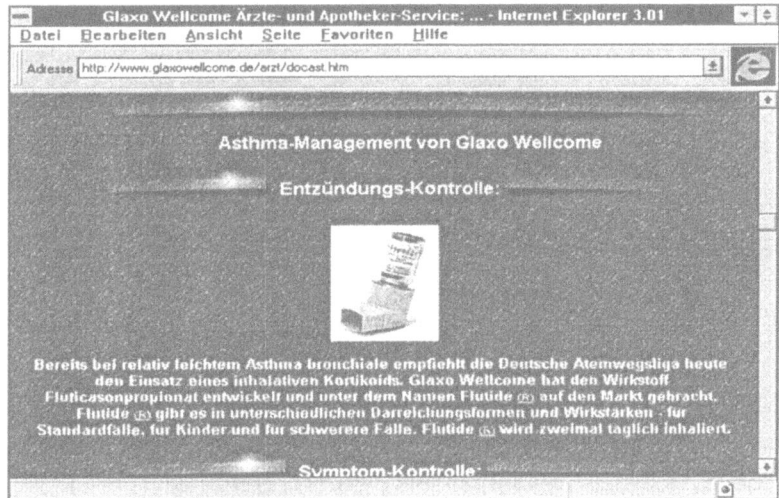

Quelle: Glaxo Wellcome (WWW); 15.04.1998

2.1.2 Öffentlichkeitsarbeit

Im Rahmen der Medienarbeit und des Lobbying als Teil der Öffentlichkeitsarbeit können die Stärken des Internet voll ausgespielt werden. Zu den größten Stärken gehören Schnelligkeit und Globalität sowohl der Informationsverbreitung als auch der Informationsbeschaffung. So ermöglicht das Internet eine schnelle, umfassende Informationsbeschaffung über sich wandelnde Umfeldbedingungen und gegebenenfalls eine schnelle Reaktion darauf. Per E-Mail können z. B. innerhalb kürzester Zeit Presseagenturen erreicht werden. Auf der firmeneigenen Homepage können darüber hinaus Stellungnahmen zu speziellen Themen abgegeben oder aktuelle Meldungen verbreitet werden, wie Abbildung 3 zeigt. Diese Möglichkeiten sollten angesichts des großen öffentlichen Interesses an der Pharmabranche und der dynamischen Marktsituation nicht unterschätzt werden.

Abb. 3:
Journalistenservice

Quelle: Glaxo Wellcome (WWW); 15.04.1998.

2.1.3 Verkaufsförderungsmaßnahmen

Verkaufsförderungsmaßnahmen dienen im Pharmamarketing dazu, kurzfristig die Verschreibung eines gewissen Präparates zu erhöhen. Das klassische Instrument dazu, ist die Abgabe von Mustern. Diese Leistung läßt sich auf Grund der Materialität natürlich nicht digitalisieren. Ebenfalls zur Verkaufsförderung zählen jedoch Gewinnspiele und Preisausschreiben. Diese böten sich an, um Ärzte und Patienten für das Unternehmen oder das Produkt zu interessieren. Die Wirkung dieser Maßnahme ist jedoch fraglich. Laut einer Studie sind medizinische Gewinnspiele für einen Großteil der User, die sich einen konkreten Nutzen versprechen, eher uninteressant.

2.1.4 Wissenschaftliche Information

Arzt und die übrigen Marktpartner aufzuklären

Der Wissenschaftlichen Information kommt die Aufgabe zu, den Arzt und die übrigen Marktpartner aufzuklären. Dabei kann zwischen Basis- und Anwendungsinformation unterschieden werden. Die Basisinformation umfaßt die bei der Entwicklung des Präparates erworbenen Kenntnisse bezüglich deren therapeutischen Grundlagen und deren Umfeld. Hierzu gehören chemischer Aufbau, Pharmakologie und Pharmakodynamik, Toxikologie, Pharmakokinetik, klinische Erfahrungen, Verträglichkeit und Wechselwirkungen. Die Anwendungsinformation hat hingegen zum Ziel, das Wissen auf den Arzt zu übertragen, damit dieser das Präparat korrekt anwenden kann. Die Wissenschaftliche Information wird bisher in der Regel als Broschüre herausgegeben. Prinzipiell kann sie auch in Form einer Datei als E-Mail versandt werden oder paßwortgeschützt auf der Homepage einer Unternehmung zum Herunterladen bereitgestellt werden. Ein großer Vorteil wäre die Möglichkeit eines Online-Updates. So könnten beispielsweise neu auftretende Nebenwirkungen eines Präparats innerhalb kürzester Zeit kommuniziert werden. Hierbei ist zu bedenken, daß es bei der Wissenschaftlichen Information auf Grund ihres objektiven Charakters, anders als bei der Werbung, nicht auf eine Beeinflussung des Arztes im Sinne einer Verhaltenssteuerung ankommt. Angesichts dieses Aspekts stellt sich die Frage, ob eine multimediale Darstellungsweise überhaupt notwendig ist. Andererseits eignet sich die multimediale Darstellungsweise hervorragend, um komplexe Sachverhalte vereinfachter zu vermitteln. Demgegenüber stellt sich die Frage der Akzeptanz einer Wissenschaftlichen Information in digitalisierter Form, da es sich bei der Ärzteschaft gegenwärtig um eine eher konservativ eingestellte Zielgruppe mittleren bis gehobenen Alters handelt [3], deren Struktur nicht der derzeitigen demographischen Struktur der Internet-Nutzer, mit einem Durchschnittsalter von ca. 30 Jahren, entspricht [4].

2.1.5 Produktbegleitende Dienstleistungen

Interaktive Patientenpässe

Zu den Kommunikationsinstrumenten zählen auch produktbegleitende Dienstleistungen, wie beispielsweise Patientenbroschüren. Es wäre zum Beispiel möglich, interaktive Patientenpässe zu erstellen, die bei Einhaltung der Compliance eine Gewinnchance bieten. Erweiterte Patientenaufklärung würde mittels eines Gewinnspiels erfolgen, das zum Herunterladen bereitgestellt wird. Allerdings ist die Kopplung des Umsetzungsverhaltens ärztlicher Therapieanweisungen an ein Gewinnspiel aus ethischen Gesichtspunkten sehr bedenklich.

2.1.6 Persönlicher Verkauf

Pharmareferenten

Die Träger des persönlichen Verkaufs, die „Pharmareferenten", haben im Pharmamarketing eine herausragende Bedeutung. Sie bilden die Schnittstelle zwischen dem Unternehmen und dem Entscheider, dem Arzt. Die Aufgabe des Referenten ist im Arzneimittelgesetz eindeutig definiert: „Der Pharmaberater hat, soweit er Angehörige der Heilberufe über einzelne Arzneimittel fachlich informiert, die Fachinformation nach § 11a auf Anforderung zur Verfügung zu stellen" [5]. Dies ist eine äußerst knappe Definition eines breiten Aufgabenspektrums. Denn in der Praxis bekleidet der Pharmareferent weitere wichtige Funktionen, wie zum Beispiel als Anlaufstelle in Fragen der Arzneimittelsicherheit, Pflichtinformant für den Arzt bezüglich Indikationen und Gegenindikationen, Berichterstatter über Erfahrungen der Ärzte mit Arzneimitteln, Mitträger von imagebildenden Aktivitäten und Absatzförderer [6]. Diese Anforderungen übertreffen die der „Informationslieferung" bei weitem. Neben einem hervorragenden Fachwissen benötigt ein guter Pharmaberater darüber hinaus ein hohes Maß an Einfühlungsvermögen in das Denken und Fühlen seines Gesprächspartners. Dies bedingt ein hohes Maß an sozialer Intelligenz, also das Vermögen, mit den Augen des Gegenübers zu sehen und damit die Rolle sowie Zielsetzungen des anderen zu verstehen.

Geringe Einsatzmöglichkeiten

Folglich bietet der persönliche Verkauf vergleichsweise die geringsten Einsatzmöglichkeiten für die Internet-Technologie, da die persönliche Kommunikation mit dem Arzt nicht durch Internet-Kontakte ersetzt werden kann. Insbesondere die psychoemotionalen Komponenten des interindividuellen Gesprächs, das Eingehen auf spontane Reaktionen, Gefühlsäußerungen etc. spielt eine zentrale Rolle im Arzt-Berater-Verhältnis, die die Kommunikation mit dem PC nicht leisten kann.

2 Besonderheiten des Pharmamarketing im Internet

2.1.7 Anwendungsbeobachtungen

Kontrollierte, breite Erprobung eines neuen Präparates

Anwendungsbeobachtungen dienen in erster Linie der kontrollierten, breiten Erprobung eines neuen Präparates, wobei das Hauptaugenmerk auf der Wirksamkeit, der Sicherheit und den Nebenwirkungen liegt. Daneben haben sie eine, für das Marketing relevante Funktion: Sie erhöhen die Diffusionsgeschwindigkeit eines neuen Produktes, indem den an der Studie teilnehmenden Ärzten schon im vorhinein die Möglichkeit gegeben wird, sich intensiv mit dem Produkt auseinanderzusetzen.

Sicherheitstechnische Bedenken

Der Einsatz des Internet im Bereich von Anwendungsbeobachtungen hängt stark von der Entwicklung von Verschlüsselungsverfahren ab. Prinzipiell ist es denkbar, Dokumentationsbögen und Studienergebnisse per E-Mail zu versenden. Auf Grund der Sensibilität der patientenbezogenen Daten, gibt es zum jetzigen Zeitpunkt erhebliche sicherheitstechnische Bedenken. In diesem Punkt sind die USA einen Schritt weiter. So nutzt die Universität von Minnesota bereits seit längerem das Internet für Studien über die Verbreitung von Erkrankungen. Dort werden die patientenbezogenen Daten verschlüsselt und auf einem nach außen gesicherten Server gespeichert.

2.2 Produktpolitik

Verglichen mit den Potentialen des Internet in der Produktpolitik der Konsumgüter- oder Investitionsgüterindustrie sind die, in der pharmazeutischen Produktpolitik sehr eingeschränkt.

Produktinnovation

Als Beispiel ist der Einsatz im Rahmen der Ideengewinnung für Neuprodukte zu nennen. Im Konsumgütermarketing können mittels dieser Technologie zeit- und kostensparend externe Ideenquellen ausgeschöpft werden. Produktinnovationen in der Pharmabranche sind forschungsabhängig und nicht das Ergebnis eines Neuproduktplanungsprozesses im eigentlichen Sinne. Wenn man sich die Tatsache vor Augen führt, daß im Falle einer neuen Forschungsrichtung 12 bis 20 Jahre vergehen, bis erste Resultate über therapeutische Wirkungen eines neuen Präparates am Patienten vorliegen, ist leicht einzusehen, daß hier nicht von einem Planungsprozeß gesprochen werden kann [7]. In der pharmazeutischen Forschung ist der Ausgangspunkt zumeist ein anderer. Während in der Konsumgüterforschung von Kundenbedürfnissen ausgegangen wird, ist es in der Pharmaforschung häufig umgekehrt, d. h. es wird ein Wirkstoff entdeckt, für den erst im Nachhinein ein Anwendungsgebiet gefunden werden muß. Oft werden neue Substanzen, die eine große therapeutische Innovation darstellen, erst in einem 'Trial-and-Error'-Prozeß gefunden. Es ist zwar möglich, therapeutisch wirksame Substanzen auf molekularer Ebene derart abzuwandeln, daß neue Stoffe mit verbesserten Leistungen entstehen, für die Basisforschung und die Entwicklung grundlegend neuer Therapeutika gilt diese Möglichkeit der zielorientierten Forschung hingegen nicht.

effektiverer Forschungsprozeß

Im Rahmen von Produktinnovation können die kommunikativen Eigenschaften des Internet allerdings behilflich sein, den Forschungsprozeß durch eine verbesserte Kommunikation effektiver zu gestalten. Durch die E-Mail-Funktion oder auch die Möglichkeit des 'Video-Conferencing' kann die Kooperation von dezentralisierten Einrichtungen, wie verschiedenen internationalen Forschungsstandorten, Universitäten, Instituten, Kliniken und Wissenschaftlern, unterstützt werden. Die Ermittlung von Kundenbedürfnissen mittels einer interaktiven Marktforschung kann die Produktvariation in Bezug auf die Verpackungsgestaltung und die galenische Präsentation unterstützen. Darüber hinaus sind 'Software'-Leistungen, die über das eigentliche Produkt, die 'Hardware', hinausgehen, digitalisierbar. Denkbar wäre zum Beispiel ein interaktiver Kundenservice, in dem Fragen rund um das Produkt beantwortet werden.

2.3 Preispolitik

Preispolitischer Handlungsspielraum

Die Preispolitik kann im Vergleich zu den anderen Marketinginstrumenten am wenigsten von der Internet-Technologie profitieren. Der Handlungsspielraum der Preispolitik für pharmazeutische Produkte ist ohnehin auf Grund staatlicher Regulierungen sehr gering. Derzeit fallen 59,8 % aller Präparate des Gesamtmarktes unter die Festbetragsregelung [8]. Für diese Produkte gibt es nur in der Theorie einen preispolitischen Handlungsspielraum, da von den Spitzenverbänden der Krankenkassen Höchstbeträge festgelegt werden, die die Erstattung der Produktkosten (durch die Kassen) limitiert. Die Preisfestsetzung des Herstellers bleibt davon prinzipiell unberücksichtigt. Verordnet der Arzt allerdings ein preislich über dem Festbetrag liegendes Präparat, muß der Patient zunächst darüber aufgeklärt werden und gegebenenfalls den vollen Differenzbetrag selber tragen. In der Praxis konnten sich Preise, die über dem Festbetrag lagen, nicht am Markt durchsetzen, so daß sie in der Regel auf diesen abgesenkt werden mußten. Auch bei innovativen Präparaten ist der Handlungsspielraum stark eingeschränkt. Diese fallen zwar nicht unter die Festbetragsregelung, die Unternehmen sind jedoch gezwungen die Preise möglichst hoch anzusetzen, um in der patentgeschützten Zeit die hohen Forschungs- und Entwicklungskosten auszugleichen. Es ist also nicht möglich, wie im Konsumgütermarketing durch Preissenkungen, eine erhöhte Nachfrage zu induzieren. Darüber hinaus ist die Nachfrage extrem preisunelastisch, da sie in Form von vorliegenden Erkrankungen vorgegeben ist. Damit kann ein großer Vorteil der Internet-Technologie nicht genutzt werden. Das Wesen des Internet ist die Schnelligkeit und die daraus folgende Aktualität. Es ist jedoch aus den oben beschriebenen Gründen zumindest für verschreibungspflichtige Präparate unsinnig via Internet kurzfristige Preismodifikationen, zum Beispiel in Form von Sonderangeboten, zu kommunizieren.

Erhöhung der Markttransparenz

Ein erheblicher Nachteil für die Preisgestaltung resultiert aus den technischen Vorzügen des Internet: der Schnelligkeit und folglich der Aktualität. Damit trägt das Internet zur Erhöhung der Markttransparenz bei. Für Nachfrager nach Arzneimitteln, den Ärzten und Patienten, ist es möglich unter minimalen Informationssuchkosten den Markt nach dem günstigsten Angebot zu sondieren. Insbesondere unter dem Aspekt der zunehmenden Ökonomisierung des Gesundheitswesens werden die Nachfrager bestrebt sein, daß günstigste Angebot zweier vergleichbarer Präparate zu wählen. Die Folge wird eine Tendenz zur Angleichung der Preise sein.

Re- oder Parallelimporte

Aus der Notwendigkeit der Angleichung der Preise kann ein weiteres Problem erwachsen. Die globale Markttransparenz durch das Internet kann einen negativen Einfluß auf nationale Preisdifferenzierungen haben. Diese Situation ist für die Unternehmen eine Bredouille: reagiert ein Unternehmen mit einem internationalen Einheitspreis, geht ein wertvolles Gewinnpotential verloren. Bleibt dagegen die Differenzierung bestehen, wird der Kunde verstimmt, kauft bei der Konkurrenz oder im Ausland. Dies könnte in letzter Konsequenz zu Re- oder Parallelimporten führen. Insbesondere bei pharmazeutischen Produkten ist diese Gefahr groß, da sie international weitestgehend standardisiert und die Transportkosten vergleichsweise gering sind. Als Beispiel ist der Arzneimittelversandhandel zu nennen. Der nach deutschem Recht zwar derzeit verboten ist, was aber internationale Anbieter nicht davon abhält, Medikamente nach Deutschland zu versenden. So rechnet die in England ansässige Firma „Express Medical Services" (siehe Abbildung 4), die Originalpräparate auch nach Deutschland liefert, in diesem Jahr mit einem Umsatz von 5 bis 10 Mio. DM [9]. Gegen Einsendung des Rezeptes bekommt der Patient über den Postweg sein Medikament bis zu 60 % unter dem deutschen Apothekenpreis.

Abb. 4:
Parallelimporte via Internet

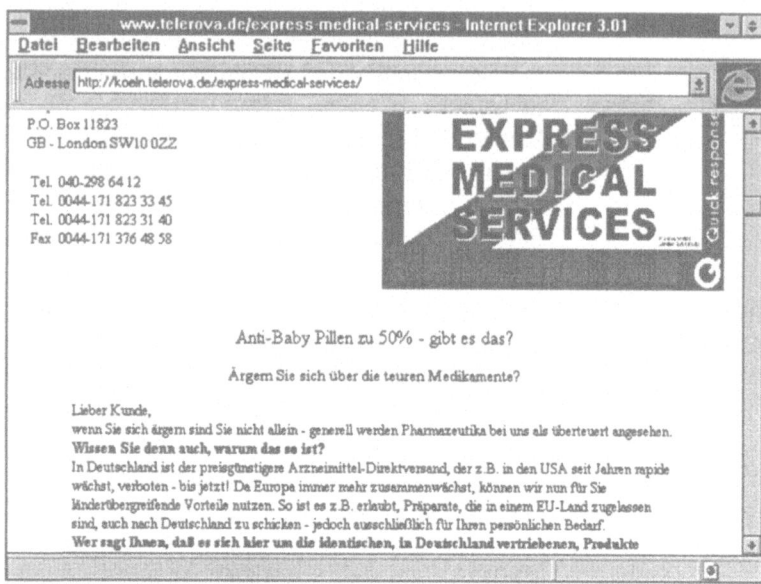

Quelle: Express Medical Services (WWW); 25.08.1997

2.4 Distributionspolitik

Versandhandel

Wenn in anderen Branchen der Begriff Internet in Verbindung mit der Distributionspolitik fällt, so ist in der Regel vom Versandhandel die Rede. Ein Versandhandel für Arzneimittel wäre für pharmazeutische Unternehmen ein interessanter, neuer Absatzkanal. In Deutschland ist der Versandhandel jedoch nach dem Heilmittelwerbegesetz, dem Arzneimittelgesetz und dem Gesetz über das Apothekenwesen verboten. Eine Bestätigung des Verbotes findet sich auch in dem Entwurf der 8. Novelle des Arzneimittelgesetzes [10].

Ausländische Anbieter

Die Erfolge von ausländischen Anbietern, die Arzneimittel bis zu 60 % unter deutschen Apothekenpreisen absetzen, werfen die Frage auf, wie lange nationale Gesetzgebungen in einem globalen Markt aufrechterhalten werden können.

Klassische Instrumente nicht ersetzen

Die Ausführungen haben gezeigt, daß sich trotz der gesetzlichen Regulierungen auch im Marketing für Pharmazeutika sinnvolle Potentiale für das Kommunikationsmedium Internet finden lassen. Wie auch in anderen Branchen, kann dieses Medium jedoch die klassischen Instrumente nicht ersetzen. Vielmehr ist ein Internet-Auftritt eine gute Ergänzung im Marketingmix. Nicht zuletzt können insbesondere innovative Pharmaunternehmen von einem Imagegewinn profitieren, den ein frühzeitiges Engagement in innovative Kommunikationstechnologien signalisiert.

3 Das Beispiel Glaxo Wellcome

Inhalt dieses Abschnitts soll die Implementierung eines Online-Auftritts eines pharmazeutischen Unternehmens sein. Am Beispiel der Glaxo Wellcome GmbH & Co., der deutschen Tochter eines internationalen Pharmakonzerns, soll gezeigt werden, welche Fragestellungen das Unternehmen auf dem Weg zur Web-Präsenz begleitet haben.

3.1 Das Unternehmen

Die deutsche Glaxo Wellcome GmbH & Co. gehört zur internationalen Glaxo Wellcome Gruppe, mit 54.000 Mitarbeitern in 85 Ländern einer der führenden Arzneimittelherstellern der Welt. Das Unternehmen entstand 1995 aus der Fusion der Glaxo GmbH, gegründet 1964 und der Wellcome GmbH, gegründet 1966. Firmensitz und Produktionsstandort ist Bad Oldesloe, Teile der Verwaltung befinden sich in Hamburg. Hauptaufgabenbereich ist der Vertrieb innovativer Präparate aus der Glaxo Wellcome Forschung sowie das Entwickeln von Gesundheitslösungen rund um das Arzneimittel. Hinzu kommen die Herstellung der Präparate für den deutschen Markt und die Belieferung ausländischer Schwestergesellschaften. Ein weiterer wichtiger Aufgabenbereich ist die klinische Forschung, deren Ergebnisse nicht nur hierzulande, sondern weltweit in die Zulassungsdossiers einfließen. Zur Zeit befinden sich rund 30 neue Substanzen in der klinischen Erprobung.

3.2 Die Motive

Was sind die Gründe für das Internet-Engagement eines Pharmaunternehmens? Wie kommt ein Pharmaunternehmen zu einem Internet-Auftritt? Im Falle von Glaxo Wellcome gab es hierfür im Frühjahr 1996, als der Grundstein für die Internet-Präsenz gelegt wurde, eine ganze Reihe von Motiven:

1. Ein Internet-Auftritt bietet einen völlig neuen Weg, mit alten und neuen Zielgruppen dialogisch zu kommunizieren. Verglichen mit Anzeigen und Mailings ist er kosteneffektiv und bietet neben der Erschließung von neuen Zielgruppen die Möglichkeit, die Nutzung der Angebote zu kontrollieren.

2. Der innovative Charakter dieses neuen Mediums entspricht dem Anspruch von Glaxo Wellcome als 'premier healthcare company'.
3. Den Außendienstmitarbeitern kann ein weiterer und vor allem nachfrageorientierter Zugang zum Arzt verschafft werden.
4. Diverses Printmaterial kann kostengünstig potentiellen Interessenten über einen weiteren Angebotskanal zugänglich gemacht werden. Hierdurch entstehen Synergieeffekte.

3.3 Der Prozeß der Implementierung

Verantwortlich für die Umsetzung der Online-Aktivitäten ist und war die „Arbeitsgemeinschaft Online"; ein Team von sechs Mitarbeitern der Abteilungen Medizin, EDV, Marketing und Unternehmenskommunikation. Nachdem die Ziele, die Motivationsgründe und eine vorläufige Konzeption der Geschäftsleitung präsentiert wurden, startete im Frühjahr 1996 eine Pilotphase, in der, unter der Auflage eines geringen Einsatzes finanzieller Mittel, die Implementierung umgesetzt werden sollte.

Entscheidungen

Im Rahmen der Konzeption mußten Entscheidungen hinsichtlich des strategischen und operativen Vorgehens getroffen werden. Strategisch sollte dabei folgendermaßen vorgegangen werden:

strategisches Vorgehen

Kurzfristig sollte ein Unternehmensportrait im Internet aufgebaut werden. Mittelfristig, d. h. bis Ende 1996, sollten einzelne Produktgruppen ein eigenes Konzept zur Zielgruppenansprache erstellen. Dies ist bereits zu einem großen Teil realisiert. Längerfristig wird über Partnerschaften mit anderen Dienstleistern der Gesundheitsversorgung nachgedacht.

operatives Vorgehen

Zu den operativen Entscheidungstatbeständen gehörten die Fragen der technischen sowie der inhaltlichen Umsetzung.

Die Entscheidungskriterien bezüglich der technischen Umsetzung waren:

- Kosten für den Endkunden
- Flexibilität in der Handhabung
- Auswertungsmöglichkeiten der Nutzung
- Einbindung in die Gesamt-IT-Architektur
- Performance
- Entwicklungsaufwand
- Betreuungsaufwand

Inhalte

Auf Grund der oben genannten Kriterien fiel die Entscheidung letztlich für einen gemieteten Server bei einem Service-Provider.

3   *Das Beispiel Glaxo Wellcome*

Die Inhalte des Webauftrittes wurden im Hause Glaxo Wellcome vom Team der AG-Online zusammengestellt. Für die Programmierarbeiten und die grafische Umsetzung galt es in einem weiteren Schritt eine geeignete Mutimedia-Agentur zu finden. Hierbei fiel die Wahl auf eine Full-Service-Agentur, die nicht nur primär Online-Kompetenz besaß, sondern mit der das Unternehmen bereits positive Erfahrung gesammelt hatte und die mit den Anforderungen und Bedürfnissen des Unternehmens bereits vertraut war. Zudem war diese Agentur bereits im Besitz diverser Inhalte, wodurch Kosten eingespart werden konnten.

Inhalte der Glaxo Wellcome Internet-Seite

Seit September 1996 ist das Unternehmen im Internet mit einer eigenen Seite vertreten. Abbildung 5 zeigt die Startseite. Neben allgemeinen Informationen über die deutsche Tochter oder den internationalen Konzern Glaxo Wellcome, sind Auskünfte über Arbeitsbereiche, pharmazeutische Dienstleistungen, Forschung und Entwicklung oder über Preise und Stipendien abrufbar. Damit der Spaß nicht zu kurz kommt, wird darüber hinaus ein Spiel mit Molekülen geboten. Um dem interaktiven Wesen des Mediums gerecht zu werden, kann über einen Button der direkte Kontakt zum Unternehmen hergestellt werden. Des weiteren werden aktuelle Stellenangebote über diese Seite kommuniziert.

Abb. 5: Internet-Startseite von Glaxo Wellcome

Quelle: *Glaxo Wellcome (WWW); 15.04.1998*

Kapitel 14: Pharmamarketing im Internet

Zielgruppenansprache

Im Rahmen einer differenzierten Zielgruppenansprache, wie in Abbildung 6, werden Services für Patienten, für Ärzte und Apotheker sowie für Journalisten geboten. Während der Service für Patienten frei zugänglich ist, bedürfen die Dienste für Ärzte und Apotheker der Eingabe eines Paßwortes. Auf Grund des bereits angesprochenen Publikumswerbeverbotes darf für verschreibungspflichtige Medikamente nur in Fachkreisen geworben werden. Der Service für Journalisten bietet aktuelle Pressemitteilungen und ist ebenfalls paßwortgeschützt und somit der Presse vorbehalten. Journalisten, Ärzte und Apotheker können bei Glaxo Wellcome den erforderlichen Benutzernamen sowie das Paßwort telefonisch oder per E-Mail erfragen, um den für sie bereitgestellten Service nutzen zu können.

Abb. 6:
Differenzierte Zielgruppenansprache

Quelle: Glaxo Wellcome (WWW); 15.04.1998

Autonome Internet-Auftritte einzelner Geschäftsbereiche

Bereits realisiert sind auch autonome Auftritte einzelner Geschäftsbereiche. Seit April 1997 hat der Geschäftsbereich „Atemwege" einen eigenen, auf die Zielgruppe individuell zugeschnittene Internet-Auftritt. Dieser an Patienten gerichtete Service hat die Aufklärung über die allergische Reaktion „Heuschnupfen" zum Inhalt. Neben einem Literaturservice wird unter anderem auch eine täglich aktualisierte Pollenflugvorhersage geboten. Die Startseite dieses Dienstes zeigt Abbildung 7.

3 Das Beispiel Glaxo Wellcome

Autonomer Auftritt

Ebenfalls einen autonomen Auftritt im Internet hat seit Mai 1998 der Glaxo Wellcome Geschäftsbereich „Zentrales Nervensystem". Ziel dieses Dienstes ist es, Fakten, Tips und Hintergründe zu der Erkrankung „Migräne" zu geben. Unter http://www.migraene-info.de/ werden Ärzten und Apothekern Fachinformationen geboten. Patienten bietet dieser Dienst Aufklärung zu der Diagnose „Migräne" sowie Möglichkeiten der Behandlung. Darüber hinaus gibt dieser Service einen Überblick über die Symptome der wichtigsten und häufigsten Kopfschmerzformen.

Abb. 7:
Individueller, zielgruppenorientierter Informationsservice

Quelle: Glaxo Wellcome (WWW); 15.04.1998

Internet Informationskampagne

Die Möglichkeiten, die das Internet dem Marketing bietet, sind nicht nur auf Internet-Auftritte beschränkt. So startete Glaxo Wellcome Anfang März 1998 zusammen mit „lifeline", dem Gesundheits-Online-Service aus dem Hause Burda und Bertelsmann, und „Men's Health", dem Magazin für Männer, die bundesweite Informationskampagne „love hurts". Ziel dieser Kampagne ist es, sachlich über die Infektionskrankheit „Herpes Genitalis" zu informieren. Obwohl bereits jeder fünfte in Deutschland das Herpes Virus in sich trägt, kennen die wenigsten diese Form der Herpeserkrankung. „Love Hurts" soll junge Erwachsene dazu anregen, sich über Herpes Genitalis zu informieren, sich vor Ansteckung zu schützen und dazu ermutigen, im akuten Fall den Arzt aufzusuchen.

Kapitel 14: Pharmamarketing im Internet

Raum für Fragen und Gespräche

Hierzu wurde eigens eine Internet-Seite kreiert (siehe Abbildung 8), die neben Fakten, 'News' und Verhaltenstips auch Raum für Fragen und Gespräche bietet. Um bei der Ansprache den richtigen Ton zu treffen, wurde darüber hinaus ein Ideenwettbewerb ausgerufen. Aufgabe der Teilnehmer ist, einen multimedialen Ratgeber zum Thema Herpes Genitalis zu entwickeln. Der Gewinner wird durch eine Jury aus Vertretern der Initiatoren und wissenschaftlichen Experten bestimmt.

Informationskampagne

Für die Informationskampagne „love hurts" schien das Medium Internet das ideale Kommunikationsvehikel zu sein. Hierfür lassen sich folgende Gründe anführen: zum einen entspricht die derzeitige demographische Struktur des Internet weitestgehend der Zielgruppe, die mit dieser Kampagne angesprochen werden soll. Zum anderen besitzt das Internet mit der Anonymität und der Interaktivität Eigenschaften, die sich hervorragend zur dialogischen Kommunikation eines Tabuthemas, wie Herpes Genitalis, eignen.

Abb. 8: Internetbezogene Informationskampagne

Quelle: Glaxo Wellcome (WWW); 15.04.1998

Besucherzahlen

Das die Initiatoren mit diesem Weg der Ansprache richtig lagen, zeigt die hohe Anzahl der 'Visits' dieser Seite. So konnten bereits in den ersten vier Wochen über 100.000 'Visits' registriert werden. Allerdings ist auch in den Printmedium intensiv geworben worden, was zeigt, daß eine optimale Marketingmaßnahme aus dem Zusammenspiel möglichst vieler Instrumente des Kommunikationsmixes resultiert.

3.4 Probleme und Hindernisse

Der Prozeß der Implementierung des Glaxo Wellcome Internet-Auftrittes verlief nicht ohne Probleme. Ein Problem war personeller Natur. So mußten Planung, Konzeption und Umsetzung mit den vorhandenen personellen Ressourcen auskommen. Dies bedeutete für das Team der AG-Online eine zusätzliche Belastung, da das Tagesgeschäft weiterlaufen mußte.

Zielkonflikt

Als ein weiteres Problem entwickelte sich ein Zielkonflikt. Einerseits sollte den unterschiedlichen Geschäftsbereichen im Hinblick auf eine differenzierte Zielgruppenansprache ein möglichst großer gestalterischer Freiraum gewährt werden, auf der anderen Seite galt es eine gewisse Einheitlichkeit zu wahren, die teils national, teils international im Rahmen des Corporate Design vorgegeben wurden.

Keine Erfahrungswerte

Ein weiteres Problem war, daß mit dem neuen Medium Neuland betreten wurde. Bei der Implementierung konnte nicht auf Erfahrungswerte zurückgegriffen werden. „Learning by doing" hieß die Devise. Darüber hinaus sahen sich die Verantwortlichen mit zahlreichen „Pseudowahrheiten" konfrontiert. Die Schwierigkeit lag in der Selektion von seriösen und unseriösen Angeboten, die nahezu täglich in Form von Briefen, Mailings oder Telefonaten bei dem AG-Online-Team eingingen. Dies bewirkte den Lerneffekt, sich nicht komplett auf das Know How Externer zu verlassen.

3.5 Kosten und Nutzen

Die Kosten der Implementierung der Online-Präsenz bewegen sich, verglichen mit Ausgaben für klassische Marketingmaßnahmen, wie zum Beispiel Fernsehspots oder Anzeigen, alles in allem in einem akzeptablen Rahmen. Stünde man jedoch noch einmal vor dieser Aufgabe, so ließe sich vor dem Hintergrund der Erkenntnisse, die im Laufe des Entwicklungsprozesses gewonnen wurden, Kosten einsparen.

Laufende Kosten

Die laufenden Kosten, wie z. B. Kosten für die Hardware und die Wartung des Servers und der Seiten sind im Hinblick auf die große Nutzerzahl ebenfalls als akzeptabel zu bewerten. Die große Zahl von Kontakten, die über die Internet-Präsenz erreicht werden, sind über klassische Marketingmaßnahmen, wie zum

Beispiel Mailings, zu diesen Kosten nicht zu realisieren. Hinter den durch das Internet geknüpften Kontakten, verbirgt sich zudem eine besonders interessante Zielgruppe. Während beispielsweise Werbung in klassischen Medien eine hohe Streuung aufweist, handelt es sich bei den Nutzern des Webauftritts um eine Gruppe, die aus eigenem Antrieb die Seiten aufgerufen hat, ergo sehr interessiert ist. Aus diesem Grund ist davon auszugehen, daß die Streuverluste geringer sind. Durch die Funktionalität und die Systematik des Mediums Internet, kann zu vergleichsweise geringen Kosten eine sehr interessante - weil interessierte - Zielgruppe angesprochen werden.

Erstellung neuer Internet-Seiten

Auch die Kosten der Erstellung neuer Internet-Seiten sind, gemessen an den Kosten der Erstellung einer neuen Broschüre, eher als gering einzustufen. Im Falle von Glaxo Wellcome konnten laufende Kosten schließlich auch dadurch reduziert werde, daß die anfangs beauftragte Kreativ-Agentur durch die Schaffung der unternehmensinternen Stelle des Online-Redakteurs ersetzt wurde.

Return on Investment

Die in Verbindung mit einem Internet-Engagement häufig gestellte Frage nach einem Return on Investment, läßt sich mit den Worten von Andy Grove, dem Chef des weltgrößten Chipherstellers „Intel", beantworten: *„ What's my ROI on e-commerce? Are you crazy? This is Columbus in the New World. What was his ROI?"*

Literatur

Fantapié-Altobelli,, C.: Der optimale Online-Auftritt für Pharma, MGM/Spiegel Verlag, 1997, S. 171.

Verband Forschender Arzneimittelhersteller e. V.: Statistics - Die Arzneimittelindustrie in Deutschland '97, Bonn, 1997.

LA-MED/Infratest Burke: LA-MED 97, Kommunikationsforschung im Gesundheitswesen, München, 1997.

Fittkau, S./Maaß, H.: Ergebniszusammenfassung der W3B-Umfrage Oktober / November 1996, <http://www.w3b.de/W3B1996/Okt-Nov/Ergebnisse/Zusammenfassung.html>, W3B, Hamburg, Abruf 07.05.1997.

Pabel, H. J.: Arzneimittelgesetz - mit Änderungsgesetzen und einer Kurzdarstellung, Stuttgart, 1995.

Keller, C.: Marketing-Controlling in der pharmazeutischen Industrie, St. Gallen, Hochschule für Wirtschafts-, Rechts- und Sozialwissenschaften, Dissertation, 1995, S. 130.

o. V.: Im Entwurf der 8. AMG-Novelle, Arzneimittelzeitung, 21.11.1997.

Online-Verbandsmarketing

Information und Kommunikation via Internet am Beispiel der Informationsseiten der AKCENT Computerpartner Deutschland AG

Frank Garrelts, Ronald Vogel

1 Einführung und Zielsetzung 338
2 Die Leitseite 340
3 Der Endkundenbereich (Anwenderbereich) 341
4 Die Händlerseiten 343
5 Die internen Mitglieder-Seiten 344
6 Das Email-Informationssystem 348
7 Der Gewinnfaktor 348
Literatur 350

Kapitel 15: Online-Verbandsmarketing

1 Einführung und Zielsetzung

Dienstleistungspartner für überregional organisierte Unternehmen

AKCENT Computerpartner Deutschland AG ist Hardware-, Logistik- und Dienstleistungspartner für überregional organisierte Unternehmen. Zentrale Auftragserfassung und Berechnung, dezentrale Auslieferung und regionale Anwenderbetreuung werden aus einer Hand organisiert und abgewickelt.

Vertriebs-, Logistik- und Marketingzentrale

Die Gesellschaft ist die Vertriebs-, Logistik- und Marketingzentrale einer bundesweit arbeitenden Organisation von PC-Fachbetrieben. Hierbei handelt es sich um Handels- und Dienstleistungsfirmen, die überwiegend gewerbliche Anwender beraten, beliefern und bei der Nutzung von PC-Anwendungslösungen unterstützen. Die AKCENT AG vermittelt Ansprechpartner für individuelle Lösungen in ganz Deutschland. Vom Einplatzsystem über Netzwerke auf Basis Novell oder NT bis zur ganzheitlichen Lösung für die Betreuung von Filialsystemen. Dabei bietet AKCENT folgende Services:

Serviceangebot

- Kostenlose und unverbindliche Vermittlung von regionalen PC-Fachbetrieben für individuelle EDV-Lösungen und Anwenderbetreuung

- Verkauf von PC-Systemen, Software und Peripherie; Auslieferung und Folgebetreuung durch regionale Systempartner,

- AKCENT-Online: Konzeption und Erstellung von Internet-basierenden Kommunikationslösungen (Extranet). Vorteil: fundierte Erfahrung durch Nutzung eines eigenen Extranetsystems seit 1996, Betreuung aller Kommunikationsteilnehmer vor Ort möglich. AKCENT arbeitet überwiegend als Betreuungsdienstleister in Zusammenarbeit mit Agenturen und Systemhäusern (virtuelle Kooperation).

- Außerdem übernimmt AKCENT die zentrale Koordination von Anwenderbetreuung für überregional tätige Unternehmen

Die AKCENT Homepage unter http://www.akcent.de ist der Ausgangspunkt der gesamten Informationsstruktur (siehe Abbildung 1).

1 Einführung und Zielsetzung

Abb. 1:
AKCENT Homepage

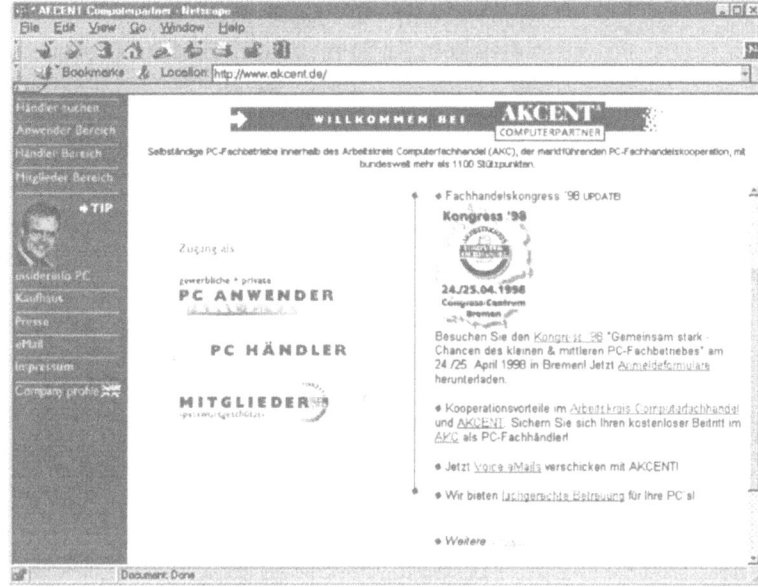

Kundenkreis über Dienstleistungsangebote und Reichweite der Organisation informieren

Zielsetzung ist es, den Kundenkreis über Dienstleistungsangebote und Reichweite der Organisation zu informieren, neue Partner in die Organisation aufzunehmen und die vorhandenen Partner innerhalb der Organisation über ein Kommunikations- und Informationssystem auf dem Laufenden zu halten. Zu diesem Zweck wurde relativ früh – bereits im Jahre 1996 – die Internet-Homepage http://www.akcent.de aufgebaut. Die Betreuung der Seite wurde zu Beginn von einem Diplom-Informatiker in Halbtagsarbeit bei freier Zeitgestaltung durchgeführt. Dieser Mitarbeiter arbeitete von seinem Homeoffice aus.

AKCENT-Online

Mittlerweile hat sich das im folgenden vorzustellende Informations- und Kommunikationssystem, zu einem eigenständigen Produkt entwickelt. Unter dem Namen „AKCENT-Online" – Information und Kommunikation für Verbundgruppen und überregional tätige Unternehmen wird es als standardisiertes Programmsystem vertrieben.

Internationale Datenbank

Zielsetzung war es, möglichst schnell von Papier- und FAX-Informationswegen auf eine für alle zugängliche internationale Datenbank umzustellen. Heute, im Februar 1998 kann man sagen, daß das Ziel in vielen Teilbereichen erreicht ist, jedoch ständig an der Aktualität der Seite gearbeitet werden muß, um Attraktivität und Nutzen zu bewahren. Die interne Kommunikations- und Informationsdatenbank hat sich innerhalb der vergangenen 2 Jahre zu einem hervorragenden Fundus entwickelt, in dem sowohl Mitgliedsbetriebe als auch Mitarbeiter der Zentrale nach Daten bzw. Informationstexten suchen können.

2

Schnell und übersichtlich

Die Leitseite

Die Leitseite oder auch Willkommensseite ist eine der wichtigsten Seiten in einem Internetprogramm. Sie muß sich schnell aufbauen und dem Besucher in möglichst übersichtlicher Form zeigen, was er innerhalb des Internetangebotes erwarten kann. Bei einem so komplexen Angebot wie dem der „akcent.de" kann man auf der Willkommensseite nicht alle Informationen anbieten, so daß wir uns entschieden haben, diese in drei Zielgruppen:

- Anwender,
- Fachhändler die noch kein Mitglied sind und
- Mitglieder

Über ein Auswahlmenü werden die Zielgruppen in den für sie geeigneten Bereich geführt (siehe Abbildung 2).

Abb. 2:
Zugangsauswahl

Auswahlmenü und Inhaltsverzeichnis

Auf der linken Randspalte wird ein farbig unterlegtes Inhaltsverzeichnis dargestellt, das allen Besuchern zugänglich ist. Unter anderem ist hier ein Link zu einem aktuellen Informationsmedium, wie aktuelle Pressemitteilungen und andere wichtige Leitbereiche, vorgesehen. Auf der rechten Seite des Bildes wird auf aktuelle Ereignisse hingewiesen, die man via Hyperlink genauer hinterfragen kann. Ein Voicemailmodul bietet

3 Der Endkundenbereich (Anwenderbereich)

die Möglichkeit, vom eigenen PC aus gesprochene Nachrichten zu versenden. Dieses ist für jeden Benutzer verwendbar, der über ein Mikrophon verfügt.

3 Der Endkundenbereich (Anwenderbereich)

Ziele und Vorteile

Der Bereich für den Nicht-Fachhändler klärt u.a. über die Ziele und Vorteile der angeschlossenen Fachhändler auf.

Abb. 3: Endkundenbereich

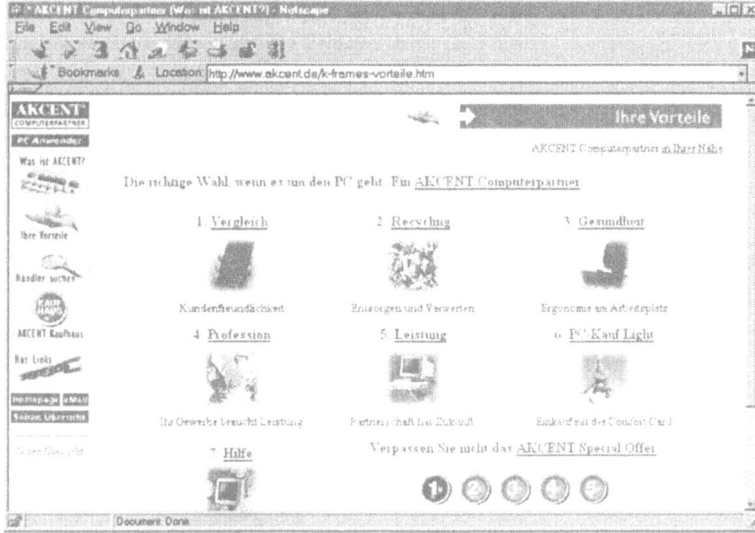

Information

Im Anwenderbereich soll zu entnehmen sein:
1. wer und was ist AKCENT ?
2. wie nützt AKCENT dem Anwender sprich dem Kunden ?
3. wie erreiche ich AKCENT-Fachhändler und
4. was hat mir AKCENT im Internet noch zu bieten ?
5. wie erreiche ich AKCENT ?
6. welche Links empfiehlt AKCENT ?

Abteilungen des AKCENT-Kaufhauses

Das AKCENT-Kaufhaus mit seinen Abteilungen:
- das aktuelle Angebot,
- An- und Verkauf,
- Schnäppchen von Fachhändlern sowie
- einer Service-Abteilung

Kapitel 15: Online-Verbandsmarketing

Serviceseite

Zum „richtigen" AKCENT-Partner führen

bieten dem Endkunden die Möglichkeit, Produkte zu kaufen und zu verkaufen. In der Serviceseite wird er direkt zu seinem regionalen AKCENT-Computerpartner geführt.

Wichtigstes Ziel ist es, neben der Information über AKCENT und die Bedeutung von AKCENT im deutschen Computermarkt den Endkunden, sprich den Anwender, zu seinem „richtigen" AKCENT-Partner zu führen. Dafür ist mit dem Symbolzeichen „Lupe" die Rubrik „Händler suchen" eingerichtet. Es erscheint eine Deutschlandkarte, für denjenigen, der in der Geographie nicht so bewandert ist, sind die Bundesländer daneben einzeln aufgeführt. Der Anwender klickt auf das Bundesland, in dem er Dienstleistungen bzw. Fachhandelsberatung benötigt und erhält Zugriff nicht nur auf die Adressen und Telefonnummern der Händlern, sondern auch auf eine kurze Beschreibung der geschäftlichen Tätigkeit dieser PC Spezialisten und einen Querverweis auf deren Internet-Homepage (wenn vorhanden) bzw. eine direkte Verknüpfung zu deren Email-Adressen. Er kann dann unverbindlich per Email mit dem Händler in Kontakt treten oder ihn unter der angegebenen Telefonnummer erreichen. Einen persönlichen Ansprechpartner für den Erstkontakt findet er ebenfalls in der Kurzbeschreibung.

Abb. 4:
Akzent Computerpartner

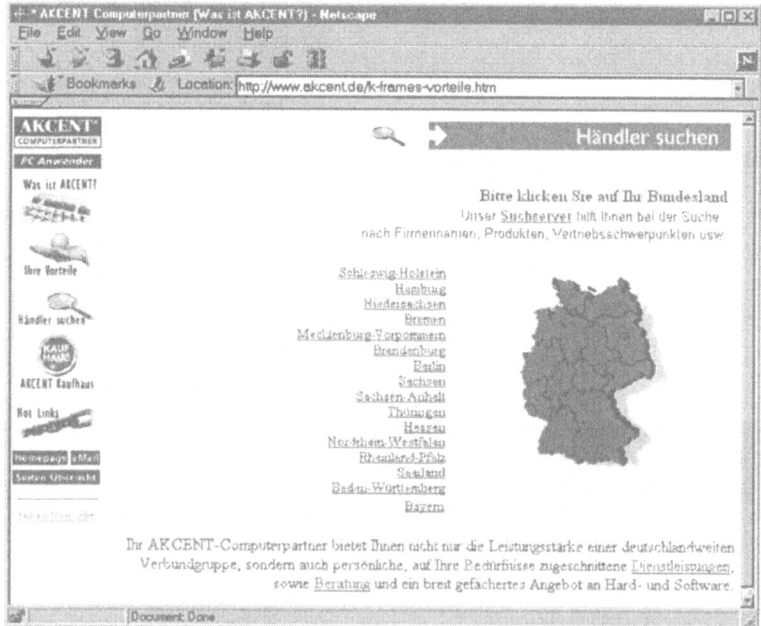

Landkarte mit den Bundesländern

Anwender finden Ihren nächsten Fachhändler anhand einer Landkarte mit den verschiedenen Bundesländern und den dahinter aufgelisteten PLZ-Gebieten.

4 Die Händlerseiten

Die öffentlichen Händlerseiten informieren Fachhändler, welche noch nicht der Kooperation angehören, über die Vorteile einer kostenlosen Mitgliedschaft.

Abb. 5:
Händlerseiten

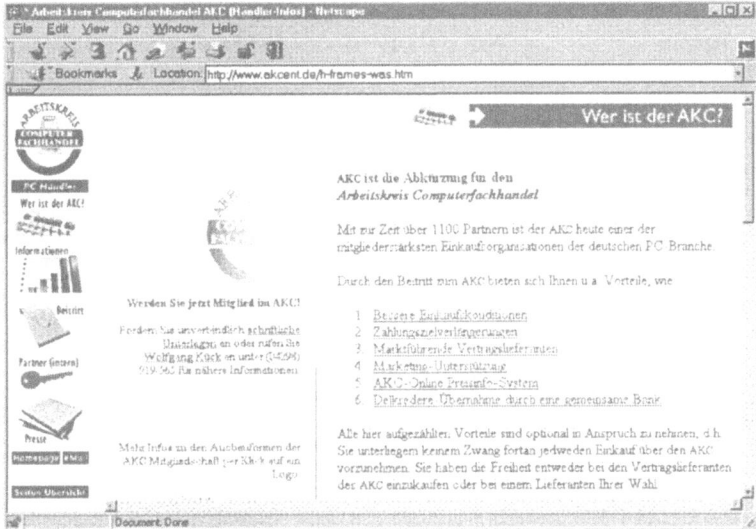

Aufbau der AKCENT-Organisation

Der Aufbau der AKCENT-Organisation ist noch nicht abgeschlossen. Interessierte Fachhändler haben die Möglichkeit Partner zu werden und von dem Einkaufs- und Marketingkonzept der Organisation zu profitieren. So ist es also Zielsetzung der Händlerseiten, möglichst umfassend über die Kooperation und die gemeinsamen Möglichkeiten zu informieren und den Händler dazu zu bewegen, daß er per Email weitere Unterlagen anfordert.

Beitrittsformular

Diesem Ziele folgend werden zunächst die Ansprechpartner und die verschiedenen Formen der Mitgliedschaft dargestellt. Eine Information über den Werdegang und die Ziele der Organisation folgt auf weiteren Seiten im Kontext - hier wird immer wieder dazu animiert, das Beitrittsformular aufzurufen. Beitrittsformulare kann der interessierte Händler entweder direkt per Email an die AKCENT-Zentrale senden oder sich gleich ein komplettes

Kapitel 15: Online-Verbandsmarketing

Formular als FAX-Vorlage ausdrucken, handschriftlich ausfüllen und per FAX an die AKCENT-Zentrale senden. Ganz bewußt wurde hier die zeitsparende Variante des Formularausdrucks mitgewählt, weil dann per FAX schon der Firmenstempel und die Unterschrift des Antragstellers übermittelt werden kann. Dieses verkürzt das Aufnahmeverfahren.

5 Die internen Mitglieder-Seiten

Abb. 6:
Die „interne Homepage" für Kooperationsmitglieder

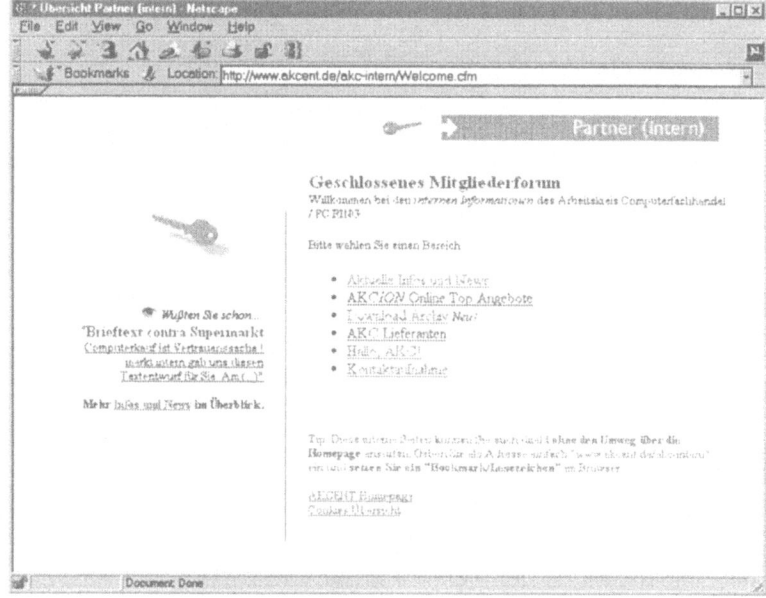

Formen der Mitgliedschaft

Am interessantesten wird es in den internen Seiten der AKCENT-Computerpartner. Hier wird den drei verschiedenen Formen der Mitgliedschaft Rechnung getragen. Es beginnt mit der kostenlosen Mitgliedschaft als Einkaufspartner, die dazu berechtigt, alle Einkaufs- und Lieferantenrelevanten Daten abzurufen. Hier gibt schon eine Vielzahl interessanter Informationen, die den Händler in seinem Tagesgeschäft unterstützen. Er hat Zugriff auf die Stammdaten sämtlicher gelisteter Lieferanten und kann aktuelle Sonderpreisaktionen in einer entsprechenden Datenbank abfragen bzw. gleich über diese Datenbank seine Bestellung abschicken. Aktuelle Infos und News werden von den Mitarbeitern der AKCENT-Zentrale täglich eingegeben und in der Datenbank verwaltet.

5 Die internen Mitglieder-Seiten

Tagesaktuelle Nachrichten und Informationen

Der Bereich aktuelle Infos im internen Bereich präsentiert tagesaktuelle Nachrichten und Informationen.

Abb. 7:
Aktuelle Infos

Downloadarchiv

Die Mitglieder können je nach Status der Mitgliedschaft alle oder nur vereinzelte Informationen und Nachrichten aus diesem System entnehmen. In einem Downloadarchiv sind Bilder, Logos, Textentwürfe und viele andere, wichtige und herunterladbare Informationen hinterlegt. So kann der Mitgliedsbetrieb das ganze Jahr über seine Marketingaktionen direkt aus diesem Fundus herunterladen, für sein Unternehmen individualisieren und bequem an einen Kunden oder Interessentenkreis versenden. Die vorbereiteten Aktionen beinhalten ebenfalls Leitfäden für Telefonnachkontakte.

Abb. 8:
Download Archiv

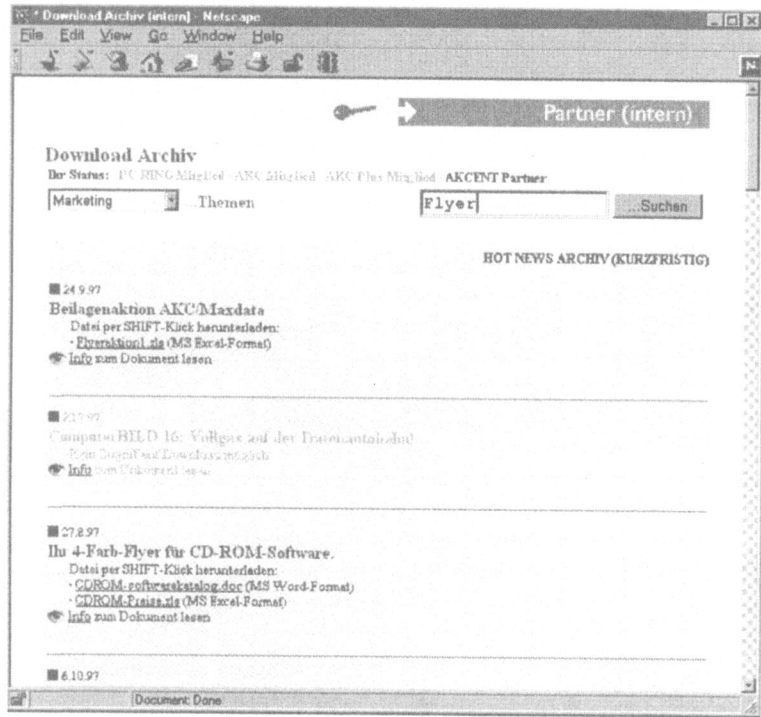

Kooperations-
materialien zum
Herunterladen

Das „Download Archiv" bietet den Mitglieder nach Themen organisiert alle Kooperationsmaterialien zum Herunterladen an. Eine Suchfunktion sorgt für ein schnelles Wiederfinden.

Moderiertes
Diskussionsforum

Unter dem Motto „Hallo, AKC" ist ein moderiertes Diskussionsforum untergebracht. Hier haben Partner die Möglichkeit, Anregungen, Lob und Kritik zu hinterlegen und erhalten von den jeweils zuständigen Mitarbeitern in der Zentrale entsprechende Anworten zu ihren Diskussionspunkten. Auf diese Weise wird gewährleistet, daß die gesamte Organisation sich über die sogenannten „Frequently Asked Questions (FAQ)" informieren kann.

Kritikbewältigung

Gerade im Falle der Kritikbewältigung ist dieses System sehr nützlich, da aktive Mitglieder meistens an den gleichen Punkten Kritik üben und über Hallo, AKC schon erkennen können, daß das Problem in der Zentrale angekommen ist und entsprechend daran gearbeitet wird. Wichtig an diesem Diskussionsforum ist, daß die freie Meinungsäußerung erhalten ist und entsprechend partnerschaftliche Stellungnahmen abgegeben werden. Es hat

5 Die internen Mitglieder-Seiten

sich in der Vergangenheit gezeigt, daß Kommunikation auf diese Art und Weise sehr entspannt möglich ist. Oftmals helfen auch die *Emoticons* ;-), bestimmte Stimmungen zum Ausdruck zu bringen. Natürlich fehlt auch hier nicht die Kontaktaufnahme zu den zuständigen Mitarbeitern per Email.

Das interne Diskussionsforum bietet den Fachhändlern die Möglichkeit Kritik zu üben oder Anregungen zu geben.

Abb. 9: Diskussionsforum

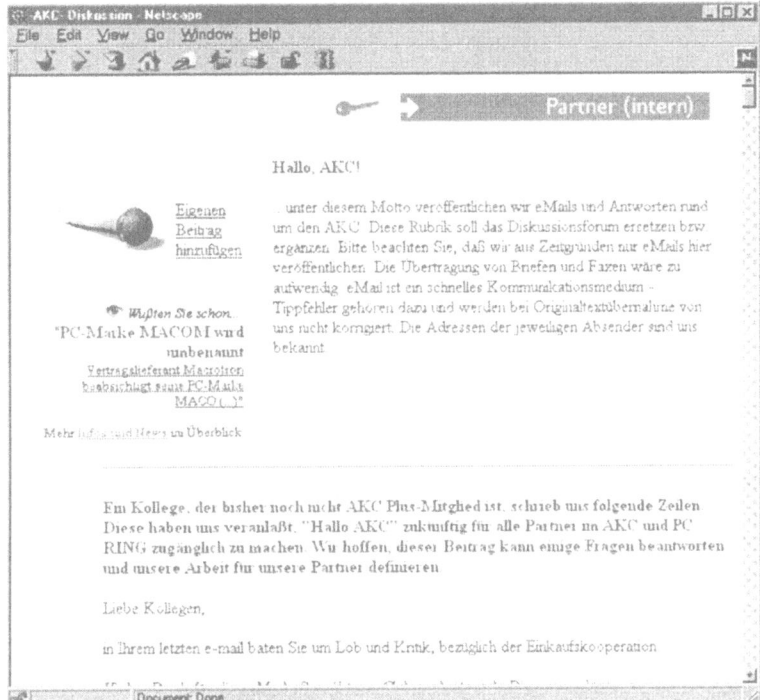

AKCENT-Fachforen

Neu aufgenommen werden die AKCENT-Fachforen. Hier werden zu bestimmten mittel- und langfristig angelegten Projekten Informationsseiten angelegt, zu denen die Partner Zutritt haben, die sich an einer solchen Projektarbeit beteiligen. Hier wird die virtuelle Firma zur Wirklichkeit. So werden z. B. bestimmte Vermarktungsideen gemeinsam erarbeitet, Konzepte zur Diskussion ins Netz gestellt und daraus Vorgehensweisen entwickelt.

6 Das Email-Informationssystem

Email-Verteiler

Zusätzlich zu den statischen Seiten, die in einer ständig wachsenden Datenbank im Internet hinterlegt sind, werden wichtige Informationen per Email an entsprechende Verteiler gegeben. Mit diesen Email-Nachrichten erreicht die Kooperation 60% der angeschlossenen Händler (diese 60% Händler realisieren ca. 80% des Einkaufsvolumens der Kooperation). In den Emails werden Verknüpfungen zu interessanten Seiten oder Angeboten der Lieferanten angegeben, es werden Hinweise auf Veranstaltungen gegeben, Umfragen können kurzfristig realisiert werden und Sonderangebote einzelner Lieferanten können sehr zeitnah in die Briefkästen der Partner geleitet werden.

Selektive Ansprache

Diese Email-Verteiler können selektiv auf die Mitglieder-Datenbasis mit unterschiedlichem Kooperationsstatus angewendet werden. Somit können schnell und effizient entweder alle Mitglieder der Kooperation erreicht werden oder nur eine definierte Subgruppe.

7 Der Gewinnfaktor

Extranet-Lösung

Wenn man eine derartige Extranet-Lösung aufbaut und pflegt, muß auf der anderen Seite eine wesentliche Einsparung möglich sein. In der AKCENT-Organisation, mit allen einkaufenden Partnern, sind mittlerweile über 1.200 Händler Mitglied. Wenn ein Händler heute Mitglied der Organisation wird, kann er alle Informationen der vergangenen 2 Jahre nach einem Stichwortsuchsystem aus der Datenbank herausfiltern. Er kann beispielsweise Informationen erhalten, mit welchen Partnern Leasingverträge abgeschlossen werden können, wie er an dem Kreditkartensystem der Organisation teilnehmen kann oder welche Ansprechpartner für welche Zuständigkeitsbereiche bei welchen Lieferanten erreichbar sind. Alle Rückfragen, die früher in einer solchen Kooperation aufwendig per Telefon, FAX und geschriebenem Brief erforderlich waren, werden so auf das elektronische Minimum, bei höchster Informationsqualität, reduziert.

Hauptkommunikationsmedium

Ohne das Extranet wäre es nicht möglich, eine derart große Händlerorganisation zu informieren und gleichzeitig mit den Partnern zu kommunizieren. Innerhalb der Jahre hat sich Email zum Hauptkommunikationsmedium entwickelt. Die Mitglieder wissen, das Emails möglichst noch am selben Tag beantwortet werden, während die Bearbeitung von FAX-Schreiben oder

Briefen die konventionell beantwortet werden, längere Zeit in Anspruch nehmen. Emails können von den Managern direkt am PC bearbeitet werden, ohne das zusätzlichen Dienstleistungskosten wie z. B. diktieren, schreiben und ausdrucken eines Briefes, Korrektur und nochmaliges ausdrucken, postieren, frankieren und auf den Postweg bringen anfallen. Das Email kann im Idealfall unmittelbar nach Eingang mit „Antwort" an den Absender zurückgesandt werden. So konnte die Organisation trotz des überproportionalen Mitgliederwachstums (in den letzten 2 Jahren stieg die Mitgliederzahl um 450 Partnerbetriebe) gleichbleibende Telefon-, FAX- und Portokosten verbuchen. Briefe an die Mitglieder werden meistens nur dann versendet, wenn es um größere Umfragen bzw. um den Versand schriftlicher Lieferanteninformationen und Prospektmaterial geht. Außerdem werden nach wie vor viele Informationsmappen an Interessenten ebenfalls per Post auf den Weg gebracht.

Organisationserleichterung

Abschließend kann man sagen, daß gerade für eine Fachhandelskooperation wie AKCENT-Computerpartner das Internet und seine Möglichkeiten nochmals eine Organisationserleichterung gebracht haben, welche mit der Effektivität und den Vorteilen der elektronischen Datenverarbeitung durchaus verglichen werden kann.

Effiziente und attraktive elektronische Kommunikation

Durch die hier beschriebene Informations- und Kommunikationsstruktur der AKCENT Computerpartner Deutschland AG zeigte sich in den letzten 2 Jahren deutlich, daß sich nur durch eine effiziente und attraktive elektronische Kommunikation ein Wettbewerbsvorteil ergibt, an welchem die beteiligten Mitglieder der AKCENT Organisation direkt partizipieren.

Literatur

Garrelts, Frank: Märkte im Umbruch : Kooperationen als Chance des Handels, München 1998.

Mono, Matthias: Verbandsmarketing : Ausgestaltung der Marketing-Instrumente von Wirtschaftsverbänden, 2., akt. Aufl., Wiesbaden 1995.

Purtschert, R.: Verbandsmarketing, in: Diller, H. (Hrsg.): Vahlens Großes Marketing Lexikon, München 1992.

16 Analyse und Vergleich deutscher und US-amerikanischer Unternehmens-Homepages[1]

Frank Lampe

1 Problemstellung 352
2 Untersuchungsmethodik 352
3 Ergebnisse 353
   3.1 Herkunftsländer 353
   3.2 Branchen und Sektoren 353
   3.3 Größe der betrachteten Unternehmen 354
   3.4 Downloadzeiten der Homepages 355
   3.5 Sprachwahloptionen 356
   3.6 Verwendete Techologien 357
   3.7 Inhalte der Seiten 358
   3.8 Anzahl der Seiten 360
   3.9 Design und Stil der Seiten 361
   3.10 Navigation auf der Site 362
   3.11 Response der Unternehmen auf E-Mail-Anfragen ...364
4 Zusammenfassende Würdigung der Ergebnisse 365
Literatur 366

---

[1] Studie im Rahmen des Wahlpflichtkurses: „Marketing und kommerzielle Nutzung des Internet" am Fachbereich 7 Wirtschaftswissenschaft der Universität Bremen, SS 1998. Beteiligte Kursteilnehmer: Jens Albers, Miriam Birr, Gerald Engelhardt, Sergio Mandelli, Holger Moeck, Oliver Müller, Elena Rentskaja, Martin Sassenberg, Tim Schiefer, Rainer Sieling, Carola Spiecker

Kapitel 16: Analyse und Vergleich deutscher und US-amerikanischer Unternehmens-Homepages

1 Problemstellung

Weltweite Nutzung

Das Internet wird von vielen Unternehmen weltweit genutzt. Die Nutzung läßt sich in die Bereiche Informationsbeschaffung, interne und externe Kommunikation (Informationsübermittlung) sowie Marketing i.w.S. untergliedern. Bislang scheinen dabei besonders die Anwendungen in Form des Intranet und des Extranet (vgl. den Beitrag von Garrelts und Vogel in diesem Buch) erfolgversprechende Potentiale sowohl für die Geschäftsprozeßoptimierung und -beschleunigung als auch für die Kostensenkung zu haben.

Offene Fragen

Die Nutzung des eigentlichen Internet durch Unternehmen wirft jedoch noch eine Vielzahl von Fragen auf. Offen bleibt bislang u.a., was Unternehmen im Internet präsentieren, welche Zielsetzung sie damit verfolgen, und ob sie die technischen und inhaltlichen Möglichkeiten, die das Medium bietet, ausschöpfen oder nicht. Die Globalität des Internet schließlich läßt die Frage aufkommen, ob es regionale Unterschiede im Nutzungsverhalten der Unternehmen gibt. Es läßt sich die Hypothese aufstellen, daß Unternehmen in den Vereinigten Staaten, also dem Land, in dem das Internet bekanntermaßen ersonnen wurde, anders damit umgehen als dies deutsche Firmen tun. Um diese Fragen zu beantworten, wurde im Juli 1998 diese Untersuchung durchgeführt.

2 Untersuchungsmethodik

Inhaltsanalyse

Im Rahmen eines Wahlpflichtkurses im Grundstudium des Studiengangs Wirtschaftswissenschaft an der Universität Bremen konzipierten der Autor und ein Teil der Kursteilnehmer ein einseitiges, standardisiertes Meßinstrument, in Form eines Bewertungsbogens, um damit eine Inhaltsanalyse deutscher und amerikanischer Unternehmens-Homepages im Internet durchzuführen [1]. Ein Pretest des Fragebogens wurde durchgeführt und entsprechende Änderungen wurden vorgenommen. Im Verlaufe der Veranstaltungen, die in einem an das Wissenschaftsnetz WIN angebundenen PC-Raum stattfanden, wurden von den Studenten und dem Autor auf diese Weise 80 Firmen-Homepages hinsichtlich 14 Kriterien bewertet.

Auswahl der Homepages

Die Auswahl der Homepages erfolgte für deutsche Unternehmen über den Internet-Katalog bzw. das Directory „Yahoo!" Deutschland (http://www.yahoo.de/Handel_und_Wirtschaft/Firmen/) und für amerikanische Unternehmen aus „Yahoo!" (USA)

(http://www.yahoo.com/Business_and_Economy/Companies/).
Ein spezielles Auswahlverfahren wurde zunächst nicht angewendet. Die Bewerter wurden jedoch angewiesen, bei ihrer Auswahl planlos vorzugehen und aus den angezeigten Branchen- und Firmenlisten wahllos Unternehmen aufzurufen.

Ungleichgewichte

Die nach der ersten Auswertung bestehenden Ungleichgewichte bezüglich der Nationalitäten und Firmengrößen wurden in einem zweiten Schritt durch die Erhebung weiterer Fälle per Quotaverfahren ausgeglichen. Dabei wurde eine gleich große Zahl deutscher und amerikanischer Fälle erreicht und der Anteil der Großunternehmen auf 27% korrigiert bzw. verringert, um die Überrepräsentierung der Großunternehmen und damit eine Verfälschung der Ergebnisse zu verhindern. In der Untersuchung von Bohr (1996) hatten sich u.a. 73% der befragten Unternehmen im Internet als Unternehmen mit weniger als 100 Mitarbeitern herausgestellt.

3 Ergebnisse

Items zusammengefaßt

Die Ergebnisse der Untersuchung sollen nachfolgend dargestellt werden. Dabei wurden verschiedene Items des Bewertungsbogens zusammengefaßt. In einigen Fällen mußte aufgrund der geringen Fallzahl auf eine detaillierte Betrachtung, wie etwa der Branchen und der Unternehmensgröße verzichtet werden. Die erhobenen Angaben wurden zu Klassen aggregiert. Da die Fehlerspanne bedingt durch die Fallzahl recht hoch ist, wurde auf die Berechnung von Nachkommastellen verzichtet.

3.1 Herkunftsländer

50:50

40 der bewerteten Internet-Seiten stammen aus Deutschland und ebenso viele aus den Vereinigten Staaten. Wie aus anderen Untersuchungen, etwa dem Internet Domain Survey (http://www.nw.com/), bekannt ist, betragen die Anteile der Internet-Hosts der USA an den weltweit vorhandenen Hosts ca. 60% und die Deutschlands ca. 3,5% [2].

3.2 Branchen und Sektoren

Wirtschaftsbereiche

Um die Unternehmen nach Branchen zu klassifizieren, wurde zunächst die vom Statistischen Bundesamt verwendete Gliederung der Wirtschaftsbereiche auf Dreistellerebene verwendet. Ausgehend von der verhältnismäßig geringen Fallzahl wurden die so klassifizierten Unternehmen dann dem Primären, Sekundären und Tertiären Sektor zugeordnet. Für die untersuchten

Unternehmen ergab sich folgendes Bild (Abbildung 1). Eine detaillierte Branchenbetrachtung bietet Bohr [3].

Abb. 1:
Verteilung der bewerteten Unternehmen auf die Sektoren

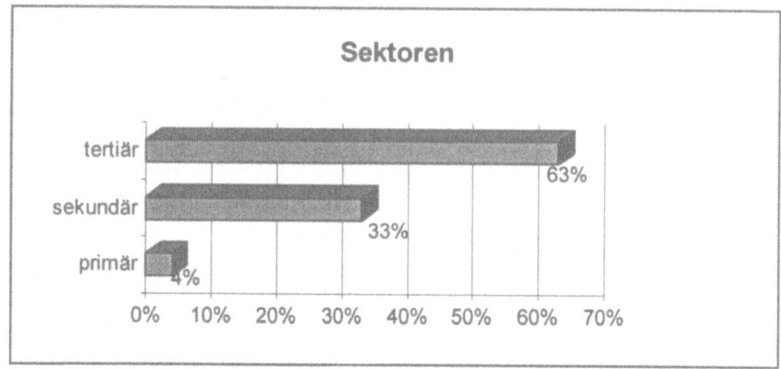

Mehrheit aus dem Dienstleistungssektor

Wie erwartet, stammt die Mehrheit der betrachteten Unternehmen aus dem Dienstleistungssektor (63%). Der Anteil des Verarbeitenden und Produzierenden Gewerbes lag bei 33% und der des primären Sektors bei 4%. Alpar ermittelte ähnliche Werte in seiner Studie [4]. Damit entspricht die Verteilung in etwa den in der Bundesrepublik anzutreffenden Zahlen. In den USA liegt der Anteil des tertiären Sektors statistisch deutlich über 70%.

3.3 Größe der betrachteten Unternehmen

Beschäftigten- und Umsatzgrößenklassen

Um die Größe der befragten Unternehmen zu ermitteln, wurden die Bewerter gebeten, die Anzahl der Mitarbeiter und den Umsatz der Unternehmen in den Fragebogen einzutragen. Hierfür wurden verschiedene Beschäftigten- und Umsatzgrößenklassen vorgegeben.

Publizitätspflicht

Die Auswertung zeigte, daß bis auf sehr wenige Ausnahmen nur Großunternehmen, die ohnehin der Publizitätspflicht unterliegen, auf ihren Web-Seiten Umsatz- und Beschäftigtenzahlen zur Verfügung stellen. In einigen Fällen, speziell bei Großunternehmen, war es möglich, diese Angaben auch ohne weitere Informationen auf der Homepage auszufüllen. Diese Unternehmen gehörten bekanntermaßen zur größten Klasse mit jeweils mehr als 1 Mrd. DM Umsatz und über 1.000 Beschäftigten.

KMUs

Da in der Mehrzahl der Fälle die offensichtlich Kleineren und Mittleren Unternehmen keine Angaben machten, wurden diese zur Gruppe der KMU zusammengefaßt. Von den 80 bewerteten Unternehmen gehörten durch das Quotaverfahren 73% zu dieser

Gruppe. Zum Vergleich: Alpars Studie (1996) erbrachte für die Unternehmen mit mehr als 500 Beschäftigten einen Anteil von 30%. Damit liegt der Anteil der Großunternehmen sowohl in der Studie aber vermutlich auch im Internet deutlich über ihrem Anteil an den Unternehmen insgesamt. Die Nationalität der untersuchten Großunternehmen bestand im Sample jeweils zur Hälfte aus deutschen und amerikanischen Firmen.

3.4 Downloadzeiten der Homepages

Zur Erfassung der Downloadgeschwindigkeit der Seiten wurden folgende drei Klassen gebildet: bis 10 Sekunden, bis 1 Minute, länger als 1 Minute bis zum Download des sichtbaren Teils Seite. Die Ergebnisse sehen wie folgt aus (siehe Abbildung 2).

Abb. 2:
96% der Seiten werden in maximal 1 Minute geladen

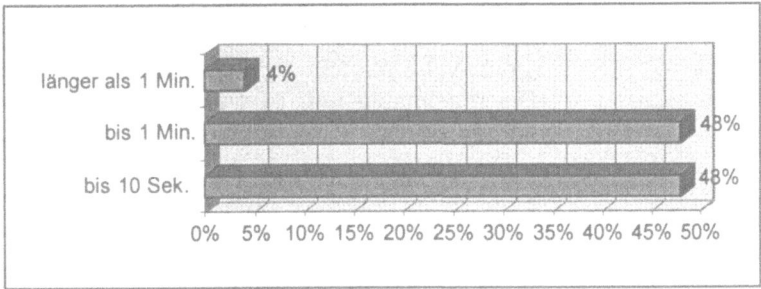

Schnelle Anbindung

Fast die Hälfte der betrachteten Seiten stand praktisch „sofort" und damit in akzeptabler Geschwindigkeit bereit. Gut 96% der Seiten waren innerhalb einer Minute zu sehen. Immerhin 4% der Präsenzen war auch nach einer Minute noch nicht auf dem Bildschirm. Dazu muß erwähnt werden, daß die Anbindung der Universitäten an das Internet über das deutsche Wissenschaftsnetz WIN erfolgt und daher relativ gute Voraussetzungen für den schnellen Empfang der Daten gegeben waren.

Maximal tolerierten Wartezeiten

Insgesamt muß jedoch konstatiert werden, daß die gewählte, recht grobe, vereinfachende Einteilung der Downloadzeiten in drei Klassen für eine differenziertere Beurteilung der Wartezeiten nicht ausreicht. Auch wären hier Forschungen zu den durchschnittlich von Nutzern akzeptierten bzw. maximal tolerierten Wartezeiten eine interessante Ergänzung.

Vergleich der Geschwindigkeiten

Interessant wäre an dieser Stelle auch ein Vergleich der Geschwindigkeiten, mit denen deutsche und amerikanische Unternehmensseiten beim Interessenten ankommen. Die Problematik des Vergleichs deutscher und amerikanischer Downloadzeiten liegt jedoch in der Zeitverschiebung zwischen Deutschland und den USA und der damit verbundenen unterschiedlichen Netz- und Serverbelastung. Die Untersuchung wurde jeweils donnerstags zwischen 11 Uhr und 13 Uhr in Deutschland durchgeführt, also z.B. zwischen fünf und sieben Uhr New Yorker Zeit. Da sich unseres Erachtens mit dem verwendeten Forschungsdesign keine gehaltvollen Aussagen zu möglichen Unterschieden der Dowloadgeschwindigkeiten treffen lassen, wird auf eine vergleichende Darstellung verzichtet.

3.5 Sprachwahloptionen

Hypothese

Die Frage nach der Sprachwahloption konnte nur mit „Ja" oder „Nein" beantwortet werden. Ziel war es, die Hypothese zu überprüfen, daß amerikanische Unternehmen grundsätzlich keine Sprachwahloptionen anbieten, während deutsche Unternehmen dies regelmäßig tun. Es wurde nicht festgestellt, welche Optionen jeweils zur Verfügung gestellt wurden (siehe Abbildung 3).

Abb. 3:
Nur geringes Angebot an Sprachwahloptionen

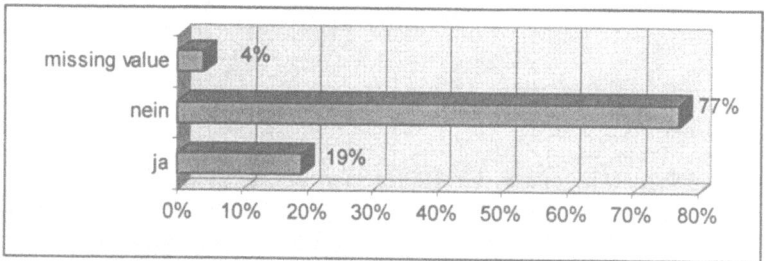

Keine Sprachwahloption

Die überwiegende Mehrheit, fast 77% der bewerteten Unternehmen, bieten keine Sprachwahloptionen auf ihren Seiten an. Nur zwei (5%) der bewerteten amerikanischen Unternehmen verfügten über diese Option, während 34% der deutschen Firmen andere Sprachen anboten. Diese deutschen Unternehmen richten ihr Web-Angebot damit explizit auch an ausländische bzw. nichtdeutschsprachige Zielgruppen. Auf drei Fragebögen (4%) waren keine Werte angegeben.

Vergleich

Zum Vergleich: Fantapié-Altobelli/Hoffmann ermittelten 1995 für den deutschsprachigen Raum, daß 44% der Unternehmen Sprachwahloptionen anboten [5].

3.6 Verwendete Technologien

Unterschiede der Verwendung moderner Technologien

Mit der Frage nach den auf den Seiten verwendeten Technologien sollte versucht werden, herauszufinden, ob es Unterschiede zwischen der Verwendung moderner technologischer Möglichkeiten auf Internet-Seiten zwischen den deutschen und den amerikanischen Unternehmen gibt. Hierzu konnten folgende Auswahlmöglichkeiten von den Bewertern angekreuzt werden (Mehrfachnennungen waren möglich): keine der genannten, animierte Graphiken, Java Applets, Frames, Besucherzähler, Interaktive Seiten (z.B. Suchfunktion/Datenbanken), Chat-Möglichkeiten. Abbildung 4 zeigt das Ergebnis.

Abb. 4:
Frames werden relativ häufig eingesetzt

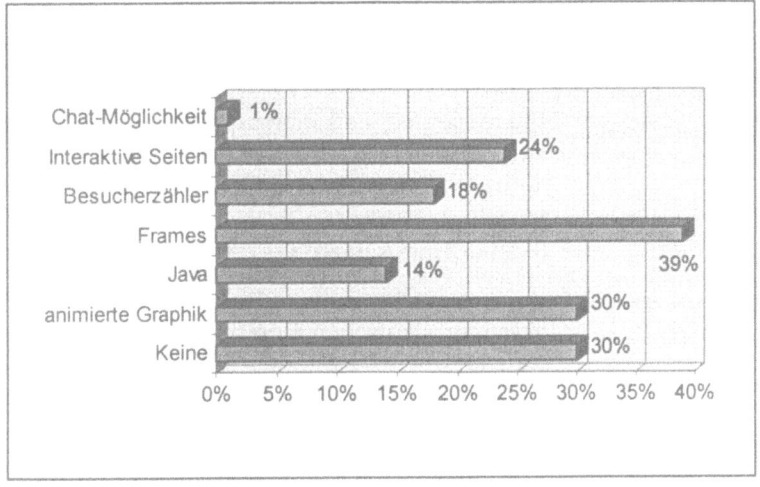

Frames

Abbildung 4 zeigt, daß besonders Frames und animierte Graphiken sowie interaktive Seiten zu den häufiger eingesetzten technischen Möglichkeiten zählen. Besucherzähler, Java Programme und Chat-Möglichkeiten sind dagegen seltener anzutreffen.

Ländervergleich

Interessanterweise nutzen ca. 30% (24) der untersuchten Firmen keine der genannten software-technischen Möglichkeiten auf ihren Seiten. Für die betrachteten amerikanischen und deutschen Unternehmen ließ sich kein Unterschied in der Verwendung feststellen. In beiden Ländern verzichten 30% der untersuchten Firmen auf entsprechende „Spielereien".

Weitere Möglichkeiten

Neben den in der Frage vorgegebenen Kategorien sind noch weitere, nicht betrachtete, von den Unternehmen genutzte Möglichkeiten zu nennen. Dazu zählen besonders „Download-Möglichkeiten" für Dateien und Programme, aber auch die Möglichkeit, mittels spezieller Plug-Ins, wie Shockwave oder RealAudio, Zugang zu bestimmten multimedialen Informationen (2D und 3D Animationen, Video- und Audiosequenzen) zu erhalten. Diese Technologien wurden vom Fragebogen aus Gründen der Übersichtlichkeit nicht erfaßt.

3.7 Inhalte der Seiten

Standardinhalte

Bei den Inhalten wurden den Bewertern 27 mögliche „Standardinhalte" vorgegeben (Abbildung 5). Kontaktmöglichkeiten in Form von E-Mail-Buttons und Web-Formularen waren mit über 85% der am häufigsten anzutreffende Inhalt. Es folgten die Angabe von den Firmenadressen (79%), Produktinformationen (75%) und elektronische Kataloge (43%). Auch Inhalte wie die Firmenphilosophie und -geschichte, Ansprechpartner, Links zu anderen Themen, Termine und Events sind häufig zu finden [6].

Bestellmöglichkeiten

Interessant ist, daß immerhin 34% der betrachteten Unternehmen auch Bestellmöglichkeiten offerieren. Dabei hatten rund 35% der deutschen und 32% der untersuchten amerikanischen Firmen Bestellmöglichkeiten in ihre Seiten integriert. Dies ist kein signifikanter Unterschied.

Ergebnis der Befragung von Bohr

Bohr ermittelte in ihrer Untersuchung, daß bereits über 43% der befragten deutschen Unternehmen im Netz Güter oder Dienstleistungen über das Internet verkaufen und daß ca. 36% der Firmen das Netz auch zum Einkauf von Gütern oder Dienstleistungen nutzten [7].

3   Ergebnisse

Abb. 5: Inhalte: Der Kontakt dominiert

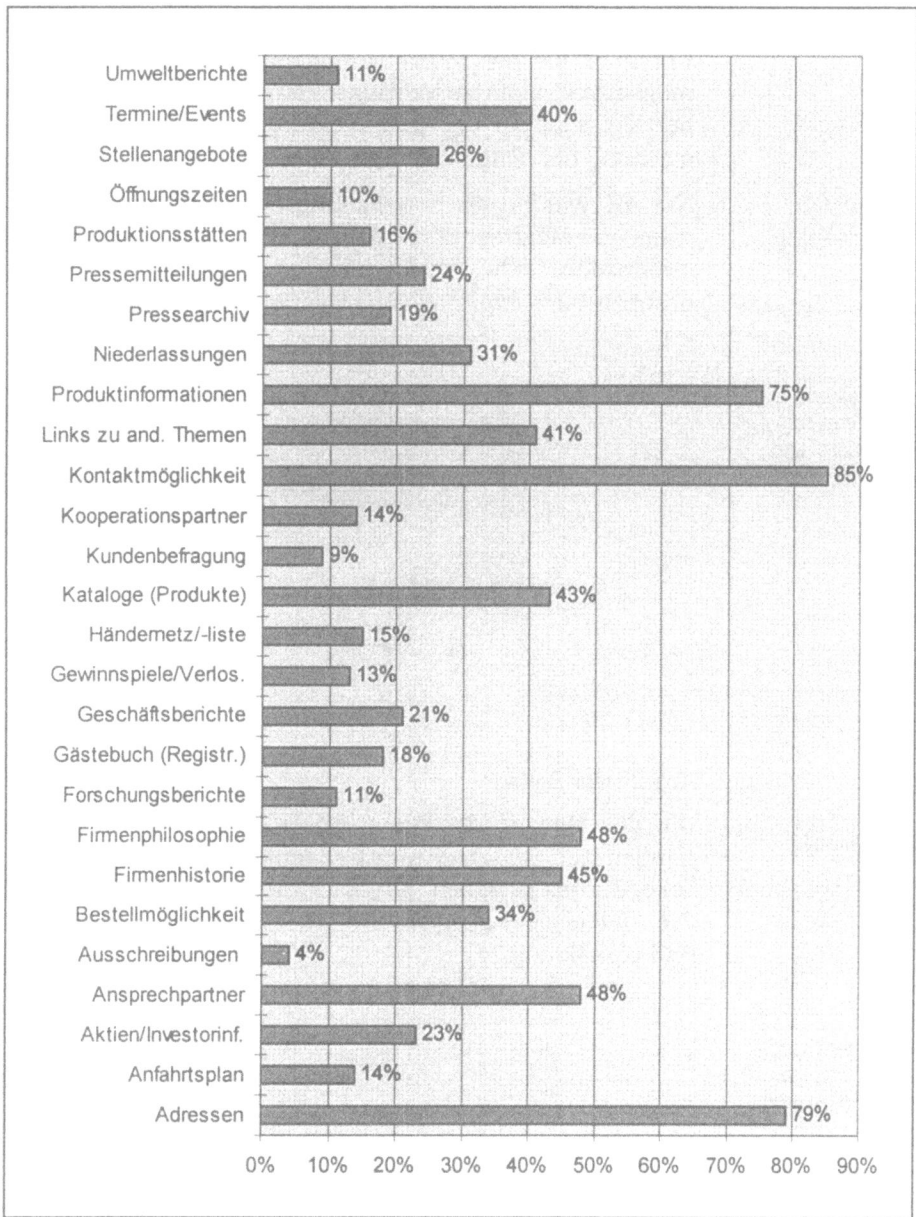

Verkaufsorientiertheit   Nach der Betrachtung der Inhalte wurden die Studenten gebeten, den Auftritt bezüglich seiner inhaltlichen Orientierung bzw. Wirkung zu beurteilen. Insgesamt wurden von den Bewertern 24% der betrachteten Seiten als verkaufsorientiert eingestuft. Als

Kriterium für die Verkaufsorientiertheit war nicht die Bestellmöglichkeit allein ausschlaggebend, die ja mit 34% deutlich höher lag, sondern der Gesamteindruck, den die inhaltliche Aufmachung der Seiten erzeugte. [8]

Unterhaltungsorientierte Seiten

Nur 4% wurden als unterhaltungsorientiert bewertet. Die überwiegende Mehrheit der Seiten, nämlich 72%, wurden danach als informations- bzw. serviceorientiert eingestuft, waren also ohne primäres bzw. explizites Verkaufsziel (Abbildung 6).

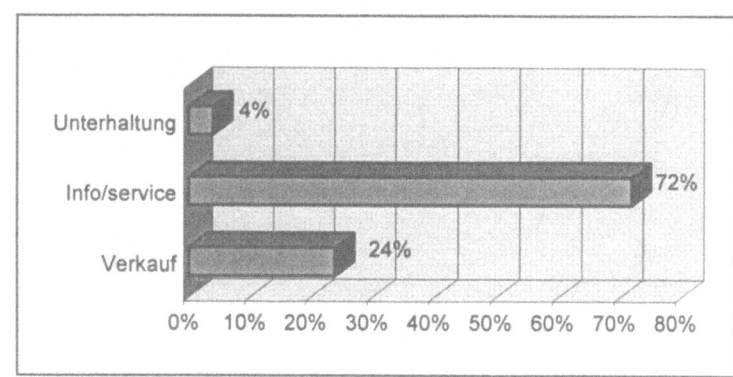

Abb. 6: Fast Dreiviertel der Seiten sind informations- und serviceorientiert

3.8 Anzahl der Seiten

Größenklassen

Um den Umfang der Firmenpräsenzen im Netz zu vergleichen, standen den Studenten vier Größenklassen zur Verfügung: 1 = 1 Seite, 2 = bis 10 Seiten, 3 = bis 50 Seiten, 4 = mehr als 50 Seiten. Die Untersuchung ergab für die bewerteten Firmen folgendes Bild (Abbildung 7).

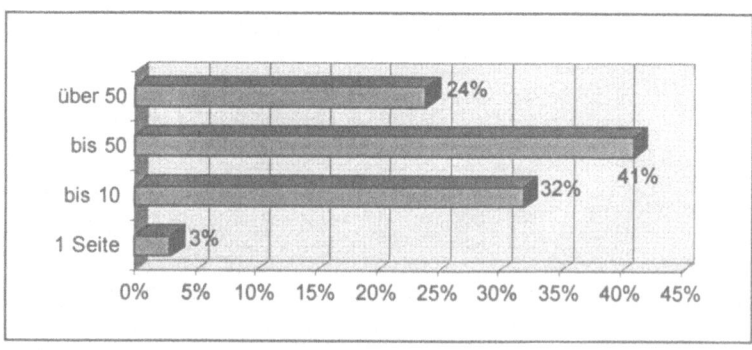

Abb. 7: Die meisten Präsenzen sind zwischen 10 und 50 Seiten groß

Zwischen 10 und 50 Seiten

Jeweils ein amerikanisches und ein deutsches Unternehmen war mit einer einzigen Seite vertreten. Die Mehrheit der Unterneh-

3 Ergebnisse

men verfügte über Sites in der Größenordnung zwischen 10 und 50 Seiten. Der mit 24% recht hohe Anteil größerer Firmenpräsenzen stellt zwar nicht ganz den Anteil der Großunternehmen an der Studie (27%) dar. Ein entsprechender Zusammenhang ist jedoch vorhanden. Bei den großen Sites (über 50 Seiten) ist der Anteil der deutschen und amerikanischen Unternehmen in der Studie in etwa gleich groß.

Dynamische Seiten

Als problematisch erwies sich die Quantifizierung der Unternehmensseiten mit Suchfunktionen bzw. dynamisch, d.h. aus Datenbanken heraus individuell für den Nutzer erzeugten Seiten. Die exakte Zahl der Seiten ist in diesen Fällen nicht oder nur sehr selten zu bestimmen. In aller Regel sind jedoch die hinter den Suchfunktionen stehenden Datenbanken so umfangreich, daß sich weit über 50 Seiten daraus generieren lassen.

3.9 Design und Stil der Seiten

Einfache Seitenlayouts

Bei der Frage „Design" ging es darum, herauszufinden, inwieweit die Unternehmen einfache Seitenlayouts (mit Text = 1, Text und einfachen Bildern = 2, mit Tabellen = 3) verwenden bzw. wie oft umfangreiche und aufwendig gestaltete Seiten, mit entsprechend stark bearbeiteten Bildern und Hintergründen verwendet werden. Während die einfachen Seiten schnell von Jedermann eingerichtet und geändert werden können, bedeuten professionell gelayoutete Seiten mit individuellen Bildern und Hintergründen meist einen deutlich höheren finanziellen Aufwand.

Graphikspezialisten

Gut 46% der Unternehmen lassen allem Anschein nach ihre Seiten von Graphikspezialisten gestalten und investieren entsprechend in ihren Netzauftritt. Fast genau so viele Firmen, nämlich 45%, nutzen zwar Bilder, jedoch ohne diese in ein aufwendiges Graphikkonzept zu integrieren. In drei Fällen wurde eine „Text-Only" Seite angetroffen. Ohne die Verwendung von Bildern kommen jedoch nur sehr wenige Firmen aus. Die Verwendung von Tabellen zur Darstellung von Informationen erfolgt eher zurückhaltend (Abbildung 8).

Stilfrage

Bei der Frage „Stil" sollte die Einheitlichkeit der Präsentation bewertet werden. Alle untersuchten Firmenpräsenzen waren mit einem einheitlichen Seitenlayout versehen, d.h. die bewerteten Unternehmen verfügten über Seiten, die wie „aus einem Guß" wirkten. Wichtig hierfür waren jeweils gleiche Seitenhintergründe, Farben und Logos.

Abb. 8:
Design der
Internet-Seiten

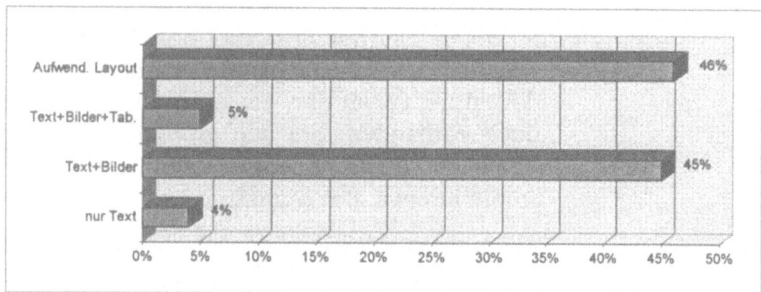

Während rund 53% der deutschen Unternehmen auf ein umfangreiches Layout zurückgriffen, verwendeten nur 40% der betrachteten amerikanischen Unternehmen aufwendig designte Homepages. Dies widerspricht der Erwartung, daß gerade US-amerikanische Firmen diesem Aspekt mehr Aufmerksamkeit schenken als deutsche.

3.10 Navigation auf der Site

Funktionalität
Wichtiges Kriterium

Neben den Inhalten einer Web-Site ist besonders die Funktionalität ein wichtiges Kriterium bei der Beurteilung einer Web-Präsenz durch die Nutzer. Eine zentrale Funktion nimmt dabei – neben z.B. funktionierenden, aktuellen Links – die Navigation auf der Site ein. Also die Frage, wie gut bzw. wie leicht man zu gesuchten Inhalten vorstoßen kann oder einen schnellen Überblick bekommt. Um die Navigation zu erleichtern, werden von den Unternehmen verschiedene Tools angeboten. Für die Bewertung standen folgende Möglichkeiten zur Auswahl: 0 = keine Navigationshilfen, 1 = Site Map, 2 = Search-Funktion für Inhalte, 3 = Navigationsleiste, 4 = Index (Stichwortliste).

Abb. 9:
Zur Verfügung gestellte Navigationshilfen

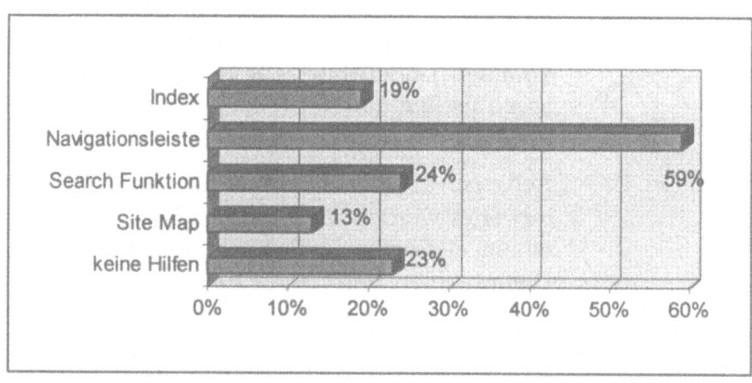

	3 Ergebnisse
Navigationsleisten	Die Navigationsleisten am oberen, unteren oder seitlichen Bildschirmrand stellen mit fast 60% die häufigste angebotene Navigationshilfe dar. Auch Suchfunktionen für die Inhalte werden häufig angeboten, besonders, wenn die Seite mehr als 50 Seiten aufweist. 63% dieser „großen" Sites bieten Suchfunktionen für Inhalte. Auf vielen größeren Firmenpräsenzen stehen gleich mehrere Möglichkeiten zur Verfügung. 23% bieten überhaupt keine Navigationsunterstützung an, was bei der Anzahl der Firmen mit bis zu 10 Seiten (36%) jedoch nicht weiter verwundert.
US-Unternehmen	Besonders die US-Unternehmen (fast 68%) bieten Navigationsleisten an, während nur rund 50% der deutschen Unternehmen dies tun. 25% der US-Firmen der Studie boten mehr als eine Navigationshilfe an, dies trifft jedoch nur auf rund 18% der untersuchten deutschen Firmen zu.
Qualität der Navigation	Die „Qualität der Navigation" war ebenfalls zu bewerten. Dazu wurde folgendes Schema benutzt. Die Site ist: intuitiv navigierbar (max. 3 Clicks zu jeder Seite), gut navigierbar/übersichtlich (mehr als 3 Clicks), kompliziert/unübersichtlich (Abbildung 10).
Operationalisierbarkeit	Als Problem stellte sich die Operationalisierung der Navigierbarkeit durch die Anzahl benötigter Clicks dar. Das subjektive Empfinden der Qualität der Navigierbarkeit abhängt von einer Vielzahl von Faktoren, wie z.B. der Strukturierung des Auftritts, dem Seitenlayout sowie dem Erfahrungs- und Kenntnisstand des Nutzers.
Abb. 10: Qualität der Navigation	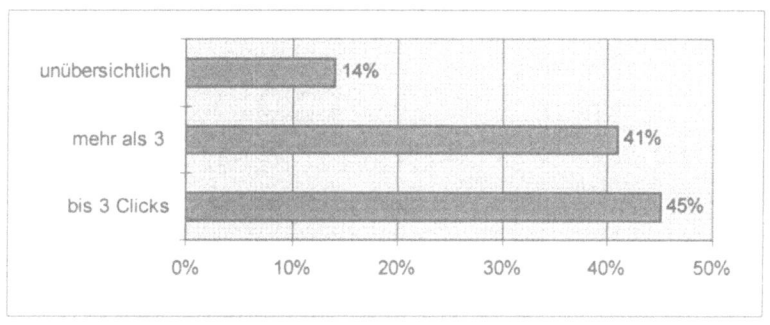
Gute Navigierbarkeit	Über 85% der betrachteten Web-Auftritte von Unternehmen lassen sich relativ gut navigieren bzw. nutzen. Rund 45% ermöglichen das Auffinden von Informationen mit maximal drei Clicks. 14% der Unternehmens-Homepages stellten sich für die Bewerter jedoch als kompliziert und unübersichtlich dar.

Kapitel 16: Analyse und Vergleich deutscher und US-amerikanischer Unternehmens-Homepages

Sprache und Navigation

Von den 36 „sehr gut" bewerteten Sites stammen 58% aus Deutschland und 42% aus den USA. Auch bei den 11 mit „unübersichtlich" bewerteten Sites haben die Amerikaner mit 82% den deutlich größeren Anteil. Bei diesem Votum könnte sich u.a. die englische Sprache bzw. das Fehlende Angebot von Sprachwahloptionen negativ auf das Navigationsgefühl der Bewerter ausgewirkt haben.

3.11 Response der Unternehmen auf E-Mail-Anfragen

Responsegeschwindigkeit

Zuletzt wurde bei einem Teil der Unternehmen die Responsemöglichkeit und die Responsegeschwindigkeit getestet. Als Response wurde in diesem Fall nur die Möglichkeit der Kontaktaufnahme, nicht jedoch Bestellmöglichkeiten für Produkte gezählt [9]. Zwar verfügten 85% der 80 Unternehmen über E-Mail- und Web-Kontaktmöglichkeiten, aus technischen Gründen wurden jedoch nur 20 davon getestet. Diesen Firmen wurde eine E-Mail (englisch oder deutsch) mit der Bitte um Antwort bzw. ein Reply der Nachricht zugeschickt. Von den 20 Firmen antworteten 15 also 75%. 12 der antwortenden Firmen (80%) reagierten noch am gleichen Tag, 2 (13%) am nächsten Tag und 1 ein Unternehmen (7%) antwortete 4 Tage später.

Abb. 11: Hohe Antwortgeschwindigkeit beim Responsetest

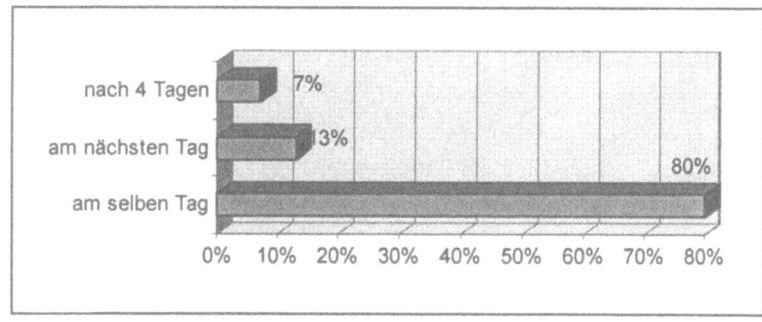

Hoher Response

Der Wert von 75% antwortenden Firmen ist unerwartet hoch. Auch die Tatsache, daß 80% der Antworten noch am selben Tag eingingen, überraschte. 12 der Test-Unternehmen kamen aus Deutschland und 8 Firmen entsprechend 40% aus den USA. Alle deutschen Unternehmen antworteten, während nur drei der amerikanischen Firmen sich am Responsetest beteiligten.

Einschränkungen

Es bleibt anzumerken, daß ähnliche Tests in anderen Untersuchungen gerade für deutsche Unternehmen deutlich schlechtere Werte ergeben haben. Fanatpié-Altobelli/Hoffmann ermittelten

1995, daß nur 56% der betrachteten Unternehmen überhaupt eine E-Mail-Responsemöglichkeit anboten.[10] Entweder haben speziell die deutschen Firmen aus der bisherigen Kritik am mangelnden Response gelernt, oder aber die geringe Stichprobengröße hat das Bild der Untersuchung verfälscht.

4 Zusammenfassende Würdigung der Ergebnisse

Interessante Ergebnisse

Die Untersuchung erbrachte einige interessante Ergebnisse. Diese lassen sich jedoch aufgrund der Beschränkungen, besonders wegen der geringen Fallzahl und dem hohen Anteil von Großunternehmen, im Sample nicht kritiklos verallgemeinern.

Interaktions- bzw. Kontaktmöglichkeiten

Besonders die den Unternehmen häufig vorgeworfene Vernachlässigung der Interaktions- bzw. Kontaktmöglichkeiten des Internet wurde durch die Studie nicht bestätigt. Bei der Sprachwahloption jedoch bestätigte sich die Hypothese, daß amerikanische Unternehmen bis auf sehr wenige Ausnahmen darauf verzichten, Web-Seiten für anderssprachige Zielgruppen anzubieten. Die eingangs aufgeworfene Frage nach den Unterschieden der Nutzung kann durch die vorliegende Studie nur teilweise bzw. nicht detailliert beantwortet werden. Es bestehen in vielen Bereichen deutliche Unterschiede, so z.B. beim Angebot von Sprachwahloptionen, der Navigation und beim Layout. Andererseits lassen sich etwa beim Angebot von Bestellmöglichkeiten oder der Verwendung bestimmter Technologien keine nennenswerten Unterschiede feststellen.

Weitere international vergleichende Forschung notwendig

Festzuhalten bleibt, daß bislang nur sehr wenig international vergleichende Studien auf diesem Gebiet vorliegen. Forschungsbedarf besteht in Form von umfangreicheren und detaillierteren Studien. Besonders die Veränderungsgeschwindigkeit des Internet sorgt dafür, daß diese Studien auch zukünftig von aktueller Relevanz sein werden.

Anmerkungen

[1] Vgl. dazu Fantapié-Altobelli/Hoffmann 1996, S. 61ff.
[2] Vgl. Network Wizards/Lottor, M.: Internet Domain Survey, July 1998, http://www.nw.com/ und Lampe, F.: Electronic Commerce: Marktplatz oder Spielplatz : Bewertung des Internet als Absatzmarkt für deutsche Unternehmen, in: Der Betriebswirt, Nr. 4 1997 , S. 33-40.
[3] Vgl. Bohr 1996.
[4] Vgl. Alpar 1996b
[5] Vgl. Fantapié-Altobelli/Hoffmann 1996, S. 66ff
[6] Vgl. dazu auch die Ergebnisse von Fanatpié-Altobelli/Hoffmann 1996, S. 62f
[7] Vgl. Bohr 1996, S. 22
[8] Vgl. Fanatpié-Altobelli/Hoffmann 1996, S. 61f.
[9] Vgl. auch Fanatpié-Altobelli/Hoffmann 1996, S. 64.
[10] Ebenda

Literatur

Alpar, P.: Die kommerzielle Nutzung des Internet, 1996.
Alpar, P.: Umfrage zur Nutzung des Internet bei dt. Unternehmen, http://alpar.uni-marburg.de/left/inter_um.htm, 1996b.
Bohr, D.: Deutsche Unternehmen im Internet: Eine empirische Untersuchung, Arbeitsbericht Nr. 71, Institut für Wirtschaftsinformatik Universität Bern, Bern 1996.
Fantapié-Altobelli, C.; Hoffmann, S.: Werbung im Internet, München 1996.
Fittkau, S.; Maaß, H.: 4. W3B-Umfrage 1996, http://www.w3b.de/
Gattiker, Urs E.; Kelley, Hellen; Janz, Linda: Today's Information Highway and Tomorrow's Organisation: Managing Privacy, Marketing and Strategic Issues Sucessfully, in: Berndt, Ralf (ed.): Global Management, Berlin, 1996, pp. 417-453.
Griese, J.; Sieber, P.: Internet: Nutzung für Unternehmungen, Bern 1996.
Hoffmann, D. L., Novak, T. P.: A New Paradigm for electronic Commerce, 1996.
Hoffmann, D. L., Novak, T. P.: Marketing in Hypermedia Computer-Mediated Environments: Conceptual Foundations, July 11, 1995.
IDC (Hrsg.), Gens, F.: What Are the Fortune 500 Doing on the Web? http://www.idcresearch. com/f/EI/gens4.html , 1996.
Lampe, F.: Unternehmenserfolg im Internet, 2., überarb. u. erw. Aufl., Wiesbaden 1996.
Lampe, F.: Electronic Commerce: Marktplatz oder Spielplatz : Bewertung des Internet als Absatzmarkt für deutsche Unternehmen, in: Der Betriebswirt, Nr. 4 1997 , S. 33-40.
Pitkow, J.; Kehoe, C.: 6th GVU-Internet User Survey, http://www.cc.gatech.edu/ gvu/ user_survey/survey-10-1996/
Quelch, J. A.; Klein, L. R.: The Internet and International Marketing, in: Sloan Management Review, Spring 1996, pp. 60-75.
Sieber, P.: Kommerzielle Internet-Nutzung, Arbeitsbericht Nr. 63, Bern 1995.

17 Technologische Entwicklungen und ihre Konsequenzen für den Electronic Commerce

Fraser Frost, Frank Lampe

1 Einführung 368
2 Entwicklungstrends 368
   2.1 Telekommunikationsindustrie 368
   2.2 Die digitale Signatur 369
   2.3 Internet II 370
   2.4 Neue Protokolle 371
   2.5 Elektronische Kabel 372
   2.6 Beschleunigte Modemgeschwindigkeiten 372
   2.7 Web TV 373
   2.8 Intranets und Extranets 374
   2.9 Telearbeit 375
3 Zusammenfassung und Würdigung 375

Kapitel 17: Technologische Entwicklungen und ihre Konsequenzen für den Electronic Commerce

1 Einführung

Technologische Weiterentwicklung

Einen wesentlichen Einfluß auf die Entwicklung des Electronic Commerce wird die technologische Weiterentwicklung des Mediums haben. Viele der heute noch als Hemmnisse angesehenen Faktoren werden in kurzer Zeit keine Relevanz mehr besitzen, wenn die bereits in der Erprobung befindlichen Technologien auf breiter Front zum Einsatz kommen. Dabei zeichnen sich besonders in den in Abbildung 1 zusammengestellten Bereichen Sicherheit, Geschwindigkeit, Kosten und Akzeptanz positive Entwicklungen ab.

Abb. 1: Entwicklungsbereiche

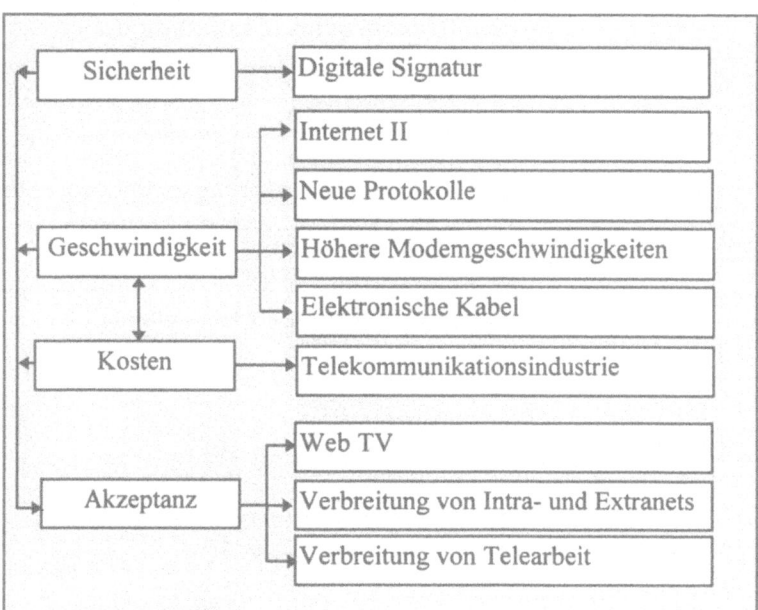

2 Entwicklungstrends

Im folgenden sollen die in Abbildung 1 angedeuteten Entwicklungen näher untersucht werden.

2.1 Telekommunikationsindustrie

Deregulierung

Die Deregulierung der Telekommunikationsindustrie in Europa wird einen bedeutenden Einfluß auf die Nutzung des Internet haben. Da der Markt nun weitgehend geöffnet ist, werden neue Telekommunikationsunternehmen den Wettbewerb unter den bereits bestehenden Unternehmen in Europa erhöhen. Mit Ausnahme der diesbezüglich wenig entwickelten Länder, wie z.B. Portugal und Griechenland, wird dies einen sehr positiven Effekt für die Internet-Nutzer haben.

Verringerung der Telefongebühren

So wird z.B. die Erhöhung des Wettbewerbs mittelfristig eine Verringerung der Telefongebühren zur Folge haben. Dies ist besonders interessant für Privatnutzer, deren Gesprächstarife reduziert werden. Für Geschäftskunden werden ähnliche Reaktionen erwartet. Für ISDN- und gemietete Standleitungen wurden entsprechende Ankündigungender Telekom bereits umgesetzt.

Providergebühren

Ähnlich den Verbindungsgebühren werden in den Ländern, in denen große Telekommunikationsfirmen als dominante Internet Service Provider auftreten, auch Provider dazu gezwungen sein, ihre monatlichen Gebühren herabzusetzen.

Kurzfristige Auswirkung

Kurzfristig könnten die europäischen Verbraucher durch die Maßnahmen deutlich profitieren. Dies kann auch neue Nutzer anziehen und damit die Bedeutung des Internet als Medium für den Electronic Commerce weiter stärken. Als Gegenreaktion ist zu erwarten, daß Telekommunikationsunternehmen und Internet-Service-Provider weitere Wettbewerber aufkaufen, um auf diese Weise die Konkurrenz zu verringern. Dies führt langfristig zu einer Reduzierung, der durch die Deregulierung der Telekommunikationsindustrie Europas erhofften Kundennutzen.

2.2 Die digitale Signatur

Wert elektronischer Transaktionen

Es wurde von verschiedenen Organisationen versucht, den Wert elektronischer Transaktionen pro Jahr im Internet zu beziffern. Einige dieser Prognosen gehen von zehn bis fünfzehn Milliarden Dollar im Jahr 2000 in Europa aus (Jupiter Communications und Forrester Research). Dieses potentielle Geschäftsvolumen hängt nicht nur von der Telekommunikationsinfrastruktur ab, sondern auch vom Vertrauen und der Sicherheit der Transaktionen.

Vertrauen in elektronische Transaktionen

Das Vertrauen in elektronische Transaktionen wiederum hängt nicht nur von technischen Sicherheitslösungen ab. Es kommt auch darauf an, die rechtliche Seite der Transaktionen abzusichern. Daher ist es von großer Wichtigkeit, daß sich die rechtlichen Systeme zum Beispiel in Europa darauf verständigen, was als rechtlich verbindlich angesehen werden soll und was nicht. Dies wird vermutlich dazu führen, daß die handschriftliche Unterschrift und die digitale Signatur beim Austausch von Informationen, Gütern oder Dienstleistungen in Online-Medien gleichgestellt werden.

Kapitel 17: Technologische Entwicklungen und ihre Konsequenzen für den Electronic Commerce

Public Key Kryptographie Message Digest	Technisch betrachtet, bieten Technologien wie die „Public Key Kryptographie" einen gewissen Grad an Sicherheit (vgl. auch den Beitrag von Bhaumick in diesem Buch). Wenn man ein Dokument unterschreibt, nutzt der Sender verschiedene Standardalgortihmen, wie z.B. Hasch-Funktionen, um ein Message Digest zu erzeugen. Der Message Digest zusammen mit der verschlüsselten Nachricht bildet die eigentliche digitale Signatur.
Verifizierung die Identität des Absender	Die Software des Empfängers bestimmt, ob die Nachricht verändert wurde und verifiziert die Identität des Absender. Um die Identität des Absenders eindeutig zu bestimmen, wird ein öfentlicher Schlüssel und die digitale Signatur genutzt. Der Message Digest wird erneut erzeugt, d.h. die Nachricht wird durch die Hash-Funktionen überprüft, die der Versender benutzt hat.
Certification Authorities	Auch dieses System hat Schwächen. Nutzer der digitalen Signatur müssen sicher sein, wem der jeweilige Schlüssel wirklich gehört. Dies hat zur Einführung von Certification Authorities (CA's) geführt. Die Nutzer von Schlüsseln können im Internet bei den CA's die Korrektheit des digitalen Certifcates und damit die Identität des Absenders überprüfen lassen.
Zertifizierungsstellen	In den europäischen Ländern gibt es bei den Zertifizierungsstellen verschiedene Entwicklungsstände. Auch ihre rechtliche Ausstattung ist unterschiedlich geregelt. Deutschland z.B. hat mit dem 1997 verabschiedeten Signaturgesetz eine eindeutige rechtliche Regelung, welche aussagt, daß die Zertifizierungsstellen staatlich lizensiert werden müssen. Dänemark plant einen Gesetzentwurf, der eine Mischung aus staatlich lizensierten und nicht lizensierten Zertifizierungsstellen vorsieht. In Großbritannien wird ein System ähnlich dem Dänischen vorgeschlagen. Voraussichtlich im Jahr 2000 wird die EU einen gemeinsamen Rahmen bezüglich der Digitalen Signatur vorschlagen und eine entsprechende Verordnung ratifizieren. Für die EU werden damit positive Signale in Richtung E-Commerce gesetzt. Für ein weltweites Abkommen müßten auch die wichtigsten Internet-Organisationen sowie die Wirtschafts- und Handelsorganisationen der Welt zusammenarbeiten. Eine entsprechende Initiative ist bislang nicht in Sicht.

2.3 Internet II

Alternative zum Internet

Um das Jahr 2000-2001 wird es eine Alternative zu dem, was wir heute als Internet bezeichnen, geben. In den USA entwickeln die National Science Foundation (NSF) und mehr als 60 Universitä-

2 Entwicklungstrends

ten gemeinsam das Internet II (vgl. dazu auch den Beitrag von Graser in diesem Buch). Zu diesen Zweck wurden rund 500 Millionen US Dollar gesammelt. Die Unternehmen, die an diesem Projekt beteiligt sind, sind unter anderem IBM (Hard- und Software), CISCO (Hersteller ca. 70% aller Internet-Router), Sun Microsystems (Computer-Hardware), MCI (Netzwerkbetreiber).

1000 mal schneller

Das Internet II wird den Datentransfer erheblich erleichtern. Es wird ca. 1000 mal schneller sein als das heutige Internet. Dies würde eine Reihe von Möglichkeiten, wie zum Beispiel Videokonferenzen oder Video on Demand, kurz nach dem Jahr 2000 Realität werden lassen. Das Internet II wird auch effizienter in der Art des Datentransfers sein. Anstatt Nachrichten rund um den Globus zu schicken, wird es u.a. den jeweils kürzesten und schnellsten Weg ermitteln und nutzen können.

Universitäten und Regierungen

Wie auch beim ersten Internet werden Universitäten und Regierungen bzw. Regierungsabteilungen die ersten sein, die das Internet II nutzen. Offen ist, ob bzw. wann der Zugang für den privaten Sektor möglich wird. Es ist gut möglich, daß das Internet II ein rein wissenschaftliches Netz bleibt.

Technische Sicht

Aus technischer Sicht wird das neue Netzwerk vermutlich den Austausch verschiedener Hardware erfordern, da es das Internet Protokoll IPv6 nutzten wird. Gegenwärtig wird das IPv4 verwendet. Die Einführung des Internet II wird auch der Start sogenannter GIGAPOPs (GIGA bit Point of Presence) sein, eine Art neuer Einwählknoten. Es wird eine neue Preisstruktur geben, die von der bestehenden abweicht. Die Kosten werden davon abhängen, ob Daten in Echtzeit gesendet werden sollen, ob die Auslieferung garantiert werden soll und davon, wieviel Daten transferiert werden.

Auswirkungen für den Electronic Commerce

Die Auswirkungen dieses Projektes für den Electronic Commerce werden noch etwas auf sich warten lassen. Dennoch, wenn das neue Netzwerk für die Wirtschaft und den Konsumenten geöffnet wird, wird dies eine Reihe von positiven Effekten, wie z.B. beschleunigte Downloadzeiten, haben. Das lange Warten im Netz wird dann vorübergehend entfallen, zumindest so lange, bis neue bandbreitenintensivere Anwendungen das Netz wieder verstopfen. Die Nutzer müssen jedoch Premiumpreise bezahlen.

2.4 Neue Protokolle

„WebNFS" vs. CIFS

Das berühmte WWW-Protokoll (Hyper Text Transfer Protokoll HTTP) könnte durch neue Standards ersetzt werden. Netscape,

Kapitel 17: Technologische Entwicklungen und ihre Konsequenzen für den Electronic Commerce

Sun, IBM, Oracle, Spyglass und Apple bereiten das Protokoll „WebNFS" vor. Microsoft dagegen entwickelt sein eigenes System, genannt „Common Internet File System" CIFS. Das Herunterladen von Webseiten wird mit WebNFS etwa zehnmal schneller sein als mit HTTP. Dies wird dadurch ermöglicht, daß die Daten in einem Stück übertragen werden und nicht mehr mehrere Verbindungen erfordern. Diese Verbesserung wird für die Konsumenten das Internet-Surfen und eventuelle Einkäufe schneller machen. Offen bleibt die Frage der Akzeptanz und der Durchsetzung der neuen Protokolle.

2.5 Elektronische Kabel

Normale elektrische Leitungen bzw. Stromkabel

United Utilities und Nortel haben ein System entwickelt, welches es erlaubt, Daten auf effektive Weise auf normalen elektrischen Leitungen bzw. Stromkabeln zu übertragen. Der innovative Aspekt diese Technologie ist, daß das System effektiv Interferenzen zwischen den Daten und der Elektrizität verhindert.

500Kb bis 1Mb pro Sekunde

Laut Nortel werden mit einer speziellen PC Karte und einer Art Transformator neben dem Stromeinlaß im Gebäude, Datentransferraten von 500Kb bis 1 Mb pro Sekunde erzielt. Dies ist zehn bis zwanzig mal schneller als die herkömmlichen Übertragungsraten, die bislang vom Konsumenten genutzt werden können.

2.6 Beschleunigte Modemgeschwindigkeiten

US Robotics und Rockwell

Die Firmen US Robotics und Rockwell haben mit ihren Standards die Führung bei der Etablierung höherer Modemgeschwindigkeiten übernommen. US Robotics mit seiner x2-Technologie und Rockwell mit dem K56flex Modemstandard sind Wettbewerber um die Etablierung der nächsten Standard-Zugangsgeschwindigkeit im Internet. In beiden Fällen handelt es sich um Software, mit der das Modem bis zu 56Kbs übertragen kann. Dazu muß der Nutzer ein entsprechendes Modem verwenden, und der Zugangsprovider bzw. der Einwählknoten das entsprechende Protokoll unterstützen.

Testgeschwindigkeiten

In Tests wurden tatsächliche Geschwindigkeiten von 40 bis 50 Kbs erreicht. Bislang bieten jedoch noch nicht alle Internet-Service-Provider diese „neuen" Standards bzw. Geschwindigkeiten an. Die größten Chancen als neuer Standard akzeptiert zu werden besitzt u.E. das Rockwell Protokoll, da es bislang die größere Verbreitung aufweist.

2 Entwicklungstrends

Consumer Digital Subscriber Line

Rockwell arbeitet darüber hinaus an Technologien, die Einwählverbindungen bis zu 20 mal schneller machen sollen. Die sogenannte Consumer Digital Subscriber Line (CDSL) wird wahrscheinlich noch vor der Jahrtausendwende auf dem Markt sein.

2.7 Web-TV

Microsoft kauft die Firma Web TV

Eine in Großbritannien bereits im Einsatz befindliche Technologie stellt das Web-TV dar. Durch die Presse ging 1997 die Meldung, daß Microsoft die Firma Web TV aufgekauft hat. Auch die sogenannten „Web Set Top Boxen" machten Schlagzeilen. Die erste Firma, die eine entsprechende Web Set Top Box namens „Netstation" in Großbritannien vermarktete war Netproducts. Mittlerweile ist diese Technologie durch Firmen wie Sony und Daewoo auch in Deutschland und anderen Staaten erhältlich.

Fernsehbildschirm

Bei dieser Technologie wird an den Fernseher ein kleiner Kasten angeschlossen, der wiederum an die Telefondose angeschlossen wird. Über Kabel oder Infrarot wird die Box mit einer Eingabetastatur verbunden. Natürlich wird auch ein Provider benötigt. Auf diese Weise können nun auf dem Fernsehbildschirm Web-Seiten betrachtet, E-Mails versendet und News gelesen werden.

Anschaffungspreis

Neben dem günstigen Anschaffungspreis verglichen mit einem PC (zwischen 500,- und 1.000,- DM, Tendenz fallend), ist besonders die problemlose, einfache Installation des Systems ein großer Vorteil, der den computerunerfahrenen Konsumenten entgegen kommt.

Demographie

Die Zahl der Internet-Nutzer kann sich damit nachhaltig verändern, wenn aufgrund sinkender Nutzungsbarrieren z.B. auch mehr Konsumenten mit geringeren Bildungsniveaus in das Netz vorstoßen können. Verbunden mit Technologien, wie der wiederaufladbaren Geldkarte/SmartCard, wird Electronic Commerce mittelfristig wieder interessanter werden.

Familienmitglieder

Eine weitere Veränderung erfährt der Ort, an dem man ins Netz geht. Der Fernseher steht meist im Wohnzimmer, während Computer häufig in Arbeitszimmern stehen. Der Zugang zum Netz wird daher eher selten von allen Familienmitgliedern genutzt. Mit der „Web Set Top Box" kann das Internet also weitere Familienmitglieder außerhalb des Arbeitszimmers erreichen.

2.8 Intranets und Extranets

Interne E-Mail oder interne Datenbankzugriffe

Das Internet, in seiner gegenwärtigen, Form bietet eine Reihe neuer Möglichkeiten für unternehmensinterne Computernetze. Intranets sind interne Computernetzwerke, die die gleichen Protokolle wie das Internet nutzen. Damit können die gleichen Dienste wie im öffentlichen Internet bereitstellt werden, also z.B. interne E-Mail oder interne Datenbankzugriffe mit einem Browser. Letzteres geschieht dann z.B. über in HTML erstellte Abfrageseiten auf einem internen Web-Server.

Benutzerschnittstelle

Die Darbietung der Informationen im Intranet erfolgt damit wie im WWW. Browser und HTML-Seiten bilden die neuen, leicht verständlichen – weil graphikunterstützten – Benutzerschnittstellen. Das interne Informationsmanagement, die regelmäßige Pflege, Aktualisierung und Verteilung von Information kann zu erheblich niedrigeren Kosten als bisher erfolgen. Abhängig von der Größe der Organisation können damit hohe Einsparungen verbunden sein.

Extranets

Extranets stellen eine Erweiterung der Intranets in Richtung der Kunden bzw. Lieferanten, nach dem Vorbild des EDI (Electronic Data Interchange), dar. Das interne Netzwerk wird auf gesicherten Leitungen bzw. Kanälen über das Internet mit Geschäftskunden verbunden. Vertrauliche Informationen und unternehmenskritische Applikation sind auf diese Weise nicht für die allgemeine Internet-Öffentlichkeit zugänglich. So kann beispielsweise das Bestell-, Lager- und Rechnungswesen des Unternehmens mit dem des Kunden verbunden werden. Kunden können sich auch Fallweise bestimmte Informationen – etwa Produktdatenblätter – selbständig vom Server des Herstellers herunterladen.

Secure Internet Protcol (ISPEC)

Zum Schutz dieser Extranets werden in der Regel Authentifizierungs- und Verschlüsselungstechnologien sowie digitale Signaturen eingesetzt. Oft wird auch das Secure Internet Protcol (ISPEC) der Internet Engineering Task Force (IETF) verwendet.

Impulse

Die Existenz solcher Extranets verleiht dem Electronic Commerce zwischen Firmen erhebliche Impulse. Besonders bei internationalen Partnern stellen die Extranets eine kostengünstige, stabile und schnelle Alternative zu traditionellen Technologien dar.

Qualität der Beziehungen

Auch die Qualität der Beziehungen zwischen Unternehmen kann sich aufgrund der neuen Technologie verändern. So erfordern Extranets ein gewisses Maß an gegenseitigem Vertrauen, partner-

2.9

Soziale bzw. mitarbeiterorientierte Aspekte

schaftlicher Koordination und u.U. auch ein gemeinsames finanzielles Engagement.

Telearbeit

Es gibt auch eine Reihe von sozialen bzw. mitarbeiterorientierten Aspekten, die mit der Einführung und Entwicklung des Internet und der damit verbundenen verstärkten Nutzung von Netzwerken entstanden sind. Da die Kosten für Informations- und Telekommunikationstechnologie weiter sinken, stellt sich Telearbeit für immer mehr Unternehmen und Mitarbeiter als eine kostengünstige und realistische Möglichkeit dar. Das Angebot von zu Hause aus zu arbeiten, findet immer mehr Befürworter.

Mitarbeiter können fast alle relevanten Informationen, die sie für Ihre Arbeit benötigen, über Intranets erhalten. Sie können z.B. per Computer und Modem Faxe empfangen und versenden.

Entwicklungsgeschwindigkeit

Über das Potential bzw. die Anzahl zukünftig möglicher Telearbeitsplätze liegen unterschiedliche Prognosen vor. Dementsprechend ist auch nicht sicher, mit welcher Geschwindigkeit sich diese Entwicklung vollziehen wird.

Auswirkungen auf den Electronic Commerce

Die weitere Verbreitung der Telearbeit wird auch dem Electronic Commerce dienlich bzw. förderlich sein. Zum einen wird die Anzahl der mit Computer und Online-Technologie ausgerüsteten Haushalte und Personen steigen, zum anderen wird der Umgang mit dieser Technologie alltäglicher. Das entsprechende Know how wird breiteren Bevölkerungsschichten zugänglicher.

3 Zusammenfassung und Würdigung

Vielzahl paralleler Entwicklungen

Wie aus den vorhergehenden Ausführungen deutlich wurde, gibt es eine Vielzahl paralleler Entwicklungen auf unterschiedlichen Gebieten, die in der Summe einen positiven Einfluß auf die zukünftige Entwicklung des Electronic Commerce nehmen dürften. Unseres Erachtens wird sich daher der Electronic Commerce mittelfristig, d.h. in fünf bis sieben Jahren, für verschiedene Branchen zu einem ernstzunehmenden Absatzkanal entwickeln. Allein die von einigen Marktforschungsinstituten veröffentlichten, übertriebenen Prognosen über die Umsätze im Netz und deren rasante Entwicklung werden korrigiert werden müssen. Zwar entwickeln sich die Nutzerzahlen stetig nach oben, doch zu einer drastischen Ausweitung der Umsätze im Internet vor dem Jahr 2.000 wird dies nicht führen.

Literatur

Frost, Fraser: Market Research and the Internet, unveröffentlichtes Arbeitspapier, Luton 1997.

Lampe, Frank: Unternehmenserfolg im Internet, 2., überarb. und erw. Aufl. Wiesbaden 1998.

Lampe, Frank: Electronic Commerce - Marktplatz oder Spielplatz : Bewertung des Internet als Absatzmarkt für deutsche Unternehmen, in: Der Betriebswirt, Nr. 4, 1997, S. 33-40.

Picot, Arnold; Reichwald, Ralf; Wigand, Rolf T.: Die grenzenlose Unternehmung, 3., überarb. Aufl., Wiesbaden 1998.

o.V.: Telecom Industry, in Byte, January 1998, 32IS, S. 3.

o.V.: Digital Signatures, in Byte, January 1998, 32IS, S. 5-10.

o.V.: Internet II, in net, Spring 1997, S. 79-82.

o.V.: New Protocols, in: .net, Spring 1997, S. 82

o.V.: Electronic Cables, in: Internet Magazine, December 1997, S. 12

o.V.: Increasing Modem Speeds - x2 and Kflex, in: Internet Magazine, November 1997, S. 38-44.

o.V.: Web TV, in Revolution, July 1997, S. 34-55.

o.V.: Web TV, in: Revolution September 1997, S. 9.

o.V.: Intranets and Extranets, in: Byte, January 1998, S. 71.

o.V.: Teleworking, in: .net, January 1997, S. 79-82.

18 Next Generation Internet - Die Zukunft des Internet

Falk Graser

1 Einleitung 378
2 Technische Grundlagen...380
  2.1 Bitte ein Megabit (per second)...380
  2.2 Von einer dekorativen Einrichtungsidee zur Datenleitung - das ABC der Lichtwellenleitung........................381
3 Die Grundlagen des Next Generation Internet......................384
  3.1 Einführung...384
  3.2 Die Budgetierung des Programms....................................387
  3.3 Die Ziele der NGI - Initiative...387
    3.3.1 Ziel 1: Forschung und Entwicklung im Bereich neuartiger Technologie Netzwerktechnologie..........388
    3.3.2 Ziel 2: Errichtung zweier „Testbeds" 390
    3.3.3 Ziel 3: Entwicklung revolutionärer Anwendungsprogramme 392
4 Die NASA - ein Beispiel eines NGI - Partners 393
  4.1 Einführung...393
  4.2 Die NASA heute und das NASA Research & Education Network (NREN)...394
  4.3 Von NGIX und GigaPOPs - die Grundlagen der Anbindung des NREN an das NGI....................................397
  4.4 Eine kurzer Ablaufplan der Integration des NREN...........398
5 Schlußbetrachtung..399

Kapitel 18: Next Generation Internet - Die Zukunft des Internet

1 Einleitung

Ausdehnung des Neztes

Das Internet hat sich in den letzten zehn Jahren eines geradezu dramatischen Zulaufs erfreuen können: die Ausdehnung des Netzes hat sich seit 1988 jährlich verdoppelt, der online abgewickelte Datenverkehr brachte es auf durchschnittlich 400 Prozent Zuwachs pro Jahr. Glaubt man Experten – und die Zahlen sprechen für sie – ist dieses ein gewaltiger Sieg für die noch junge Informationsgesellschaft, ein Sieg, der realistisch betrachtet jedoch die Frage aufwirft, wie lange das Internet ein derartiges Wachstum noch verkraften kann. Denn, wie schon der epirische Feldherr Pyrrhus nach seinem Sieg über die Römer bei Ausculum im Jahre 279 v. Chr. feststellte, daß ein weiterer Sieg mit derartig hohen Verlusten in den eigenen Reihen zwangsläufig den Untergang bedeuten müsse, wird auch das Internet bei derart hohen Zuwachsraten in absehbarer Zeit an seine Kapazitätsgrenzen stoßen, mit fatalen Folgen für alle User.

Multimedia: modernere, umfangreichere Darstellungsformen

Dazu kommen immer modernere, umfangreichere Darstellungsformen - Stichwort Multimedia: waren es bis vor wenigen Jahren noch ausschließlich unbewegte, nur mit spärlichen Graphiken versehene Textseiten die man sich via Internet nach Hause auf den Bildschirm holen konnte, an JPEG-komprimierte Videodateien war dabei noch gar nicht zu denken, so sind es heute teilweise animierte, oftmals mit Soundeffekten, manchmal gar mit ganzen Tondokumenten versehene, meist hochauflösende Seiten, die über den gesamten Globus hinweg von Rechner zu Rechner wandern. Überall, an Schulen, Universitäten, an Forschungseinrichtungen, vom Büro, und wenn er dann noch Zeit und Lust hat, auch von zu Hause aus hat der wißbegierige Mensch von heute Zugriff auf ein geradezu unbegrenztes Sammelsurium an Informationen.

Spezielle Formen der online - Kommunikation

Dazu kommen einige spezielle Formen der Online-Kommunikation, so zum Beispiel das beliebte, wenngleich für jegliche Telephonrechnung tödliche „chatten", welches allein so manchen Internet-Freak schon vor der völligen sozialen Isolation bewahrt haben soll. Für derartige Freaks, und all diejenigen, die glauben, man wolle sie der Realität entreißen, wenn ein Klingeln an der Haustür sie aus dem Netz heraus auf den harten Boden der Realität zurück holt, kennt mittlerweile selbst die klinische Psychologie einen Fachausdruck: „Internet Addiction Syndrom", was übersetzt soviel wie Internetsucht bedeutet.

1 Einleitung

NGI - Concept Paper

Wer nun glaubt, der Zustrom, den das Internet erfährt, müsse langsam aber sicher versiegen, der irrt. Vielmehr ist exakt das Gegenteil der Fall: weltweit binden sich, um nur ein Beispiel zu nennen, immer mehr Schulen an das Netz an, um ihren Schülern, wie es heißt, das Lernen zu erleichtern, und sie auf die Herausforderungen, die die Zukunft an sie stellen wird, vorzubereiten. Dabei ist ein Ende ist nicht abzusehen: im NGI-Concept Paper (Next Generation Internet), herausgegeben von der amerikanischen Initiative, die im Zentrum dieses Beitrages steht, heißt es

„In the 21st Century, the Internet will provide a powerful, and versatile environment for business, education, culture, and entertainment. Sight, sound, and even touch will be intergrated through powerful computers, displays, and networks. People will use this environment to work, bank, study, shop, entertain, and visit each other" („The NGI - Vision", p.1).

Zustrom an Diensten, Daten und Usern

Der aufmerksame Leser wird es bereits erraten haben: ein derartiger Zustrom an Diensten, Datentransfer und angeschlossenen Usern würde dem Internet in seinem heutigen Zustand mit hoher Wahrscheinlichkeit den Todesstoß versetzen. Es muß also ein neues Netz her, ein besseres Netz, das diese Datenflut zu bewältigen weiß und trotz allem noch in der Lage ist, Übertragungsgeschwindigkeiten, die die heute üblichen und möglichen um das einhundert- bis eintausendfache übersteigen, zu gewährleisten.

Konzept der US-Regierung

Bei der Entwicklung eines derartigen Netzes hat die amerikanische Regierung die Fäden in die Hand genommen, und ein Konzept erstellt, das tatsächlich alle zur Verwirklichung der zitierten Vision notwendigen Kriterien erfüllen soll. Allerdings ist der Weg vom Konzept bis hin zur tatsächlichen Umsetzung weit und mitunter steinig, gilt es auf ihm doch Technologien zu entwickeln und zu optimieren, die sich heute allenfalls in der Planung befinden.

Ziel des Beitrags

Ich möchte mit diesem Beitrag erst allgemein, dann speziell für einen Fall, diesen Weg zumindest im Ansatz vorstellen und die Probleme, die dessen Begehung mit sich bringt, darstellen. Die Initiative, die tatsächlich das Potential hat, die Bedingungen, die eine derartige Vision an ein Netz stellt, zu erfüllen, trägt den Namen „Next Generation Internet". Bevor diese Initiative im einzelnen vorgestellt wird, möchte ich mit einer Schilderung der technischen Neuerungen, die im Bereich der Infrastruktur erfolgen müssen, damit an eine erfolgreich Umsetzung dieses Konzeptes überhaupt erst zu denken ist, beginnen.

2 Technische Grundlagen

2.1 Bitte ein Megabit (per second)

Begründung des Abschnitts

Der nun folgende Abriß wird bei einigen Lesern die Frage aufwerfen, was eine derartige Ausführung mit dem Titel dieses Aufsatzes, „Next Generation Internet - Die Zukunft des Internet" zu tun hat. Ich habe mich aus zweierlei Gründen entschlossen, diese Beschreibungen in den Beitrag aufzunehmen. Zum einen ist eine funktionierende Infrastruktur nun mal Grundvoraussetzung für ein funktionierendes Netzwerk. Aufgrund der ständig steigenden Datenmengen ist das Ende des Systems der drahtgebundenen Telekommunikation absehbar, so daß ein neues, leistungsfähigeres Internet als das heutige auch auf einer neuartigen Infrastruktur aufgebaut werden muß. Ein Ziel des folgenden Kapitels besteht nun darin, das Grundlagenwissen über diese neue Infrastrukturtechnologie zu vermitteln. Zum anderen definiert und erläutert es Symbole und Abkürzungen, die im weiteren Verlauf dieses Beitrages verwendet werden. Es trägt daher zum besseren technischen Verständnis bei, diese Symbole und Abkürzungen einmal in Zusammenhang darzustellen.

Datenmengen

Die Idee und insbesondere die Applikationen, die das NGI beinhalten soll, welche das sind wird noch ausführlich behandelt werden, machen den Transport erheblich größerer Datenmenge erforderlich, als heute üblich ist. Diese Datenmengen erfordern, soll die zukünftige Internetrecherche keine quälend langsame Angelegenheit werden, ein Fernleitungsnetz, das das Vielfache der heute üblichen Datenübertragungsraten zuläßt.

Datenübertragungsrate

Die Maßzahl für die Datenübertragungsrate eines Netzwerkes ist „bit per second", kurz bps. Kann eine Datenleitung also ein bps transportieren, so bedeutet dies, daß der Empfänger eines Datenpaketes jede Sekunde ein bit, also eine ja/nein - Information zugestellt bekommt. Hält man sich dabei vor Augen, daß bereits durchschnittlich komplexe Downloads im Bereich einiger hundert Kilobyte bis Megabyte liegen können, wird schnell deutlich, daß die Definition eines Zehnerexponentensystems für die Datenübertragungsrate Sinn macht. Die Zehnerpotenzen, die ich in diesem Aufsatz verwenden werde, sind wie folgt definiert und benannt:

2 Technische Grundlagen

Tab. 1: Datenmaße

bits per second	Zehnerpotenz	Bezeichnung	Kürzel
1	0	bit per second	bps
1.000	3	kilobit per second	Kbps
1.000.000	6	megabit per second	Mbps
1.000.000.000	9	gigabit per second	Gbpa
1.000.000.000.000	12	terabit per second	Tbps

Drahtgebundene Leitungen

Heutzutage üblich ist die Telekommunikation auf drahtgebundenen Leitungen. Die Daten werden dabei in Form elektrischer Impulse übermittelt. Diese, seit über einhundert Jahren angewandte und immer weiter verfeinerte und leistungsfähiger gemachte Technik stößt bei dem Maß an Datenübertragungsfähigkeit, das zur Abwicklung des heutigen Datenverkehrs notwendig ist, an ihre Grenzen: Geschwindigkeiten von mehreren Mbps lassen sich mit ihr keinesfalls mehr realisieren.

2.2 Von einer dekorativen Einrichtungsidee zur Datenleitung - das ABC der Lichtwellenleitung

Glasfaserlampe

Zugegeben, die Überschrift verzerrt die Realität ein wenig. Es ist wohl wenig wahrscheinlich, daß die Leitung von Licht in Glasfasersträngen zuerst entwickelt wurde, um eine besonders stimmungsvolle Art der Beleuchtung zu ermöglichen. Gleichwohl ist dieses Beispiel sehr gut dazu geeignet, die Technologie, die in Zukunft das Aussehen des Datenautobahnen bestimmen soll, zu veranschaulichen.

Führen wir uns für einen Moment das Bild einer Glasfaserlampe vor Augen: eine Lichtquelle, hierbei handelt es sich zumeist eine herkömmliche Glühbirne, sendet Licht in eine scheinbar endlose Anzahl filigraner, biegsamer Kunstfasern. Obwohl die Fasern durchscheinend wirken, entweicht in Längsrichtung an ihren Mänteln kein Licht, das Licht wird bis an ihr Ende weitergeleitet und tritt erst dort in einem winzigen Lichtpunkt aus.

Fragen

Die Beobachtung einer solchen Lampe wirft einige Fragen auf, insbesondere warum die gesamte Glasfaser mit Ausnahme des Austrittspunktes des Lichtes dunkel erscheint, obwohl sie doch von der Lichtquelle durchschienen wird.

Kapitel 18: Next Generation Internet - Die Zukunft des Internet

Totalreflexion

Um darauf eine Antwort zu finden, möchte ich in Grundzügen das Prinzip der Totalreflexion an optisch unterschiedlich dichten Medien umreißen.

Ausbreitung des Lichtes

Kann sich Licht von einer Quelle aus ungehindert ausbreiten, so erfolgt dieses kugelförmig, mit der Lichtquelle im Zentrum der Kugel. Ist die Ausbreitung des Lichtes hingegen gestört, trifft Licht also auf ein Hindernis, sind folgende drei Fälle denkbar:

1. das Licht wird durch das Hindernis in alle Richtungen gestreut (z.B. durch eine massive Betonwand)
2. das Licht wird reflektiert, wie bei einem Spiegel
3. das Licht durchdringt das Hindernis, z.B. eine Glasscheibe

Abb. 1:
Reflexion und Totalreflexion

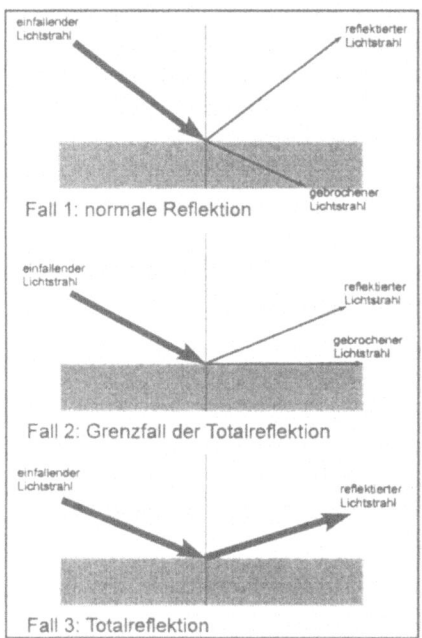

Fall 1: normale Reflektion

Fall 2: Grenzfall der Totalreflektion

Fall 3: Totalreflektion

Grenzflächen

Der dritte Fall soll hier ein wenig näher beleuchtet werden. Es ist nämlich keinesfalls so, daß an einem durchsichtigen Hindernis das gesamte einfallende Licht das Hindernis unbeeinflußt passiert: betrachtet man beispielsweise bei Tageslicht durch ein Fenster einen unbeleuchteten Raum, so wird man ein deutliches Spiegelbild seiner selbst und der Umgebung vor dem Fenster auf der Scheibe betrachten können. Daher bleibt festzustellen, daß an jeder Grenzfläche zwischen optisch unterschiedlich dichten

Medien Licht zu einem Teil durchgelassen zum anderen Teil jedoch reflektiert, also zurückgeworfen wird.

Konsequenzen für Lichtwellenleiter

Zudem wird der Lichtstrahl, der die Grenzfläche passiert, von der Senkrechten der Fläche weg gebrochen. Abbildung 1 verdeutlicht dieses Verhalten. Die Konsequenzen, die sich daraus für die Konstruktion eines effizienten, das heißt verlustminimalem Lichtwellenleiters ergeben, liegen auf der Hand: Als Medium, in dem sich das Licht ausbreitet, ist ein Glasfaserkabel möglichst hoher optischer Dichte zu verwenden. Um dieses Kabel, in der Nachrichtentechnik „core" genannt, ist ein Mantel möglichst geringer optischer Dichte zu legen und der Lichtimpuls in einem Winkel in das Kabel einzuschießen, der dessen vollständige Reflexion an der Grenzfläche zwischen Kernfaser und Mantel bewirkt.

Abb. 2: Lichtwellenleiter

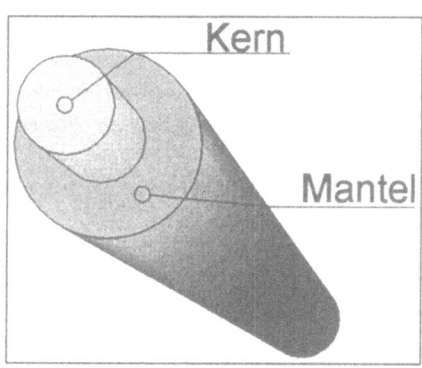

Verhalten des Lichts

Genau dieses Prinzip erklärt das Verhalten des Lichts in der Glasfaserlampe und ermöglicht den Transport von Lichtimpulsen über Entfernungen im Bereich einiger Kilometer.

Multiplexing

Die Technik des Multiplexing ermöglicht es nun, hunderttausende von Fernsehkanälen, Hörfunkprogrammen, Telephongesprächen und Dateien zeitgleich auf ein und derselben Glasfaserleitung zu bewegen. Das Potential an Kapazität, das sich daraus für eine Glasfaserinfrastruktur eröffnet, ist also immens, was sich in den auf ihr realisierbaren Datentransferraten niederschlägt.

Optische Kommunikationsverbindungen tragen im Englischen den Ausdruck Optical Carrier, kurz OC. Das amerikanische Unternehmen Bell Entwickelte nun ein Standardsystem optischer Datenleitungen, die im Hinblick auf ihre Übertragungsgeschwindigkeit gegeneinander abgegrenzt sind. Die folgende Tabelle bildet diese Standars ab:

Tab. 2:
OC-Level

OC - Level	Transferrate
OC - 1	51,480 Mbps
OC - 3	155,520 Mbps
OC - 9	466,560 Mbps
OC - 12	622,080 Mbps
OC - 18	933,120 Mbps
OC - 24	1.244 Mbps
OC - 36	1.866 Mbps
OC - 48	2.488 Mbps

Kernthema

Nachdem nunmehr die technischen Grundlagen der Infrastruktur, auf der in Zukunft jegliche Form der Telekommunikation ablaufen soll, umrissen sind, möchte ich mich nunmehr dem eigentlichen Kernthema dieses Aufsatzes zuwenden.

3 Die Grundlagen des Next Generation Internet

3.1 Einführung

Zunehmende Auslastung des Internet

Wie bereits in der Einleitung erwähnt, wächst die Datenmenge, die via Internet transportiert wird, laufend an. Für den einzelnen User dieses Netzes bedeutet dies vor allem eine langsamere Zustellung der aus dem Internet bezogenen Daten, sowie eine drastische Verringerung der Zustellsicherheit (Quality-of-Service).

Zugleich bereitet der amerikanischen Regierung auch die zunehmende Auslastung des Internet Kopfzerbrechen: ein großer Teil der Kommunikation zwischen räumlich voneinander getrennt liegenden Regierungsstellen wird online über gesondert abgesicherte Bereiche des Internet abgewickelt. Der Inhalt dieser Kommunikation berührt wesentliche Fragen der nationalen Sicherheit, so zum Beispiel der Krisenreaktion, des Katastrophenschutzes oder der militärischen Verteidigung der USA. Insofern ist es wenig verwunderlich, daß diese Form des Datenaustausches selbstverständlich höchste Priorität genießt, und ebenso wenig verwunderlich ist damit, daß das Netz, über das diese Daten transferiert werden, ebenfalls höchste Ansprüche an Zu-

3 Die Grundlagen des Next Generation Internet

verlässigkeit, Übertragungsgeschwindigkeit, sowie vor allem Sicherheit vor unberechtigten Zugriffen erfüllen muß.

Bereitstellung von 100 Mio. US$

Im Anbetracht dieser Situation, der Vision einer durch moderne Computer geprägten Gesellschaft des 21. Jahrhunderts, und nicht zuletzt der drohenden Gefahr, die weltweit führende Position im Bereich der Telekommunikation einzubüßen, bewilligten der Präsident der Vereinigten Staaten von Amerika, Bill Clinton, und dessen Vize - Präsident, Al Gore, am 10. Oktober 1996 in Knoxville, Tennessee, die Bereitstellung von 100 Mio. US$ zugunsten einer Initiative zur Verbesserung und Vergrößerung des Internet. Bei dieser Initiative handelt es sich um einen „multi-agency-effort", also die Anstrengung mehrerer amerikanischer Bundesbehörden, unter Führung der amerikanischen Regierung einen weltweiten Rechnerverbund nach dem Vorbild des heute bestehenden Internet ins Leben zu rufen.

Das Next Generation Internet Implementation Team

Kerninstanz dieser Initiative ist das Next Generation Internet Implementation Team, kurz NGI IT. Dieses Team setzt sich aus Vertretern der an der Initiative beteiligten Einrichtungen zusammen und tagt, laut eigener Vorgabe, wenigstens viermal pro Jahr. Die Aufgaben des NGI IT liegen vor allem in der konkreten Umsetzung dieses Projektes, indem sie zwischen den einzelnen Einrichtungen als Management- und Koordinationsinstanz auftritt. So stimmt sie deren Zeitpläne aufeinander ab und fungiert als Schlichter bei strittigen Fragen. Sie hat damit die Bedeutung einer integrierten Projektmanagementgruppe für die gesamte Initiative. Als solche ist sie der nächst höheren Instanz, der Large Scale Networking Working Group (LSN) gegenüber berichtspflichtig und verantwortlich. Die LSN untersteht wiederum dem Subcommitee on Computing, Information and Communication (CIC) Research and Development (R & D), und hat die strategische Planung der Umsetzung des Projektes zur Aufgabe. Sie steckt damit also den Handlungsspielraum des NGI IT ab, und arbeitet als dessen Kontrollinstanz. Ferner obliegt der LSN die gesamte Öffentlichkeitsarbeit zu dem Vorhaben.

Struktur aller Regierungsstellen

Abbildung 3 zeigt in Form eines Organisationsdiagrammes die hierarchische Struktur aller Regierungsstellen, die an der Planung und der Umsetzung des NGI von staatlicher Seite her beteiligt sind.

Abb. 3:
NGI ITeam

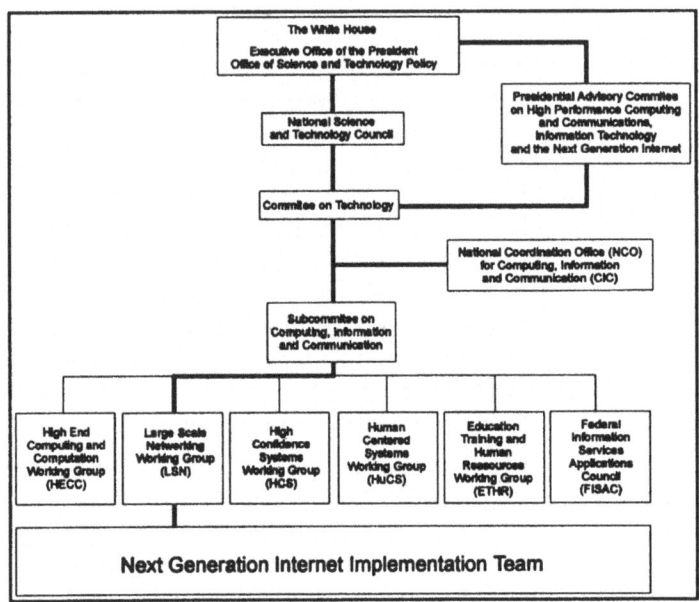

Anforderungen an Förderungswürdigkeit

Im Implementation Team sind - wie bereits erwähnt, Vertreter der am NGI beteiligten Behörden vertreten. Auf diese Behörden soll im folgenden etwas genauer eingegangen werden. Es stellt sich nämlich die Frage, welche Anforderungen eine wissenschaftliche Einrichtung erfüllen muß, um in das Team aufgenommen zu werden und dafür staatliche Förderung in Millionenhöhe zu erhalten. Diese Frage ist prinzipiell relativ einfach zu beantworten: Allen diesen Institutionen ist nämlich gemein, daß sie sich bereits in der Vergangenheit durch besondere Leistungen im Bereich der Netzwerktechnologie und -entwicklung sowie auf dem Gebiet der Anwendungsentwicklung ausgezeichnet haben, so daß der Regierung eine Förderung sinnvoll erscheint. Diese Leistungen schlagen sich bei allen Partnern in internen Rechnerverbünden nieder, bei einigen, insbesondere der NASA und der NSF, in bereits bestehenden Hochleistungsnetzwerken, die ihre landesweit verteilten Forschungszentren miteinander verbinden, und die schon heute die für das NGI vorgesehenen Standards an Sicherheit und Transferrate erreichen. Auf eines dieser Netzwerke, das NASA Research and Education Network (NREN) möchte ich an späterer Stelle detailliert eingehen. Die sechs Agenturen, die am NGI beteiligt sind, sind nunmehr in einzelnen:

1. DARPA: die Defense Advanced Research Projects Agency ist zuständig für militärische Forschungsprojekte mit großer Erfahrung in der Netzwerkentwicklung – nicht zuletzt entstand durch sie die erste Parzelle des heutigen Internet, das ARPA-net.
2. DoE: das Department of Energy bringt der NGI – Initiative wertvolles Know – How im Bereich Anwendungssoftware sowie des Netzwerkmanagements
3. NASA: der National Aeronautics and Space Administration ist ein ganzes Kapitel dieses Aufsatzes gewidmet
4. NSF: die National Science Foundation ist bekannt für ihre guten Kontakte zu Wissenschaftlern sowie für ihre Kompetenz auf dem Gebiet wissenschaftlicher Anwendungen und des Netzwerkbetriebes
5. NIST: das National Institute of Standards and Technology kann auf bedeutende Kenntnisse im Bereich der Systemintegration und Softwareentwicklung zurückgreifen, und begründete die aktuellen Standards für die Sicherheit in Computersystemen.
6. NLM / NIH : die National Library of Medicine und das National Institute of Health sind führend in der Entwicklung medizinischer Anwendungssoftware sowie der medizinischen Forschung

3.2 Die Budgetierung des Programms

Verteilungsplan

Der Rahmen der finanziellen Unterstützung, die die amerikanische Regierung ihren sechs NGI – Partnern für deren Forschungs- und Entwicklungstätigkeit gewährt, beläuft sich für das Finanzjahr 1998 auf insgesamt 85 Mio. Dollar. Wie sich dieses Geld auf die jeweiligen Einrichtungen und Teilziele verteilt, ist in folgender Tabelle aufgelistet.

Tab. 3: Budgetaufteilung

Ziel	DoD / DARPA	NSF	NASA	NIST	NLM / NIH	Total
Ziel 1	20	5	2	3		30
Ziel 2	20	10	3			33
Ziel 3	2	8	5	2	5	22
Total	42	23	10	5	5	85

3.3 Die Ziele der NGI - Initiative

Aufgabenumfang

Da sich die NGI-Initiative mit dem Vorhaben, ein neues, weltumspannendes Computernetzwerk zu errichten, ein sehr hohes Ziel gesetzt hat, ist auch der Aufgabenumfang, den es für dessen Realisation zu bewältigen gibt, ungeheuer komplex. Um diese Komplexität zu reduzieren und das zu bewältigende Aufgabenfeld damit übersichtlicher zu gestalten, ist das gesamte NGI-Vorhaben nach dem Baukastensystem organisiert. Jeder dieser Bausteine repräsentiert wiederum eine komplexes Aufgabenfeld, das eigenständig bearbeitet wird und nach einem exakten Zeitplan mit den anderen Aufgabenfeldern verwoben ist. Die Aufgabenschritte lassen sich in folgende drei Teilaufgaben untergliedern:

1. Forschung und Entwicklung im Bereich neuartiger Netzwerktechnologie
2. Errichtung zweier „testbeds", in denen die unter 1. entstandene Technologie zum Tragen kommt
3. Implementierung von NGI-Anwendungsprogrammen

Aufgabenfelder

Diese Aufgabenfelder beeinflussen sich gegenseitig. Ohne ein effizientes, in Aufgabenfeld 1. konzipiertes und entwickeltes Netzwerkmanagement wird keines der „testbeds" den Vorstellungen des NGI-ITs entsprechend arbeiten. Ebenfalls wäre es natürlich unsinnig, Software, die später in das NGI eingebunden werden soll, ohne Bezug auf die Aufgabenfelder 1. und 2. zu entwickeln. Das Ergebnis wären dann Komponenten, die jede für sich hocheffizient und anforderungsgemäß liefen, sich im Zusammenspiel aber gegenseitig behinderten oder ausbremsten. Insbesondere aus diesem Grund ist eine exakte Koordination der Aufgabenschritte des Projektes für das Projekt lebenswichtig.

3.3.1 Ziel 1: Forschung und Entwicklung im Bereich neuartiger Technologie Netzwerktechnologie

Technologie

Am Beginn der Bestrebungen, ein Netzwerk zu errichten, das Datenmengen im Bereich einiger hundert Megabit bis einiger Gigabit pro Sekunde übertragen kann, muß von heutigem Standpunkt aus gesehen die Technologie entwickelt werden, die diese Übertragungsraten überhaupt erst möglich macht.

Glasfasertechnologie

Die in dem Abschnitt „technische Grundlagen" im groben dargestellte Glasfasertechnologie liefert dazu einen wesentlichen Beitrag. Um jedoch den reibungslosen Netzbetrieb gewähren zu können, müssen noch einige weitere notwendige Voraussetzun-

3 Die Grundlagen des Next Generation Internet

gen geschaffen werden, die sich wiederum in drei Bereiche klassifizieren lassen:

Technische Konzeption

Wichtigster Abschnitt dabei ist die technische Konzeption eines solchen Netzwerkes. Dieses Konzept muß weit über die Errichtung eines funktionierenden „Glasfasergerippes" hinausgehen, damit das reibungslose Zusammenspiel sämtlicher beteiligter Komponenten gewährleistet werden kann. Zuerst einmal sind dazu Programme zu entwickeln, die die Netzwerkplanung unterstützen und teilautomatisieren können. Ferner müssen Instrumente geschaffen werden, die die Informationssammlung über den Netzwerkbetrieb und deren Auswertung in Echtzeit ermöglichen. Auf Grundlage dieser Analyse sollen dann Fehler und Störungen im Netzbetrieb erkannt und ebenfalls in Echtzeit behoben werden können.

Optimale Abstimmung im Netzbetrieb

Ebenso wichtig wie diese automatischen Fehlerdiagnose- und -behebungsroutinen ist die optimale Abstimmung der im Netzbetrieb verwendeten Hard- und Software. Sämtliche Fernleitungen, Knotenpunkte und Schaltstellen des Netzes müssen reibungslos mit den im Netzwerk verwandten Protokollen und Fehlererkennungssystemen zusammenarbeiten - erst wenn das gegeben ist, kann von einem effizienten Netzbetrieb die Rede sein. Dieser Forderung soll in beiden, unter Aufgabenfeld 2 beschriebenen „testbeds" durch die Integration von jeweils fünf Management - Stationen je testbed Rechnung getragen werden.

Minimierung der Datenmenge

Ein weiterer wesentlicher Bestandteil der Netzwerkkonzeption muß die Minimierung derjenigen Datenmenge sein, die bei der Übertragung verloren geht. Die Kennzahl, die prozentual diese Verlustrate mißt, wird im Englischen mit Quality-of-Service (QoS) bezeichnet. Ein QoS -Wert von 5 bedeutet somit einen Datenausschuß von 5% auf dem Weg vom Versender zum Empfänger (end-to-end QoS). Hauptsächlicher Ansatzpunkt zur Verringerung der QoS ist dabei zum einen die Optimierung des im Netz verwandten Protokolls. Ein Protokoll ist, vereinfacht gesprochen, die Sprache, mit der sich zwei in Verbindung stehende Computer verständigen. Zum anderen kann aber auch ein geeigneter Transfermodus den QoS drücken. Der vom NGI IT bevorzugte Modus ist der sogenannte Asynchronous Transfer Mode (ATM), der die zu übermittelnden Daten in Pakete zu je 53 Byte Umfang zerlegt. Diese Pakete bestehen aus einem 5 Byte großen Etikett, das Informationen über deren Herkunft, Ziel und Weg gibt, sowie aus einem 48 Byte großen Inhalt - die eigentlich zu übertragende Information.

Sicherheit der übertragenen Informationen

Ist es nun gelungen, ein funktionsfähiges Netzwerk mit einer minimalen Datenverlustrate zu realisieren, muß als letzter Punkt die Sicherheit der übertragenen Informationen gewährleistet werden. Dabei müssen diese Sicherheitsanforderungen hierarchisch gegliedert werden, da sie unterschiedlich komplexe, kryptographische Verschlüsselungsalgorithmen erfordern. Würde man dabei die vergleichsweise unwichtige Online-Bestellung einer Waschmaschine denselben Verschlüsselungsroutinen unterziehen wie die Übermittlung der Daten eines Windkanal-Tests eines in der Planung befindlichen Kampfflugzeuges, hätte das zur Folge, daß die, durch die Verschlüsselung unnötig aufgeblasene Bestellung die Leitung, auf der sie übertragen wird, unnötig belastet. Um also – kurz gesagt – die Entstehung unnötiger Kapazitätsengpässe zu vermeiden, muß klar abgestuft werden, angefangen vom privaten Datenverkehr geringerer Sicherheitsstufe bis hin zu militärischem Datenverkehr höchster Sicherheitsstufe.

Drei Teilaufgaben

Diese drei Teilaufgaben – Netzwerkkonzeption, Minimierung der Verlustrate sowie die Entwicklung klassifizierter Verschlüsselungsalgorithmen – setzen sich zusammen zum ersten großen Ziel der NGI-Initiative: der Forschung und Entwicklung auf dem Gebiet neuartiger Netzwerktechnologie. Die Zuweisung staatlicher Unterstützung dieser Entwicklungstätigkeit beläuft sich für das Finanzjahr 1998 auf 30 Mio. US$, wovon zwei Drittel auf die DoD/DARPA entfallen.

Die daraus hervorgegangenen Technologien sollen dann in Ziel 2 zur Anwendung kommen und getestet werden.

3.3.2 Ziel 2: Errichtung zweier „Testbeds"

Ergebnis der Forschungstätigkeit

Nachdem als Ergebnis der Forschungstätigkeit unter Ziel 1 die technologischen Voraussetzungen für den Betrieb eines leistungsfähigen Netzwerkes geschaffen wurden, gilt es nun, diese Technologie praktischen Tests zu unterwerfen, um ihre Eignung mit Blick auf Zweckmäßigkeit, Sicherheit, Stabilität und Leistungsfähigkeit zu überprüfen.

High-Performance-Network

Dieses Aufgabenfeld, ist wiederum in zwei Teilabschnitte untergliedert. Zum einen soll ein „high-performance-network" entstehen, das etwa 100 Websites mit Übertragungsraten von wenigstens 100 Mbps miteinander vernetzt. Dabei greift die LSN auf die bereits bestehenden oder zur Zeit im Aufbau befindlichen internen Netze der mit ihr kooperierenden Einrichtungen zurück – eines dieser Netze, das NASA Research and Education Network, wird im folgenden Kapitel detailliert beschrieben. Als zweiten Teilabschnitt hat das IT ein weitaus ehrgeizigeres Projekt im Auge: wenigstens 10 amerikanische Websites sollen mit Transferraten von schlechtestenfalls 1 Gbps zu einem „ultra-high-performance-network" zusammengeschlossen werden.

Schwerpunkt terrestrische Datenübermittlung

Der ausdrückliche Schwerpunkt bei beiden Netzwerken, die unter diesem Ziel entstehen sollen, liegt auf der terrestrischen Datenübermittlung – nicht auf der satellitengestützten. Gleichwohl verschließt sich das NGI IT nicht völlig gegenüber der Satellitenkommunikation, es sieht in der sogenannten hybriden Datenübermittlung, die sowohl über Land als auch über den Weltraum erfolgen kann, durchaus eine förderswerte Zukunftstechnologie und ist bereit, aussichtsreiche Experimente auch auf diesem Gebiet zu subventionieren.

Verbundnetz behördeninterner Netzwerke

Doch zurück zum ersten Teilziel: dem „high-performance-network". Dieses „testbed" soll – wie bereits erwähnt – als Verbundnetz bereits im Aufbau befindlicher, behördeninterner Netzwerke entstehen. Das erste und grundlegende Problem, das es zur Realisierung dieses „testbeds" zu lösen gilt, ist das der Kompatibilität der hierbei zusammenzuschaltenden Netzen. Diese Netze sind im einzelnen: das Defense Research and Engineering Network des Department of Defense, das weiter unten beschriebene NASA Research and Education Network (NREN) der NASA, das Energy Sciences Network (ES-net) des Department of Energy, das Very High Speed Backbone Network Services (vBNS) der National Science Foundation (NSF) sowie das SuperNet der DARPA.

Shared Infrastructure

Kernproblematik aus Sicht der Behörden ist in diesem Aufgabenfeld die Einrichtung einer sogenannten geteilten bzw. gemeinsamen Infrastruktur („shared infrastructure"), die die getrennte Behandlung interner und externer Zugriffe auf die Datenbanken dieser Behörden zuläßt.

unterschiedliche Protokolle und Übertragungsverfahren

Um diese Netzwerke überhaupt zusammenschalten zu können, müssen entweder deren unterschiedliche Protokolle und Übertragungsverfahren einander angeglichen und Übersetzungsroutinen entwickelt werden, oder aber alle beteiligten Behörden einigen sich auf einen Standard.

Zweites Teilgebiet

Um einiges ehrgeiziger als der soeben dargestellte Netzwerkzusammenschluß ist das zweite Teilgebiet: der Aufbau des „ultra-high-performance-networks", das es zehn Forschungseinrichtungen ermöglichen soll, im Gbps-Bereich miteinander zu kommunizieren. Die Schlüsseltechnologien, mit denen das NGI - Team dieses Vorhaben zu realisieren gedenkt, sind das Wavelenght-Division-Multiplexing (WDM) sowie das Time-Divisioning-Multiplexing (TDM). Gelingt es, diese beiden Übertragungstechniken auf ein und derselben Glasfaserleitung zu kombinieren, so rückt das Ziel eines Gigabit-Netzwerkes in greifbare Nähe. Erste, verwertbare Erfahrungen mit dem WDM - Verfahren kann vor allem die DARPA vorweisen: im Rahmen ihres Broadband Infomation Technology (BIT) - Programmes hat sie mit den Experimenten an und der Erprobung dieser Technologie bereits begonnen.

3.3.3 Ziel 3: Entwicklung revolutionärer Anwendungsprogramme

Software zukünftiger Internet-Anwendungen

Der Erfolg bei der Umsetzung dieses Zieles wird maßgeblich vom Erfolg der vorangegangenen Aufgabenfeldern abhängen. Denn es ist in erster Linie die Software, die im zukünftigen Internet zur Anwendung kommt, die dessen Aufbau überhaupt lohnenswert macht: erst Programme zur Krisenreaktion, Erziehung und Bildung, Gesundheitsvorsorge usw. ermöglichen die Gestaltung einer Informationsgesellschaft, die der der amerikanischen Regierung entspricht.

Drei Klassen von Applikationen

Grundsätzlich wird sich diese Software in drei Klassen untergliedern lassen: Applikationen für die Aufgaben der Regierung und der Bundesbehörden zum ersten, für Wissenschaft und Forschung zum zweiten, sowie für den privaten Sektor zum dritten. Konkret sind die folgenden Anwendungen in Vorbereitung:

- Gesundheitsvorsorge, besonders im Hinblick auf Telemedizin
- Erziehung und Bildung, in Form von zum Beispiel digitalen Bibliotheken
- Wissenschaftliche Forschung aller Art
- Nationale Sicherheit
- Umweltschutz und -überwachung
- Öffentlichkeitsarbeit der Regierung
- Krisenreaktion und -management
- industrielle Fertigung

Starker Bedarf an Netzdiensten

Gerade die amerikanische Regierung hat seit langem einen starken Bedarf an derartigen Netzdiensten, die Befriedigung dieses Bedarfs scheiterte allerdings allzu lange an einer allzu langsamen Infrastruktur - erst durch das Potential der NGI - Bestrebung ist sie in den Bereich des Möglichen gerückt.

Strategie zur Umsetzung	Die Strategie zur Umsetzung von Ziel 3 besteht in erster Linie darin, daß jede beteiligte Agentur sowie weitere Partner, wie Universitäten und Industrie, eine kleine Anzahl von Anwendungsmöglichkeiten beisteuert, anhand derer sie das Potential des neuen Netzes sowie dessen Funktionsfähigkeit demonstriert. Dabei wird die Performance des Netzes mit jeder dieser Anwendungsmöglichkeiten erneut nach denselben Leistungskennzahlen bemessen, wie die unter Ziel 1 entwickelten Technologien, denn nur dadurch kann bestimmt werden, inwieweit die Software das Potential, das die Hardware bietet, auch ausnutzt.

4 Die NASA - ein Beispiel eines NGI - Partners

4.1 Einführung

Umsetzungsbeispiel	Nachdem ich in den vorangegangenen zwei Kapiteln auf die zukünftig im Netzbetrieb verwendeten Technologien sowie auf Idee und Umsetzung des Next Generation Internet eingegangen bin, möchte ich nun an einem Beispiel darstellen, welchen Beitrag die einzelnen Agenturen, die an der NGI-Initiative beteiligt sind, zu deren Umsetzung leisten. Immerhin entfallen auf diese Agenturen ja staatliche Mittel, die – wie gesehen – im Bereich einiger Zehnmillionen Dollar pro anno je Agentur liegen können. Dem ökonomischen Prinzip folgend, daß jeder Investor aus seiner Investition maximalen Nutzen ziehen möchte, wird sich auch die Regierung der Vereinigten Staaten von Amerika sehr genau überlegen, welche Technologie sie subventioniert, und welche agenturinternen Netze sie in das NGI anbindet.
Beweggründe für die Mitarbeit	Auf der anderen Seite lesen sich die Beweggründe für die Mitarbeit der am NGI beteiligten Institutionen eigentlich ziemlich homogen. Daher, und nicht zuletzt auch deswegen, daß alles andere den Rahmen dieses Aufsatzes sprengen würde, möchte ich darauf verzichten, auf jede Bundesbehörde, jede Forschungseinrichtung und jede Universität, die irgendwann einmal irgend etwas mit dem Next Generation Internet zu tun hat, einzugehen. Vielmehr seien im folgenden diese Motive exemplarisch an einer Behörde erläutert, die während und nach Beendigung des kalten Krieges einen gesamten Forschungs- und Entwicklungszweig nahezu allein begründet hat, und einige sensationelle Erfolge auf diesem Gebiet vorweisen kann. Es handelt sich dabei um die National Aeronautic and Space Administration, kurz NASA.

Stabil funktionierende und effiziente Datenübermittlung	Das Beispiel der NASA halte ich insofern für ein gutes, als daß gerade an ihm deutlich wird, wie sehr die Arbeit mancher der NGI-Partner von einer stabil funktionierenden und effizienten Datenübermittlung über Tausende von Kilometern hinweg abhängt.

4.2 Die NASA heute und das NASA Research & Education Network (NREN)

Gründung der NASA	Seit der Gründung der NASA sind fast auf den Tag genau vierzig Jahre vergangen - vierzig Jahre, in denen die NASA mit Erfolgen wie der Apollo 11 - Mission zum Mond glänzte, aber auch herbe Rückschläge überstehen mußte, als bei einer mißglückten Startübung der Apollo 1-Kapsel drei Astronauten verbrannten oder bei der Expolsion der Challenger am 28. Januar 1986 sieben Menschen starben.
Aufgabenfeld der NASA	Über diese lange Zeit hinweg hat sich das Aufgabenfeld der NASA jedoch kaum gewandelt: nach wie vor besteht ihr Sinn und Zweck darin, die Luft- und Raumfahrtforschung voranzutreiben. Dazu gekommen ist jedoch eine Mission, die dem Erhalt des Planeten Erde verpflichtet ist, so daß sich das volle Aufgabenfeld der NASA stichpunktartig nunmehr wie folgt liest:
Earth Science	1. Earth Science (zuvor „Mission to Planet Earth") hat das Ziel, das Zusammenwirken zwischen Mensch und Umwelt im Hinblick z.B. auf den Klimawechsel zu erkunden. Beobachtungsschwerpunkte sind dabei u.a. die Atmosphäre, das Festland, die Ozeane und die Polkappen der Erde.
Aeronautics and Space Transportation Technology	2. Aeronautics and Space Transportation Technology ist die ursprüngliche Kernaufgabe der NASA, die nicht zuletzt sämtliche bemannte und unbemannte Raumfahrzeuge hervorgebracht hat
Human Exploration and the Development of Space	3. Human Exploration and the Development of Space beschäftigt sich mit den physiologischen Aspekten langer Weltraumaufenthalte. Dazu ist insbesondere die Erforschung biophysischer Prozesse im menschlichen Organismus und die Entwicklung medizinischer Versorgungssysteme für Astronauten im Weltraum notwendig.
Space Science	4. Space Science fragt nach den Ursprüngen und der Evolution des Universums. Ebenfalls interessiert die Forscher dieses Projektes die Antwort auf die Frage nach außerirdischem Leben.

4 Die NASA - ein Beispiel eines NGI - Partners

Kapazitäten

All diese Projekte erfordern eine Kapazität gleichermaßen an Personal, wie an technischen Anlagen und Gerätschaften, sowie an Raum für Laboratorien und Tagungsstätten, die nicht unter ein Dach zu bekommen ist. Es liegt daher nahe, daß die NASA ihre Forschungs- und Entwicklungstätigkeit dezentral organisiert hat. So arbeiten über die gesamte USA verteilt Professoren, wissenschaftliche Institutionen, Forschungszentren und industrielle Unternehmen mit der NASA zusammen. Die von der NASA ins Leben gerufene „Research and Engineering Community" umfaßt mittlerweile über 180 Universitäten, 30 kommerzielle Partner sowie 5 Wissenschafts- und Forschungszentren.

Echtzeitübermittlung der Leistungsdaten

Diese Art der Organisation beinhaltet allerdings eine Schwachstelle, die um so mehr an Bedeutung gewinnt, je mehr die community an Mitgliedern umfaßt: Wie erhält beispielsweise ein Triebwerkskonstrukteur am Jet Propulsion Laboratory in Pasadena / Californien eine Echtzeitübermittlung der Leistungsdaten der Space Shuttle - Triebwerke bei dessen Start vom Kennedy Space Center in Florida?

Verteilte Forschungstätigkeit

Derartige Fragen stellten die NASA vor ein erhebliches Problem, da Dutzende von Projekten innerhalb der NASA an verschiedensten Stellen der USA zeitgleich ablaufen und andere Stellen laufend über den Fortgang dieser Projekte informiert sein müssen. Um eine derart verteilte Forschungstätigkeit überhaupt koordinieren zu können, müssen gewaltige Datenmengen zwischen den einzelnen Forschungseinrichtungen - dazu zählen neben den oben erwähnten ebenso Teleskope, Windkanäle und Satelliten - hin und her bewegt werden, die aufgrund zunehmender Meßgenauigkeit und Versuchsvariablen rapide anwachsen.

Interne Netzwerke

Zur Überwindung dieser Schwierigkeiten begann die NASA, ihre bereits innerhalb der einzelnen Laboratorien bestehenden Rechnernetze miteinander zu verbinden. Diese internen Netzwerke erreichen dank ihrer Glasfaserarchitektur Datenaustauschraten, die momentan auf keiner kommerziellen Fernleitung zu realisieren sind. Daher erschien es nicht angemessen, bei einer Zusammenschaltung dieser Netze auf die Standards des heutigen Internet zurückzugreifen: diese Standards können die hohen Anforderung vor allem an Zuverlässigkeit, Geschwindigkeit und Kapazität nicht einmal annähernd mehr erfüllen, so daß eine neuartige Netzwerktechnologie geschaffen werden muß, die die Bedürfnisse der NASA befriedigen kann. Das Ergebnis dieser Arbeit trägt den Namen NASA Research and Education Network, kurz NREN.

NREN	NREN hat die Aufgabe, die bereits bestehenden LANs innerhalb der Forschungszentren zu einem Netzwerk mit möglichst hohen Datenaustauschraten zusammenzuschließen. Tatsache ist jedoch, daß auch dieser WideArea-Zusammenschluß vorerst nicht annähernd die Performance der internen Netze erreichen kann: diese operieren mit bis zu OC-12 (622 Mbps).
Hochgeschwindigkeits-WAN	Kernstück des Hochgeschwindigkeits-Wide Area-Netzwerkes der NASA ist ein OC-3 Glasfasergerippe, welches die wichtigsten Forschungseinrichtungen der NASA untereinander verbindet: das Johnson- und das Kennedy Space Center, das Marshall Space Flight Center, das Ames Research Center, das Jet Propulsion Laboratory, das Goddard Space Flight Center, sowie die Research Centers Langley und Lewis. Innerhalb dieses Kernnetzes lassen sich Transferraten von bis zu 155 Mbps realisieren. Mit verschiedenen geringeren Geschwindigkeiten angeschlossen sind neben weiteren NASA-Einrichtungen ebenfalls Werke der Flugzeughersteller Boeing und McDonnald Douglas in Washington und Californien.
Technische Entwicklung des Netzes beschleunigen	Um die technische Entwicklung dieses Netzes zu beschleunigen, beabsichtigt die NASA, es dem NGI anzugliedern – so kann sie von den technologischen Errungenschaften der übrigen NGI IT – Partner profitieren und trägt zugleich durch ihr, im NREN bereits realisiertes Know-How zur Umsetzung des im NGI-Konzeptes verankerten Zieles 1 bei.
Gemeinsam genutzte Infrastruktur	In diesem Zusammenhang erklärt sich auch der Begriff der gemeinsam genutzten Infrastruktur (shared infrastructure), der im vorangegangen Kapitel lediglich kurz erwähnt wurde: einerseits soll ein Teil der Forschungsergebnisse sowie die gesamte Öffentlichkeitsarbeit selbstverständlich der Öffentlichkeit zugänglich gemacht werden, der Teil der Forschungsarbeit jedoch, der der Geheimhaltung unterliegt, darf ebenso selbstverständlich nur von dazu autorisierten Stellen eingesehen werden können. Auf die Abwicklung und den zugrundeliegenden Zeitplan dieses Netzzusammenschlusses möchte ich im folgenden Kapitel eingehen.
Einsatzmöglichkeiten	Zuvor allerdings soll ein kurzes Beispiel die Einsatzmöglichkeiten dieses Netzes verdeutlichen: im Rahmen des Second Annual High Computing and Communications / NASA Research and Education Network (NREN) - Workshops, der in der Zeit vom 15. - 17. September 1997 am Ames Research Center in Moffet Field / Californien stattfand, demonstrierten einige Wissenschaftler, inwieweit das NREN ihren Aufgabenbereichen von

Nutzen sein könnte. Einer dieser Wissenschaftler war Dr. Jim Thomas vom „Cardiovascular Imaging Center" in Cleveland / Ohio. Seine Vorführung stand unter dem Titel „Interaktive Echtzeitkardiographie auf digitalen Hochgeschwindigkeitsnetzwerken" (Übersetzung d. Verf.), worunter der Transport von Ultraschalldarstellungen des menschlichen Herzens auf Datenleitungen zu verstehen ist - allerdings im Moment ihrer Aufnahme, nicht als Videodatei nach ihrer Vollendung. Dazu werden die Daten, im Verhältnis 20:1 im JPEG-Format komprimiert, in das Netzwerk eingespeist, zum Empfänger weitergeleitet und dort vor der Darstellung wieder dekomprimiert.

Potential und Nutzen

Dieses Exempel für Echtzeit - Telemedizin demonstrierte wirkungsvoll das Potential des neuen Netzes und den Nutzen, der nicht nur der NASA aus dieser Technologie erwachsen könnte: erstmals ist es möglich, medizinische Diagnosen über hunderte bis Tausende von Kilometern Entfernung zu stellen. Diese Verfahrensweise ist mittlerweile fest eingeplant für die physische Betreuung der Besatzungen der internationalen Raumstation ISS, und ihrer Anwendung im terrestrischen Betrieb sind nahezu keine Grenzen gesetzt: es lassen sich zu den jeweiligen Problemen beliebig große, weltweit verteilte Facharzt- und Spezialistenteams bilden, ohne sich daß alle zum Patienten oder der Patient sich zu allen hin begeben muß. Die Funktionalität der Telemedizin wird momentan auf weitere Bilddiagnosesysteme, zum Beispiel die Computertomographie oder die PET erweitert, wobei zukünftig auch dreidimensionale Darstellungsformen übermittelt werden sollen können.

4.3 Von NGIX und GigaPOPs - die Grundlagen der Anbindung des NREN an das NGI

Zusammenschluß regionaler, nationaler und kontinentaler Netzwerke

Wie schon das herkömmliche Internet ist auch das NGI nicht als ein global homogenes Netz vorstellbar. Vielmehr wird es erst durch den Zusammenschluß vieler kleinerer regionaler, nationaler bis kontinentaler Netzwerke zu einem weltumspannenden Netzwerk zusammenwachsen. Die kleinste Parzelle dieses Netzwerkes ist das LAN (LocalAreaNetwork), zu deutsch in etwa Nahverbundrechnernetz Das kritische Element dieser Netzwerkzusammenschlüsse schlechthin sind die Schnittstellen zwischen den einzelnen LANs und den Fernleitungen, die die LANs untereinander verbinden: während beispielsweise die hausinternen Netze einiger großer amerikanischer Forschungseinrichtungen bereits heute mit OC-12 (622,080 Mbps) zu arbeiten vermögen,

Kapitel 18: Next Generation Internet - Die Zukunft des Internet

befindet sich die Einrichtung eines Fernnetzes mit OC-3 (155,520 Mbps) gerade einmal im Aufbau. In diesem Fall bremst das Fernnetz das Hausnetz aus, so daß ein externer (remote) User auch nur Informationen mit maximal der Übertragungsrate des Fernnetzes beziehen kann.

Schnittstellen NGI Exchange

Die Schnittstellen, mit der die NASA das NREN an das NGI anzubinden gedenkt, tragen die Bezeichnung NGI Exchanges (kurz NGIXs). Drei dieser Knotenpunkte existieren im Rahmen des NREN bereits in den USA: einer am der Ostküste in Washington, D.C., ein zweiter an der Westküste im Ames Research Center und der dritte in Chicago.

GigaPOPs

GigaPOPs (Gigabit per second Points Of Presence) unterscheiden sich von den NGIXs allenfalls in technischen Details. Laut „Dictionaty of Communications Technology" ist ein POP „...the location in each Local Access Transport Area (LATA) that connects the Local Exchange Carrier (LEC) to a designated Interexchange Carrier (IEC) [...]" und weiter ein IEC „...any carrier registered with the Federal Communication Commision (FCC) that is authorizised to carry customer transmissions between LATAs interstate". Übersetzt ist also unter einem GigaPOP eine Schnittstelle zwischen einem LAN und einer Fernleitung zu verstehen, die imstande ist, ein Gigbit pro Sekunde von einem Netz in das andere durchzustellen. Durch diese GigaPOPs soll das NREN an das ebenfalls im Aufbau befindliche Internet2 angeschlossen werden. Bei letzterem handelt es sich – in aller Kürze formuliert – um ein nationales Verbundnetzwerk etwa 100 verschiedener amerikanischer Universitäts-LANs. Die Standardschnittstelle zwischen LAN und Fernleitung ist dabei der GigaPOP.

Zeitlicher Rahmen

Der zeitliche Rahmen der Anbindung des NASA Research and Education Networks an das NGI und das Internet 2 - Projekt ist bereits umrissen und soll im folgenden mit Bezug auf den NGI Implementation Plan beschrieben werden.

4.4 Eine kurzer Ablaufplan der Integration des NREN

Testbeds

Bereits im dritten Quartal dieses Jahres beabsichtigte die NASA, ihre „testbeds" mit wenigstens zwei NGI – Partnern zusammenzuschalten. Um die Netzgeschwindigkeiten einander angleichen zu können, ist die Kapazitätserweiterung der NGIXs auf OC - 12 für das vierte Quartal 1998 geplant, und soll im Verlauf des ersten Quartals 1999 getestet werden: hierzu erfolgt der Anschluß wenigstens zweier Partnernetze an das NREN mit wenigstens

OC-12 Standard. Diese Tests sollen zum vierten Quartal 1999 abgeschlossen sein und an den nunmehr funktionsfähigen NGI Exchange Points und GigaPOPs sogenannte „peering arrangements" eingerichtet werden.

ACTS, Advanced Communication Technology Satellite

Auf ganz anderer Ebene sollen wenigstens eine NASA-Einrichtung und eine Universität zusammengeschaltet werden: ihre Verbindung erfolgt nicht mehr durch ein erdgebundenes Draht- oder Glasfasernetzwerk, sondern via ACTS, kurz für Advanced Communication Technology Satellite. Die Errungenschaften dieses Satellitenprogramms sollen bis zum vierten Quartal des Jahres 2002 an privatwirtschaftliche Satellitenkommunikationsdienste weitergeleitet und dadurch öffentlich verfügbar gemacht werden.

Ausländische Netze

Zum vierten Quartal 2000 ist die Zusammenschaltung des NREN mit ausländischen Netzen und damit, per NGIX-System, die Integration dieser ausländischen Netze in das NGI vorgesehen. Mit diesem Schritt ist die Einbindung des NREN in das NGI vollzogen.

Rahmenzeitplan

Damit dieser Rahmenzeitplan allerdings erfüllt und die technische Umsetzbarkeit der einzelnen Abschnitte überhaupt erst ermöglicht wird, muß er von einer Reihe weiterer Aktivitäten flankiert werden. Dieses ist insbesondere notwendig, weil viele der zur NREN-Anbindung an das NGI benötigten Technologien sich momentan allenfalls in der Planungsphase befinden. Gleichfalls müssen die Fortschritte, die dieses Projekt macht, ständig exakt überwacht und protokolliert werden, um beispielsweise das Risiko des Scheiterns der OC-12-Anbindung zweier Partnernetze zu minimieren.

5 Schlußbetrachtung

Visionen, Anforderungen und Konzepte

An dieser Stelle bin ich am Ende der Darstellung des NGI angekommen. Bleibt nur noch, abschließend die Visionen, Anforderungen und Konzepte, die in Zukunft zu einem funktionierenden, hochleistungsfähigen, weltweiten Computernetz zusammenzufließen sollen, zu resümieren.

Bedeutung der Informationsgesellschaft

Nach der Lektüre der Abhandlung über die Next Generation Internet Initiative sollte klar geworden sein, welch immense Bedeutung die Informationsgesellschaft und ihr Werkzeug, das Internet für die amerikanische Regierung hat. Nicht zuletzt aufgrund der Umsetzung der Vision einer vernetzten und daher jederzeit mit allem nötigen und unnötigen Wissen ausgestatteten

Bevölkerung, aber sicher auch, um den Wirtschafts- und Forschungsstandort Amerika zukunftsfähig zu machen, ist die amerikanische Regierung, die industrielle und universitäre Forschung sowie die Industrie bereit, einen weiten und risikobehafteten Weg zu gehen.

Entwicklungs- und Schwellenländer

Genau diese Vision allerdings ist es, die zur Zeit in mehreren Entwicklungs- und Schwellenländern kopiert wird. Ein gutes Beispiel dafür ist Malaysia, das nach dem Regierungswechsel im Jahre 1981 durch eine konsequente Ausrichtung der inländischen Wirtschaft an dem großen Vorbild Japan seinen Wohlstand erheblich steigern konnte. Nachdem im Dezember 1995 die Informationstechnologie neben der Automobilindustrie zu der Schlüsseltechnologie zu einer weiterer wirtschaftlichen Belebung des Landes auserkoren wurde, begann die Vernetzung der malayischen Hauptstadt Kuala Lumpur durch ein modernes Glasfasergerippe, welches auf absehbare Zeit die Geschwindigkeitsvorgaben, die sich das NGI steckt, ebenfalls erfüllen könnte. An dieses Gerippe sollen in den folgenden Jahren neben den malayischen Regierungsstellen die gesamte Industrie sowie Wissenschaft und Forschung des Landes angeschlossen werden. Der Pioniercharakter eines derartigen Projektes innerhalb eines Schwellenlandes hätte eine weitere, detailliertere Beschreibung dieses Vorhabens lohnenswert gemacht, leider sind entsprechenden Informationen und Quellen nur spärlich erhältlich.

Internet wichtigstes Instrument

So wird auch in Zukunft das Internet wichtigstes Instrument des weltweiten Informationsaustausches bleiben. Gleichwohl allerdings muß die zunehmende Vernetzung von mittlerweile bereits Grundschulen auch in kritischem Licht betrachtet werden. Nicht zuletzt aufgrund der Tatsache, daß die Informationen, die das Internet vermittelt, immer einfacher zu verdauen sind. Muß man sich bei der Lektüre eines Buches dessen Inhalt noch in seiner Phantasie veranschaulichen, was konsequent zum Nachdenken über und damit zur kritischen Auseinandersetzung mit dem Gelesenen zwingt, so erreicht die Präsentation der Websites mittlerweile ein Niveau, das diese kritische Auseinandersetzung unnötig macht - das Wissen wird auf die schnelle Art in Form von Audio- / Videofiles in allen seinen Facetten und oftmals bereits kommentiert, präsentiert.

Echte Intelligenz

Glaubt man Bill Gates, so ist „Intelligenz [...] die Fähigkeit, neue Fakten in Echtzeit zu absorbieren". Dabei allerdings kommt es nicht zuletzt auch auf die Art an, auf die diese neuen Fakten vermittelt werden. Echte Intelligenz setzt nämlich ebenso voraus, daß man den Input, den man erhält, nicht nur undurchdacht aufnimmt, und gleich einem Roboter wiedergeben kann, sondern daß dieser Input durchdacht, bewertet und gegebenenfalls auch wieder verworfen, vor allem aber auf neue Probleme, die sich einem stellen, angewendet werden kann.

Lehrinhalte	Vermag das Internet in Zukunft seine Lehrinhalte nicht auf anspruchsvolle, das heißt zum Nachdenken anregende Art und Weise zu vermitteln, wird es nicht mehr der effektiven Bildung einer kreativen, intelligenten und vor allem kritischen jungen Generationen dienen, sondern genau das Gegenteil hervorbringen. In diesem Fall wären alle, tatsächlich bedeutenden Errungenschaften und positiven Seiten des neuen Internet, wie immer es auch zukünftig aussehen mag, zunichte gemacht.

Quellen

Advanced Technology Demonstration network (ATDnet): http://atd.net

High Performance Computing Modernization Program http://www.hpcm.dren.net

Homepage des I2 - Projektes: http://www.internet2.edu

Internet Engineering Task Force: http://www.ietf.org

NGI - Initiative: http://www.ngi.gov

NASA Research and Education Network: http://www.nren.nasa.gov

National Coordinatin Office for Computing, Infomation and Communication: http://www.ccic.gov

SUPERNET (DARPA): http://ale.east.isi.edu/NGI-S/

Very High Performance Backbone Network Services der National Science Foundation: http://www.vbns.net

Index

A
Abbuchungsauftrag 260
Abfragesyntax 86
Absatzkredite 208
Accountwechsel 111
Acrobatreader 276
ACTS 399
Adaption von Produkten 162
Advanced Research Projects Agency 30
Advertising on Demand 102
After-Sales-Service 186
AGB 216
Aktive/passive Nutzung 270
Aliasnamen 112
Anlagenbaugeschäft 189
Anschlußraten 146
Anwendungen 140
Anwendungsbeobachtungen 323
international verteilte Arbeitsgruppen 170ARPA 30
ARPANET 31
Auftragsbestätigung 252
Auslandsmarktbearbeitung 201
Authentifizierung 254
Autoresponder 188

B
Banner Ads 282
Basisfunktionen des Netzes 140
Bekanntheit 11
Benutzerakzeptanz 10
Benutzungsfreundlichkeit 12
Betreiberakzeptanz 9

Betreibermodelle 189
Beweiskraft elektronischer Dokumente 214
Beziehungswissen 105
Bilddiagnosesysteme 397
bit per second 380
BITNET 32
Boolsche Operatoren 86
Börsen im Internet 296
Börsenzwang 300
Branchen und Sektoren 353
Brancheninformationen 89
Broadband Information Technology 392
Browser 38
Browser-Tools 87

C
CAPI 66
Carl Schwab 297
Channels 77
Computerbörslicher Handel 292
Cookie-Files 106
core 383
Cybercash 262
Cybercoins 253; 263
Cybermoney 255; 256; 262

D
DARPA 387
Datenbank-Dienstleister 76
Datenpakete 34
Datenübermittlung, hybride 391
 terrestrische 391
Datenübertragungsrate 380
Desk Research 74
Deutsche Börse AG 294
Dienstleistungen 18
 -produktbegleitende 322
Diffusionszeiten 177

403

DigiCash 262
Direktbörse 301
Direktmail 104
Direktmarketingmedien 103
Diskussionsgruppen,
   videobasierte 66
Distributionspolitik 326
DoE 387
Domain 273
Downloadgeschwindigkeit 355
DTB 293

E

Earth Science 394
E-cash 262
E-Commerce 277
ECOTERMS 209
Eingangsbestätigung 215
Einheitsbörse 292
Einsparungen 171
Electronic Commerce
   Anwendungen 1; 3
   -Einflußgrößen 9
Elektronische Märkte 3
E-Mail 37
   -Anfragen 364
   -Einsatz 274
   -Fragebogen 52
   -Regelungen 281
   -Servicecenter 186
   -Umfragen 57
E-Mail Marketing Council 110
Erfolgsfaktoren 1; 4
Erfüllungsort 210
Eudora 280
Excite 282
Exportgemeinkosten 200
Exportsonderkosten 201
Exportverbote 183

F

Federal Express 175; 181
Fehlerdiagnose 389
Fernwartung 190

Fiat 180
File Transfer Protocol 37
Finanztermingeschäftsbörse 293
Firewall 279
Flaming 43
Frames 357
Frühadopter 178
FTP 37
Fuzzy-Suche 86

G

Geheimhaltung und
   Anonymität 254
Geschwindigkeit 12
Gewinnung von
   Informationen 167; 180
GigaPOPs 398
Glaxo Wellcome 327
Graphical User Interface,
   GUI 102
Güter, physische 19

H

Herstellkosten 197
High-Performance-Network 390
Hits 105
Home-Banking 181
Host 34
HTML-Formulare 52
Hypermedia 38
HyperTextMark-upLanguage
   (HTML) 101

I

INCOTERMS 209
Informationen über
   Wettbewerber 91
   -soziodemographische 88
Informations-
   -abruf 80
   -beschaffung,
      internationale 142
   -erkundung 80
   -gehalt 276
   -güter 18

-quellen 75
-recherchen 81
-vielfalt 75
Inhalt 15; 358
Innovatoren 178
Integration 14
Intelligente Agenten 164
Interaktivität 45
Interest-Phase 178
Internationale Raumstation 397
Internationale Sekundärforschung 161
internationale Überweisung 210
Internationalen Sekundärforschung 69
Internationales Marketing-Management 146
Internet 2; 398
  -Anzahl Nutzer 41
  -Begriff 139
  -Beschränkungen 110; 44;
  -Grundlagen 29
  -Medieneigenschaften 44
  -Nutzung, unternehmerische 140; 274
  -Protokoll-Adressen 34
  -Provider 39
  -Service Provider 113
  -Value Chains 139
  -Währung 257
  -Zahlen 144
  -Zahlungsformen 249
  -Zugangsmöglichkeiten 39
Internet-Einsatz
  -Förderung 146
  -Hindernisse 333
  -Kosten und Nutzen 333
  -Motive 327
  -Seitendesign und Stil 361
  -Umfang 360

Intranet 143; 149
IP-Adressen 34
J
Java Applets 357
Journalistenservice 320
Jump Stations 83
K
Kauf auf Kredit 260
Kaufvertrag 214
Kodak 186
Kommunikation 170
Konditionenpolitik 208
Konkurrenz 164
Kontrahierungspolitik 193
Koordinationsfunktion 152
Kosten 197
Kreditkartenzahlung 210
Kreditkartenzahlungen 261
Kryptographie 258; 279
Kulturelle Besonderheiten 165
Kundendienst 143
Kundendienstpolitik 185
L
LAN 397
Large Scale Networking Working Group 385
Levis 181
Lieferbedingungen 208
Linksammlungen 282
Lobbying 320
Local Access Transport Area 398
Lokal Area Networks 39
Loyality-Sites 104
M
Mailing-Listen 78; 94
Many-to-Many-Kommunikationsmedium 102
Marketingkontrolle, internationale 153
Marketing-Management 137
  -Managementprozeß 153

405

Marketingorganisation,
   internationale 151
Marktdaten 89
Marktforschung,
   elektronische 49
   internationale 71
Marktforschungssoftware 66
Markttransaktionsphasen 3
Markttransparenz 325
Marktwahlentscheidungen 173
Medienarbeit 320
Mehrwert 275
Meinungsführer 179
Meinungsvielfalt 148
Meta-Suchdienste 83
Metropolitan Area Networks 39
Micropayments 263
MilliCent-Verfahren 263
MILNET 39
Mitarbeiter 280
Modem 41
   -zugang 40
Multiplexing 383
Mundpropaganda 282

N
Nachnahme 212
Nachrichten Unversehrtheit 256
Nameserver 36
NASA 387
Navigation 275
Netiquette 43
Netscape Communicator 38
Network Information Centers 84
Netzdienste 37
Netzwerkadresse 273
Netzwerkplanung 389
Neuprodukteinführung 172
Neuproduktentwicklung 167
News 38

Newsfeed 90
Newsfeed-Service 78
Newsgroups 188
Newswire-Dienste 90
Next Generation Internet Implementation Team 385
NGI Exchanges 398
NGI IT 385
NGIXs 398
NIH 387
NIST 387
NLM 387
NSF 387
NSFNET 39

O
OC 383
Offline-Zahlungen 250; 259
One-to-One-Kommunikation 102; 182
Online
   -Börse 289
   -Broker 310
   -Broking 297
   -Datenerhebungsmethoden 53
   -Diskussionsgruppen 52; 63
   -Foren 186
   -Forms 107
   -Kommunikation 104; 108ff
   -Konsumenten 110
   -Kosten 107
   -Kundenbeziehungen 107
   -Ressourcen 71
   -Risiken 305
   -Sales-Medium 309
   -Umfragen 54
   -Varianten 181
   -Zahlung 250
   -Zeitschriften 93
Optical Carrier 383
Ordermöglichkeit 300

Outlook 280
P
Parallelimporte 325
Patentinformationen 95
Paul Baran 31
Pdf-Format 276
Penthouse 174
Personalaufwand 189
Persönlicher Verkauf 322
PGP 280
Pharmamarketing 315
 -referenten 322
Planung, internationale 150
Plug-Ins 276
Point Cast 77
Portale 282
Portfolio-Management 307
PPP 40
Preis
 -änderungen 195
Preisbestimmung:
 - konkurrenzorientierte 204
 -kostenorientierte 197
 -nachfrageorientierte 195
Preis
 -angebote, temporäre 202
 -differenzierung 205
 -nennungen 207
 -obergrenze 196
 -politik, 194; 324
 -standardisierung 206
 -wettbewerb 205
Preise, kundenindividuelle 195
Pressemitteilungen 282
Privat-Key Verfahren 258
Internationale Primärforschung 161
Probleme 172
Produkt:
 -adaption 160
 -elimination 183
 -entwicklungsprozeß 168

 -innovation 167; 323
 -lebenszyklen 177; 184
 -politik, 323
 -politik, internationale 159
 -qualität 198
 -variation 180
Public-Key Verfahren 259
Push-Technologien 77
Q
Quality-of-Service 389
Quantenkryptographie 307
R
Rabattgewährung 208
Rationalisierungspotential 202
Reaktionszeit 268
Real-Audio 271
Realplayer 276
Recherchestrategien 80
Rechnungswährung 213
Reimporteure 206
Relationship Marketing 99
Relaunch 282
Relevanzberechnung 86
Research and Engineering Community 395
Response 364
Robots 82
Rückgaberechte 210
Rücksendungskosten 164
S
Satellitenkommunikation 391
Schulungen 188
Server Log Files 106
Serverhousing 272
Server, physikalische 271
Serversoftware 271
Service 278
SET-Verfahren 262
shared infrastructure 391
Sicherheit 278; 15

Sicherheitsmechanismen im Zahlungsverkehr 258
Site-Struktur 276
Skalierbarkeit 269
SLIP 40
SmartCards 264
Sparda-Bank 308
Spiders 82
Sprachbarrieren 113
Sprache 165
Sprachwahloptionen 356
Sprinklerstrategien 175
Subcommitee on Computing, Information and Communication 385
Suchhilfen 81
Suchmaschinen 82
Sun Microsystems 189

T
TCP/IP 32; 33
Telefaxe 200
Telekommunikationsinfrastruktur 111
Tele-Medizin 397
Tele-Operations 189
TELNET 37
Testbeds 390
Texte, lange 276
Themenverzeichnisse 82
Time-Divisioning-Multiplexing 392
Totalreflexion 382
Transaktionsfunktion 140; 143
Transaktionskosten von Zahlungen 250
Trial-Phase 178
Trunkierung 86

U
Ultra-High-Performance-Network 391
Umsatzgrößenklassen 354
Umtauschrechte 164
UNICTRAL 214
Unternehmens-Homepages 351
Unternehmenskommunikation 142
Usenet 32
UUCP 32

V
Varianten 181
Verkaufsförderungsmaßnahmen 320
Verlagswesen 198
Vertragsgestaltung 213
Verzeichnis 282
Virtual Tourist 84
Virtuelle Realität 299
Virtuelle Server 272
virtuellen Börse 299
Visits 105
Volkswirtschaften 176
Vorauszahlung 260
Vorkasse 212

W
Wavelenght-Division-Multiplexing 392
Web:
 -Browser 102
 -Fragebogen 52
 -Umfragen 60
Webspace 271
Werbe-E-Mail 110
Wertschöpfungskette 139
Wide Area Netzworks 39
Wissenschaftliche Information 321
Wissenschaftsnetz WIN 39
Wissenstand 176
World Wide Web, WWW 38
 -Implementierung 328
 -Nutzung 74; 275
 -Site, Werbung für 281

X
Xetra 297

Y
Yahoo 282
Z
Zahlungs
  -bedingungen 208
  -formen 210
  -methoden 259
  -verkehr 308
Zensur 42

Zielgruppe 215; 166
  -differenzierte Ansprache 330
Zugang 271; 39
Zugangsaccount 273
Zurückweisung von Leistungen 255
Zuschlagskalkulation 197

Umfassende Orientierung und Planung für das Internet-Engagement

Frank Lampe

Unternehmenserfolg im Internet
Ein Leitfaden für das Management kleinerer und mittlerer Unternehmen

2., überarb. u. erw. Aufl. 1998. X, 391 S. (Business Computing) Br. DM 98,00
ISBN 3-528-15544-2

Inhalt: Grundlagen und Dienste im Internet - Gewerbliche Nutzungsmöglichkeiten systematisch aufbereitet - Markt- und Zielgruppengrößen - Nutzeranalysen - Informationsbeschaffung und Kommunikation im Internet - Marketing und Marktforschung im Internet - Planung, Gestaltung und Implementierung von WWW-Sites - Nutzungsprobleme, Zahlungsmethoden, Recht, Akzeptanz - Praxisbeispiele aus verschiedenen Branchen - Tipps, Adressen, Übersichten

Dieser managementorientierte Business Online-Guide zeigt kleinen und mittelständischen Unternehmen den erfolgsorientierten Weg im Internet. Das Buch bietet Marketing-, EDV- und Internet-Verantwortlichen eine umfassende und praxisorientierte Orientierungs- und Planungshilfe für das Internet-Engagement. Berücksichtigt werden eine Vielzahl neuer Internetentwicklungen. Neben Nutzeranalysen, Hilfestellungen bei der Informationsbeschaffung, Electronic Commerce und nützlichen Tipps zur Nutzung des Internet, werden zusätzlich die Ziele, Planung, Strategien, Gestaltung und Implementierung von WWW-Sites behandelt.

vieweg

Abraham-Lincoln-Straße 46
D-65189 Wiesbaden
Fax (0611) 78 78-400
www.vieweg.de

Stand 1.4.99. Änderungen vorbehalten.
Erhältlich im Buchhandel oder beim Verlag.

SPRINGER NATURE

GPSR Compliance

The European Union's (EU) General Product Safety Regulation (GPSR) is a set of rules that requires consumer products to be safe and our obligations to ensure this.

If you have any concerns about our products, you can contact us on ProductSafety@springernature.com

In case Publisher is established outside the EU, the EU authorized representative is:

Springer Nature Customer Service Center GmbH
Europaplatz 3
69115 Heidelberg, Germany

The manufacturer's authorised representative in the EU is Springer Nature Customer Service Centre GmbH, Europaplatz 3, 69115 Heidelberg, Germany. If you have any concerns regarding our products, please contact ProductSafety@springernature.com

Printed and bound by CPI Group (UK) Ltd, Croydon, CR0 4YY
23/03/2026
02076675-0020